한국산업인력공단 새 출제기준에 따른 **최신판!!**

자동차 차체수리
기능사 필기시험문제

  에듀크라운
국가자격시험문제전문출판
www.educrown.co.kr

최고의 적중률!! 최고의 합격률!!
 크라운출판사
국가자격시험문제전문출판
http://www.crownbook.com

이 책을 펴내면서 ✂

우리나라의 자동차 역사는 비교적 짧은 역사임에도 불구하고 세계의 주요 생산국으로 성장하게 되었습니다. 이러한 시대의 흐름에 부응하여 자동차차체수리 분야에서도 많은 인력이 배출되고 있으나 차체수리 자격취득에 관해서는 정보나 실질적인 교육시스템 부재로 인하여 많은 어려움을 겪고 있습니다.

자동차 차체수리는 자동차의 노후에 따른 보수작업보다는 추돌, 충돌에 따른 차체의 변형을 수정 복원하는 작업이 대부분이므로 차체의 구조나 각 부위별 기능, 강판의 성질, 차체보수용 작업 공구, 장비의 사용법 등에 대한 충분한 지식이 필요합니다. 특히 충돌에 의한 차체변형의 수정작업은 외관품질은 물론이고, 자동차의 안전도에도 많은 영향이 미친다는 점을 감안할 때 차체수리 정비사로서의 정확한 지식함양은 매우 중요합니다.

이 책은 한국산업인력공단이 주관 및 시행하고 있는 자동차차체수리기능사 자격증의 과목인 자동차구조, 자동차 차체정비, 안전관리 등의 내용을 포함하고 있는데 특징적인 구성은 다음과 같습니다.

1. 한국산업인력공단의 출제기준에 따라 검정에 필요한 핵심 내용만을 수록하였습니다.
2. 한국산업인력공단에서 최근 출제한 문제들을 위주로 수록하여 시험합격에 큰 도움이 되게 하였습니다.
3. 수험자의 이해를 돕기 위하여 그림삽입 등 해설을 자세히 수록하여 이해를 높였습니다.

이 교재를 통하여 자동차 차체수리기능사 시험에 꼭 합격하고 자동차 차체수리를 전공하는 정비사들에게 성공의 밑거름이 되기를 기원합니다. 이 교재를 편찬하기 위하여 도움을 주신 검토위원 및 前 주주총회 대표 조현주, 장원준, 장별희님과 엘리트 장주희님에게 감사를 표합니다.

저자 드림

출제기준(필기)

직무분야	기계	중직무분야	자동차	자격종목	자동차차체수리기능사
직무내용	손상된 차체 및 패널을 차체수리용 공구와 장비를 사용해서 원래의 형태로 복원하고 손상된 패널을 수정, 교환하며 퍼티 연계작업까지의 직무를 수행					
필기검정방법	객관식	문제수	60	시험시간	1시간

필기과목명	출제문제수	주요항목	세부항목	세세항목
자동차공학, 자동차 차체 정비, 안전 관리	60	1. 자동차 구조	1. 기본사항	1. 힘과 운동의 관계 2. 열과 일 및 에너지와의 관계 3. 자동차공학 기본 단위
			2. 구조 및 원리	1. 자동차의 분류 2. 자동차 차체 및 프레임 3. 차체 부품의 명칭 및 구조 4. 엔진의 구조 및 작동원리 5. 섀시의 구성 및 작동원리 6. 전기장치의 구성 및 작동원리 7. 휠 얼라인먼트에 관한 사항
		2. 차체재료 및 용접 일반	1. 도면 해독법	1. 기계제도일반 2. 도면해독(비 절삭분야)
			2. 차체의 재료	1. 금속의 성질 2. 금속재료 및 합금 3. 금속의 열에 의한 영향 4. 철강재료 5. 비철금속재료 6. 비금속재료 7. 강판재료 8. 합성수지
			3. 차체용접	1. 용접일반 및 설비에 관한 사항 2. 가스용접 및 절단 3. 전기(아크) 용접 4. Spot(점) 용접 5. 탄산가스아크(CO_2)용접 6. 기타 용접 7. 용접준비 및 시공에 관한 사항 8. 용접 후 연삭에 관한 사항

필기과목명	출제문제수	주요항목	세부항목	세세항목
		3. 차체정비	1. 차체수정	1. 차체 구조의 일반사항 2. 차체 손상진단 3. 차체 파손 분석 4. 차체 프레임 수정용 기기 5. 센터링 게이지 6. 트램 트랙킹 게이지 7. 차체 복원수리에 관한 사항 8. 차체수리용 장비에 관한 사항 9. 차체수리용 공구에 관한 사항 10. 차체분해 및 조립에 관한 사항 11. 차체수리 전반에 관한 사항 12. 차체치수 및 도면에 관한 사항
			2. 차체 판금	1. 차체 부품에 관한 사항 2. 차체 이음에 관한 사항 3. 판금 일반에 관한 사항 4. 금속가공에 관한 사항 5. 차체 부품 제작에 관한 사항 6. 차체 절단에 관한 사항
			3. 자동차도장	1. 도장용 기기 2. 도장용 공구 3. 퍼티의 종류와 사용법
		4. 안전관리	1. 산업안전일반	1. 안전기준 및 재해 2. 안전보건표지
			2. 기계 및 기기에 대한 안전	1. 차체수리 작업 2. 용접 작업 3. 차량 취급 4. 기계 및 기기 취급
			3. 공구에 대한 안전	1. 전동 및 에어공구 2. 수공구
			4. 작업상의 안전	1. 소음 및 분진과 환경위생 2. 차체수리 안전 보호구 3. 화재안전

NCS

❶ 국가직무능력표준 개념

국가직무능력표준(National Competency Standards : NCS[1])은 산업현장에서 직무를 수행하기 위해 요구되는 지식·기술·소양 등의 내용을 국가가 산업부문별·수준별로 체계화한 것으로, 국가적 차원에서 표준화한 것을 의미한다.

[국가직무능력표준 개념도]

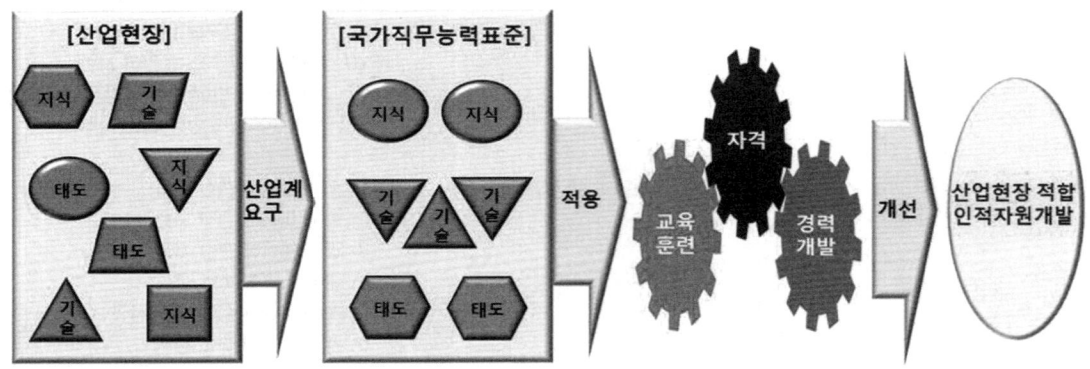

❷ 사업수행 법적근거

「자격기본법」 규정

(제2조제2호) "국가직무능력표준"이란 산업현장에서 직무를 수행하기 위하여 요구되는 지식·기술·소양 등의 내용을 국가가 산업부문별·수준별로 체계화한 것을 말한다.

---

1) 표준국어대사전('12년, 국립국어원)
　① 직무능력
　　- 직무(職務) : 직책이나 직업상에서 책임을 지고 담당하여 맡은 사무. '맡은 일'로 순화
　　- 능력(能力) : 일을 감당해 낼 수 있는 힘
　② 표준
　　- 표준(標準) : 사물의 정도나 성격 따위를 알기 위한 근거나 기준

❸ 국가직무능력표준 구성

○ 직무는 국가직무능력표준 분류체계의 세분류를 의미하고, 원칙상 세분류 단위에서 표준이 개발됨
○ 능력단위는 국가직무능력표준 분류체계상 세분류의 하위단위로서 국가직무능력표준의 기본 구성 요소에 해당

[국가직무능력표준 구성]

NCS

※ 능력단위는 능력단위분류번호, 능력단위정의, 능력단위요소(수행준거, 지식·기술·태도), 적용범위 및 작업상황, 평가지침, 직업기초능력으로 구성

구성항목	내용
① 능력단위분류번호 (competency unit code)	• 능력단위를 구분하기 위하여 부여되는 일련번호로서 12자리로 표현
② 능력단위명칭 (competency unit title)	• 능력단위의 명칭을 기입한 것
③ 능력단위정의 (competency unit description)	• 능력단위의 목적, 업무수행 및 활용범위를 개략적으로 기술
④ 능력단위요소 (competency unit element)	• 능력단위를 구성하는 중요한 핵심 하위능력을 기술
⑤ 수행준거 (performance criteria)	• 능력단위요소별로 성취여부를 판단하기 위하여 개인이 도달해야 하는 수행의 기준을 제시
⑥ 지식·기술·태도(KSA)	• 능력단위요소를 수행하는 데 필요한 지식·기술·태도
⑦ 적용범위 및 작업상황 (range of variable)	• 능력단위를 수행하는데 있어 관련되는 범위와 물리적 혹은 환경적 조건 • 능력단위를 수행하는 데 있어 관련되는 자료, 서류, 장비, 도구, 재료
⑧ 평가지침 (guide of assessment)	• 능력단위의 성취여부를 평가하는 방법과 평가 시 고려되어야 할 사항
⑨ 직업기초능력 (key competency)	• 능력단위별로 업무 수행을 위해 기본적으로 갖추어야 할 직업능력

❹ 국가직무능력표준 수준체계

구성항목	내 용
8수준	- 해당분야에 대한 최고도의 이론 및 지식을 활용하여 새로운 이론을 창조할 수 있고, 최고도의 숙련으로 광범위한 기술적 작업을 수행할 수 있으며 조직 및 업무 전반에 대한 권한과 책임이 부여된 수준
	(지식기술) - 해당분야에 대한 최고도의 이론 및 지식을 활용하여 새로운 이론을 창조할 수 있는 수준 - 최고도의 숙련으로 광범위한 기술적 작업을 수행할 수 있는 수준
	(역량) - 조직 및 업무 전반에 대한 권한과 책임이 부여된 수준
	(경력) - 수준7에서 2~4년 정도의 계속 업무 후 도달 가능한 수준
7수준	- 해당분야의 전문화된 이론 및 지식을 활용하여, 고도의 숙련으로 광범위한 작업을 수행할 수 있으며 타인의 결과에 대하여 의무와 책임이 필요한 수준
	(지식기술) - 해당분야의 전문화된 이론 및 지식을 활용할 수 있으며, 근접분야의 이론 및 지식을 사용할 수 있는 수준 - 고도의 숙련으로 광범위한 작업을 수행하는 수준
	(역량) - 타인의 결과에 대하여 의무와 책임이 필요한 수준
	(경력) - 수준6에서 2~4년 정도의 계속 업무 후 도달 가능한 수준
6수준	- 독립적인 권한 내에서 해당분야의 이론 및 지식을 자유롭게 활용하고, 일반적인 숙련으로 다양한 과업을 수행하고, 타인에게 해당분야의 지식 및 노하우를 전달할 수 있는 수준
	(지식기술) - 해당분야의 이론 및 지식을 자유롭게 활용할 수 있는 수준 - 일반적인 숙련으로 다양한 과업을 수행할 수 있는 수준
	(역량) - 타인에게 해당분야의 지식 및 노하우를 전달할 수 있는 수준 - 독립적인 권한 내에서 과업을 수행할 수 있는 수준
	(경력) - 수준5에서 1~3년 정도의 계속 업무 후 도달 가능한 수준

NCS

구성항목	내 용
5수준	- 포괄적인 권한 내에서 해당분야의 이론 및 지식을 사용하여 매우 복잡하고 비일상적인 과업을 수행하고, 타인에게 해당분야의 지식을 전달할 수 있는 수준
	(지식기술) - 해당분야의 이론 및 지식을 사용할 수 있는 수준 - 매우 복잡하고 비일상적인 과업을 수행할 수 있는 수준
	(역량) - 타인에게 해당분야의 지식을 전달할 수 있는 수준 - 포괄적인 권한 내에서 과업을 수행할 수 있는 수준
	(경력) - 수준4에서 1~3년 정도의 계속 업무 후 도달 가능한 수준
4수준	- 일반적인 권한 내에서 해당분야의 이론 및 지식을 제한적으로 사용하여 복잡하고 다양한 과업을 수행하는 수준
	(지식기술) - 해당분야의 이론 및 지식을 제한적으로 사용할 수 있는 수준 - 복잡하고 다양한 과업을 수행할 수 있는 수준
	(역량) - 일반적인 권한 내에서 과업을 수행할 수 있는 수준
	(경력) - 수준3에서 1~4년 정도의 계속 업무 후 도달 가능한 수준
3수준	- 제한된 권한 내에서 해당분야의 기초이론 및 일반지식을 사용하여 다소 복잡한 과업을 수행하는 수준
	(지식기술) - 해당분야의 기초이론 및 일반지식을 사용할 수 있는 수준 - 다소 복잡한 과업을 수행하는 수준
	(역량) - 제한된 권한 내에서 과업을 수행하는 수준
	(경력) - 수준2에서 1~3년 정도의 계속 업무 후 도달 가능한 수준

구성항목	내용
2수준	– 일반적인 지시 및 감독하에 해당분야의 일반 지식을 사용하여 절차화되고 일상적인 과업을 수행하는 수준
	(지식기술) – 해당분야의 일반 지식을 사용할 수 있는 수준 – 절차화되고 일상적인 과업을 수행하는 수준
	(역량) – 일반적인 지시 및 감독하에 과업을 수행하는 수준
	(경력) – 수준1에서 6~12개월 정도의 계속 업무 후 도달 가능한 수준
1수준	– 구체적인 지시 및 철저한 감독하에 문자이해, 계산능력 등 기초적인 일반지식을 사용하여 단순하고 반복적인 과업을 수행하는 수준
	(지식기술) – 문자이해, 계산능력 등 기초적인 일반 지식을 사용할 수 있는 수준 – 단순하고 반복적인 과업을 수행하는 수준
	(역량) – 구체적인 지시 및 철저한 감독하에 과업을 수행하는 수준

5 국가직무능력표준 분류체계

대분류	중분류	소분류	세분류
15. 기계	06. 자동차제조	03. 자동차정비	01. 자동차전기·전자장치정비
			02. 자동차엔진정비
			03. 자동차섀시정비
			04. 자동차차체정비
			05. 자동차도장
			06. 자동차정비검사

※ 세분류는 NCS분류체계 전체를 기재하고, 당해 개발분은 음영처리

차례 🔧

Part 1 | 자동차 구조

Chapter 01　기본 사항　　18
Chapter 02　자동차 일반사항　　21
Chapter 03　기관　　31
Chapter 04　섀시　　50
Chapter 05　전기　　78

Part 2 | 차체재료 및 용접일반

Chapter 01　도면 해독법　　90
Chapter 02　차체의 재료　　103
Chapter 03　차체용접　　120

Part 3 | 차체정비

Chapter 01　차체수정　　146
Chapter 02　차체판금　　167
Chapter 03　자동차도장　　172

Part 4 | 안전관리

Chapter 01 산업안전일반   188

Chapter 02 기계 및 기기에 대한 안전   192

Chapter 03 공구에 대한 안전   200

Chapter 04 작업상의 안전   205

Part 5 | 과년도 기출문제

2008년 필기시험   212

2009년 필기시험   248

2010년 필기시험   271

2011년 필기시험   293

2012년 필기시험   315

2013년 필기시험   326

2014년 필기시험   347

2015년 필기시험   367

2016년 필기시험   389

2017년 CBT 복원문제   399

Part 1

자동차 구조

Chapter 01 기본 사항
Chapter 02 자동차 일반사항
Chapter 03 기관
Chapter 04 섀시
Chapter 05 전기

Chapter 01
기본 사항

제1절 자동차공학에 쓰이는 단위

❶ 단위의 종류

(1) MKS 단위(Metric System)
   길이[cm], 질량[g], 시간[sec]을 기본으로 하는 단위이다.

(2) FPS 단위(Yard-pound System)
   길이[ft], 질량[lb], 시간[sec]을 기본으로 하는 단위이다.

❷ 기본 단위(MKS, SI단위)

기본량	길이	질량	온도	시간	전류	물질량	광도
단위	m	kg	K	sec	A	mol	cd
명칭	미터	킬로그램	켈빈	초	암페어	몰	칸델라

❸ 유도 단위

No	유도량	SI 유도단위 명칭	SI 유도단위 기호	유도량	SI 유도단위 명칭	SI 유도단위 기호
1	넓이(면적)	제곱미터	m^2	부피(체적)	세제곱미터	m^3
2	속도	미터 매 초	m/s	가속도	미터 매 제곱초	m/s^2
3	밀도	킬로그램 매 세제곱미터	kg/m^3	비체적	세제곱미터 매 킬로그램	m^3/kg
4	힘	뉴턴	N	압력	파스칼	$Pa(N/m^2)$
5	일, 열량	줄	$J(N \cdot m)$	동력	와트	W(J/s)
6	섭씨온도	섭씨도	℃	조명도	럭스	lx
7	주파수	헤르츠	Hz(1/s)	전하량	쿨롬	C
8	전압	볼트	V	정전용량	패럿	F
9	전류	암페어	A	저항	옴	Ω

4 일의 단위

① 1PS = 0.736kW = 75kgf-m/sec = 0.175Kcal/sec = 0.697 BTU/sec

② 1kgf-m = 1/417Kcal = 0.0234Kcal

③ 1kW/H = 860Kcal

제2절 힘과 토크

1 힘과 토크

(1) 힘(Force)

어떤 물체가 움직이거나 모양이 변화될 때 원인이 되는 요소를 힘(Force)이라 한다.

① 힘의 3요소
  ㉠ 힘의 크기
  ㉡ 방향
  ㉢ 작용점

② 힘의 합성과 분해
  ㉠ 합성 : 하나의 물체에 2개 이상의 힘이 동시에 작용할 때 나타나는 효과
  ㉡ 합력 : 합성된 1개의 힘

③ 힘의 평형
  물체에 힘이 작용하고 있으나 물체가 계속 정지하고 있는 상태

④ 힘의 모멘트
  ㉠ 정의 : 물체에 힘을 작용시켰을 때 그 물체 둘레를 회전시키려는 힘의 효과
  ㉡ 모멘트 중심 : 모멘트가 발생되는 힘의 중심이 되는 고정점

(2) 토크(Torque, 회전력)

물체에 작용하여 물체를 회전시키는 원인이 되는 힘의 모멘트를 토크라 한다.

1) 직각방향의 힘이 작용할 때

$$M = T = F \times \ell$$

M : 모멘트   T : 토크   F : 힘 ℓ : 물체의 길이

② 온도

물체와 접촉 시 차갑고 뜨거운 정도를 표시하는 척도를 말하며 기호로는 T와 K를 사용한다.

① 섭씨온도(Celsius Temperature, ℃) : 표준 대기압(760mmHg)하에서 증류수가 어는 빙점을 0℃, 끓는 비등점을 100℃로 하여 이 두 점을 100등분 한 온도를 말한다.

② 화씨(Fahrenheit Temperature, °F) : 물의 끓는점을 212℃로 하고 얼음의 녹는점을 32℃로 정하여 그 사이를 180등분 한 온도를 말한다.

※ 섭씨온도 T_C와 화씨온도 t_F의 관계식 : $T_C = \dfrac{5}{9}(t_F - 32)$

③ 랭킨 온도(R) : 분자 운동이 정지할 때의 절대온도를 0으로 하고 비등점을 671.67R, 빙점을 491.67R로 하여 비등점과 빙점 사이를 180등분 한 온도를 말한다.

④ 절대온도(Kelvin Temperature, K) : 열역학 제2법칙에 따라 정해진 온도로 절대온도의 기호는 K를 사용하며, 이론상 생각할 수 있는 최저 온도를 기준으로 하여 갖는 단위의 온도를 말한다.

구분	빙점(어는점)	비등점(끓는점)	등분	절대온도	관계식
섭씨온도(℃)	0℃	100℃	100	켈빈온도(T_K)	$T_K = 273.15 + t_c$
화씨온도(°F)	32°F	212°F	180	랭킨온도(T_R)	$T_r = 460 + t_F$

※ t_c : 계기 온도

Chapter 02
자동차 일반사항

제1절 자동차의 분류

1 개요

"자동차"란 원동기에 의하여 육상에서 이동할 목적으로 제작한 용구 또는 이에 견인되어 육상을 이동할 목적으로 제작한 용구(이하 "피견인자동차"라 한다)를 말한다. 다만, 대통령령으로 정하는 것은 제외한다.

– 자동차관리법 제1장 제2조 정의 [전문개정 2013. 3. 23]

2 자동차의 분류

(1) 구동방식에 의한 분류

① 앞엔진 뒷구동 방식(Front Engine Rear Drive, FR방식)
② 앞엔진 앞구동 방식(Front Engine Front Drive, FF방식)
③ 뒷엔진 뒷구동 방식(Rear Engine Rear Drive, RR방식)
④ MR 방식(Middle Engine Rear Wheel Drive)

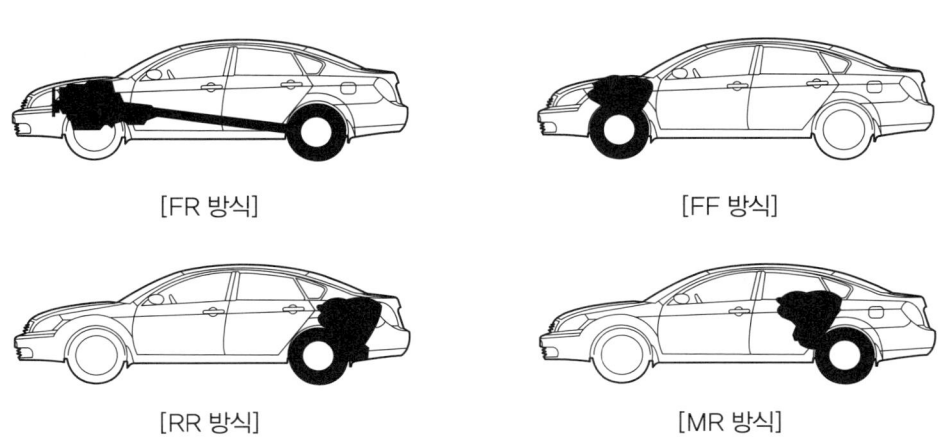

[FR 방식]　　　　　[FF 방식]

[RR 방식]　　　　　[MR 방식]

(2) 객실 배치에 의한 분류
    ① 1박스형(1Box Type)
    ② 2박스형(2Box Type)
    ③ 3박스형(3Box Type)

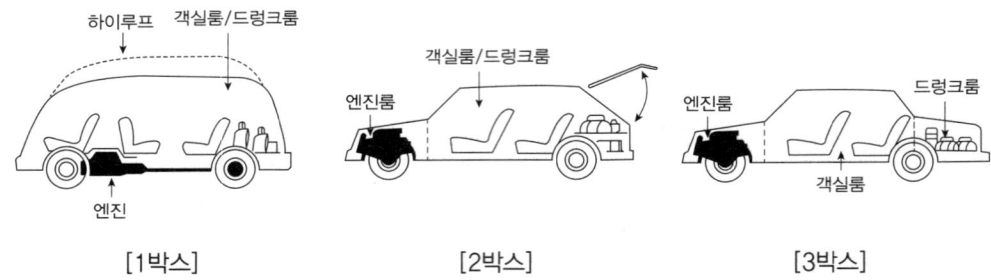

[1박스]　　　　[2박스]　　　　[3박스]

(3) 차체 형상에 의한 분류
    ① 세단(Sedan) : 가장 일반적인 모양으로 앞, 뒤로 2열의 좌석을 갖춘 4~6인승의 4도어 승용차를 말한다.
    ② 쿠페(Coupe) : 앞좌석 또는 1열의 승객을 중시한 2도어의 박스형 승용차로 지붕이 짧고 차고가 낮은 형태의 자동차
    ③ 컨버터블(Convertible) : 자동이나 수동으로 승용차의 지붕을 임의대로 펴거나 접을 수 있는 형태의 자동차
    ④ 리무진(Limousine) : 외관은 세단과 같으나 운전석과 객석 사이에 칸막이를 설치하고 보조좌석을 설치한 7~8인승의 고급 차량
    ⑤ 웨건(Wagon) : 승용과 화물을 함께하는 다용도 형태의 자동차

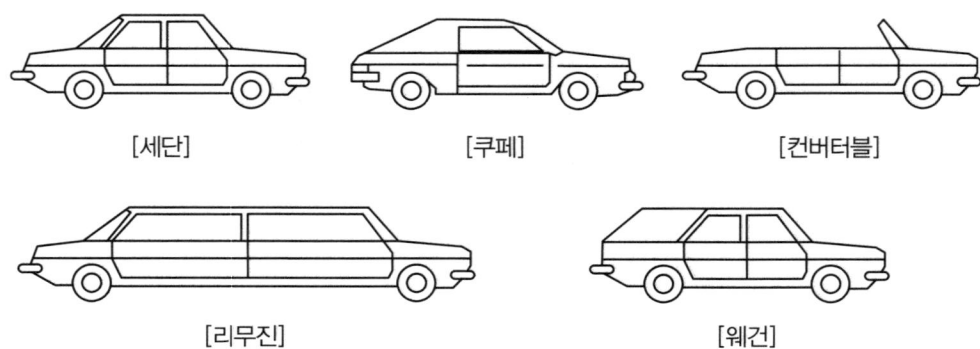

[세단]　　　　[쿠페]　　　　[컨버터블]

[리무진]　　　　[웨건]

(4) 세단의 트렁크 형상에 따른 분류
    ① 해치백(Hatch Back) : 차량에서 객실과 트렁크실의 구분이 없으며 트렁크 위로 끌어 올리는 형태의 문을 단 승용차를 말한다.

② 노치백(Notch Back) : 노치백은 객실과 트렁크 실이 구분되어 트렁크 실이 돌출된 형태의 승용차를 말한다.
③ 패스트 백(Fast Back) : 루프의 최고점에서 리어 엔드(Rear End)까지 단일 곡선으로 완만한 경사를 가진 구조의 승용차를 말한다.

[해치백]　　　　[노치백]　　　　[패스트 백]

제2절 자동차 차체 및 프레임

1 프레임

충분한 강성과 강도가 요구되며, 섀시를 구성하는 부품이나 보디를 설치하는 자동차의 기본 골격이 되는 부품

(1) 구비조건
① 기계적 강도가 높을 것(충격에 의한 휨, 비틀림, 인장, 진동 등에 견디는 강성)
② 가벼울 것

(2) 프레임의 종류
① 사다리형 프레임
② 플레이트 폼 프레임
③ 페리미터형 프레임
④ X형 프레임
⑤ 백본형 프레임

2 차체(보디)

프레임을 뺀 외관을 담당하는 부품

(1) 차체의 조건
① 방청성능이 우수할 것
② 진동이나 소음이 작을 것
③ 강도와 강성이 우수할 것

(2) 차체의 기능
① 공간을 만들어 승객 및 하물을 수용한다.
② 외부의 비나 바람, 먼지 등의 이물질로부터 승객 및 장치를 보호한다.
③ 외관을 결정한다.

❸ 일체식 보디(모노코크 보디)

(1) 형태
일체형 보디로 여러 장의 균일한 패널이 용접 및 조립 결합되어 하나의 형상을 구성하고 있다.

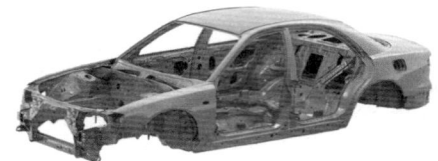

[모노코크 보디]

(2) 모노코크 보디의 장점
① 일체형 구조로서 경량이며 강성이 높다.
② 단독 프레임이 없기 때문에 차고를 낮추고, 무게 중심을 낮출 수 있다.
③ 정밀도가 높고 생산성이 좋다.
④ 충돌 시 충격에너지 흡수효율이 좋고 안정성이 높다.
⑤ 실내공간이 넓다.

(3) 모노코크 보디의 단점
① 소음이나 진동의 영향을 받기 쉬워 설계 시 마운팅 지지방법 등 고도의 기술을 요한다.
② 일체형 구조이기 때문에 충돌사고에 대한 복원수리가 비교적 어렵다.
③ 박판 사용으로 인한 부식으로 인해 강도의 저하 등 충분한 대책이 필요하다.
④ 차실 부위까지 변형될 만큼의 큰 충격력에 대해서는 분리형 보디에 비하여 약하다.

(4) 모노코크 보디의 구조에 따른 분류

① 충격흡수구조   ② 라멘구조   ③ 계란껍질 구조

 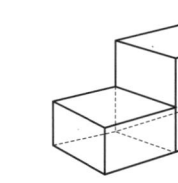 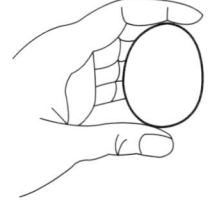

[충격흡수구조]   [라멘구조]   [계란껍질 구조]

(5) 충격을 흡수하는 부분(Crush Point) 3가지
① 구멍이 있는 부위
② 단면적이 적은 부위
③ 곡면부 또는 각이 있는 부위

(6) 모노코크 보디의 특성
① 응력이 집중된 장소에 손상이 나타나기 쉽다.
② 패널의 틈새를 확인함으로써 차체의 비틀어짐을 알 수 있다.
③ 충격을 받은 장소에서 멀수록 손상이 적다.
④ 멤버류의 변형은 내측에 주름이 진다.

❹ 사다리형 프레임(H형 프레임, Ladder Type Frame)

(1) 형태
두 개의 사이드 레일과 여러 개의 크로스 멤버가 용접 결합되어 있는 구조로서 사이드 멤버의 단면은 L형, ㄷ형, ㅁ형으로 되어 있다.

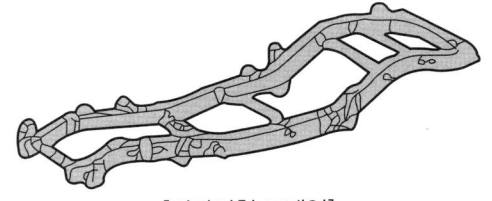

[사다리형 프레임]

(2) 특징
① 튼튼하고 생산성이 우수하다.
② 차량의 중량이 증가되고, 차실 부분이 높아져 승차감이 저하된다.
③ 각 부재에 비틀림 모멘트 발생 시 프레임 전체에 가해지는 결점이 있다.
④ 픽업, 트럭, 미니버스 등에 적용한다.
※ 픽업이란 바퀴가 4개 달리고, 짐칸에 뚜껑이 없는 소형 트럭을 말한다.

❺ 페리미터형 프레임(Perimeter Type Frame)

(1) 형태
차실 중앙부 센터 프레임 레일의 폭을 넓고 낮게 만들고, 크로스 멤버를 쓰지 않는다.

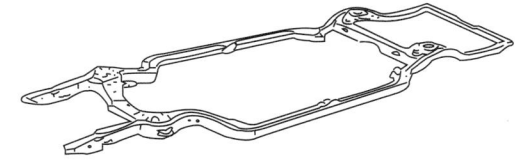

[페리미터형 프레임]

(2) 특징
① 전, 후부에 토크박스가 있다.
② 충돌 시에 진동이 차 실내로 전달되지 않아서 승차감이 향상된다.
③ 고급 대형 승용차에 적용한다.

6 스페이스형 프레임(공간형 프레임, Space Type Frame)

(1) 형태
항공기와 같은 골조 형상으로 파이프 등을 용접 조립한 형태

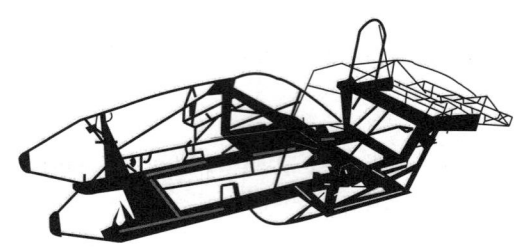

[스페이스형 프레임]

(2) 특징
① 강도와 강성이 우수하다.
② 경량화가 가능하다.
③ 대량생산에 부적합하다.
④ 고급 스포츠카에 적용한다.

7 플레이트 폼 프레임(Plate Form Type Frame)

(1) 형태
바닥 패널을 판형으로 용접하여 프레임과 일체형으로 구성한다.

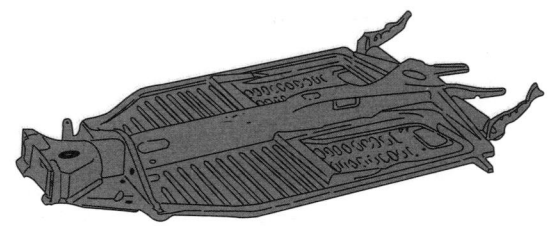

[플레이트 폼 프레임]

(2) 특징

① 엔진 및 현가장치를 견고하게 고정할 수 있다.

② 차체 사이에 고무 쿠션이 설치되어 있으며 차체가 탈, 부착이 가능한 볼트로 체결되어 있다.

③ 스포츠카, 미니밴 등에 적용한다.

8 X형 프레임(X Type Frame)

(1) 형태

양쪽 Y자형으로 만든 프레임을 결합한 형태로 중앙부에 사이드 레일이 없다.

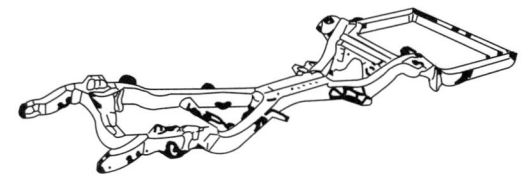

[X형 프레임]

(2) 특징

① 프레임 전체의 휨 강성이 높다.

② 배기관이나 드라이브 샤프트를 프레임에 통과시킬 수 있다.

③ 섀시부품과 보디 설치가 어렵다.

④ 소량생산의 스포츠카에 적용한다.

제3절 차체 부품의 명칭 및 구조

1 차체 패널 구조

(1) 전면부 보디의 구조

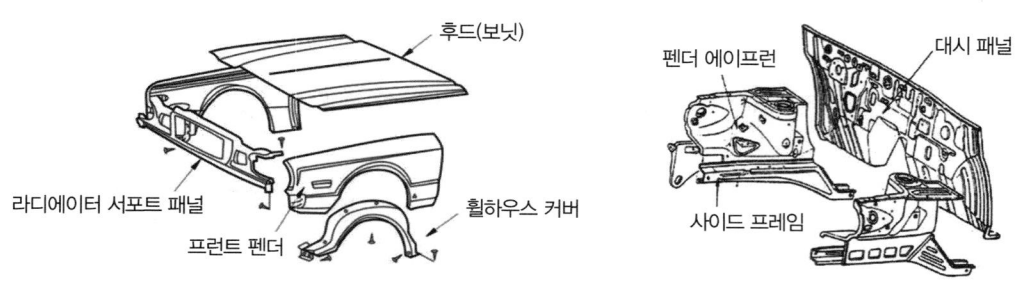

[차체 외판 패널구조]   [차체 내판 패널구조]

전면부 보디는 라디에이터 서포트 패널, 프런트 사이드 멤버(LH, RH), 펜더 에이프런(LH, RH), 대시 패널, 카울 패널 등을 용접 결합한 구조로 엔진이나 변속기 및 주행에 필요한 서스펜션, 조향장치 등을 설치할 수 있도록 정밀하고 충분한 강성, 강도가 확보되어야 한다.

(2) 중앙부 보디의 구조

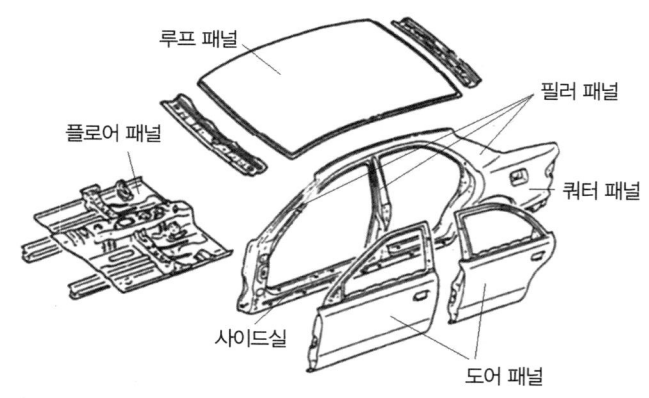

[중앙부 보디의 구조]

중앙부 보디의 구조는 사이드 레일부의 프런트 필러, 센터 필러, 리어 필러가 루프와 사이드 실을 지지하고 있는 구조로 언더 보디의 하중을 보디 상부로 분산시킴과 동시에 전후좌우 방향의 구부러짐이나 비틀림을 방지하는 역할을 한다. 또한 충돌이나 추돌 사고 시에 객실 공간의 안전성 확보 등이 요구되는 중요 부위이다.

(3) 후면부 보디의 구조

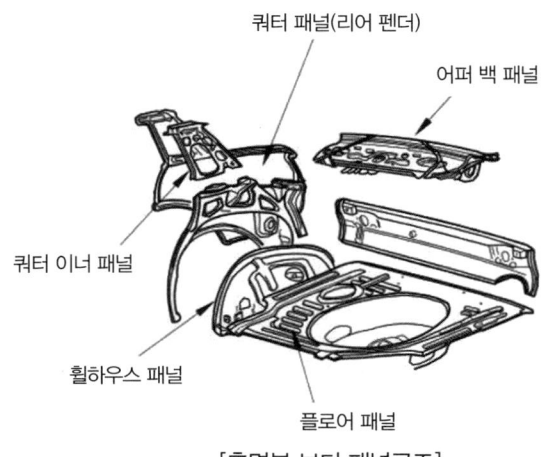

[후면부 보디 패널구조]

후면부 보디의 구조는 세단의 경우 쿼터 패널, 백 패널, 루프, 플로어 패널과 결합되어 보디의 비틀림을 방지하는 역할을 한다.

❷ 차체 패널 명칭

(1) 화이트 보디
부품을 장착하기 전의 보디를 말한다.

(2) 구조 명칭

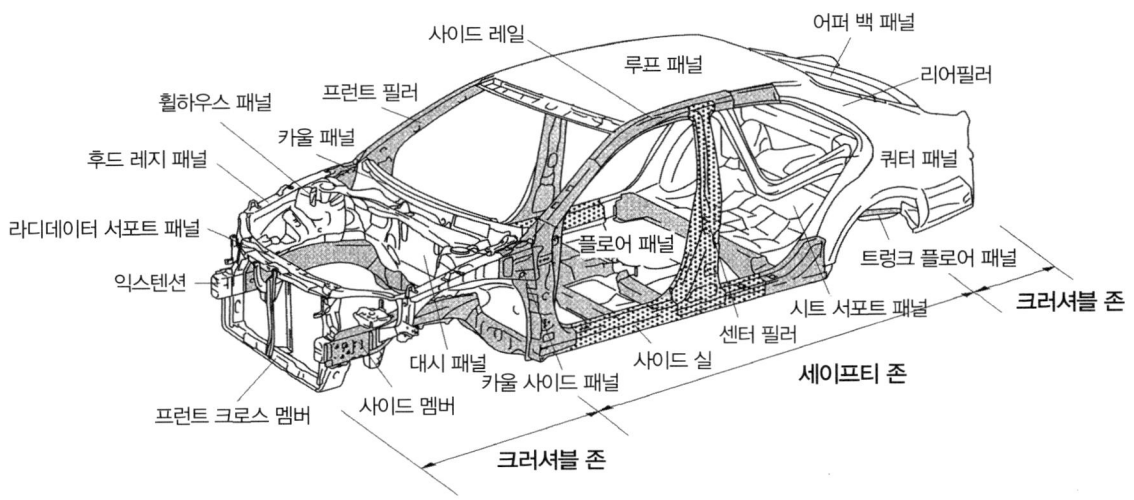

[화이트 보디 명칭]

① 카울(Cowl) : 자동차의 앞창과 계기판을 포함하는 부분을 말한다.
② 크러셔블 존(Crushable Zone) : 충격흡수 구역이다.
③ 세이프티 존(Safety Zone) : 승객의 생존을 확보하는 구역이다.
　※ 킥 업(Kick Up)이란 전후 충돌 등의 충격을 받았을 경우에 멤버 자체가 변형하여 차실에 영향을 미치는데, 영향이 적게 미치도록 프레임을 부분적으로 만든 굴곡을 말한다.

(3) 외판 패널

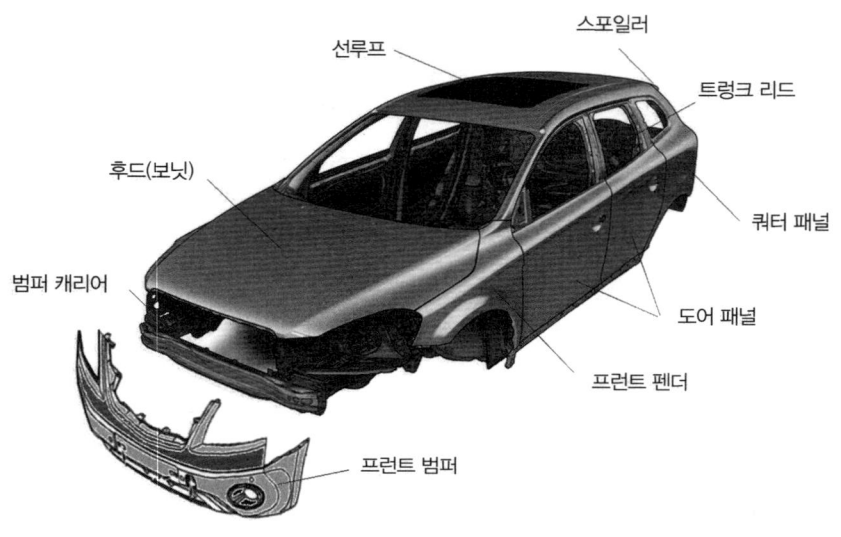

[외판 패널 명칭]

① 선루프(Sun Roof) : 외부 공기나 빛을 차실 안으로 들어올 수 있도록 조절할 수 있는 지붕 장치이다.
② 스포일러(Spoiler) : 자동차 후미에서 발생되는 공기 와류현상을 억제하는 장치로 주로 루프 끝이나 트렁크 위에 설치한다.
③ 웨더스트립(Weather strip) : 자동차 차체(Body)의 틈새막이로 비바람이나 먼지 등이 차실로 들어오는 것을 방지하기 위해 도어나 창유리 등의 가장자리에 설치하는 것이다.
④ 후드(보닛) : 엔진룸의 덮개로서 내부부품을 보호 및 소음 감소 기능을 한다.
⑤ 도어 패널 : 프런트와 리어 도어로 구분되며, 내측 부분에 빔이나 임팩트 바 등의 보강판이 들어 있다.
⑥ 범퍼 : 충돌 시에 주변 차체 보호 및 디자인적인 역할을 담당하고 있다.
　※ 슬라이딩(Sliding) 도어는 도어가 옆으로 미끄러지며 열리고 닫히는 형태의 도어를 말한다. 5마일 범퍼란 충격 흡수력이 좋은 폴리우레탄 재질을 내장한 범퍼로, 시속 5마일(약 8km/h) 이내의 속도로 충돌 시에 즉시 원상 복원되어 차체 및 기능 부품의 손상을 방지할 수 있는 범퍼를 말하며, 2005년 이후 제작되는 국내 승용차는 의무적으로 장착하고 있다.

Chapter 03
기관(Engine System)

제1절 기관 개요

1 열기관
연료를 연소시켜 얻은 열에너지를 기계적 일로 전환시켜 동력을 얻는 기관

2 엔진의 분류

(1) 일을 하는 방식에 따른 분류

1) 2행정 1사이클 기관
   ① 4행정 기관에 비해 출력이 1.6~1.7배 정도 크다.
   ② 마력당 중량이 가볍다.
   ③ 회전이 원활하다.
   ④ 구조가 간단하다.
   ⑤ 저속회전이 어렵다.

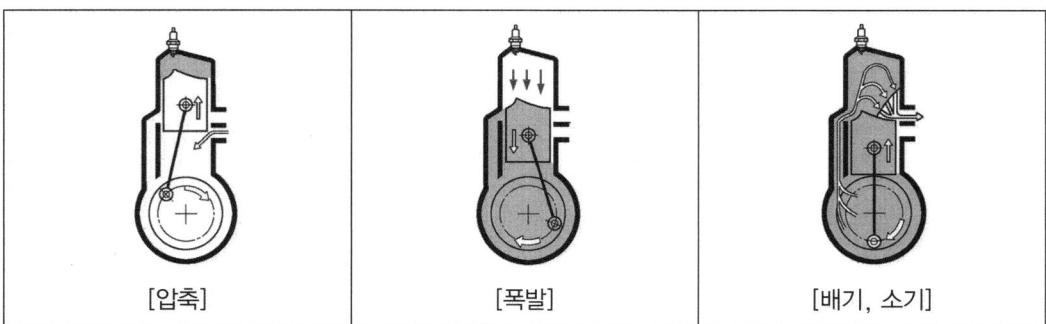

[압축]　　　　　[폭발]　　　　　[배기, 소기]

2) 4행정 1사이클 기관
   ① 크랭크축 720°(2회전)에 흡입, 압축, 폭발, 배기 4개의 과정으로 1사이클을 완성한다.
   ② 1사이클을 완료 시 크랭크축은 2회전하며, 캠축은 1회전하고, 흡·배기 밸브의 작동 순서는 다음과 같다.

㉠ 4행정 1사이클 기관의 작동순서

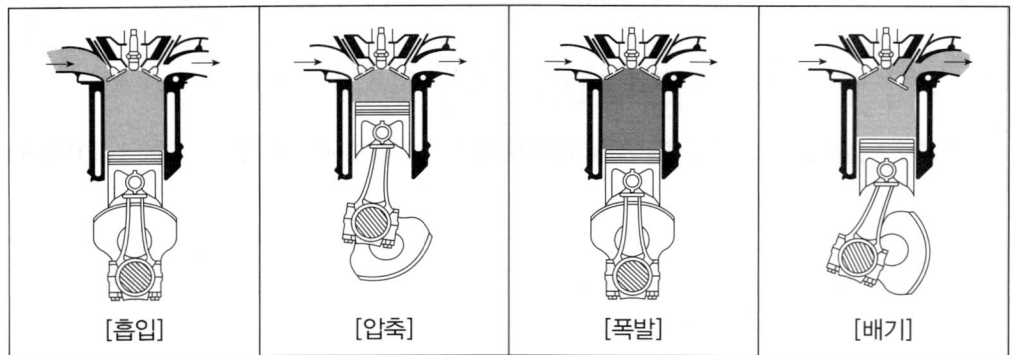

[흡입]　[압축]　[폭발]　[배기]

(2) 이론 열역학적 분류법

1) 오토 사이클(정적 사이클)

일정한 체적하에서 연소되는 기관으로 가솔린 기관에 적용된다.

2) 디젤 사이클(정압 사이클)

일정한 압력하에서 연소되는 기관으로 저속디젤 기관에 적용된다.

3) 사바테 사이클(복합 사이클)

일정한 체적, 압력하에서 연소되는 기관으로 고속디젤 기관에 적용된다.

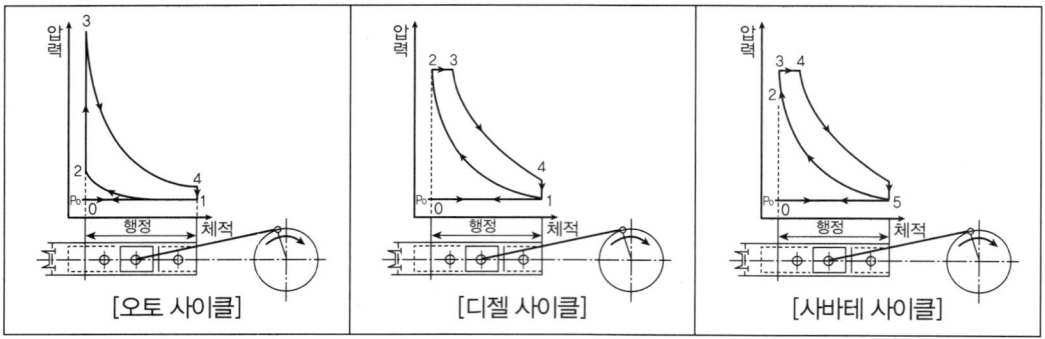

[오토 사이클]　[디젤 사이클]　[사바테 사이클]

(3) 행정과 내경 비율에 따른 분류

1) 비율의 이해

[단행정]　[장행정]

2) 분류

① 단행정 기관(오버 스퀘어 기관, 고속 출력형)

D > S인 기관으로 피스톤의 평균속도를 올리지 않고 엔진 회전수를 높일 수 있다.

㉠ 흡·배기 밸브의 크기를 크게 할 수 있어 효율이 향상된다.

㉡ 피스톤속도가 늦다(고회전화가 가능).

㉢ 냉각이 어렵다.

㉣ 연소면에서 장행정 기관에 비하여 불리하다.

㉤ 운동부품의 강도를 높여야 한다.

$$Ps = \frac{2NS}{60} \text{ [m/sec]}$$

Ps : 피스톤의 평균속도   N : 크랭크축 회전수(rpm)   S : 행정(m)

② 정방형 기관(스퀘어 기관)

D = S인 기관

③ 장행정 기관(언더 스퀘어 기관, 저속 토크형)

D < S인 기관으로 피스톤의 측압이 적어서 과열 우려가 적고 회전력이 커서 저속기관에 적합하다.

㉠ 연소실을 작게 할 수 있다.

㉡ 소음과 진동이 작아진다.

㉢ 연비가 좋은 엔진으로 할 수 있다.

㉣ 흡, 배기 효율이 불리하게 된다.

㉤ 피스톤 속도가 빠르다(고회전화가 어렵다).

제2절 기관 본체

1 엔진 해체 정비 기준

① 윤활유 소비율이 표준 소비율의 50% 이상일 때

② 연료 소비율이 표준 소비율의 60% 이상일 때

③ 압축압력이 규정 값의 70% 이내일 때

2 실린더 헤드

연소실을 구성하고 있으며 약 1900~2100℃의 고온과 약 30~50kg/cm² 고압에 견딜 수 있도록 기계적 강도는 높고 냉각성이 좋아야 한다.

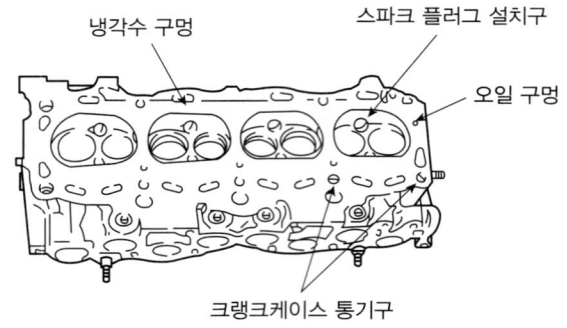

[실린더 헤드]

(1) 실린더 헤드 개스킷

연소실 가스의 기밀을 유지하고 냉각수와 윤활유의 누설을 방지하는 기능을 한다.
재질은 석면+금속개스킷(Al 또는 Cu, Fe)으로 두께는 약 0.1~0.3mm 정도이다.

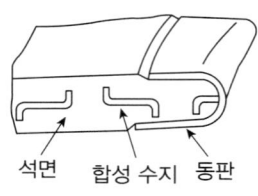

[실린더 헤드 개스킷 구조]

(2) 캠축

벨트나 체인, 기어에 의해 구동된다.

1) 캠축 구조

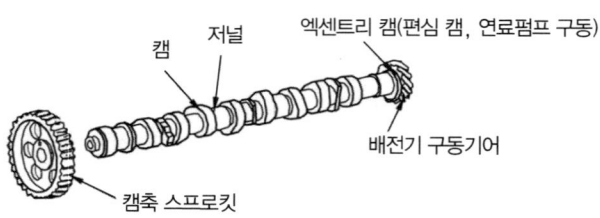

[캠축 구조]

(3) 리프터(태핏, Valve Lifter or Valve Tappet)

밸브 리프터는 캠축의 회전운동을 상하 운동으로 변환시켜 푸시로드로 전달하며 가이드에 의해 지지되어 있다.

1) 유압식 밸브 리프터

오일의 비압축성과 윤활장치의 순환 압력을 이용하여 작용하게 하여 엔진의 작동 온도 변화에 관계없이 밸브 간극을 0으로 유지할 수 있도록 제작된 방식이다.

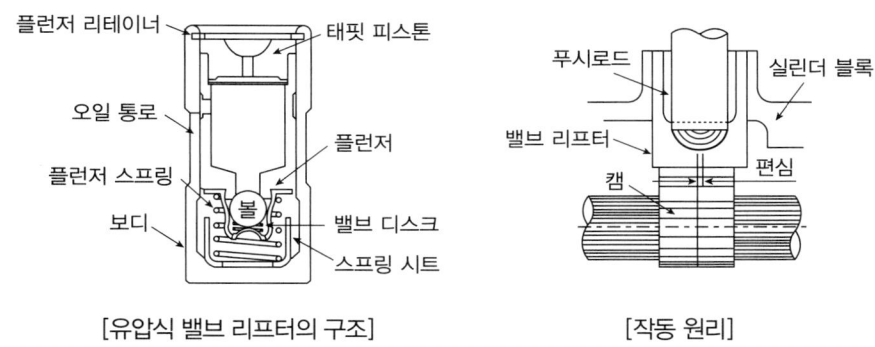

[유압식 밸브 리프터의 구조]   [작동 원리]

❸ 실린더 블록

실린더 블록은 기관의 기초 구조물로서 윤활통로와 물재킷 그리고 실린더 일부가 연소실을 구성하고 있다.

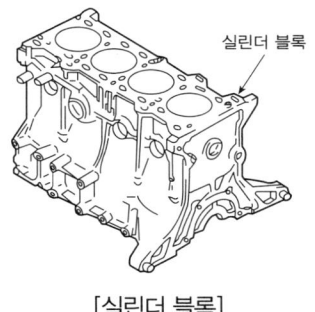

[실린더 블록]

(1) 재질

주철, 특수주철, 알루미늄 경합금

(2) 일체식 실린더

실린더 블록과 동일한 재질로 실린더를 제작한 형식이며, 실린더 벽 마멸 시 보링 작업을 실시한다.

(3) 삽입식 실린더(라이너 또는 슬리브)

1) 냉각수 접촉 방식에 따른 분류
  ① 습식라이너
  ② 건식라이너

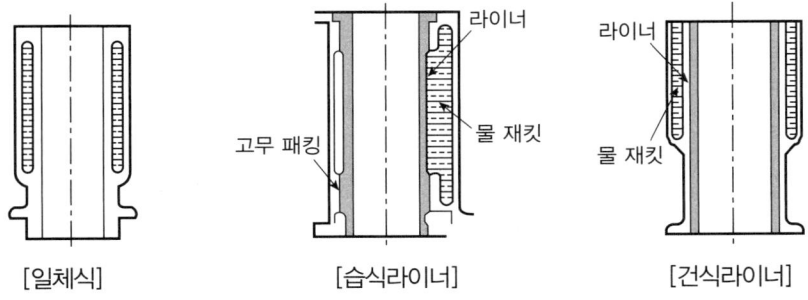

[일체식]   [습식라이너]   [건식라이너]

(4) 블로바이가스
압축 행정 시 피스톤과 실린더 사이(피스톤 간극)로 빠져 나가는 가스

(5) 블로다운
배기행정 초기에 폭발압력에 의해 가스가 빠져 나오는 현상

(6) 블로백
흡기밸브의 밀착불량으로 압축, 동력 행정 시에 흡기 밸브를 통하여 가스가 빠져 나오는 현상

4 크랭크 케이스

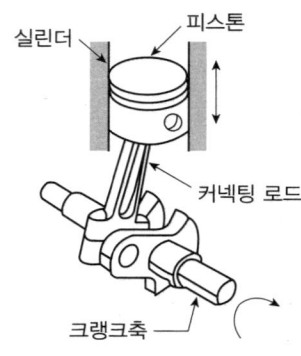

[크랭크 케이스 구조]

(1) 크랭크축의 기능
폭발과정에서 얻은 회전관성을 이용하여 배기, 흡입, 압축과정을 완성하는 기능이다.

정반 위에 V블럭을 설치한 뒤 크랭크축을 올리고 다이얼 게이지를 크랭크축 메인저널부에 수직 방향으로 설치한 후 0점을 조정한 후에 크랭크축을 1회전한 뒤 측정값의 1/2을 기록한다.

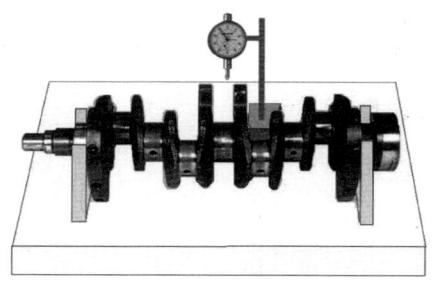

[크랭크축 휨 측정]

(2) 엔진 베어링

1) 베어링 크러시
베어링의 바깥둘레와 하우징 안둘레의 차이를 말하며 회전 시 발생하는 열을 블록으로 전달하여 냉각효과를 높이고 밀착성 및 조립성을 높이기 위하여 둔다.

2) 베어링 스프레드

베어링 외경과 하우징 내경과의 차이를 말하며 조립성 및 크러시 양이 클 때에 안으로 찌그러짐을 방지한다.

(3) 크랭크축 앤드플레이

크랭크축 축방향 유격을 말하며, 스러스트 베어링의 두께로써 조정한다.

(4) 윤활간극

크랭크축 회전 시에 베어링과의 마찰이 발생하므로 중간에 윤활층을 두어 마찰을 감소시킨다. 일반적으로 윤활간극은 0.02~0.07mm를 두고 있다.

No	윤활간극	현상
1	크다	소음발생, 유압저하, 윤활유 소모발생
2	작다	동력손실, 소결현상(타붙음현상 또는 스틱현상)

(5) 플라이 휠

플라이 휠의 무게는 회전수가 빠르거나 실린더 수가 많아지게 되면 관성을 이용할 시간이 적어지게 되므로 적게 설계하여도 된다.

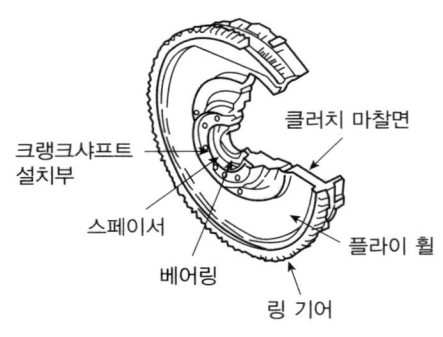

[플라이 휠 구조]

8 피스톤과 커넥팅 로드

(1) 고정방식에 따른 분류

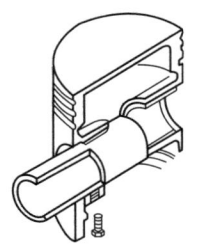
[고정식]

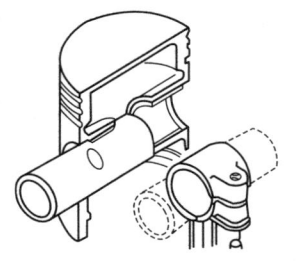
[반부동식]

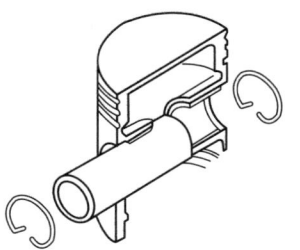
[전부동식]

(2) 피스톤 헤드

폭발력을 면으로 받고 헤드부가 연소실을 구성하고 있다.

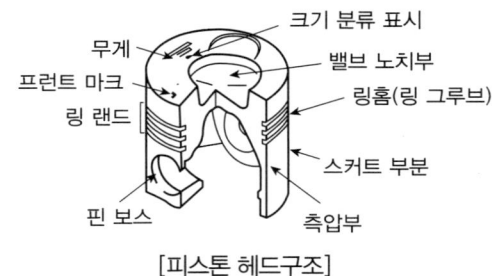

[피스톤 헤드구조]

(3) 피스톤 링

특수 주철제로 원심주조법으로 제작한다.

① 피스톤 링의 3대 작용

　㉠ 기밀유지　㉡ 냉각작용　㉢ 오일제어작용

② 피스톤링 앤드 갭

피스톤링 절개부 끝단 사이의 틈새를 말하며 링이음 간격이라고도 한다.

③ 피스톤링 절단부 형상에 따른 분류

[버트 이음]　　　　[앵글 이음]　　　　[랩 이음]

④ 피스톤링 설치

블로바이가스 유입, 압축압력저하, 효율저하를 방지하기 위하여 120~180° 정도로 설치한다.

⑤ 링플레터 현상

고속 시에 링의 장력이 작을 때 기밀작용을 못해 블로바이가스가 새어 나가는 현상이다. 이러한 현상을 방지하기 위하여 편심형 링을 사용하기도 한다.

(4) 커넥팅 로드(Connecting Rod)

피스톤과 크랭크축을 연결하고 피스톤의 왕복운동을 크랭크축으로 전달하는 일을 한다.

커넥팅 로드의 길이는 소단부에서 대단부의 중심 사이의 길이로 표시하며, 피스톤 행정의 1.5~2.3배 또는 크랭크 회전 반지름의 3.0~4.5배가 적당하다.

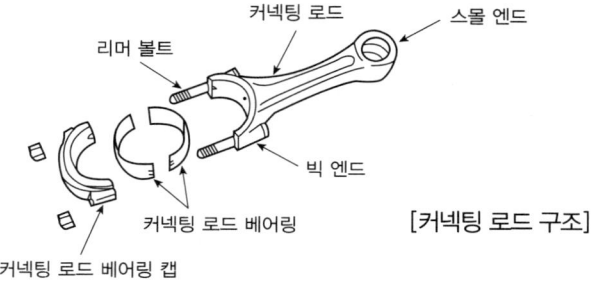

[커넥팅 로드 구조]

제3절 연료장치(Fuel Delivery System, Diesel Engine)

1 가솔린 엔진의 연소

(1) 노킹(Knocking)현상
실린더 내의 연소에서 화염 면이 고온, 고압의 미연소 가스에 점화되어 정상 연소로 전파되기 전에 자기착화 하여 빠른 속도로 연소되는 비정상 연소 현상을 말한다.

(2) 노킹이 엔진에 미치는 영향
① 실린더의 온도가 상승하고, 출력이 저하된다.
② 실린더와 피스톤이 고착될 염려가 있다.
③ 피스톤·밸브 등이 손상된다.
④ 배기가스의 온도가 저하된다.
⑤ 소음과 진동이 발생한다.
⑥ 연료소비율이 증가한다.

(3) 노킹 발생의 원인
① 엔진에 과부하가 걸렸을 때
② 엔진이 과열되었을 때
③ 점화 시기가 너무 빠를 때
④ 혼합비가 희박할 때
⑤ 저옥탄가의 가솔린을 사용하였을 때

(4) 노킹 방지 대책
① 압축비를 낮춘다.
② 흡기압력을 낮춘다.
③ 흡기온도를 낮춘다.
④ 엔진회전수를 높인다.
⑤ 화염 전파거리를 짧게 하거나 화염 전파속도를 빠르게 한다.
⑥ 점화시기를 늦춘다.
⑦ 고옥탄가의 연료를 사용한다.

(5) 옥탄가(Octan Number)
노킹 및 조기점화를 방지하기 위하여 연료가 자기착화를 일으키기 어려운 성질, 즉 가솔린의 앤티노크성(내폭성: Anti Knocking Property)을 나타내기 위한 지수를 말한다.
① 옥탄가의 결정 : 앤티노크성이 큰 이소옥탄의 앤티노크성을 100, 앤티노크성이 아주 작아 폭발하기 쉬운 노멀헵탄의 앤티노크성을 0으로 하여 이소옥탄의 체적 비율에 따라 결정된다.

② 이소옥탄의 체적비율이 80%, 노멀헵탄의 체적비율이 20%라면 시험 대상의 가솔린 연료의 옥탄가는 80%이다. 그리고 가솔린의 옥탄가는 CFR엔진으로 측정한다.

$$옥탄가 = \frac{이소옥탄}{이소옥탄 + 노멀헵탄} \times 100$$

제4절 배기장치(Exhaust System)

1 배출가스

(1) 배기가스(Exhaust Gas)

주성분은 수증기(H_2O)와 이산화탄소(CO_2)이며, 이외에 일산화탄소(CO), 탄화수소(Hydro-Carbon : HC), 질소산화물(NO_X), 납산화물, 탄소 입자 등이 있다.

(2) 블로바이가스(Blow-by Gas)

실린더와 피스톤 간극에서 크랭크 케이스(Crank Case)로 빠져나오는 가스로서 엔진의 부식, 오일 슬러지(Oil Sludge) 발생 등을 촉진한다.

(3) 증발가스

연료 장치에서 가솔린이 증발하여 대기 중으로 방출되는 가스로 주성분은 탄화수소이다.

2 배기가스 제어 장치

(1) 산소 센서

1) 산소 센서의 종류
   ① 지르코니아 형식 : 지르코니아 소자(ZrO_2) 양면에 백금 전극이 있고, 이 전극을 보호하기 위해 전극의 바깥쪽에 세라믹으로 코팅된 타입
   ② 티타니아 형식 : 세라믹 절연체의 끝에 티타니아 소자가 설치되어 있는 타입

2) 산소 센서의 작동
   혼합비가 희박할 때는 약 0.1V, 혼합비가 농후하면 약 0.9V의 전압을 발생시킨다.

3) 산소 센서의 특성
   산소 센서가 정상적으로 작동할 때 센서부의 온도는 400~800℃ 정도이며, 엔진 냉각 시와 공전 운전에서는 컴퓨터 자체의 보상 회로에 의해 개방 회로(Open Loop)가 되어 임의 보정된다.

4) 산소 센서 사용상 주의사항

① 출력 전압을 측정할 때에는 디지털 멀티 테스터를 사용할 것
② 센서의 내부 저항은 절대로 측정하지 말 것
③ 4에틸납이 포함되지 않은 무연 가솔린을 사용할 것
④ 출력 전압을 단락시키지 말 것
⑤ 산소 센서는 정상 작동 온도가 된 후 측정할 것

(2) 배기가스 재순환 장치(EGR ; Exhaust Gas Recirculation)

질소 산화물(NO_x) 배출을 저감시키기 위하여 흡기다기관의 진공에 의하여 열려서 배기가스 중의 일부(혼합가스의 약 15%)를 다시 흡기다기관으로 보내서 연소실로 다시 유입시킨다.

$$EGR율 = \frac{EGR가스량}{EGR가스량 + 흡입공기량} \times 100$$

(3) 후처리 방식의 대책

1) 촉매 컨버터

배기 다기관 아래쪽에 설치되어 배기가스가 촉매 컨버터를 통과할 때 유해 배기가스를 정화시켜 주는 장치를 말한다.

2) 촉매 방식에 따른 분류

① 산화촉매식 : 배기가스를 백금, 파라듐 등의 귀금속계나 니켈, 크롬, 구리 등의 비금속 촉매를 써서 산소(O_2)가 많은 분위기를 통과시켜 CO, HC를 CO_2와 H_2O로 산화시켜 정화한다.
② 환원촉매식 : CO 또는 가연물에 의해서 NO_x를 환원시키고 N_2와 CO_2, H_2O로 분해하여 정화한다.
③ 서멀 리액터 장치 : 배기가스 중의 CO나 HC 등의 미연소가스와 함께 혼재하고 있는 O_2에 2차 공기를 공급하여 재연소시키는 방식이다.
④ 삼원촉매식 : CO, HC, NO_x의 유해성분을 하나의 촉매로 정화하는 방식으로 CO, HC에 대해서는 산화반응을 NO_x에 대해서는 환원반응을 유도하여 정화한다.

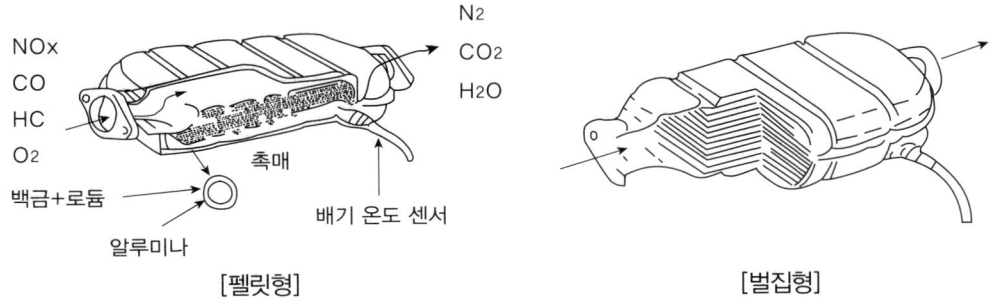

[펠릿형]   [벌집형]

제5절 디젤엔진

1 디젤 엔진의 장점과 단점

(1) 디젤 엔진의 장점
① 열효율이 높고, 연료 소비율이 적다.
② 인화점이 높은 경유를 연료로 사용하므로 취급 및 위험이 적다.
③ 대형 엔진의 제작이 가능하다.
④ 저속에서도 큰 회전력이 발생한다.
⑤ 배기가스가 가솔린 엔진보다 덜 유해하다.
⑥ 점화장치가 필요 없어 이에 따른 고장이 적다.
⑦ 2행정 사이클 엔진이 비교적 유리하다.

(2) 디젤 엔진의 단점
① 연소 압력이 커서 엔진 각부를 튼튼하게 하여야 한다.
② 엔진의 출력을 대비한 무게와 형체가 크다.
③ 운전 중 진동과 소음이 크다.
④ 연료 분사 장치가 매우 정밀하고 복잡하며, 제작비가 비싸다.
⑤ 압축비가 높아서 큰 출력의 기동 모터가 필요하다.

2 디젤 엔진의 연료와 연소 과정

(1) 세탄가(Cetane Number)
디젤 연료의 착화성 우열을 나타내는 지수로 착화성이 좋은 세탄의 착화성을 100, 발화성이 나쁜 α-메틸나프탈린의 착화성을 0으로 한 세탄의 체적 비율을 말한다.

$$세탄가 = \frac{세탄}{세탄 + \alpha - 메틸나프탈린} \times 100$$

(2) 디젤 엔진의 연소 과정과 노크
디젤 엔진의 연소 과정은 착화지연기간(A → B) → 화염전파기간(B → C) → 직접연소기간(C → D) → 후 연소기간(D → E)의 4단계로 연소한다.

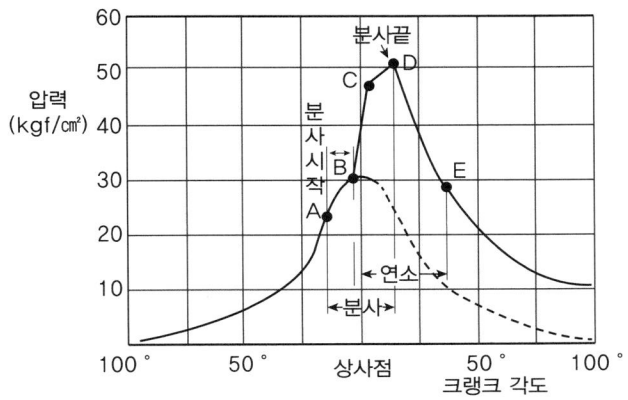

[디젤 엔진의 연소 과정]

❸ 디젤 엔진의 시동 보조 기구

(1) 감압 장치(De-compression Device)
디젤 엔진의 한랭 상태에서의 원활한 크랭킹(Cranking)을 고려하여 설치한 장치이다.

(2) 예열 장치
① 흡기 가열식 : 실린더 내로 흡입되는 공기를 흡입 다기관에서 가열하는 방식이며, 흡기히터 방식과 히트 레인지식이 있다.

② 예열 플러그식(Glow Plug Type) : 연소실 내의 압축 공기를 직접 예열하는 형식이며, 예열 플러그, 예열 플러그 파일럿, 예열 플러그 저항기, 히트 릴레이 등으로 구성되어 있고 주로 예연소실식과 와류실식에서 사용하고 있으며, 종류에는 코일형과 실드형이 있다.

❹ 디젤 엔진의 연소실

(1) 직접 분사실식
직접 분사실식은 연소실이 실린더 헤드와 피스톤 헤드의 요철에 의하여 형성되고, 여기에 직접 연료를 분사하는 방식이다. 주로 2행정 사이클 디젤 엔진에서 사용하며, 압축비는 13~16, 분사 압력은 200~300kg/cm², 폭발 압력은 80kg/cm², 노즐은 다공형을 사용한다.

1) 직접 분사실식 장점
① 실린더 헤드의 구조가 간단하여 열효율이 높다.
② 연료 소비율이 적다(170~200g/PS-h).
③ 연소실 체적에 대한 표면적의 비가 작아 냉각손실이 적다.
④ 엔진의 시동이 쉽다.

⑤ 실린더 헤드의 구조가 간단하여 열 변형이 적다.

2) 직접 분사실식 단점
① 분사 압력이 가장 높으므로 분사 펌프와 노즐의 수명이 짧다.
② 사용 연료의 변화에 매우 민감하다.
③ 노크 발생이 쉽다.
④ 엔진의 회전속도 및 부하의 변화에 민감하다.
⑤ 다공형 노즐을 사용하므로 값이 비싸다.
⑥ 분사 상태가 조금만 달라져도 엔진의 성능이 크게 변화한다.

(2) 예연소실식 연소실
예연소실식은 실린더 헤드와 피스톤 사이에 형성되는 주연소실 위쪽에 예연소실을 둔 것으로 먼저 분사된 연료가 예연소실에서 착화하여 고온·고압의 가스를 발생시키고, 이것에 의해 나머지 연료를 주연소실에 분출함으로써 공기와 잘 혼합하여 완전 연소하는 연소실이다.

1) 예연소실식 연소실의 장점
① 분사 압력이 낮아 연료장치의 고장이 적고, 수명이 길다.
② 사용 연료 변화에 둔감하여 연료의 선택 범위가 넓다.
③ 운전 상태가 조용하고, 노크의 발생이 적다.

2) 예연소실식 연소실의 단점
① 연소실 표면적에 대한 체적비가 크므로 냉각 손실이 크다.
② 실린더 헤드의 구조가 복잡하다.
③ 시동 보조 장치인 예열 플러그가 필요하다.
④ 압축비가 높아 큰 출력의 기동 전동기가 필요하다.
⑤ 연료 소비율이 비교적 크다(200~230g/PS-h).

(3) 와류실식 연소실
와류실식은 실린더 또는 실린더 헤드에 와류실을 두고 압축 행정 중에 와류실에서 강한 와류가 발생하도록 한 형식으로 와류실에 연료를 분사한다. 와류실에 분사된 연료는 강한 선회운동을 하고 있는 공기와 만나 빨리 혼합되어 착화 연소하면서 주연소실로 분출되어 다시 여기서 미연소 연료가 새 공기와 만나면서 연소하는 형식이다.

1) 와류실식 연소실의 장점
① 압축행정에서 발생하는 강한 와류를 이용하므로 회전속도 및 평균 유효압력이 높다.
② 분사 압력이 낮아도 된다.
③ 엔진 회전속도 범위가 넓고, 운전이 원활하다. 즉, 고속 회전이 가능하다.

④ 연료 소비율이 비교적 적다(190~220g/PS-h).

2) 와류실식 연소실의 단점
① 실린더 헤드의 구조가 복잡하다.
② 분출 구멍의 교축 작용, 연소실 표면적에 대한 체적비가 커 열효율이 낮다.
③ 저속에서 노크 발생이 쉽다.
④ 엔진을 시동할 때 예열 플러그가 필요하다.

5 디젤 엔진의 연료장치

(1) 분사 펌프(Injection Pump)
분사 펌프는 공급 펌프에서 보내준 연료를 분사 펌프 캠축에 의해 구동되는 플런저가 분사순서에 맞추어 고압력으로 펌핑하여 노즐로 압송시켜 주는 장치이다.

(2) 조속기(Governor)
① 조속기의 기능 : 엔진의 회전속도나 부하의 변동에 따라서 자동적으로 제어래크를 작동하여 분사량을 가감하는 장치이다.
② 앵글라이히 장치(Angleichen Device) : 엔진의 모든 속도 범위에서 공기와 연료의 비율이 알맞게 유지되도록 조절해 주는 장치이다.

(3) 타이머(Timer, 분사시기 조정기)
연료가 연소실에 분사되어 착화 연소하고 피스톤에 유효한 일을 시킬 때까지 엔진 회전속도 및 부하에 따라 분사시기를 변화시켜 주는 장치가 타이머이다.

제6절 냉각장치(Cooling System)

1 개요
기관을 냉각시켜 일정한 온도를 유지시켜 주는 장치이다.

(1) 구성품
① 워터 펌프(Water Pump)
② 물 재킷(Water Jacket)
③ 수온조절기(Thermostat)
④ 방열기(Radiator)
⑤ 냉각 팬(Cooling Fan)

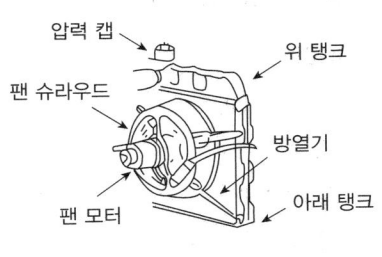

[냉각장치 구성]

❷ 구성부품

(1) 물 펌프(Water Pump)

물 펌프는 크랭크축의 회전력을 구동 벨트를 통하여 전달받아, 엔진의 물 재킷(냉각수통로) 내로 냉각수를 강제적으로 순환시키는 원심력 펌프이다.

임펠러가 설치되어 회전운동을 원심력으로 전환시켜 물을 순환시킨다.

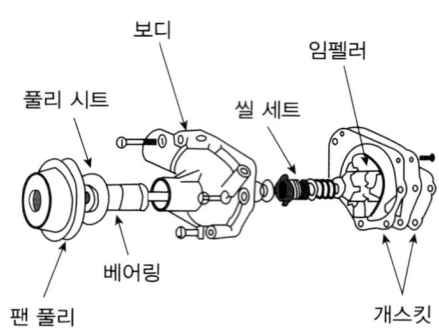

[물 펌프 구조]

(2) 물 재킷(Water Jacket)

실린더 헤드 및 블록에 냉각수가 순환할 수 있는 물 통로를 말한다.

(3) 수온조절기(정온기, Thermostat)

실린더 헤드의 냉각수 통로 출구에 설치되어 엔진 내부의 냉각수 온도 변화에 따라 자동적으로 통로를 개폐하여 냉각수 온도를 75~85℃가 되도록 조절하는 기구이다.

냉각수 온도가 정상 이하일 땐 밸브를 닫아 냉각수가 라디에이터 쪽으로 흐르지 않도록 하고, 바이패스 통로를 통하여 순환되다가 냉각수 온도가 76~83℃가 되면 서서히 열리기 시작하여 라디에이터 쪽으로 흐르게 하며, 95℃가 되면 완전 개방된다.

① 벨로즈형 : 알코올의 팽창에 의해 열리고 닫힌다.
② 펠릿형 : 내부에 왁스가 들어 있어 팽창에 의해 열리고 닫힌다.

(4) 방열기(Radiator)

1) 구비조건

   ① 단위면적당 방열량이 클 것
   ② 가볍고 작으며, 강도가 클 것
   ③ 냉각수 흐름 저항이 적을 것
   ④ 공기 흐름 저항이 적을 것

(5) 냉각 팬(Cooling Fan)

1) 전동 팬의 특징
   ① 전동 팬을 강제 구동시켜 냉각시키므로 복잡한 시가지 주행 시에도 무리가 없다.
   ② 라디에이터(방열기, Radiator)의 설치가 용이하다.
   ③ 일정 풍량을 확보할 수 있고 냉각 효율이 뛰어나다.
   ④ 히터 구동에 의한 난방 속도가 빠르다.
   ⑤ 제작 비용이 비싸고 소비 전력이 크며, 소음이 크다.

2) 팬 클러치의 특징
   ① 엔진 소비 마력을 감소시킬 수 있다.
   ② 구동 벨트의 내구성이 향상된다.
   ③ 냉각 팬의 소음발생을 방지한다.

제7절 윤활장치(Lubricating System)

1 윤활장치 개요
금속 섭동부에 윤활유를 공급시켜 주는 장치

(1) 윤활유의 6대 기능
① 감마작용(마찰 및 마멸감소 작용)   ② 기밀작용
③ 세척작용   ④ 방청작용(녹방지 작용)
⑤ 냉각작용   ⑥ 응력분산작용

(2) 윤활유의 주요 성질
① 점성 : 유체의 흐름을 방해하는 성질, 즉 유체흐름저항을 말한다.
② 점도 : 끈적 끈적한 상태로 유체의 흐름저항, 즉 점성을 수치화한 것을 말한다.

(3) 윤활유의 분류법
① SAE 구분류 : 번호가 클수록 점도가 높은 오일을 의미한다.

> SAE #40 – 여름철용
> SAE #30 – 봄, 가을철용
> SAE #20 – 겨울용

[SAE 표기]

② API 분류

No	기관	좋은 조건	중간조건	가혹조건
1	가솔린	ML	MM	MS
2	디젤	DG	DM	DS

③ SAE 신분류

No	기관	좋은 조건	중간조건	가혹조건
1	가솔린	SA	SB, SC	SD
2	디젤	CA	CB, CC	CD, CE

2 윤활장치의 종류

(1) 윤활유 공급방식에 따른 분류
① 압송식 : 압력을 가해서 송출시키는 방식이다.
② 비산식 : 뿌려주는 방식이다.
③ 비산압송식 : ①, ②번을 합친 방식이다.
④ 혼기식 : 예초기 등 연료에 윤활유를 섞어 사용하는 방식이다.

(2) 여과방식에 따른 방식
① 분류식 : 오일펌프(Oil Pump)에서 압송한 오일을 윤활부에 직접 공급하고, 바이패스되는 오일은 여과하여 오일 팬에 보내는 방식이다.
② 전류식 : 오일펌프에서 압송한 오일 전체를 오일 필터에서 여과한 다음 윤활부로 압송하는 방식이며, 오일 회로가 막혔을 경우 바이패스 밸브를 통로를 통해 막혀도 공급할 수 있다.
③ 샨트식(복합식) : 오일펌프에서 압송한 오일 일부는 오일 필터에서 여과한 다음 윤활부에 공급하고 나머지는 오일 팬에 보내는 방식이다.

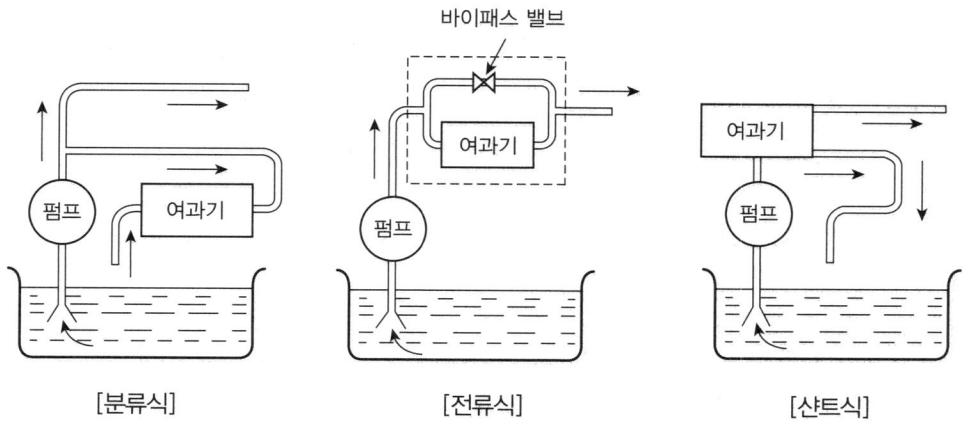

❸ 윤활장치 구성

(1) 오일펌프
오일펌프의 능력은 송유량과 송유 압력으로 표시하며 그 종류는 기어식, 로터리식, 플런저식, 베인식 등이 있다.

(2) 여과기
① 오일 스트레이너 : 오일팬 섬프 내의 오일을 펌프로 유도하고 오일 속에 포함된 커다란 불순물을 여과한다.
② 오일 필터 : 오일 속의 미세한 이물질을 여과한다(여과능력 $\frac{1}{100} \sim \frac{3}{100}$, 즉 0.01~0.03mm).

(3) 오일팬
한쪽 부분이 열려 있어 탱크라 하지 않고 팬이라 하며, 비탈길 주행 시 오일이 한쪽으로 쏠리는 현상을 방지하기 위해 섬프(Sump)를 만들어 오일을 원활하게 공급하고 급제동시 오일 이동방지 및 기계적 강도를 증가시키기 위하여 배플(Baffle, 칸막이)을 두고 있다. 또한 오일 교환 시 배출을 위한 드레인 플러그를 두고 있다.

(4) 압력조절기(Pressure Relief Valve)
윤활계통의 과도 압력을 방지하여 일정하게 유지하는 작용을 한다.

1) 유압상승 원인
① 엔진의 온도가 낮아 오일의 점도가 높다.
② 윤활 회로의 일부가 막혔다(특히 오일 여과기가 막히면 유압상승의 원인이 된다).
③ 유압 조절 밸브 스프링의 장력이 과대하다.

2) 유압이 낮아지는 원인
① 크랭크 축 베어링의 과다 마멸로 오일간극이 커졌다.
② 오일 펌프의 마멸 또는 윤활 회로에서 오일이 누출된다.
③ 오일 팬의 오일량이 부족하다.
④ 유압 조절 밸브 스프링 장력이 약하거나 파손되었다.
⑤ 엔진 오일이 연료 등으로 현저하게 희석되었다.
⑥ 엔진 오일의 점도가 낮다.

Chapter 04
섀시(Chassis System)

제1절 섀시 개요

1 개요
차대의 의미로 자동차에서는 보디(차체)를 제외한 부분을 말하며, 섀시 상태에서 운전이 가능하다.

2 프레임
섀시를 구성하는 부품이나 보디를 설치하는 기본 골격이 되는 부품이다.

(1) 구비조건
① 기계적 강도가 높을 것(충격에 의한 휨, 비틀림, 인장, 진동 등에 견디는 강성)
② 가벼울 것

(2) 종류
① 사다리형 프레임
② 플레이트 폼 프레임
③ 페리미터형 프레임
④ X형 프레임
⑤ 백본형 프레임

제2절 동력전달장치

1 개요
엔진에서 발생된 동력을 구동바퀴까지 전달하는 일련의 장치이다.

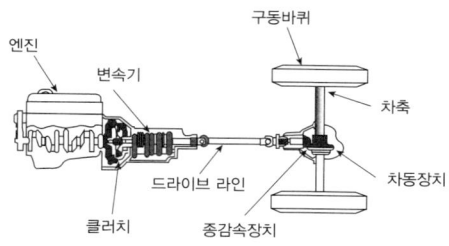

[동력전달장치]

❷ 클러치(Clutch)

엔진의 동력을 차단 및 연결시켜 주는 장치이다.

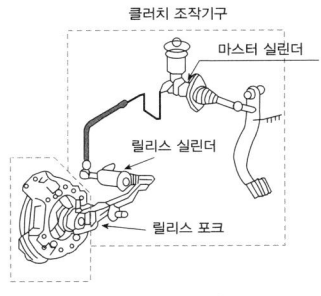

[클러치 구성]

(1) 필요성
① 엔진의 무부하 운전을 위하여
② 관성 운전을 위하여
③ 변속을 하기 위하여

(2) 구비조건
① 회전 관성이 적을 것
② 차단은 신속하고, 동력 연결은 자연스럽고 체결 시 확실하게 전달할 것
③ 회전 부분 평형이 좋을 것
④ 방열이 효과가 좋을 것
⑤ 구조가 간단하고 정비성이 용이할 것

(3) 클러치 용량

$$T = F \times \mu \times r$$

T : 클러치 용량   F : 힘   μ : 마찰계수   r : 유효반경

❸ 마찰 클러치

(1) 클러치판
변속기 입력축 스플라인부에 끼워져 동력을 전달한다.

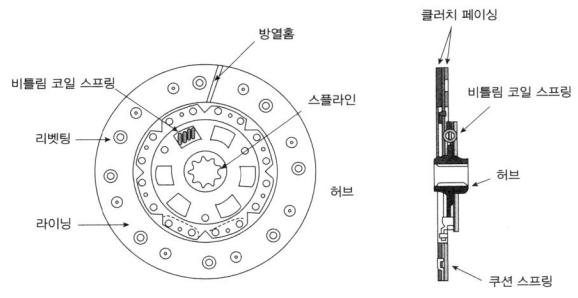

[클러치판 구조]

(2) 압력판
클러치를 일정한 하중으로 눌러주며 마찰열을 흡수하는 역할을 한다.

(3) 클러치 스프링(Clutch Spring)
클러치 스프링은 클러치 커버와 압력판 사이에 설치되어 압력판의 압력을 발생시키는 작용을 한다.

5 토크 컨버터(Torque Converter)
자동 변속기에서 엔진의 회전력을 받아 구동력을 증대시키는 장치이다.

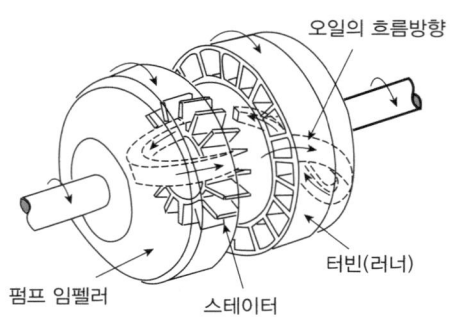

[토크 컨버터 구조]

(1) 구성품
① 펌프 임펠러(엔진측)
② 터빈(변속기측)
③ 가이드링 : 유체의 와류를 방지하고 전달 효율을 증대하는 기능
④ 스테이터 : 유체의 흐름 방향을 바꿔주는 기능

6 전자석 클러치
파우더 클러치라고도 하며 벨트 풀리의 변화로 기어가 변속되는 특징을 가지고 있다.

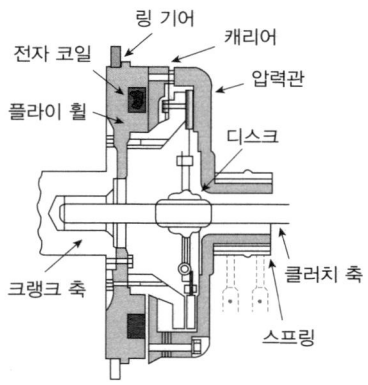

[전자석 클러치 구조]

7 변속기

(1) 개요
속도를 변화시켜 회전력을 일으키는 장치이다.

(2) 필요성
① 회전력 증대
② 기관 무부하
③ 후진 가능

7-1 수동변속기(Manual Transmission)

(1) 변속비

$$변속비 = \frac{부축}{주축} \times \frac{주축}{부축}$$

(2) 안전장치
① 록킹 볼 장치 : 기어빠짐 방지
② 인터록 장치 : 2중 물림 방지

(3) 기어빠짐 원인
① 시프트레일의 유격이 클 때
② 싱크로 메시 기구가 불량할 때
③ 기어의 마모가 과도할 때

7-2 자동변속기(Automatic Transmission)

(1) 제어부

1) 유압식

변속기 출력축 속도 변화를 가지고 변속 단수를 결정하는 형식으로 거버너 밸브가 원심력에 의해 동작된다.

2) 전자제어식

기본 구성은 유체클러치와 동일하며 전자석 밸브를 가지고 변속 단수를 결정하는 형식으로 솔레노이드 밸브가 변속을 제어한다.

(2) 오버 드라이브 장치
① 기능 : 엔진의 회전수보다 추진축의 회전수를 빠르게 한다.

② 원리 : 유성기어의 원리와 같다.

③ 유성기어부(Planetary Gear Unit)의 구성 : 유성 기어(Planetary Gear)가 링기어와 선 기어 사이에 들어 있으며, 유성 기어 캐리어를 이용하여 유성기어를 구동시킬 수 있도록 구성되어 있다.

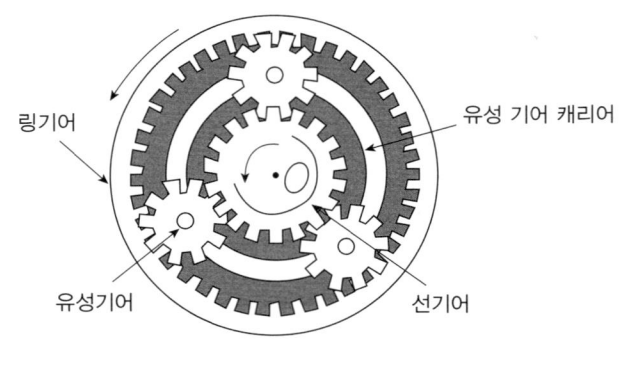

[유성 기어 장치]

8 드라이브 라인(Drive Line)

8-1 슬립 이음(Slip Joint)

슬립 조인트부의 스플라인을 이용하여 뒤 액슬 축의 상하 운동에 따른 변속기와 종감속기어 사이의 길이 변화를 가능하게 한다.

8-2 자재 이음(Universal Joint)

변속기와 종감속 기어 사이의 각도 변화를 가능하게 한다.

(1) 자재 이음 종류

① 플레시블 자재 이음 : 0~3°

② 볼 앤드 트러니언 자재 이음 : 8~12°

③ 십자형 자재 이음 : 12~18°

④ 등속도 자재 이음(C · V 조인트) : 28~32°

(2) 등속도 자재 이음 종류

① 제파형(Rzeppa Joint)

② 트랙터형(Tracta Joint)

③ 파르빌레형(Parville Joint)

④ 벤딕스 와이스형(Bendix Weiss Joint)

⑤ 2중 십자형 자재이음(Double Cross Joint)

8-3 추진축(Propeller Shaft)

속이 빈 중공축의 강관(Steel Pipe)을 사용한다.

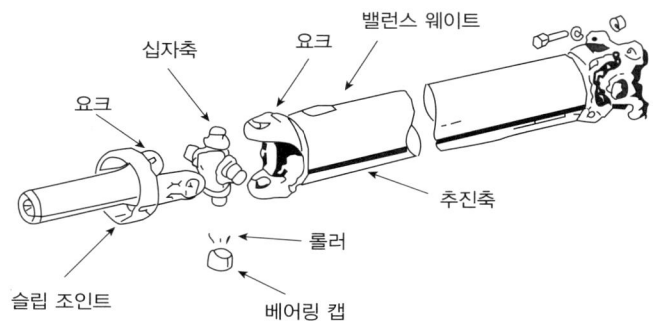

[드라이브 라인 구조]

① 진동대책 : 밸런스 웨이트, 센터 베어링을 설치하여 진동을 방지한다.
　※ 휠링(Whirling) : 축이 휘어져 발생되는 굽음 진동을 말한다.
② 소음대책 : 바이브레이션 댐퍼를 사용하여 소음을 방지한다.

9 종감속 기어와 차동기어 장치

회전력 증대를 위해서 최종적으로 감속하는 장치이다.

9-1 종감속 기어

추진축의 회전력을 직각방향으로 전달하며 최종적으로 감속시켜 구동력을 증가시킨다. 주로 하이포이드 기어를 사용한다.

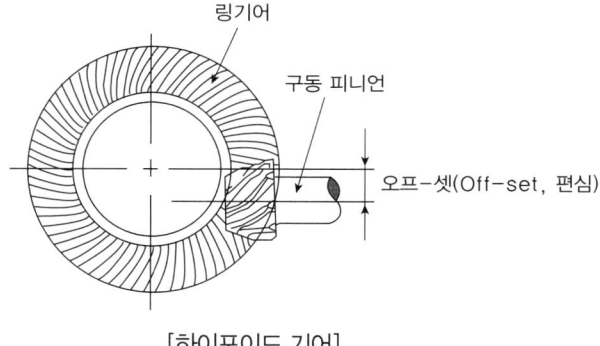

[하이포이드 기어]

(1) 종감속비

$$종감속비 = \frac{링기어의\ 잇수}{구동피니언의\ 잇수}$$

9-2 차동 기어 장치(Differential Gear System)

(1) 개요

차량 선회 시에 안쪽 바퀴와 바깥쪽 바퀴의 회전수를 다르게 하는 장치로 랙과 피니언의 원리를 이용한다.

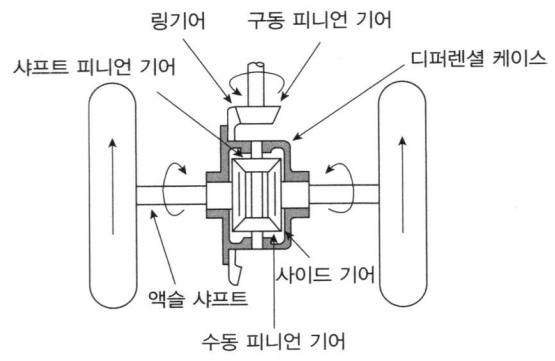

[차동 기어 장치 원리]

(2) 자동 제한 차동 기어 장치(LSD ; Limited Slip Differential Gear system)의 특징

① 미끄러운 노면에서 출발이 용이하다.
② 타이어 수명이 연장된다.
③ 고속으로 직진 주행을 할 때 안전성이 양호하다.
④ 요철 노면을 주행할 때 후부의 흔들림을 방지할 수 있다.

⑩ 휠 및 타이어(Wheel & Tire)

10-1 휠의 종류

① 디스크 휠 : 림과 허브사이를 판으로 연결, 가볍고 튼튼하며 제작이 쉬워 널리 이용된다.
② 스포크 휠 : 림과 허브를 강선의 스포크로 연결, 가볍고 경쾌하나 큰 하중에 약하여 스포츠카에 이용된다.
③ 스파이더 휠 : 방사선상의 림지지대로 연결, 방열이 좋으며 큰 직경의 타이어 부착이 용이하다.

[디스크 휠]   [스포크 휠]   [스파이더 휠]

10-2 타이어

타이어는 차량의 하중 부담, 완충, 제동력, 구동력의 전달, 조종 안정성 등이 요구된다.

(1) 타이어의 분류

1) 사용 압력에 따른 분류
   ① 고압 타이어
   ② 저압 타이어
   ③ 초저압 타이어

2) 튜브(Tube)유무에 따른 분류
   ① 튜브 타이어
   ② 튜브리스 타이어(튜브가 없는 형식)

3) 형식에 따른 분류
   ① 보통(바이어스) 타이어
   ② 레이디얼 타이어
   ③ 스노 타이어
   ④ 편평 타이어

(2) 타이어 구조

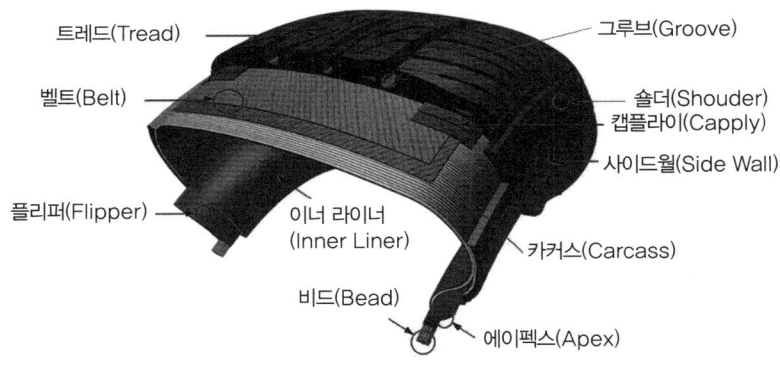

[타이어 구조]

1) 카커스(Carcass)
   ① 타이어의 뼈대부
   ② 일정체적 유지
   ③ 완충작용(하중이나 충격에 따라 변형)
   ④ 카커스 구성 코드의 층수를 플라이 수로 표시
   ※ [참고] 승용차용 4~6ply, 버스·트럭용 8~16ply

2) 비드부(Bead Section)

림에 접촉하는 부분이다.

① 공기 주입 시 타이어를 림에 고정시킨다.

② 카커스에 걸리는 인장력을 비드 와이어가 받아준다.

③ 튜브 리스 타이어의 경우 기밀성을 유지해 준다.

3) 벨트(Belt), 브레이커(Breaker Strip)

트레드와 카커스의 떨어짐을 방지한다.

4) 트레드부(Tread)

노면과 접촉하는 부분이다.

5) 타이어 튜브(Tire Tube)

타이어 내부의 공기압을 유지하는 역할을 한다.

6) 숄더(Shoulder)

타이어의 어깨부분으로 주행 중 발생 열을 발산하는 역할을 한다.

7) 그루브(Groove)

트레드에 패인 홈으로 조종 안정성, 견인력, 제동성을 높이는 기능을 한다.

8) 캡플라이(Capply)

주행성능을 향상시키고 벨트의 이탈을 방지한다.

9) 사이드 월(Side Wall)

타이어 옆부분을 말한다.

(3) 트레드 패턴

1) 목적

① 타이어의 미끄럼 방지

② 방열성 향상

③ 손상 확대 방지

④ 구동력, 선회성능 향상

2) 패턴 종류

① 리브 패턴

② 러그 패턴

③ 리브러그 패턴

④ 블록 패턴

⑤ 오프 더 로드 패턴

⑥ 스노 패턴

※ 타이어는 그늘진 창고에서 보관한다.

(4) 타이어에서 발생하는 이상 현상

1) 스탠딩 웨이브 현상(Standing Wave, 정지파 현상)

고속 주행 시 임계속도 이상에서 타이어 접지부 직후의 외주면에서 찌그러지는 변형파가 발생되는 현상, 방지법은 타이어 공기압을 표준보다 10~20% 높여 주거나 강성이 큰 타이어를 사용하면 된다.

2) 하이드로 플래닝(Hydro Planing, 수막현상)

물이 고인 도로를 고속으로 주행할 때 타이어는 수상스키와 같이 물 위를 활주하는 형태로 나타나는 현상으로 차량은 제동성, 조종성, 구동성이 급격히 감소하면서 견인력이 없어져 조향력을 상실하는 상태가 된다.

> **참고 사항**
>
> ※ 수막 현상 방지법
> ① 트레드 마모가 적은 타이어를 사용한다.
> ② 타이어 공기 압력을 규정보다 높이고, 주행속도를 낮춘다.
> ③ 리브 패턴(승용차용)의 타이어를 사용한다(러그 패턴의 경우는 하이드로 플래닝을 일으키기 쉽다).
> ④ 트레드 패턴을 카프(Calf)형으로 셰이빙(Shaving) 가공한 것을 사용한다.

3) 코니시티 : 타이어를 굴렸을 때 회전방향과는 무관하게 한 방향으로만 발생하는 힘

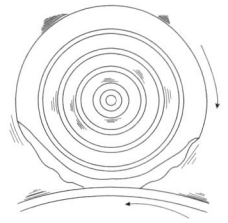
[스탠딩 웨이브 현상]

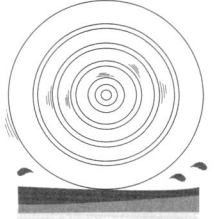
[하이드로 플래닝 현상]

(5) 타이어의 표기법

1) 타이어 규격

$$195/70R14\ 91H$$

195 : 타이어 폭(mm)　　70 : 편평비　　R : 레이디얼 구조　　14 : 림의 직경
91 : 하중지수(타이어 개당 최대하중)　　H : 속도기호(210km/hr)

$$편평비(\%) = \frac{H}{W} \times 100$$

2) 타이어 DOT 기호

$$DOT\ M5\ H3\ 459 \times 06\ 07$$

M5 : 타이어 생산 제조국 공장 코드　　H3 : 타이어 사이즈　　459 : 주요 특성과 제품 구분
06 : 제조한 주(1년 52주)　　07 : 제조 연도(2007년)

⓫ 주행 저항

(1) 구름 저항

구름 저항은 바퀴가 노면 위를 이동할 때 발생되는 저항이며 구름 저항이 발생하는 원인에는 도로 변형, 타이어 접지부의 변형, 쇽업쇼버 등 각부 마찰에 의한 저항, 타이어 미끄럼 등이 있다.

$$Rr = \mu r \times W$$

Rr : 구름 저항(kgf)　　μr : 구름 저항 계수　　W : 차량 총중량(kgf)

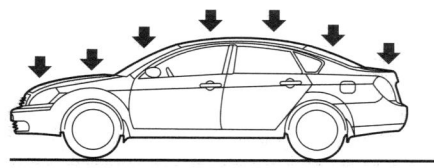

(2) 공기 저항

공기 저항은 자동차 주행 시에 공기력에 의해 반대 방향으로 작용하는 저항을 말한다.

$$Ra = \mu a \times A \times V$$

Ra : 공기 저항(kgf)　　A : 자동차 전면 투영면적(m²)
μa : 공기 저항 계수　　V : 자동차의 공기에 대한 상대속도(km/h)

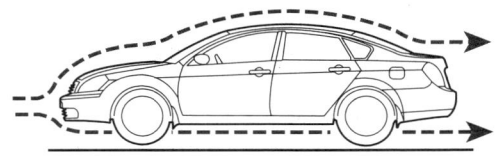

(3) 가속 저항

가속 저항은 자동차의 주행속도 변화 시에 발생하는 저항으로 관성 저항이라고도 부른다.

$$Ri = \frac{(1+\alpha)W}{g} \times \alpha$$

Ri : 가속 저항(kgf)   α : 가속도(m/sec)
W : 차량 총중량(kgf)   g : 중력 가속도(9.8m/sec)

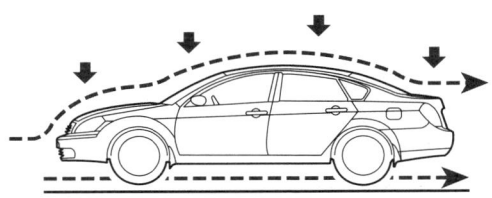

(4) 구배(등판) 저항

구배 저항은 자동차가 언덕길을 올라갈 때 주행을 방해하는 저항을 말한다.

$$Rg = W \times \sin\theta$$

Rg : 구배 저항(kgf)   W : 차량 총중량   sinθ : 노면 경사각도

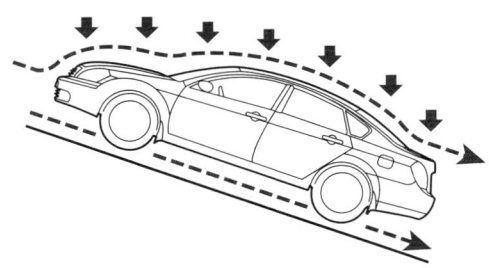

제3절 조향장치(Steering System)

1 개요

자동차의 주행방향을 조정하는 장치로 조향핸들의 회전운동을 바퀴의 선회 운동으로 변환시킨다.

(1) **원리** : 애커먼, 장토의 원리이다.

선회 시에 내측 바퀴의 조향각(B)이 외측 바퀴의 조향각(A)보다 크다.

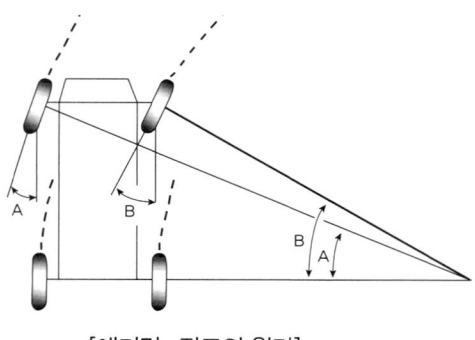

[애커먼, 장토의 원리]

(2) **최소 회전 반경**

$$R = \frac{L}{\sin\alpha} + r$$

R : 최소 회전 반경   L : 축거   sinα : 최대조향각   r : 선간중심거리

❷ 조향장치 구성

① 조향핸들
② 조향축
③ 조향기어
④ 피트먼 암
⑤ 타이로드
⑥ 너클

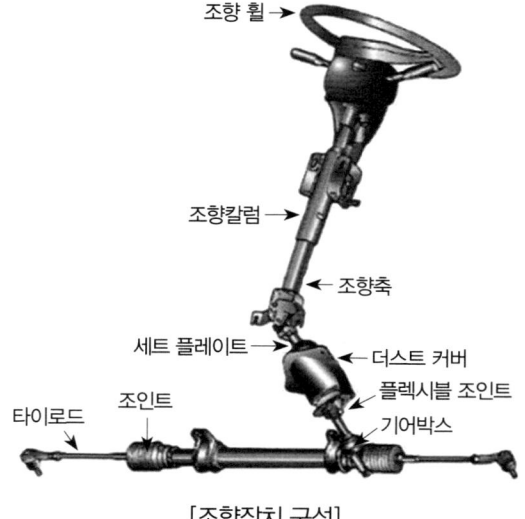

[조향장치 구성]

❸ 조향비

$$\text{조향비} = \frac{\text{조향핸들의 회전각}}{\text{조향바퀴의 회전각}}, \quad \text{조향비} = \frac{\text{조향핸들의 회전각}}{\text{피트먼 암의 회전각}}$$

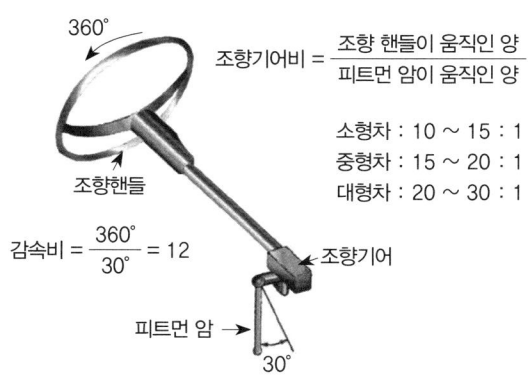

조향기어비 = 조향 핸들이 움직인 양 / 피트먼 암이 움직인 양

소형차 : 10 ~ 15 : 1
중형차 : 15 ~ 20 : 1
대형차 : 20 ~ 30 : 1

감속비 = $\frac{360°}{30°}$ = 12

❹ 조향축

조향핸들의 회전력을 조향기어로 전달하며 안전장치로 중간에 완충장치가 연결되어 있다.
종류에는 메시망 식, 스틸볼 식, 벨로즈 식이 있다.

[메시망 식 조향축 구조]   [스틸볼 식]   [벨로즈 식]

❺ 조향기어의 종류

[웜과 웜기어]   [랙과 피니언 기어]   [볼너트식]

6 피트먼 암

서로 연결해서 동력을 전달하기 위해 설치한다.

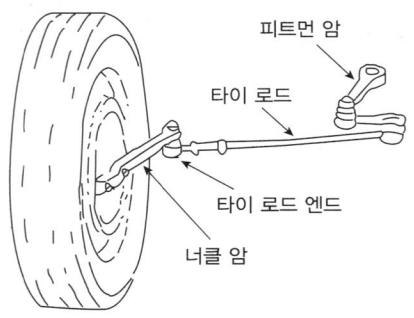

[피트먼 암]

7 조향 너클

바퀴를 회전시키기 위해 암을 설치할 수 있도록 구성한다.

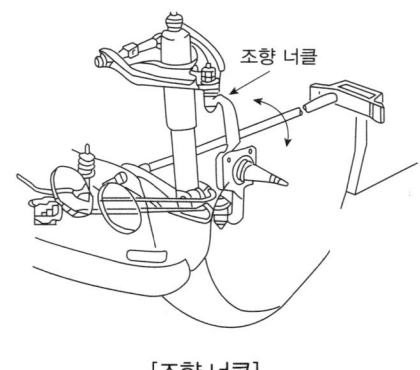

[조향 너클]

8 동력조향장치(Power Steering System)

(1) 개요

핸들 조작력과 신속한 바퀴의 조향 조작을 위하여 유압펌프나 모터 등을 이용하여 작동하는 방식의 장치이다.

(2) 장점

① 조향 조작력이 작아도 된다.
② 조향 조작력과는 무관하게 조향 기어비를 선정할 수 있다.
③ 노면의 충격이나 진동을 흡수한다.
④ 앞바퀴의 시미현상을 방지할 수 있다.
⑤ 조향 조작이 신속하고 경쾌하다.

(3) 동력 조향 장치의 종류
① 유압식(HPS) : 유압식(HPS), 전자제어 유압식(EHPS)
② 모터식(MDPS) : 칼럼 식(C-EPS), 피니언 식(P-EPS), 랙 식(R-EPS)

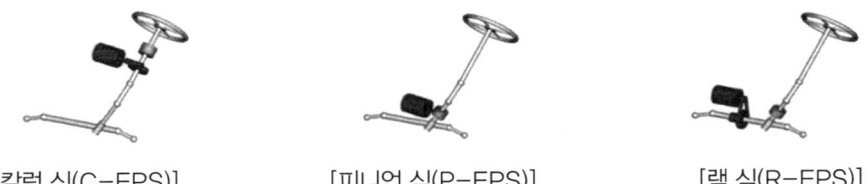

[칼럼 식(C-EPS)]   [피니언 식(P-EPS)]   [랙 식(R-EPS)]

(4) 유압식(HPS) 동력 조향 장치의 구조
① 동력부(펌프)
② 제어부(방향 제어 밸브)
③ 작동부(실린더)

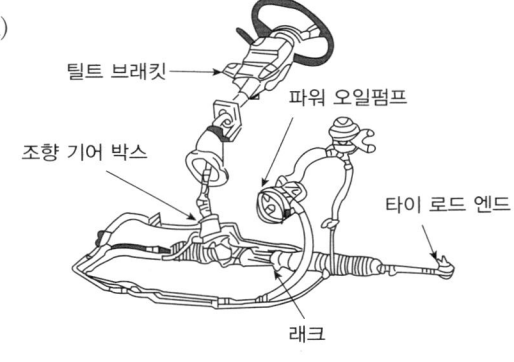

[유압식 구조]

제4절 제동장치(Brake System)

1 개요
바퀴의 구동력을 마찰력으로 제어하는 장치를 말하며 기계식, 유압식, 공기식이 있다.

2 유압식 제동장치

(1) 파스칼의 원리
밀폐된 용기 안의 액체는 어느 한 부분에 힘을 가했을 때 액체가 접촉하는 모든 부분에 일정한 힘이 작용한다.

$$P = \frac{F}{A}$$

P : 압력[kg/cm²]   F : 힘[kgf]   A : 단면적[cm²]

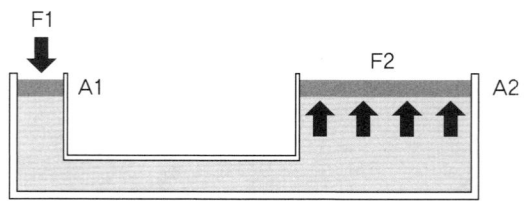

[파스칼의 원리]

2-1 마스터 실린더(Master Cylinder)

(1) 유압식 브레이크 장치에서 잔압의 필요성
① 브레이크의 작동 지연을 방지한다.
② 베이퍼 록 현상을 방지한다.
③ 회로 내에 공기 침입을 방지한다.
④ 휠 실린더 오일 누출을 방지한다.

(2) 베이퍼 록(Vapor lock) 현상
브레이크 회로 내의 오일이 비등, 기화하여 오일의 압력 전달 작용을 방해하는 현상을 말한다.

1) 원인
① 과도한 브레이크 사용
② 드럼과 라이닝의 끌림 현상에 의한 가열
③ 마스터 실린더, 리턴 스프링 장력의 감소
④ 브레이크 오일 변질 및 점의 저하 및 불량 오일을 사용할 때

(3) 페이드 현상
브레이크의 오버 히트 현상으로, 긴 내리막길이나 고속에서 빈번한 브레이크 사용으로 마찰계수가 저하 되어 제동력이 낮아지는 현상을 말한다.

2-2 브레이크 드럼(Brake Drum)

드럼은 휠 허브에 볼트로 체결, 설치되어 바퀴와 함께 회전하며 슈와의 마찰로 제동을 발생시키는 구성품이다.

1) 드럼의 구비조건
① 가볍고 충분한 강도와 강성이 있을 것
② 정적, 동적 평형이 잡혀 있을 것
③ 방열이 잘되고 가벼울 것
④ 마찰면에 충분한 내마멸성이 있을 것

2-3 브레이크 오일(Brake Oil)이 갖추어야 할 조건

브레이크 오일은 피마자 기름에 알코올 등의 용제를 혼합한 식물성 오일이다.
① 알맞은 점도를 가지고 온도 변화에 대한 점도 변화가 적을 것
② 화학적으로 안정되고 침전물이 발생되지 않을 것
③ 윤활성이 있을 것
④ 비등점이 높아서 베이퍼 록을 일으키지 않을 것
⑤ 빙점은 낮고 인화점은 높을 것
⑥ 금속이나 고무제품에 대하여 부식, 연화 등의 손상을 일으키지 않을 것

❸ 디스크 브레이크(Disc Brake)

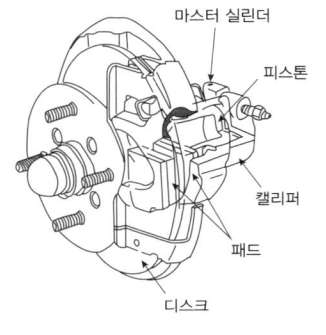
[디스크 브레이크]

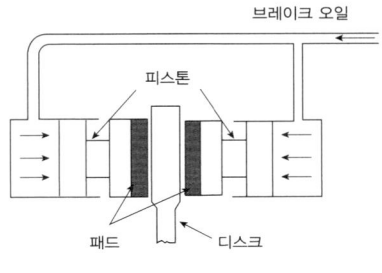
[작동원리]

(1) 디스크 브레이크의 장점
① 페이드 현상이 잘 일어나지 않는다.
② 브레이크의 편제동 현상이 적다.
③ 고속 주행 시 빈번한 사용에도 제동력의 변화가 적어 제동 성능이 안정된다.
④ 구조가 간단하다.

(2) 디스크 브레이크의 단점
① 마찰 면적이 작아 패드를 미는 힘이 커야 한다.
② 자기 작동 효과가 적어 페달을 밟는 힘이 커야 한다.
③ 강도가 높은 패드를 만들어야 한다.
④ 구조상 가격이 비싸다.

❹ 배력식 브레이크(Servo Brake)
① 대기 압력과의 차이를 이용하여 제동력을 증가시키는 장치이다.
② 종류에는 진공 배력식(하이드로 백)과 공기 배력식(하이드로 에어 백)이 있다.

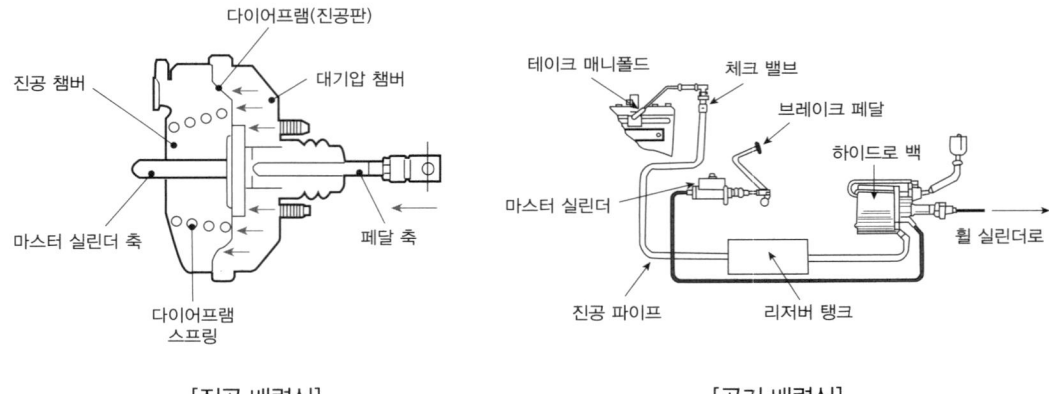

[진공 배력식]   [공기 배력식]

5 공기 브레이크(Air Brake)

(1) 공기 브레이크의 장점
① 차량 중량에 대한 제한을 받지 않는다.
② 공기 누출 시에도 제동 성능이 현저하게 저하되지 않는다.
③ 베이퍼 록의 발생이 없다.
④ 제동력을 페달 밟는 양에 따라 조절할 수 있다.

(2) 공기 브레이크의 단점
① 공기 압축기 구동에 따른 연료 및 출력이 소모된다.
② 구조가 복잡하고 값이 비싸다.

(3) 공기 브레이크의 구조

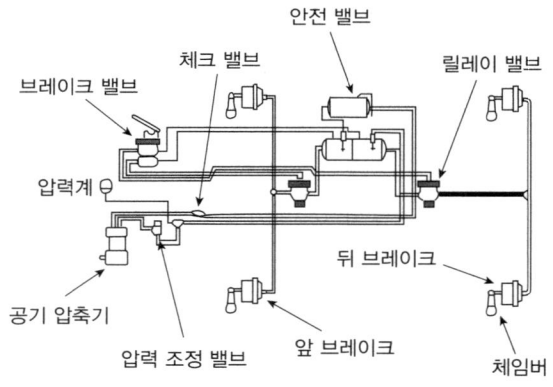

[공기 브레이크의 구조]

6 배기 브레이크

배기의 통로를 차단하여 배기가스를 압축하는 동시에 인젝션 펌프의 공급 유량을 줄이거나, 배기가스를 차단하는 동시에 흡입 공기를 차단하는 엔진 브레이크의 효과를 높이는 장치로 주로 디젤 기관을 사용하는 대형차에 사용된다.

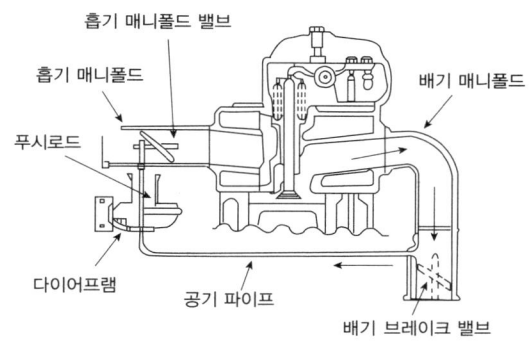

[배기 브레이크]

7 ABS(Anti Lock Brake System, 미끄럼 제한 브레이크)

(1) 개요

ABS는 주행 중 급제동이나 눈길같이 미끄러운 노면에서 제동할 때 고착(Tire Lock)되어 슬립되는 현상을 방지하여 안전을 확보하고 예방하여 주는 전자 브레이크 시스템이다.

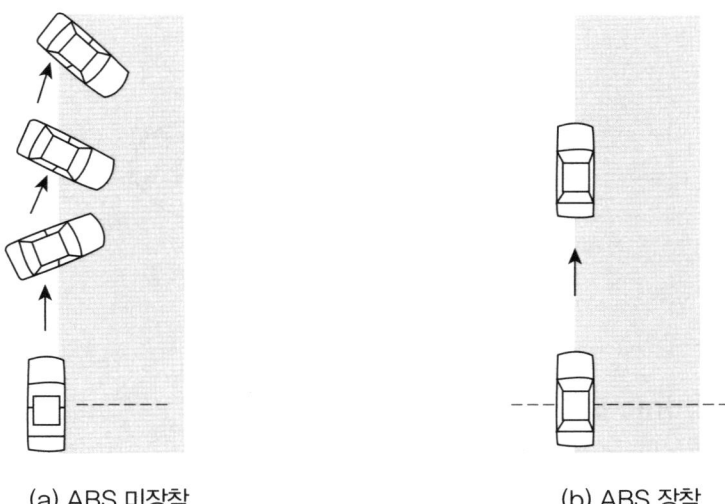

(a) ABS 미장착   (b) ABS 장착

(2) ABS의 목적

① 방향성　　　　　　　② 조정성
③ 안전성　　　　　　　④ 최소 제동거리

(3) 슬립률(Slip Ratio)

$$슬립률(S) = \frac{차체\ 속도 - 바퀴\ 회전\ 속도}{차체\ 속도} \times 100(\%)$$

(4) ABS의 구성

1) 유압 계통
   ① 마스터 백(진공 부스터)
   ② 탠덤 마스터 실린더
   ③ 유압 조절기(모듈레이터, 하이드로릭 유닛) : 기본 유압 회로와 ABS 작동 시 사용되는 회로로 구성되어 있으며 ABS ECU의 Logic에 의하여 밸브와 모터가 작동되면서 증압, 감압, 유지 및 펌핑 등의 제어가 이루어진다. 즉, 각 바퀴로 전달되는 유압을 통합 제어하는 부품이다.

2) 제어 계통
   ① ABS ECU : 센서에 의해 4륜 각각의 속도 및 감가 속도를 연산하여 차륜의 슬립상태를 판단하고 하이드로릭 유닛의 밸브 및 모터를 구동하여 증압, 감압, 유지 형태 및 펌프 등을 제어한다.
   ② 휠 스피드 센서 : ABS ECU가 각 바퀴의 속도 및 감가속도를 연산할 수 있도록 톤 휠(Tone Wheel)의 회전에 의해 검출된 데이터를 전달한다.

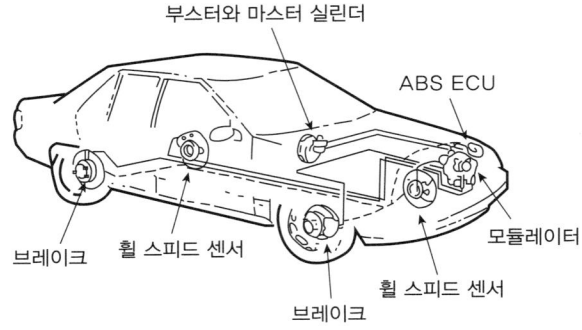

[ABS 브레이크 시스템]

(5) EBD(Electronic Brake Force Distribution)

브레이크 설계 시에 조정안정성을 위해 항상 뒷바퀴가 늦게 멈추도록 감압 밸브(P-valve)를 설치하게 되는데 ABS가 장착된 차량의 경우 EBD 기능을 추가하게 되면 별도의 감압 밸브 없이 뒤쪽 브레이크 압력을 제어할 수 있다.

(6) TCS(Traction Control System)

눈길이나 빗길처럼 미끄러지기 쉬운 노면에서 출발하거나 가속할 때 컴퓨터가 각 바퀴의 슬립 상태를 판단하여 구동력을 제어하는 시스템으로 엔진의 출력을 제어하는 ETCS와 브레이크를 제어하는 BTCS가 있으며 이 두 가지 기능을 동시에 이용하는 FTCS 방식이 있다.

(7) VDC(Vehicle Dynamic Control)

차체 자세 제어 장치 VDC는 ESP(Electronic Stability Program)라고도 불리며 운전자가 차량을 운전하는 중에 인지하지 못하고 발생되는 여러 가지 위험사항 등을 예방해 주는 안전장치이다. 스핀이나 오버, 언더 스티어링 등이 발생하게 되면 컴퓨터는 차량의 여러 가지 정보를 수집하여 엔진의 출력이나 제동력을 제어함으로써 차체의 자세를 바르게 유지할 수 있도록 제어한다.

제5절 현가장치(Suspension System)

1 개요

차량의 주행 조건 변화에 따른 안정된 승차감과 핸들링을 확보하기 위한 장치이다.

(1) 기능
① 노면의 충격 흡수
② 스프링의 진동 흡수
③ 차체의 기울기 방지
④ 안정된 핸들링 확보

2 스프링의 종류

스프링에는 판, 코일, 토션바 스프링 등의 금속제와 고무, 공기 등의 비금속 스프링이 있다.

(1) 판스프링의 특징
① 차체 진동 흡수(감쇠) 작용
② 큰 하중에 잘 견딤
③ 정해진 위치에서 차체를 지지함
④ 작은 진동 흡수불량
⑤ 승차감 저하

(2) 코일 스프링의 특징
① 스프링 효과 유연
② 작은 진동 흡수효과 좋음
③ 승차감 우수
④ 비틀림, 옆방향 하중에 약함
⑤ 감쇠력이 적어 쇽업쇼버를 병행하여 사용

(3) 공기 스프링의 특징
① 작은 진동을 잘 흡수
② 차체 높이를 항상 일정하게 조정 가능
③ 자체진동 감쇠작용을 자체적으로 함
④ 장거리 운행차에 이용
⑤ 구조가 복잡하고, 제작비가 많이 듦

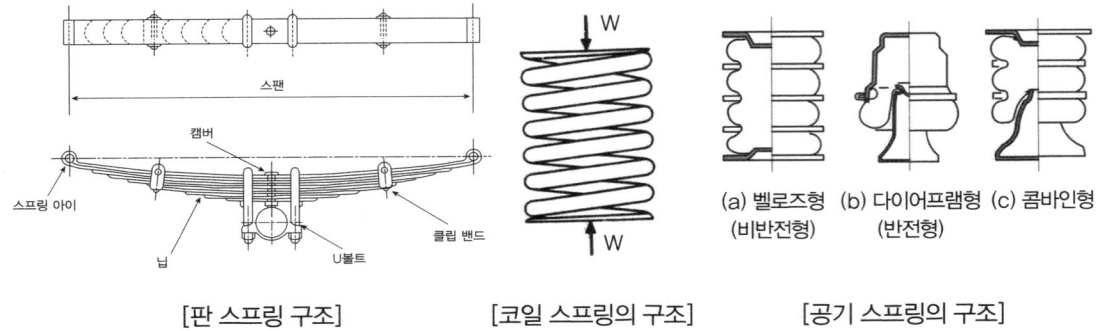

[판 스프링 구조]   [코일 스프링의 구조]   [공기 스프링의 구조]

❸ 쇽업쇼버

스프링의 진동을 감쇄시켜 승차감을 향상시킨다.

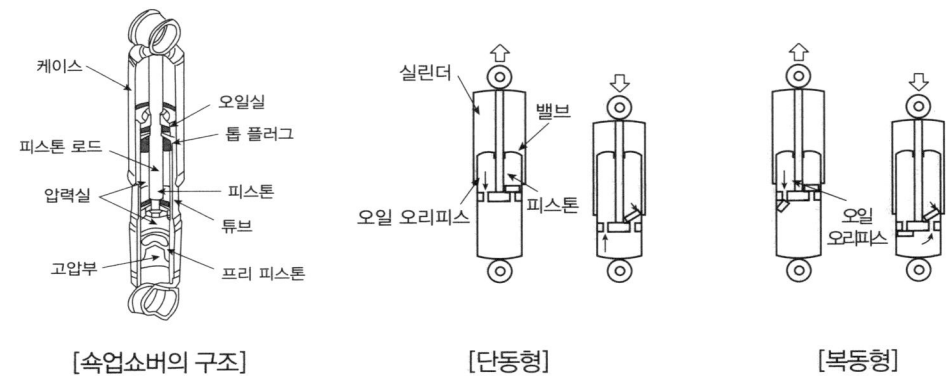

[쇽업쇼버의 구조]   [단동형]   [복동형]

❹ 현가장치의 분류

(1) 일체 차축식 특징

① 부품 수가 적어서 구조가 간단하다.
② 선회 시에 차체의 기울기가 적다.
③ 스프링 아래쪽 질량이 커서 승차감이 좋지 않다.
④ 앞바퀴 시미가 일어나기 쉽다.
⑤ 로드 홀딩이 나빠서 스프링 정수가 너무 적은 것은 사용하기 어렵다.

[일체 차축식]

(2) 독립 현가장치

1) 독립 현가장치의 특징
   ① 스프링 밑 질량이 작기 때문에 승차감이 좋다.
   ② 바퀴의 시미 현상이 적어서 로드 홀딩(Road Holding)이 우수하다.
   ③ 스프링 정수가 작은 것을 사용해도 된다.
   ④ 구조가 복잡해서 가격이나 취급 및 정비 면에서 불리하다.
   ⑤ 볼 조인트 부분이 많아서 그 마멸에 의해 앞바퀴 정렬이 틀려지기 쉽다.
   ⑥ 바퀴의 상하 운동에 따라 윤거나 앞바퀴 얼라이먼트가 틀려지기 쉬워 타이어 마멸이 빠르다.

2) 독립 현가장치의 종류
   ① 위시본형(Wishbone Type) : 위·아래 컨트롤 암, 조향 너클, 코일 스프링 등으로 구성되어 있고, 스프링의 완충작용에 의해서 바퀴는 상하운동을 하게 된다. 위 아래 컨트롤 암의 길이에 캠버 및 윤거가 변화되며 평행 사변형 형식과 SLA형식이 있다.

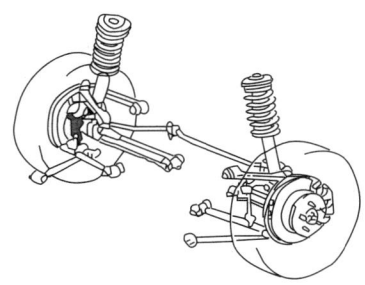

[독립 현가장치-위시본형]

   ② 맥퍼슨형(Macpherson Type)
      ㉠ 구조가 간단하고, 구성부품이 적어서 마멸되거나 손상되는 부분이 적고 정비 작업이 쉽다.
      ㉡ 스프링 밑 질량이 작아서 로드 홀딩이 우수하다.
      ㉢ 엔진실의 유효 체적을 넓게 할 수 있으며, 승차감이 향상된다.

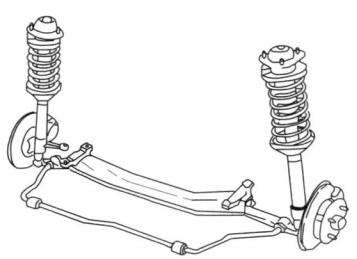

[독립 현가장치-맥퍼슨형]

5 자동차 진동

(1) 스프링 위 질량 진동

① 바운싱(Bouncing, 상·하 진동) : 차체가 Z축과 평행하게 상하 방향으로 운동을 하는 진동이다.

② 피칭(Pitching, 앞·뒤 진동) : 차체가 Y축을 중심으로 앞뒤 방향으로 회전운동을 하는 진동이다.

③ 롤링(Rolling, 좌·우 진동) : 차체가 X축을 중심으로 좌우 방향으로 회전운동을 하는 진동이다.

④ 요잉(Yawing, 차체 후부 진동) : 차체가 Z축을 중심으로 좌우 방향으로 회전운동을 하는 진동이다.

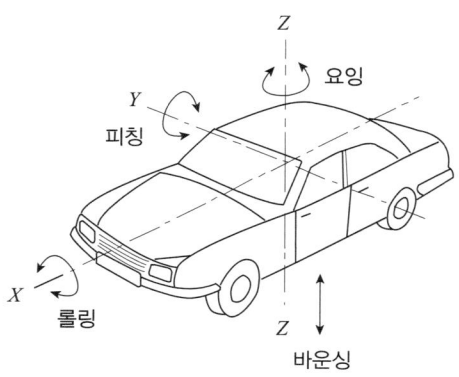

[차체의 진동]

(2) 스프링 아래 질량 진동

① 휠 홉(Wheel Hop) : 차축이 Z방향으로 상하 평행운동을 하는 진동이다.
② 휠 트램프(Wheel Tramp) : 차축이 X축을 중심으로 회전운동을 하는 진동이다.
③ 와인드 업(Wind Up) : 차축이 Y축을 중심으로 회전운동을 하는 진동이다.

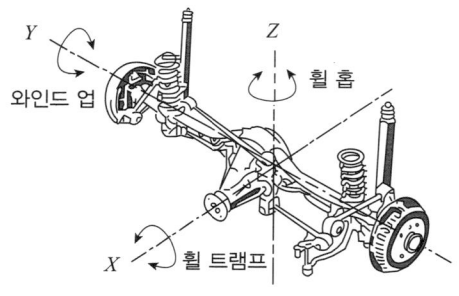

[차축 진동]

6 전자제어 현가장치(Electronin Control Suspension System ; ECS)

(1) ECS의 장점
① 급제동할 때 노스 다운(Nose Down)을 방지한다.
② 급선회할 때 차체의 기울어짐을 방지한다.
③ 노면으로부터의 사고를 제어할 수 있다.
④ 노면 상태에 따른 승차감을 제어할 수 있다.

7 전차륜 정렬

(1) 전차륜 정렬의 역할
① 조향핸들의 조작성 및 안전성 향상 ② 조향핸들의 복원성 향상
③ 조향핸들의 조작력 향상 ④ 타이어 마멸 방지

(2) 전차륜 정렬의 요소

1) 캠버(Camber)
① 정의 : 차량을 앞에서 보았을 때 타이어 가상의 수직선과 타이어 실제 중심선이 이루는 각을 의미한다.

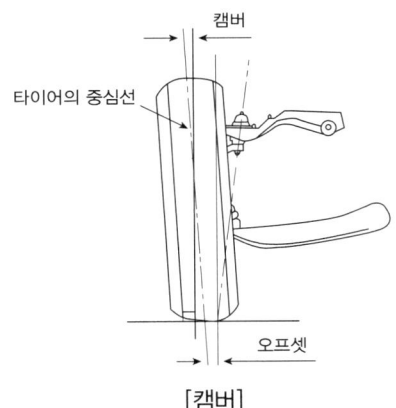

[캠버]

② 필요성
㉠ 수직 하중에 의한 차축의 휨 방지
㉡ 조향핸들의 조작력을 가볍게
㉢ 수직 하중 시 부 캠버를 방지
㉣ 요철 노면에서 바퀴의 평형 유지

2) 캐스터(Caster)
① 정의 : 차량을 옆에서 보았을 때 타이어 가상의 수직선과 킹핀(쇽업쇼버)의 중심선이 이루는 각을 의미한다.

② 필요성
  ㉠ 조향바퀴의 방향성 부여
  ㉡ 조향 시 바퀴의 복원성 부여
  ㉢ 주행 중 앞차축의 주행 안정성 향상

3) 킹핀 경사각(Kingpin Angle, 조향축 경사각)
  ① 정의 : 차량을 앞에서 보았을 때 타이어의 가상의 수직선과 킹핀(쇽업쇼버)의 중심선이 이루는 각을 의미한다.

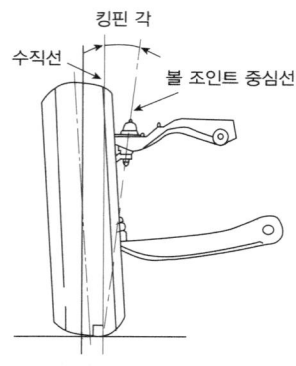

[킹핀 경사각]

② 필요성
  ㉠ 핸들의 조작력을 가볍게
  ㉡ 조향 시 바퀴의 복원성 부여
  ㉢ 시미(Shimmy)현상 방지

4) 협각(Included Angle)
  캠버와 킹핀 경사각을 합한 각을 의미한다.

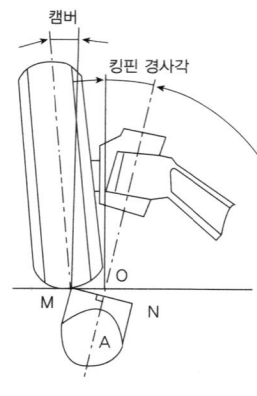

[협각]

5) 토(Toe)
    ① 정의 : 차량을 위에서 보았을 때 타이어 앞쪽과 뒤쪽 중심의 거리 차로 앞쪽이 뒤쪽보다 좁을 시에 토 인(Toe In)이라 하고 뒤쪽이 넓을 시에 토 아웃(Toe Out)라 한다. 일반적으로 토 인 2~6mm 정도를 주고 있다.
    ② 토 인의 필요성
        ㉠ 캠버에 의한 바퀴를 평행하게 유지
        ㉡ 바퀴의 사이드 슬립에 의한 타이어 마멸 방지
        ㉢ 조향 링키지 마멸에 따른 토 아웃 방지

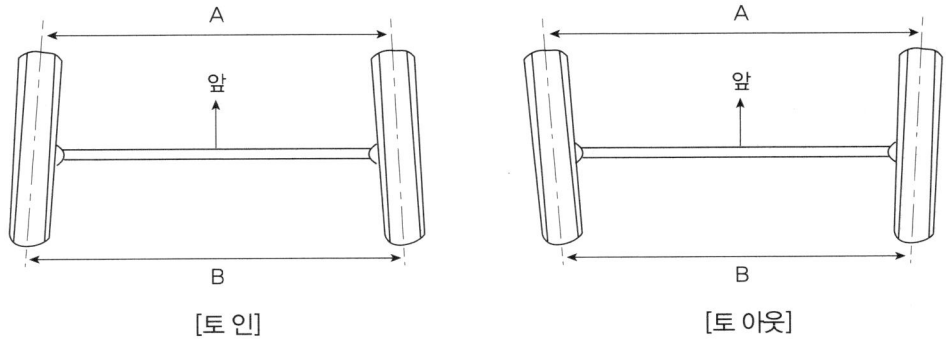

[토 인]   [토 아웃]

6) 셋백(Set Back)
    한쪽 바퀴가 반대쪽 바퀴에 비해 뒤쪽에 있는 상태를 말한다.

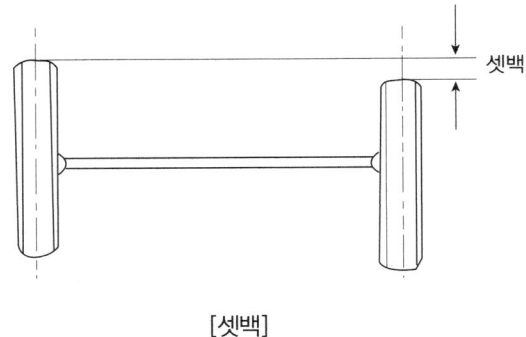

[셋백]

Chapter 05
전기(Electric System)

제1절 전기 기초

1 개요

전기(Electricity)란 자연 현상의 하나로 +, -의 부호를 가진 두 종류의 전하가 여러 가지 형태로 나타나는 성질이다. 전기의 열, 빛, 화학적 작용 등을 이용하여 기계적 에너지로 변환시켜 사용된다.

2 일반 사항

(1) 물질의 구성

① 원자 : 어떤 물질에서 더 이상 갈라지지 않는 가장 작은 알갱이이다.
② 원자핵 : (+)성질을 가진 양성자와 아무 극성이 없는 중성자가 단단히 붙어 있다.
③ 전자 : 원자핵 주변을 돌고 있는 (-)성질의 알갱이로 양성자를 중화시킬 수 있는 같은 개수로 존재한다.
※ 중성인 상태에서는 균형이 맞추어져 있어 전기적 특성을 나타내지 않는다.

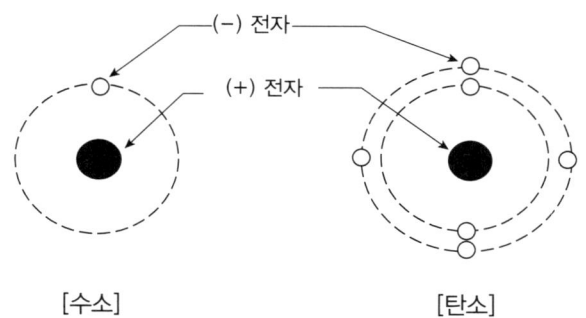

[수소]   [탄소]

(2) 종류

① 정전기 : 전기의 분포가 시간적으로 변화하지 않는 전하 및 전하에 의한 전기현상이다.
② 동전기 : 전기의 분포가 시간적으로 변화되며 움직이고 있는 전하 및 전하에 의한 전기현상으로 전류로 표현되며 반드시 자기(磁氣)작용을 동반한다.
③ 마찰전기 : 정전기가 마찰에 의해 발생되는 전기를 마찰전기라고 한다.

㉠ 플라스틱 책받침을 머리카락에 여러 차례 문지른 후 천천히 들어 올리면 머리카락이 따라 올라오는 현상이다.

㉡ 자동차가 건조한 도로를 주행하면서 공기 중의 어떠한 전하와 부딪치며 전하가 축적되는 현상이다. 그러나 정전기는 현재 에너지원으로는 사용할 수 없다.

❸ 전기회로

(1) 옴의 법칙(Ohm Law)

도체에 흐르는 전류는 전압에 비례하고 저항에 반비례한다.

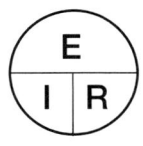

① $I = \dfrac{E}{R}$ ② $E = I \cdot R$ ③ $R = \dfrac{E}{I}$

여기서, I : 전류(A), E : 전압(V), R : 저항(Ω)

(2) 전압강하

전자 회로 내에 있는 전선의 저항이나 회로 접속부의 접촉 저항 등에 소비되는 전압을 그 저항에 의한 전압강하라고 한다.

1) 키르히호프 제1법칙(Kirchhoff's Law 1)

전류 평형의 법칙으로 회로 내의 어떤 한 점에 들어온 전류의 총합과 흘러 나가는 전류의 총합은 같다.

2) 키르히호프 제2법칙(Kirchhoff's Law 2)

전압 평형의 법칙으로 임의의 폐회로에서 기전력의 합과 저항에 의한 전압강하의 총합은 같다.

❹ 전기의 일과 열량

(1) 전력(P)

전기가 하는 일의 크기

① 단위 : W(Watt), PS
② 기호 : P

$$P = E \times I, \quad E = I^2 \times R, \quad R = \dfrac{E^2}{R}$$

P : 전력[W]   E : 전압[V]   I : 전류[A]   R : 저항[Ω]

(2) 전력량

전류가 어떤 시간 동안에 한 일의 총량을 말한다.

① 단위 : Wh, J(Joule, 줄)

② 기호 : W

$$W = P \times t = E \times I \times t = I^2 \times R \times t = \frac{E^2}{R \cdot t}$$

W : 전력량[Wh]   P : 전력[W]   t : 시간[sec]   I : 전류[A]   R : 저항[Ω]

(3) 줄의 법칙(Joule Law)

도선에 전류가 흐르게 되면 저항에 의해 열이 발생된다.

$$H = 0.24 \times I^2 \times R \times t \text{ (cal)}$$

H : 발열량[cal]   t : 시간[sec]   I : 전류[A]   R : 저항[Ω]

5 반도체

(1) 반도체

게르마늄(Ge)이나 실리콘(Si) 등은 도체와 절연체의 중간인 고유 저항을 지닌 것이다.

(2) 반도체 장·단점

1) 반도체의 장점
① 극히 소형이고, 가볍다.
② 내부 전력 손실이 매우 적다.
③ 예열 시간을 요하지 않고 곧 작동한다.
④ 기계적으로 강하고, 수명이 길다.

2) 반도체의 단점
① 온도가 상승하면 그 특성이 매우 나빠진다(게르마늄은 85℃, 실리콘은 150℃ 이상 되면 파손되기 쉽다).
② 역내압(역 방향으로 전압을 가했을 때의 허용 한계)이 매우 낮다.
③ 정격값 이상 되면 파괴되기 쉽다.

(3) 불순물 반도체

불순물 반도체에는 P형과 N형이 있다.

1) P형 반도체(Positive)
① 실리콘의 결정(4가)에 알루미늄(Al)이나 인듐(In)과 같은 3가의 물질을 매우 작은 양으로 혼합하면 공유 결합을 하게 된다.
② 실리콘의 4가 전자 내에 알루미늄이나 인듐과 같은 3가의 원자가 끼어들어 전자가 없는 부분이 발생하는데 이때 전자가 없는 부분을 정공(Hole)이라고 한다.

2) N형 반도체(Negative)
① 실리콘에 5가의 원소인 비소(As), 안티몬(Sb), 인(P) 등의 원소를 조금 섞으면 5가의 원자가 실리콘 원자 1개를 밀어내고 그 자리에 들어가 실리콘 원자와 공유 결합한다.
② 5가의 원자에서는 전자 1개가 남게 되며, 이 경우 전기의 운반자(Carrier)가 전자이므로 (-)라는 의미에서 N형 반도체라고 한다.

3) 다이오드(Diode)
P형 반도체와 N형 반도체를 접합한 것으로 정류 및 역류방지 작용을 한다.

4) 제너 다이오드(Zener Diode)
특정 전압 하에서 역방향으로 전류가 통할 수 있도록 제작된 다이오드이다.

5) 발광 다이오드(LED ; Light Emission Diode)
① 순방향으로 전류를 흐르게 하면 빛이 발생되는 다이오드이다.
② 용도는 각종 파일럿 램프, 배전기의 크랭크 각 센서와 TDC센서, 차고 센서, 조향 휠 각속도 센서 등에서 사용한다.

6) 포토 다이오드(Photo Diode)
입사광선을 접합부에 쪼이면 역방향으로 전류가 흐르도록 제작된 다이오드이다.

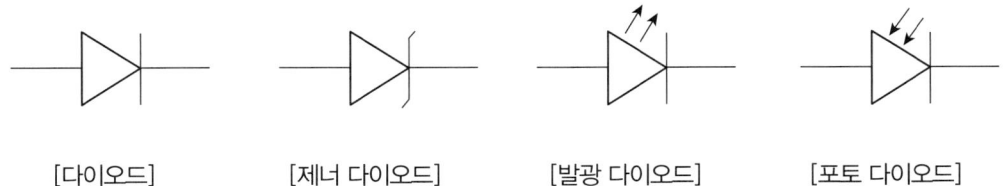

[다이오드]　　[제너 다이오드]　　[발광 다이오드]　　[포토 다이오드]

7) 트랜지스터(Transistor)
① PN형 다이오드의 N형 쪽에 P형을 덧붙인 PNP형과, P형 쪽에 N형을 덧붙인 NPN형이 있으며, 3개의 단자 부분에는 인출선이 붙어 있다.
② 중앙 부분을 베이스(B, Base), 양쪽의 P형 또는 N형을 각각 이미터(E, Emitter) 및 컬렉터(C, Collector)라고 한다.
③ 작용으로는 스위칭 작용·증폭 작용 및 발진 작용이 있다.

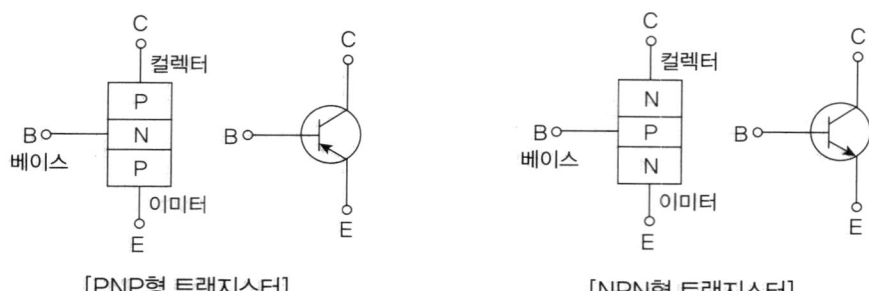

[PNP형 트랜지스터]　　　　　　　[NPN형 트랜지스터]

8) 다링톤 트랜지스터(Darlington TR)

컬렉터에 많은 전류를 흐르도록 하기 위해 2개의 트랜지스터로 구성되어 있으며 1개의 트랜지스터로 2개분의 증폭 효과를 발휘할 수 있다.

9) 포토 트랜지스터(Photo Transistor)

트랜지스터의 일종으로 베이스가 없이 빛을 받아서 컬렉터의 전류가 제어되는 방식의 반도체이다. 특징은 다음과 같다.
① 광출력 전류가 매우 크다.
② 내구성과 신호성이 풍부하다.
③ 소형이고 취급이 쉽다.

10) 사이리스터(Thyrister)

① 사이리스터는 SCR(Silicon Control Rectifier)이라고도 하며 PNPN 또는 NPNP접합으로 되어 있으며 스위칭 작용을 한다.
② 사이리스터는 대개 단방향 3단자를 사용한다. 이것은 (+)쪽을 애노드(Anode), (-)쪽을 캐소드(Cathode), 제어 단자를 게이트(Gate)라고 한다.
③ 애노드에서 캐소드의 전류가 순방향 바이어스이며, 캐소드에서 애노드로 전류가 흐르는 방향을 역 방향이라 한다.
④ 순방향 바이어스는 전류가 흐르지 못하는 상태이며, 이 상태에서 게이트에 (+)를, 캐소드에는 (-)를 연결하면 애노드와 캐소드가 순간적으로 통전되어 스위치와 같은 작용을 하며, 이후에는 게이트 전류를 제거하여도 계속 통전 상태가 되며 애노드의 전압을 차단하여야만 전류 흐름이 해제된다.

11) 서미스터(Thermistor)

① 서미스터는 니켈, 구리, 망간, 아연, 마그네슘 등의 금속 산화물을 적당히 혼합하여 1,000℃ 이상에서 소결시켜 제작한 것이다.
② 온도가 상승하면 저항값이 감소하는 부 특성(NTC) 서미스터와 온도가 상승하면 저항값도 증가하는 정 특성(PTC) 서미스터가 있다.
③ 일반적으로 서미스터라고 함은 부 특성 서미스터를 의미하며, 용도는 전자 회로의 온도 보상용, 수온 센서, 흡기 온도 센서 등에서 사용된다.

제2절 축전지

1 개요
축전지는 화학적 에너지를 전기적 에너지로 전환시켜 준다.

2 납산 축전지

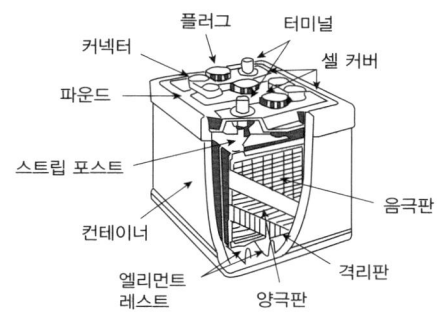

[배터리 구조]

(1) 극판

격자(Grid)에 납 가루나 산화납을 묽은 황산으로 개어서 만든 반죽(Paste)으로 충전하고, 화성 등의 공정을 거쳐 제작한다.

(2) 격리판

① 구비조건
  ㉠ 전해액 확산이 잘될 것(다공성일 것)
  ㉡ 비전도성일 것
  ㉢ 기계적 강도가 있을 것
  ㉣ 극판에 나쁜 물질을 내뿜지 않을 것

(3) 전해액(Eldctrolyte)

묽은 황산($2H_2SO_4$)을 사용한다(증류수 65%, 황산 35%).

① 화학 반응식

충전 시			방전 시		
PbO_2 +	$2H_2SO_4$ +	Pb ↔	$PbSO_4$ +	H_2O +	$PbSO_4$
양극판	묽은 황산	순납	황산납	물	황산납
암갈색	무색무취	회색	백색	무색무취	백색

[충·방전식]

② 전해액 비중

　㉠ 온도와의 관계

　　온도가 1℃ 올라가면 비중은 0.00074만큼 내려간다(Faraday's Law, 패러데이 법칙 1883년). 온도와는 반비례 관계에 있다.

$$S_{20} = St + 0.0007 (t - 20)$$

S_{20} : 표준온도 20℃의 전해액 비중　　St : 측정 시의 비중　　t : 측정 시의 온도

[20℃ 표준온도 시 전해액 비중식]

❸ 축전지 용량(단위 : AH)

(1) 축전지 용량 결정 요소
① 극판의 수
② 극판의 크기
③ 전해액의 양

(2) 축전지의 충전
① 정전압 충전 : 일정한 전압으로 처음부터 끝까지 충전하는 방식
② 정전류 충전 : 일정한 전류로 처음부터 끝까지 충전하는 방식
　㉠ 최대 충전 전류 : 축전지 용량의 20%
　㉡ 표준 충전 전류 : 축전지 용량의 10%
　㉢ 최소 충전 전류 : 축전지 용량의 5%

축전지 용량이 100AH의 경우 최대 20A(20%), 표준 10A(10%), 최소 5A(5%)로 충전

③ 단별전류 충전 : 충전 상태에 따라 전류를 단계적으로 공급하여 충전하는 방식
④ 급속 충전 : 정전류 충전법으로 용량의 50% 정도로 짧은 시간 내에 큰 전류로 충전하는 방식

(3) 자기 방전

1) 원인
① 구조상 부득이하다.
② 불순물에 의한 단락이다.
③ 축전지 표면의 회로로 구성된다.

2) 자기 방전량
24시간(1일) 동안 실 용량의 0.3~1.5%가 방전된다.

No	온도(℃)	방전량 %(1일당)	비중 저하량(1일당)
1	30	1.0	0.0020
2	20	0.5	0.0010
3	5	0.25	0.0005

① 1일 방전량 = 축전지 용량 × 1일 자기 방전량

② 시간당 충전전류 = $\dfrac{1일 방전량}{24시간}$

4 MF 축전지(무보수 축전지)

① 증류수를 점검하거나 보충하지 않아도 된다.
② 자기 방전율이 낮다.
③ 장기간 보관할 수 있다.
④ 충전 중에 발생하는 산소와 수소가스를 환원시키는 촉매 마개가 설치되어 있다.

제3절 기동 장치

1 개요

내연기관은 자기기동을 하지 못하므로 기동을 위한 장치가 필요하다. 기동장치란 전기에너지를 기계적인 일로 전환시키는 장치를 말하며 기관에서는 기동 전동기를 사용한다.

2 플레밍의 왼손법칙

자계 안에서 도선에 전류를 흘려보내면 힘이 발생한다는 원리로 회전력은 자계의 세기와 도체에 흐르는 전류와 비례한다.

① 검지 : 자기장의 방향
② 중지 : 전류의 방향
③ 엄지 : 힘의 방향

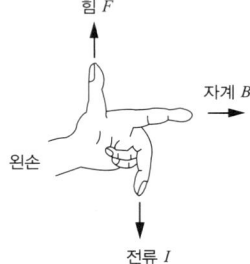

[플레밍의 왼손법칙]

제4절 충전 장치

1 개요

충전 장치는 시동 후 각종 전기장치에 전원을 공급하고 축전지에 전기에너지를 공급하는 역할을 하는데, 자동차에서는 발전기를 사용하고 있다.

2 플레밍의 오른손 법칙

도체에 코일을 감고 전류를 흘려보내면서 자력선을 만든 뒤 자력선 안에서 도체를 움직이면 기전력이 발생하는 원리이다.

① 검지 : 자기장의 방향
② 중지 : 전류의 방향
③ 엄지 : 힘의 방향

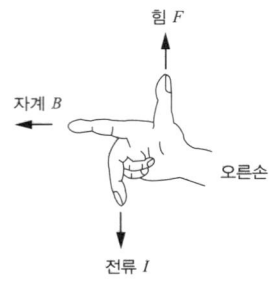

[플레밍의 오른손 법칙]

3 교류(AC) 발전기 특징

① 저속에서도 충전이 가능하다.
② 회전 부분에 정류자가 없어 허용 회전속도 한계가 높다.
③ 실리콘 다이오드로 정류하므로 전기적 용량이 크다.
④ 소형 경량이며, 브러시 수명이 길다.
⑤ 전압 조정기만 필요하다.
⑥ DC발전기에서 컷 아웃 릴레이의 기능을 AC발전기에는 실리콘 다이오드가 한다.
⑦ 스테이터 코일은 회전속도가 증가하면 교류 주파수 발생이 높아져서 전기가 잘 통하지 않는 성질이 있기 때문에 전류가 증가하는 것을 제한할 수 있어 전류 조정기가 필요 없다.

제5절 점화 장치

1 점화장치의 기능

① 고전압 유도
② 불꽃방전(아크 발생)

2 점화코일(Ignition Coil, 승압기)

고전압을 발생시키는 승압기이다.

① 원리 : 자기유도작용, 상호유도작용
② 코일의 기전력

3 점화플러그

(1) **기능** : 불꽃 방전

(2) **구성** : 전극, 절연체
① 전극 : 중심전극(+)과 접지전극(−)으로 0.7~1.1mm의 에어갭을 두고 있다.

② 절연체 : 재질은 산화알루미늄(Al2O3)이고 윗부분은 고전압의 플래시오버(Flash Over)를 방지하는 리브(Rib)가 있다.

(3) 자기 청정 온도
점화 플러그에 부착된 카본을 없애기 위해 고온에서 전극부의 온도를 450~600℃ 정도 유지하여 연소시키는 온도를 말한다. 온도가 400℃ 이하이면 오손되고, 800℃ 이상이 되면 조기점화의 원인이 된다.

(4) 열가
① 냉형(Cold Type) : 중심전극의 길이가 짧아 열 방산이 잘되는 형식
② 열형(Hot Type) : 중심전극의 길이가 가늘고 길어 열 방산이 늦은 형식

❷ DLI(Distributor Less Ignition, 전자 배전 점화식)

(1) DLI의 장점
① 배전기 누전이 없다.
② 로터와 배전기 캡 전극 사이의 고전압 에너지 손실이 없다.
③ 배전기 캡에서 발생하는 전파 잡음이 없다.
④ 점화 진각 폭의 제한이 없다.
⑤ 고전압 출력을 감소시켜도 방전 유효에너지 감소가 없다.
⑥ 내구성이 크고, 전파 방해가 없어 다른 전자 제어 장치에도 유리하다.

제6절 등화장치 및 냉방장치

❶ 등화장치

(1) 전조등
① 구성품 : 렌즈, 반사경, 필라멘트
② 종류
  ㉠ 조립식 : 렌즈, 반사경, 전구가 독립적으로 결합
  ㉡ 실드 빔식(Sealed Beam Type) : 렌즈, 반사경, 필라멘트가 일체(내부에 불활성 가스 봉입)
③ 장점 : 반사경이 흐려지지 않으며 광도의 변화가 적다.
④ 단점 : 이상 발생 시 전조등 전체를 교환해야 한다.
  ㉠ 세미 실드 빔식(Semi Sealed Beam Type) : 렌즈와 반사경이 일체

(2) 비상등
① 자동차의 고장이나 긴급사태가 발생하였을 경우 사용한다.
② 다른 자동차나 보행자에게 알려주는 역할을 하고 있다.

③ 작동은 앞뒤, 좌우에 설치되어 있는 방향지시등이 동시에 점멸하는 방식이다.
④ 점화S/W가 OFF된 상태에서도 동작한다.

(3) 방향지시등
자동차의 진행 방향을 다른 자동차나 보행자에게 알리는 램프를 말한다.

(4) 브레이크등
브레이크가 작동되었음을 알리는 등을 말한다.

(5) 파워 윈도우 록 스위치
운전 중 파워 윈도우 스위치 작동으로 인해 발생되는 위험성(어린이의 장난 등)을 방지하기 위해서 사용되는 스위치이다.

❷ 냉방장치

(1) 개요
온도, 습도, 풍속의 3요소를 조절하여 쾌적한 자동차 운전을 확보하기 위해 설치한 편의장치를 말한다.

(2) 작동원리
증발 → 압축 → 응축 → 팽창의 1사이클을 반복한다.

(3) 구성부품
① 냉매(Refrigerant) : 냉동효과를 얻기 위해 사용하는 물질(R-134a를 주로 사용)이다.
② 압축기(Compressor) : 증발기에서 저압 상태로 변한 기체 냉매를 고압으로 압축시키는 장치이다.
③ 응축기(Condenser) : 압축기에서 변한 고온, 고압의 기체 냉매를 대기 중으로 방출시켜 액체 냉매로 변환한다.
④ 건조기(Receiver Dryer, 리시버 드라이어) : 응축기에서 응축 액화된 냉매액을 팽창밸브로 보내기 전에 일시 저장하는 고압용기로 냉매저장, 수분제거, 압력 조정, 냉매량 점검, 기포 분리 기능이 있다.
⑤ 팽창밸브 : 냉매를 급속 팽창시켜 저온 저압액이 되게 한다.
⑥ 증발기(Evaporator) : 팽창밸브를 통과한 냉매가 증발하기 쉬운 저압 상태에서 증발기판을 통과하는 중에 냉각팬의 작동에 의해 기체로 증발하게 된다.

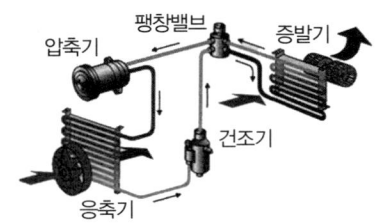

[에어컨 작동 원리]

Part 2

차체재료 및 용접일반

Chapter 01 도면 해독법
Chapter 02 차체의 재료
Chapter 03 차체용접

Chapter 01
도면 해독법

제1절 기계제도일반

1 도면

(1) 제도(Drawing)의 정의

제도란 기계나 구조물 설계 시 형상이나 크기를 규격에 따라 점, 선, 문자 및 부호 등을 이용하여 도면에 나타내는 것을 말한다.

(2) 제도 용지의 크기

제도 용지의 크기는 폭과 길이의 비율($1 : \sqrt{2}$)로 나타낸다.

용지의 크기	A0	A1	A2	A3	A4
a×b	841×1189	594×841	420×594	297×420	210×297

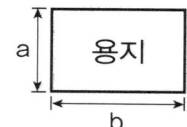

(3) 제도 용지 사용법

① 도면을 그릴 때에는 정위치(길이가 긴 방향이 가로 측)에서 작업한다.
② 도면을 접을 경우 크기로 관리한다.
③ 겉면 표제란은 오른쪽 아래 부분에 위치하도록 한다.

2 도면의 종류

(1) 도면의 성격에 따른 분류

① 원도(Original Drawing) : 제도 용지에 연필로 그린 도면을 말한다.
   ※ 작업순서는 중심선 → 외형선 → 은선 → 치수선 → 문자
② 트레이스도(Traced Drawing) : 원도 위에 트레이싱 종이를 놓고 연필이나 먹물로 그린 것으로 사도라고도 부른다.
   ※ 작업순서는 원호를 그린다. → 가로선을 긋는다. → 세로선을 긋는다. → 경사선을 긋는다.
③ 복사도(Blue Print, 청사진) : 트레이스도를 약물을 칠한 감광지 위에 올려놓고 직사광선이나 전광을 쬐어서 만든 것이다.

(2) 도면의 사용 목적에 따른 분류

① 계획도 : 제작하려는 물품의 계획을 나타낸 도면
② 주문도 : 주문인의 요구 사항 등을 제작자에게 제시하는 도면
③ 견적도 : 주문품의 내용을 견적서에 첨부하여 설명하는 도면
④ 승인도 : 제작자가 주문인과 관계자의 검토 후에 승인을 받은 도면
⑤ 설명도 : 제작 물품의 구조, 원리, 기능, 취급방법 등을 설명한 도면

(3) 작성 방식에 따른 분류

① 연필도
② 먹물 제도
③ 착색도

❸ 제도 용구와 척도

(1) 제도 용구의 종류

1) 제도기

영국식, 프랑스식, 독일식의 3종류가 있으며 주로 영국식과 독일식이 사용된다.

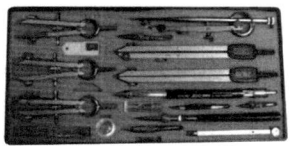

[제도기]

① 컴퍼스(Compass) : 주로 원을 그릴 때 사용한다.

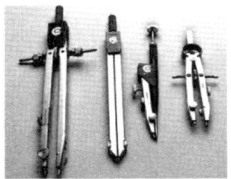

[컴퍼스]

2) 제도용 자

① T자 : 수평선 작도 및 삼각자의 안내자로 사용된다.
  ㉠ 수평선을 그을 때에는 좌측에서 우측으로, 수직선을 그을 때에는 밑에서 위쪽으로 긋는다.
  ㉡ 오른쪽이 위로 향한 경사선은 아래쪽에서 위쪽으로, 반대인 경우는 위쪽에서 아래쪽으로 긋는다.

② 삼각자 : 삼각형 모양으로 45°×45°×90°와 30°×60°×90° 2개가 1개의 세트로 구성된 자이다.

③ 운형자 : 그리기 어려운 원호, 곡선을 그리는데 사용하는 제도 용구이다.

④ 템플릿 : 플라스틱이나 아크릴판에 여러 가지 모양의 기본도형이나 문자기호 등이 새겨져 있는 제도 용구이다.

⑤ 스케일 : 길이를 재거나 길이를 줄여 그을 때 사용하는 자이다.

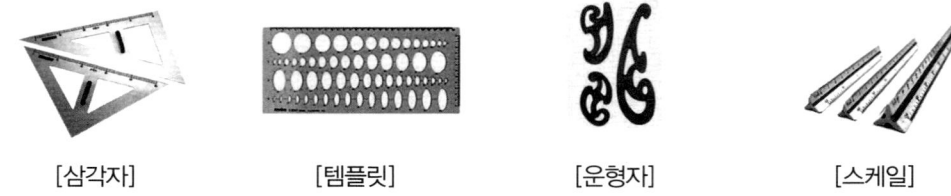

[삼각자]   [템플릿]   [운형자]   [스케일]

(2) 척도

척도란 도면에 나타낼 때의 크기(A)와 사물의 크기(B)와의 비율을 말한다.

① 배척(Enlarged Scale) : 실물 크기보다 확대하여 그린 것(예 A : B, 2 : 1, 3 : 1, 4 : 1 …)이다.

② 축척(Contraction Scal) : 실물 크기보다 축소하여 그린 것(예 A : B, 1 : 2, 1 : 3, 1 : 4 …)이다.

③ 현척(Full Size) : 실물 크기와 같게 그린 것으로 치수나 모양에 착오가 적기 때문에 많이 사용된다.

④ NS는 None Scale의 약어로 비례척이 아닌 것을 의미한다.

❹ 선과 문자 그리기

(1) 선의 종류

1) 굵기에 따른 종류

① 가는 선 : 0.18~0.35mm

② 굵은 선 : 0.35~1.0mm로 가는 선의 2배 정도이다.

③ 아주 굵은 선 : 0.7~2.0mm인 선으로 가는 선의 4배 정도이다.

④ KS규격에서는 8가지로 규정하고 있다.

2) 모양에 따른 분류

① 실선   ─────────   : 연속적으로 그어진 선

② 파선   ─ ─ ─ ─ ─ ─ ─   : 일정한 길이로 반복되는 선

③ 1점 쇄선   ─ · ─ · ─   : 길고 짧은 길이로 반복되는 선

④ 2점 쇄선   ─ · · ─ · ·   : 긴 길이 1개, 짧은 길이 2개로 반복되는 선

❺ 문자

도면에 사용하는 글자 및 문자는 다음의 방법을 따른다.
① 글자는 명백히 쓰고 글자체는 고딕체로 하여 수직 또는 15°의 경사로 쓰는 것을 원칙으로 한다.
② 문자의 크기는 문자의 높이로 나타낸다.
③ 한글의 크기는 호칭 2.24mm, 3.15mm, 4.5mm, 6.3mm, 9mm의 5종류로 한다.
　단, 특히 필요할 경우에는 다른 치수를 사용하여도 좋으나 KS A 0107에 의거하여 12.5mm와 18mm의 사용도 가능하다.
④ 아라비아 숫자의 크기는 호칭 2.24mm, 3.15mm, 4.5mm, 6.3mm, 9mm의 5종으로 한다.
⑤ 문장은 왼편에서 가로쓰기를 원칙으로 한다.

❻ 치수 기입하기

(1) 치수 기입의 원칙

① 도면의 자세 및 위치를 명확히 하고 길이와 크기를 표시한다.
② 정면도(주 투상도)에 집중 배치하여 기입한다.
③ 중복 기입은 피한다.
④ 숫자 기입 시에 콤마 등의 표시는 피한다.
⑤ 치수는 계산이 필요 없도록 기입한다.
⑥ 관련 치수는 되도록 한곳에 모아서 기입한다.
⑦ 치수중 참고치수는 치수수치에 괄호를 붙여 기입한다.
⑧ 비례척이 아닐 때에는 NS(None Scale)을 기입하거나 치수 숫자의 밑에 굵은 선을 그어 표시한다.
⑨ 외형의 전체 길이치수는 반드시 기입한다.

(2) 치수 기입 요소

1) 치수선

0.25mm 이하의 가는 실선으로 그어 외형선과 구별하고 양끝에는 끝부분 화살표를 붙인다.
① 외형선으로부터 치수선은 약 10~15mm 띄어서 긋고 계속될 때에는 같은 간격으로 긋는다.
② 치수선 중앙 윗부분에 치수를 기입한다.
③ 원호를 나타내는 치수선은 호 쪽에만 화살표를 붙인다.
④ 원호의 지름을 나타내는 치수선은 수평선에 대하여 45° 직선으로 한다.

2) 치수 보조선

0.2mm 이하의 가는 실선으로 치수선에 직각이 되게 긋는 선이며, 치수선의 위치보다 약간 길게 긋는다.

3) 지시선

구멍의 치수, 가공법 등을 기입하는 데 사용한다. 지시선은 일반적으로 수평선에 60° 경사지게 긋는다.

4) 화살표

화살표는 치수선의 끝에 붙여서 한계를 표시한다.

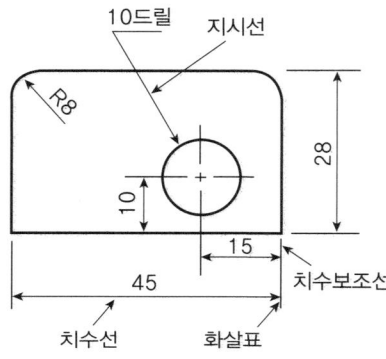

[치수 기입 방법]

(3) 치수에 사용되는 기호

치수에 사용되는 기호는 치수 숫자와 함께 쓰는 기호이며 다음과 같다.

No	기호	구분
1	Φ	지름
2	□	정사각형
3	R	반지름
4	C	45° 모따기
5	t	두께
6	P	피치
7	SΦ	구면의 지름
8	SR	구면의 반지름

① 치수 숫자와 같은 크기로 치수 앞에 기입한다.
② 형태를 알 수 있는 기호는 생략할 수 있다.
③ 평면을 나타낼 때에는 가는 실선으로 대각선을 그어 표시한다.

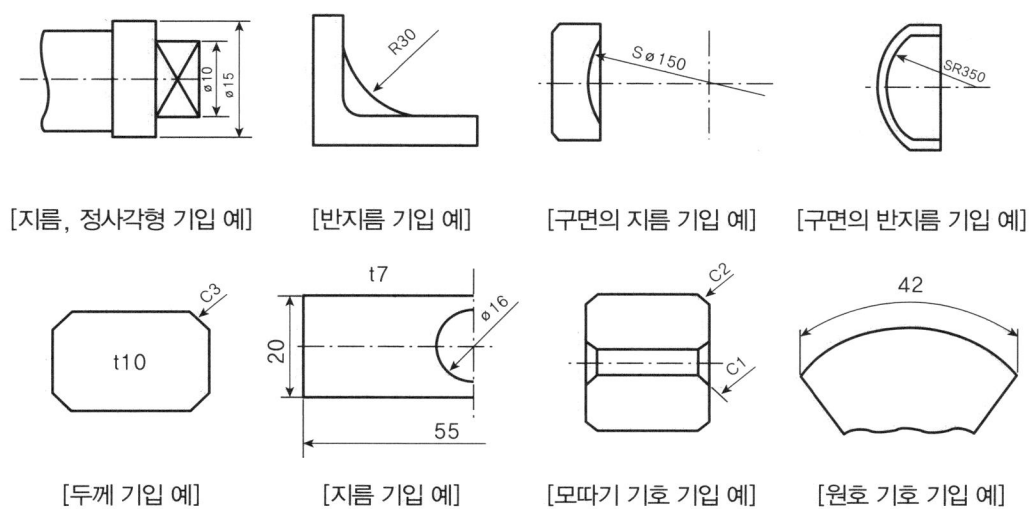

7 재료 표시법

(1) 재료 기호의 표시

① 제1위 문자 : 재질을 표시하는 기호로서, 영어 또는 로마자의 머리 문자나 원소 기호를 표시한다.
② 제2위 문자 : 규격, 제품 명칭을 표시하는 기호이며 판, 봉, 관, 선, 주조 제품 등의 형상별 종류 등과 용도를 표시한다.
③ 제3위 문자 : 금속종별의 기호로서, 최저 인장 강도나 재질, 종류, 기호를 숫자 다음에 기입한다.
④ 제4위 문자 : 제조 방법을 표시한다.
⑤ 제5위 문자 : 제품의 형상 기호를 표시한다.

(2) 재료 기호의 보기

① SF 34(탄소강 단조품) – S(강), F(단조품), 34(최저 인장강도)
② SC 37(탄소강 주강품) – S(강), C(주강품), 37(최저 인장강도)
③ S1(초경합금 1종) – S(초경합금), 1(1호)
④ SHP1(열간 압연 연강판 1종) – S(강), H(열간 가공), P(강판), 1(1종)
⑤ FC 10(주조품) – F(철), C(주조품), 10(최저 인장강도)

제2절 도면 해독

1 투상도(Projection)

(1) 투상도의 정의
물체의 모양·위치 및 크기 등을 규정된 제도 법칙에 따라서 한 평면 위에 그려내는 방법을 말한다.

(2) 투상도의 종류

1) 정투상법

물체를 네모난 유리상자 안에 넣고 바깥쪽에서 안을 들여다 보았을 때 물체가 유리판에 투상하여 보이는 것과 같다.

이때 투상선이 투상면에 대해서 수직으로 투상되는 방법을 말하며 물체를 정면에서 투상하여 그린 그림을 정면도, 위에서 투상하여 그린 그림을 평면도, 옆에서 투상하여 그린 그림을 측면도라 한다.

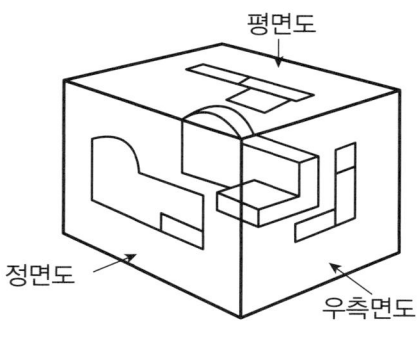

[정투상법]

2) 축측 투상법

정투상도법으로 나타내면 평행 광선에 의해 투상되므로 경우에 따라서 이해하기가 어렵다. 이러한 점을 보완하기 위해 경사진 광선에 의해 투상하는 것을 축측 투상법이라 한다. 축측 투상법의 종류에는 등각 투상도, 부등각 투상도가 있다.

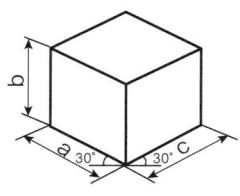

[등각 투상도]

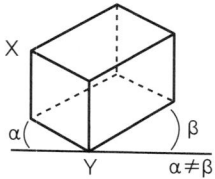

[부등각 투상도]

3) 사투상법

정투상도에서 정면도의 크기와 모양은 그대로 사용하고 평면도와 우측면도를 경사시켜 그리는 투상법을 말한다. 사투상법의 종류에는 카발리에도와 캐비닛도가 있다.

[카발리에도] [캐비닛도]

4) 투시도법

시점과 물체의 각 점을 연결하는 방사선에 의하여 그리는 방법을 말한다.

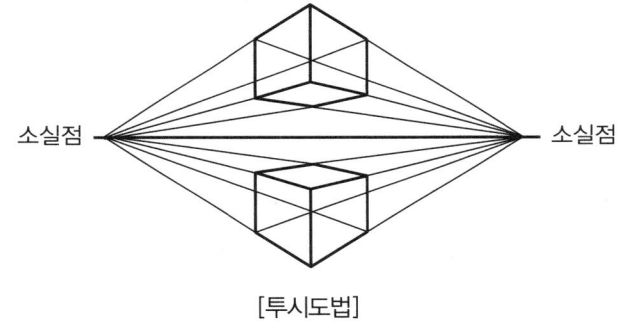

[투시도법]

❷ 투상각

서로 직교하는 투상면의 공간을 4등분한 것을 말한다. 기계제도에서는 3각법에 의한 정투상법을 사용함을 원칙으로 하며, 필요한 경우에는 제1각법을 따를 수도 있다.

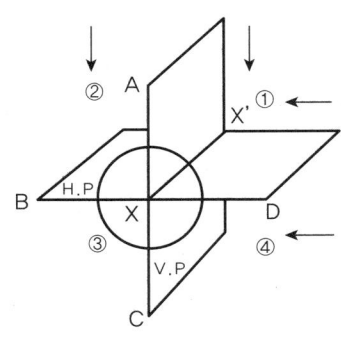

[공간의 구분]

(1) **제1각법**

물체를 제1상한에 놓고 투상하는 방법이며, 투영면 앞쪽에 물체를 놓는다.

즉, 순서는 눈 → 물체 → 화면이다.

(2) **제3각법**

물체를 제3상한에 놓고 투상하는 방법이며, 투상면 뒤쪽에 물체를 놓는다.

즉, 눈 → 화면 → 물체의 순서이다.

(3) **제1각법과 제3각법의 비교**

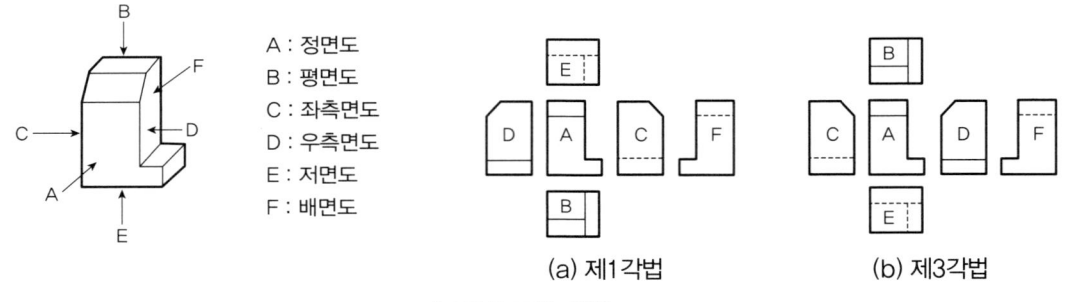

[도면의 표준 배치]

(4) **투상각법의 기호**

제1각법, 제3각법을 특별히 명시해야 할 때에 표제란 또는 그 근처에 "1각법" 또는 "3각법"이라 기입하고 문자 대신 아래 그림과 같이 기호를 사용한다.

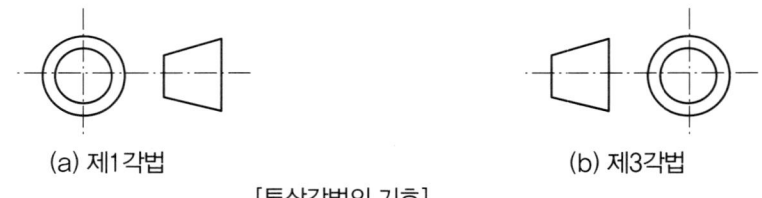

[투상각법의 기호]

❸ 투상도 그리기

(1) **필요한 투상도**

물체의 투상도는 총 6개를 나타낼 수 있으나 일반적으로 3면도 이하이면 충분하므로 배면도, 좌측면도, 저면도 등은 가급적 사용하지 않는다.

① 3면도 : 3개의 투상도로 완전하게 나타낼 수 있으며, 정면도, 평면도, 우측면도(또는 좌측면도)를 선택한다.

② 2면도 : 평면형이나 원통형 등의 간단한 물체는 정면도와 평면도 또는 정면도와 우측면도의 2개로 완전히 나타낼 수 있다.

③ 1면도 : 원통이나 각기둥, 평면판 등의 단면 모양이 균일하고 간단한 물체는 정면도 1개로 나타낸다.

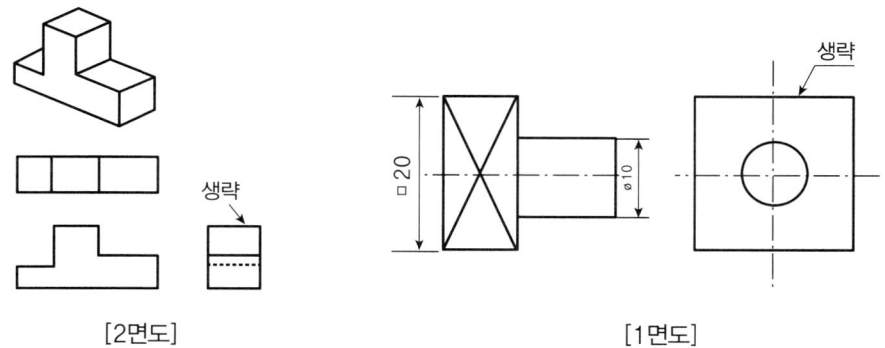

[2면도]   [1면도]

(2) 투상도를 선택할 때 고려할 사항

① 은선이 가급적 적게 되는 투상도를 선택한다.
② 정면도를 중심으로 하여 위쪽에는 평면도(투상도), 오른쪽에는 우측면도로 하는 제3각법으로 그린다.
③ 정면도와 평면도 또는 정면도와 측면도의 어느 것을 표시하여도 좋은 경우에는 투상도를 배치하기 좋은 쪽을 선택한다.

(3) 정면도를 선택할 때 고려할 사항

① 물체의 주요 면은 가능한 한 투상면에 평행 또는 수직으로 표시한다.
② 물체의 모양을 판단하기 쉬운 도면을 선택한다.
③ 은선이 가급적 적은 도면으로 선택한다.
④ 물체의 특징, 모양, 치수 등을 잘 표현할 수 있는 투상도를 정면도로 선택한다.
⑤ 물체는 안전하고 자연스러운 위치로 한다.

4 단면도법

(1) 단면도

단면도란 물체의 내부와 같이 보이지 않는 면을 나타낼 때 절단하여 형상을 도시하는 도면을 말한다.

(2) 단면을 그릴 때의 원칙

① 단면도와 다른 도면과의 관계는 정투상법에 따른다.
② 절단면은 기본 중심선을 지나고 투상면에 평행한 절단한 면을 표시하는 것을 원칙으로 한다.
③ 투상도는 전부 또는 일부를 단면으로 표시할 수 있다.
④ 단면을 절단면과 구분하여 표시할 경우에는 해칭(Hatching)이나 스머징(Smudging)을 한다.
⑤ 단면 뒤에 숨은선(은선)은 이해되는 범위에서 불편이 없으면 생략한다.
⑥ 부분 단면의 단면선은 단면의 한계를 표시하는 프리핸드(Free Hand)로 그린다.
⑦ 절단 평면의 위치는 다른 관계도에 절단선으로 나타낸다.

(3) 단면의 종류

1) **온 단면도(Full Sectional View)**

   물체를 기본 중심선에서 2개로 전부를 절단하여 도면 전체를 단면으로 나타낸 단면법을 말한다.

   ① 물체를 2개로 절단하여 도면 전체를 단면으로 나타낸 것이다.
   ② 물체의 전면을 절단한 것이다.
   ③ 물체의 전면을 단면도로 표시하는 것이다.
   ④ 중심선을 지나는 절단평면으로 전면을 자르는 것이다.

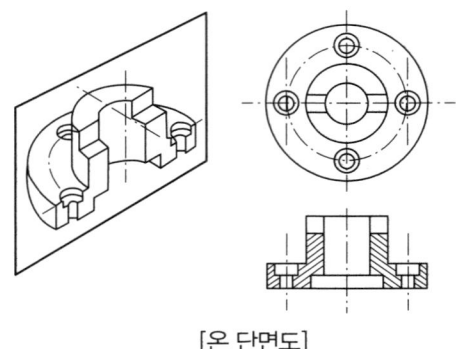

[온 단면도]

2) **한쪽 단면도(Half Sectional View)**

   기본 중심선에 대칭인 물체의 1/4을 절단하여 절반은 단면으로, 다른 절반은 외형도로 나타낸 단면법을 말한다.

3) **부분 단면도(Chapterial Sectional View)**

   외형도에 있어서 물체의 필요한 일부분만을 파단하여 나타낸 단면법을 말한다.

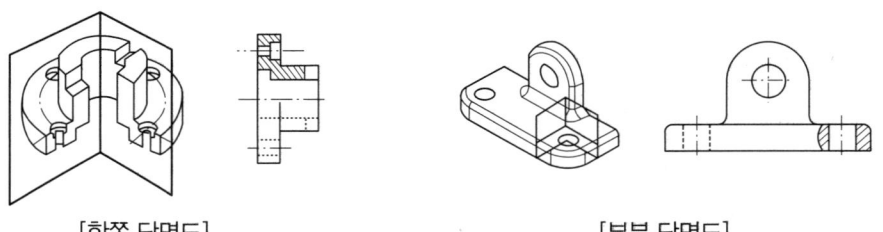

[한쪽 단면도]   [부분 단면도]

4) **회전 도시 단면(Revolved Section)**

   핸들(Handle), 바퀴의 암(Arm), 리브(Rib), 훅(Hook), 축(Shaft) 등의 물체를 축에 수직한 단면으로 절단하여 단면과 90° 회전하여 표시하는 단면법을 말한다.

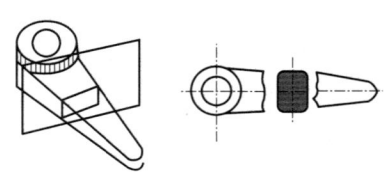

[회전 도시 단면도]

5) 계단 단면(Off Set Section)

2개 이상의 평면을 계단모양으로 절단한 단면법을 말한다.

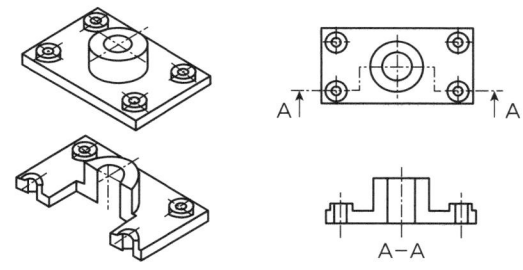

[계단 단면도]

5 해칭과 스머징

(1) 해칭(Hatching)

단면 부분에 가는 실선으로 빗금선을 긋는 방법을 말한다.

(2) 스머징(Smudging)

단면 주위를 색연필로 엷게 칠하는 방법을 말한다.

(3) 작업 원칙

① 가는 실선이 원칙이나 혼동의 염려가 없는 경우에는 생략한다.
② 중심선 또는 주요 외형선에 대하여 45° 기울기로 간격은 보통 2~3mm로 긋는다. 부득이한 경우에는 30°, 60°의 기울기로 한다.
③ 2개 이상의 부품이 인접할 경우에는 해칭 방향이나 간격을 다르게 하거나 각도를 틀리게 한다.
④ 간단한 도면에서 단면을 쉽게 알 수 있는 경우에는 해칭을 생략할 수 있다.
⑤ 동일 부품의 절단면은 동일한 모양으로 해칭한다.
⑥ 해칭 또는 스머징을 하는 부분 안에 문자, 기호 등을 기입하기 위하여 해칭 또는 스머징을 중단한다.

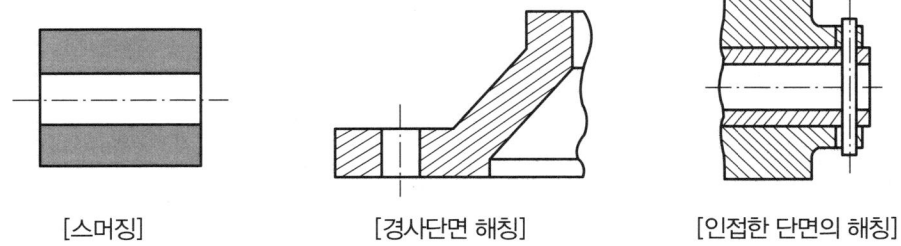

[스머징]　　　　[경사단면 해칭]　　　　[인접한 단면의 해칭]

6 전개도법

(1) 전개도

구조물 등의 표면을 평면으로 펼쳐서 나타내는 도면을 말한다.

(2) 전개도의 종류

① **평행선 전개법** : 능선이나 직선 면소에 직각 방향으로 전개하는 방법이다.

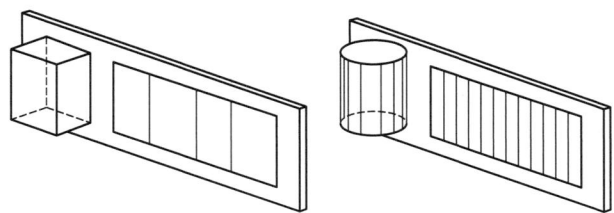

② **방사형 전개법** : 각뿔이나 뿔면의 꼭지점을 중심으로 방사상으로 전개하는 방법이다.

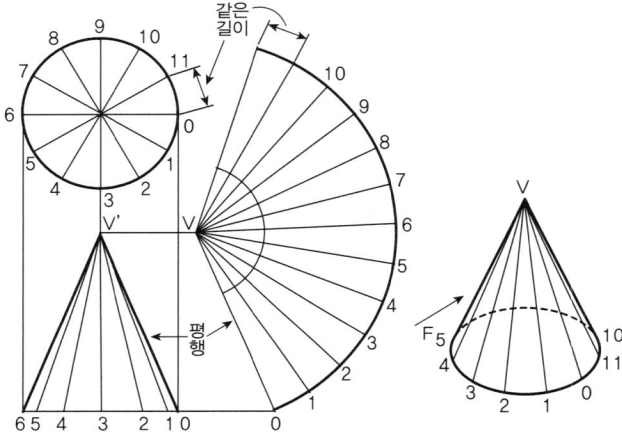

③ **삼각형 전개법** : 입체의 표면을 몇 개의 삼각형으로 분할하여 전개하는 방법이다.

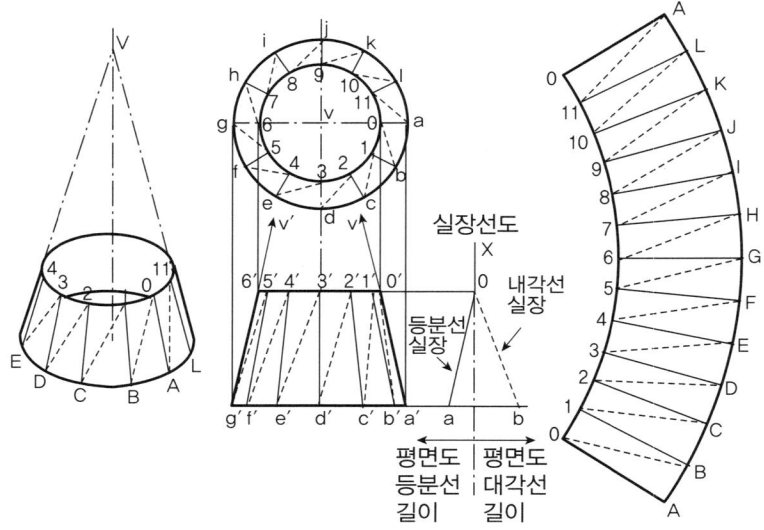

Chapter 02
차체의 재료

제1절 금속의 성질

1 금속재료의 기계적 성질
각종 하중(외력)에 대응하여 나타나는 금속의 성질을 금속재료의 기계적 성질이라고 한다.

(1) 하중
물체나 공작물(재료) 등에 외부로부터 작용하는 힘을 외력 하중이라고 한다. 즉, 정지해 있는 물체를 이동시키거나 이동하고 있는 물체의 속도나 방향에 변화를 주는 원인이 되는 것이다.

(2) 금속의 기계적인 성질
① 강도(Strength) : 부서지지 않는 세기의 정도(단위는 kgf/mm^2)
② 전성(Malleability) : 하중에 의해서 넓게 펴지는 성질
③ 인성(Toughness) : 파괴 시까지의 에너지 흡수(저장) 능력
④ 연성(Ductility) : 큰 변형 후에도 또 다른 변형에 저항하는 성질
⑤ 경도(Hardness) : 조직 따위가 단단하게 굳어지는 성질
⑥ 취성(Brittleness) : 아주 작은 변형에도 쉽게 파괴되는(부서지는) 성질
⑦ 소성(Plasticity) : 하중을 가했다가 제거하면 영구변형(=잔류변형)이 남아있는 성질
⑧ 탄성(Elasticity) : 하중을 가했다가 제거하면 원래의 형태로 회복되는 성질
⑨ 강성 : 일정한 하중에 저항하는 성질

> **참고 사항**
> ① 소성가공 : 금속의 소성을 이용하여 가공하는 방식(예 : 단조, 압연, 판금, 프레스 가공 등)
> ② 가공경화 : 금속을 재결정 온도 이하(상온)에서 가공하면 연신율이 감소하고 강도, 경도가 커져 재질이 단단해지는 현상(프레스 라인부 가공 등)
> ③ 재결정 온도 : 용융점의 1/2 정도 온도로 연성이 높아진 상태의 온도

(3) 금속의 물리적 성질

1) 비중(Specific Gravity)

어떤 물질의 질량과 같은 부피를 가진 표준물질의 질량과의 비를 말한다.

2) 비열(Specific Heat)

어떤 물질 1g을 1℃ 상승시키는데 필요한 열량이다.

3) 열전도율(Thermal Conductivity)

길이 1cm의 금속에 대하여 1℃의 온도차가 있을 때 $1cm^2$의 단면적을 통과하여 1초 사이에 전달된 열량을 말하며, 열전도율의 순서는 Ag 〉 Cu 〉 Au 〉 Al 〉 Zn 〉 Ni 〉 Fe이다.

4) 열팽창율

금속의 단위 길이에 대한 온도가 1℃ 상승하였을 때 늘어난 양으로 열팽창율의 순서는 Al 〉 Cu 〉 Fe 〉 18-8 스테인리스강이다.

5) 선팽창계수

어떤 물체의 단위 길이에 대한 온도가 1℃ 상승하였을 때 처음 길이와 늘어난 길이와의 비율을 말한다.

6) 자성(Magnetic Property)

자계 내에 철을 두면 자기 유도되어 자석이 되는 성질을 말한다.

제2절 금속재료 및 합금

1 금속재료 및 합금

(1) 금속재료의 일반적인 성질

① 상온에서는 고체상태의 결정체(단, 수은은 제외)이며, 산화작용에 의하여 부식이 발생되는 성질, 즉 부식성이 있다.
② 용융점이 높으며, 용해 후에 적당한 형상으로 성형이 가능한 가용성이 있다.
③ 전성과 연성이 풍부하여 고온으로 가열한 후에 단련성형이 가능한 가단성이 있으며, 경도와 비중이 크다.
④ 상온에서 절삭, 성형이 가능한 가공성을 가지고 있다.
⑤ 금속 특유의 불투명한 색을 지닌다.

(2) 합금

1) 합금의 일반적인 성질

① 인장 강도와 경도가 증가한다.
② 전기 저항은 증가하고, 열전도율이 감소한다.
③ 용융점이 낮아지고, 전성과 연성이 감소한다.
④ 연신율과 단면 수축율이 감소한다.
⑤ 담금질 효과와 주조성이 향상된다.
⑥ 내식성, 내열성 및 내산성이 증가한다.
⑦ 색이 아름다워진다.

2) 합금의 상태도
① 고용체 : 두 가지 이상의 금속이 용융상태에서 합금이 되었을 때나 고체 상태에서도 균일한 융합상태가 되어 두 금속의 각 성분을 구분할 수 없는 합금의 상태
② 공정 : 2개의 금속이 용융된 액체 상태에서는 균일한 상태이나 응고 상태에서는 각각 분리된 결정으로 생성되어 기계적으로 혼합된 조직이 되는 것
③ 공석 : 1개의 고용체로부터 2개의 고체가 일정한 비율로 동시에 분리되어 나온 혼합물
④ 편석 : 금속이 용융된 상태에서 응고할 때 그 응고 온도의 차이에 따라 농도 차이를 일으켜 금속 조직이 불균일한 현상을 나타내는 것
⑤ 포정반응 : 2금속의 합금을 용융상태로부터 냉각을 하면 어느 일정한 온도에서 결정이 생성된 고용체와 동시에 이와 공존된 용액이 서로 반응하여 새로운 다른 고용체를 형성하는 반응

(3) 금속의 결정

1) 금속의 결정
결정체인 금속이나 합금은 용융 상태에서 냉각되면 고체로 변화하게 되는데, 이와 같은 물체의 상태가 다른 상으로 변하는 것을 변태라 한다.

> **참고 사항**
>
> **변태점**
> 금속이나 합금이 고체 상태에서 어떤 온도가 되면 각종 성질이 급격히 변화하는 지점을 말한다.

① 결정 순서 : 핵 발생 → 결정의 성장 → 결정경계 형성 → 결정체의 순이다.

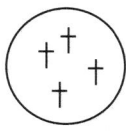 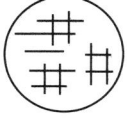 

② 결정의 크기 : 냉각 속도가 빠르면 핵 발생이 증가하여 결정 입자가 미세해진다.
③ 주상정 : 금속 주형에서 표면의 빠른 냉각으로 중심부를 향하여 방사상으로 이루어지는 결정이다.
④ 수지상 결정 : 금속이 응고할 때 핵에서 성장하는 결정이 나뭇가지와 같은 모양을 취하면서

불규칙적인 모양으로 성장해가는 결정이다.
⑤ 편석 : 금속의 처음 응고부와 나중 응고부의 농도차가 있는 것으로 불순물이 주원인이다.

2) 금속 결정의 종류
① 결정입자 : 금속 또는 합금의 원자가 규칙 있게 배열된 상태를 결정입자라고 한다.
② 결정격자 : 원자들의 배열이 입체적이고 규칙적으로 배열되어 있는 것을 말한다.
③ 결정격자의 종류
  ㉠ 체심입방격자(B.C.C) : 원자수 9개
  ㉡ 면심입방격자(F.C.C) : 원자수 14개
  ㉢ 조밀육방격자(C,H,P) : 원자수 17개

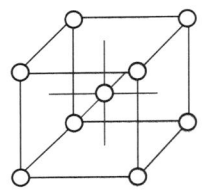
[체심입방격자]
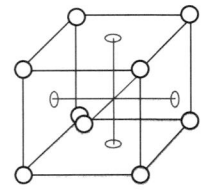
[면심입방격자]
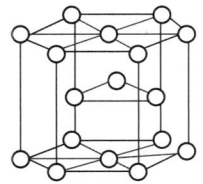
[조밀육방격자]

3) 금속의 냉간가공과 열간가공
① 냉간가공 : 재결정 온도보다 낮은 온도에서 가공하는 것으로 금속 판재를 냉간 가공하면 금속 판재는 내부 변형과 입자의 미세화로 인하여 결정입자가 섬유조직으로 변형되어 가공경화를 일으켜 강도나 경도가 증가되지만 인성은 줄어든다.
② 열간가공 : 재결정 온도보다 높은 온도에서 가공하는 것으로 금속 판재를 가열하게 되면 연하게 되어 소성이 증가되므로 성형하기 쉽다.

(4) 금속의 변태
① 동소 변태 : 고체 내에서 결정격자의 형상, 즉 원자의 배열이 변화되는 것이다.
② 자기 변태 : 원자의 배열에는 변화가 없으나 768℃ 부근에서 자성만 변하는 것이다.

제3절 금속의 열에 의한 영향

1 강의 열처리

(1) 담금질(Quenching)
강을 변태점 온도에서 가열한 후 급랭하여 마르텐사이트 조직으로 변화시키는 열처리 방법이다. 이 조직은 매우 단단하고 내마멸성과 내충격성이 우수하다.

(2) 뜨임(Tempering)

담금질한 강의 내부응력 제거와 인성을 높이고, 경도를 감소시키기 위해서 변태점 이하의 적당한 온도로 가열한 후에 냉각시키는 열처리 방법이다.

(3) 풀림(Annealing)

강을 적당한 온도로 가열 후 온도를 유지하며 서랭하는 열처리 방법이다. 강의 결정 조직을 조정하거나 가공 또는 담금질에 의해 생긴 내부 응력을 제거하고 연화, 절삭성, 냉간 가공성을 개선한다.

① 종류 : 완전풀림(Full Annealing), 등온풀림(IsoThermal Annealing), 응력제거 풀림(Stress Felief Annealing), 연화풀림(Softening Annealing), 구상화 풀림(Spheroidizing Annealing) 등이 있다.

(4) 불림(Normalizing)

강의 결정 조직을 표준상태로 만들기 위하여 강을 단련한 후, 오스테나이트의 단상이 되는 온도 범위에서 가열하고 대기 속에 방치하여 자연냉각하는 열처리 방법이다. 강의 결정 조직을 미세화하고, 냉간가공, 단조 등에 의한 내부응력을 제거하여 결정조직, 기계적 성질, 물리적 성질 등을 표준 상태로 개선한다.

2 표면 경화법

(1) 질화법

암모니아(NH_3)가스를 이용하여 520℃에서 50~100시간 가열하여 Al, Cr, Mo 등에 질화층이 생겨 경화시키는 화학법을 말한다.

(2) 침탄법

침탄강을 침탄제 속에 넣고 850~900℃의 온도에서 8~10시간 가열하여 표면에 2mm 가량의 침탄층을 만들어 경화시키는 화학법을 말한다.

(3) 화염 경화법

산소-아세틸렌 불꽃으로 강의 표면만을 가열하여 열이 중심부에 전달되기 전에 급랭시키는 것을 말한다.

(4) 고주파 경화법

고주파 열로 표면을 열처리하는 방법을 말한다.

(5) 청화법

시안화나트륨 NaCN, 시안화칼륨 KCN 등의 청화물이 철과 작용하여 금속표면에 질소와 탄소가 동시에 침투하게 하는 방법을 말한다.

제4절 철강재료

1 순철

(1) 순철의 특징
① 항장력이 낮고 투자율이 높아서 변압기, 발전기용 철심으로 사용한다.
② 단접성, 용접성이 양호하다.
③ 유동성 및 열처리성은 불량하다.
④ 전, 연성이 풍부하여 박판으로 사용된다.

(2) 순철의 변태
① 동소 변태점 : 910℃, 1400℃
② 자기 변태점 : 768℃

> **참고 사항**
>
> 순철의 동소체
> ① α철　　② γ철　　③ δ철

2 탄소강

철(Fe)과 탄소(C) 0.035~1.7%를 주성분으로 하는 합금에 규소(Si), 망간(Mn), 인(P), 황(S) 등의 원소가 소량 함유되어 있는 철강재료이다.

(1) 탄소강에 생기는 취성(메짐)의 종류
① 청열 취성 : 강철은 200~300℃에서 연신율이 최저로 되고 강도는 최고로 되는 이른바 여리고 약하게 되는데 이러한 성질을 말한다.
② 적열 취성 : 800~900℃ 이상에서 황에 의해 변하는 성질을 말한다.
③ 상온 취성 : 인이 많은 강에서 발생한다.
④ H_2 : Hair Crack 또는 백점의 원인으로 철을 여리게 하고 산이나 알칼리에 약하다.

(2) 탄소강의 표준 조직
① 페라이트(Ferrite) : 연성이 크고 인장강도는 적으며, 담금질에 의하여 경화되지 않는다. 탄소를 고용한 α고용체이며, 상온에서는 강자성체이나 768℃에서 자기 변태를 일으킨다.
② 펄라이트(Pearlite) : 페라이트와 시멘타이트의 공석정이다.
③ 시멘타이트(Cementite) : 경도가 높고 취성이 크며, 백색으로 상온에서 강자성체인 결정으로 210℃에서 자기 변태를 일으킨다.
④ 공석강 : 탄소함유량이 0.86%로 펄라이트 조직이다.

⑤ 아공석강 : 탄소함유량이 0.025~0.77%로 페라이트+펄라이트 조직이다.
⑥ 과공석강 : 탄소함유량이 0.77~2.0%로 펄라이트+시멘타이트 공석강이다.

③ 제철법

(1) 철광석

철분 함량이 40% 이상이고 불순물이 적고 인과 황의 성분은 0.1% 미만인 철강 재료를 말한다.

> **참고 사항**
>
> ※ 철분 함량에 따른 분류
> ① 자철광 : 72.4%   ② 적철광 : 70%
> ③ 갈철광 : 59.9%   ④ 능철광 : 48.3%

(2) 용광로

철광석을 녹여 선철(2.5~4.5%C)을 만드는 노를 말하며, 용광로의 크기 표시는 24시간 동안 산출된 선철의 무게(ton)로 한다.

(3) 선철 : 철강의 원료인 철광석을 용광로에서 분리한 철을 말한다.

① 90% 정도가 강을 제조하는 재료가 된다.
② 10% 정도가 용선로에서 주철을 제조하는 재료가 된다.
③ 강보다 탄소가 많다.
④ 전성이 작고 취성이 크다.

(4) 제강로 : 강을 제조하기 위한 노를 말한다.

(5) 용선로(큐폴라) : 주철을 제조하기 위한 노를 말한다.

④ 제강법

선철 중의 불순물을 제거하고 탄소 함유량을 0.02~1.7%으로 감소시켜 강을 제조하는 방법이다.

(1) 종류

① 평로(반사로) 제강법
② 전로 제강법
③ 전기로 제강법
④ 도가니로 제강법

(2) 강괴의 제조

① 림드강 : 평로 또는 전로에서 용해한 강에 페로망간을 첨가해 가볍게 탈산시킨 강을 말한다.
② 킬드강 : 노내에서 강력한 탈산제인 페로실리콘, 페로망간, 알루미늄 등을 첨가해 탈산시킨

강을 말한다.

③ 세미킬드강 : 탈산의 정도를 킬드강과 림드강의 중간 정도로 한 강을 말한다.

④ 캡드강 : 페로망간으로 가볍게 탈산한 용강을 주형에 주입한 다음에 탈산제를 재투입하거나 주형 뚜껑을 덮어 비등 교반운동을 조기에 강제적으로 끝마치게 한 강을 말한다.

5 합금강(특수강, Alloy Steel)

탄소강에 한 종 이상의 특수 원소를 배합한 합금을 말한다.

(1) 합금강의 특징

① 기계적 성질이 개선된다.
② 내식, 내마멸성이 좋아진다.
③ 고온에서의 기계적 성질 저하 방지를 할 수 있다.
④ 담금질성이 개선된다.
⑤ 용접성이 좋아진다.
⑥ 전기, 자기적 성질이 개선된다.
⑦ 결정 입자의 성장을 방지한다.

(2) 합금강의 종류

1) 구조용 합금강

① 크롬강 : 중탄소강에 1% 정도의 크롬을 첨가한 강으로 실린더 라이너, 기어, 캠축, 밸브 및 강력 볼트에 이용

② 니켈-크롬강 : 매우 강인하고 탄성한계가 높으며 담금질 효과가 크고 내마모성, 내열성이 풍부하여 기어, 캠, 피스톤 핀의 재료로 이용

③ 니켈-크롬-몰리브덴강 : 강인성, 담금질 효과 및 탄성한계가 커서 크랭크축, 커넥팅 로드의 재료로 이용

④ 크롬-몰리브덴강 : 고온가공이 용이하며, 용접성이 좋고 내열성이 커서 니켈-크롬강과 함께 널리 이용

⑤ 스프링강 : 규소-망간강과 규소-크롬강이 있으며 탄성한계가 높고 응력에 대한 피로한도가 높음

2) 공구용 합금강(공구강)

고온 경도, 내마모성, 강인성이 크며 열처리가 쉬운 강을 말한다.

① 고속도강
② 비철합금 절삭공구
   ㉠ 스텔라이트 : 단조 및 열처리가 불가능하며, 주조 후 연삭하여 사용한다.
   ㉡ 초경합금 : 텅스텐(W) 85~95%, 코발트(Co) 5~6%의 소결합금이다.

ⓒ 세라믹 : Al산화물 Al_2O_3를 1600℃ 이상에서 소결 성형하여 만드는 재료이다.
③ 공구강의 구비조건
   ㉠ 열처리가 쉽고 단단할 것
   ㉡ 고온에서 강도를 유지할 것
   ㉢ 내식성이 클 것
   ㉣ 강인성과 내충격성이 클 것

3) 내식, 내열용 합금강
① 스테인리스강 : Fe에 12% 이상의 Cr을 합금시키면 강한 보호 피막이 생성되어 부동태화 되는데, 이 특징을 이용하여 녹이 발생되지 않게 한 강을 말한다.
   ㉠ 인성과 전성이 크고 가공경화가 심하여 열처리가 잘된다.
   ㉡ 내식, 내열, 내한성이 우수하다.
   ㉢ 크롬 산화 피막이 표면을 보호하므로 내부를 보호한다.
   ㉣ 염산에 침식되면 내식성이 떨어진다.
② 내열강 : Al, Si, Cr을 첨가하여 산화피막을 형성하여 고온에서 성질이 변하지 않고 열에 의한 팽창 및 변형이 적으며 냉간 · 열간 가공 및 용접성이 좋은 장점이 있다.

4) 불변강
철(Fe)에 니켈(Ni)을 첨가시켜서 가열하여도 열팽창계수가 적으며 탄성계수가 온도에 대하여 거의 변하지 않는 강으로 인바, 슈퍼 인바, 엘린바, 플래티나이트 등이 있다.

6 주철

(1) 주철
① 탄소함유량이 2.0~6.68%의 강이다.
② 철강보다 용융점이 낮아 복잡한 것이라도 주조하기 쉽고 값이 싸서 기계재료로 널리 이용된다.
③ 전, 연성이 작고 가공이 안 된다.
④ 비중이 7.1~7.3으로 흑연이 많아질수록 낮아진다.
⑤ 담금질, 뜨임은 안 되나 풀림 처리는 가능하다.

(2) 주철의 특징
① 용융점이 낮고 유동성이 좋다.
② 압축강도는 크나 인장 강도가 부족하다.
③ 마찰저항이 높아 절삭성이 좋고, 값이 싸다.
④ 가단성, 전연성이 적고 취성이 크다.
⑤ 녹이 잘 생기지 않고 내마모성이 크다.
⑥ 가공은 가능하나 용접이 불량하다.

(3) 주철의 종류

① 회주철 : 탄소가 흑연상태로 존재하며 Si가 많다.

② 백주철 : 탄소가 시멘타이트로 존재하며 Si가 적다.

③ 반주철 : 회주철과 백주철의 중간이다.

이외에도 고급주철, 합금주철, 구상 흑연주철, 가단주철, 칠드 주철 등이 있다.

제3절 비철금속재료

1 구리와 그 합금

(1) 구리의 특징

① 열, 전기의 양도체이며 색채가 아름답다.

② 유연하고, 전연성이 커서 가공성이 좋다.

③ 기계적 강도가 낮다.

④ 비중은 8.96이고 용융점은 1083℃이다.

(2) 황동

구리와 아연의 합금을 말하며 함유 비율에 따라 분류한다.

① 7-3황동 : 구리 70%, 아연 30%이며 황금색을 띠고 연신율, 냉간 가공성이 좋다.

② 6-4황동 : 구리 60%, 아연 40%이며 주황색을 띠고 주조성, 열간 가공성이 좋으며 인장강도가 높다.

③ 톰백(Tom Bac) : 구리 85%, 아연 15%의 황동을 말한다.

④ 네이벌 황동 : 6-4황동에 주석 1%를 첨가한 황동을 말한다.

(3) 청동

구리와 주석의 합금을 말하며, 강도가 크고, 내마모성과 주조성이 좋다.

① 인청동 : 청동에 인(P) 0.05~0.6%를 첨가한 것이며, 내부식성, 내마모성, 인성, 내피로성이 크다.

② 포금 : 구리(88%), 주석(10%), 아연(2%)의 합금으로 단조성과 내부식성이 좋다.

2 알루미늄 합금

(1) 내식용 알루미늄 합금

① 하이드로날륨 : 알루미늄에 마그네슘이 4~7% 함유

② Al + Mn계 : 알루미늄에 망간이 1.0~1.5% 함유

③ Al + Mg계 : 알루미늄에 마그네슘이 2.0~5.6% 함유

(2) 고력용 알루미늄 합금

① 두랄루민 : 알루미늄, 구리(4%), 마그네슘(0.5~1.0%)의 합금이며, 인장강도가 크고 시효 경화를 일으킨다.

② 초두랄루민 : 알루미늄, 구리(4.5%), 망간(0.6%)에 마그네슘 함유량을 0.5~1.5% 정도 높인 것이다.

(3) 내열용 알루미늄 합금

① 로엑스 : 알루미늄, 규소, 니켈, 구리의 합금이며 내열성이 크고, 열팽창 계수가 적다.

(4) 주조용 알루미늄 합금

① 실루민 : 알루미늄에 규소(12%)를 첨가시킨 것이며 주조성, 내식성, 기계적 성질이 우수하다.

② Y합금 : 알루미늄, 구리(4%), 마그네슘(1.5%), 니켈(2%)의 합금이며 내열성이 커 강인한 주물에 적합하다.

③ 라우탈 : 알루미늄, 구리, 규소의 합금이며 주조성, 기계적 성질, 열처리 효과가 우수하다.

(5) 알루미늄 합금 용접 시 주의사항

① 가열상태 및 용융온도를 확인하기가 어렵다.

② 열전도성이 우수하여 국부가열이 어렵다.

③ 모재의 용융을 일정하게 유지하기 어렵다.

④ 알루미늄 합금 패널의 산화막은 와이어 브러시 또는 화학약품을 사용하여 제거하고 용접을 실시한다.

⑤ 용접 부위에 기공 및 균열이 발생하기 쉽다.

❸ 니켈과 니켈합금

(1) 니켈의 특징

비중이 8.85, 용융온도가 1445℃인 인성이 풍부한 강자성체의 금속으로 360℃ 이상 되면 자성을 상실한다.

(2) 니켈합금

① 모넬 메탈 : 니켈, 구리, 철의 합금이다.

② 양은(Nickle Silver) : 비철금속 중 구리(55~65%), 아연(15~30%), 니켈(5~20%)의 합금이며, 내열성, 내식성, 가공성이 우수한 합금이다.

❹ 티타늄(Ti)

① 비중이 4.51로 마그네슘 및 알루미늄보다 크지만 강의 약 60%로 가벼운 경금속에 속한다.

② 내식성이 뛰어나다.
③ 전기 및 열의 전도성이 철보다 나쁘다.
④ 융점이 1670℃로 높고 고온에서 산소, 질소, 탄소와 반응하기 쉬워 용해 주조가 어렵다.
⑤ 비강도가 높고 특히 고온에서 뛰어나다.

5 납의 성질

① 전성이 크고 연하다.
② 인체에 유독한 금속이다.
③ 공기나 물에는 거의 부식되지 않는다.
④ 알칼리 수용액에 대해서는 철보다 빨리 부식된다.
⑤ 황산에는 내식성이 좋으나 질산이나 염산에는 부식된다.

제6절 비금속재료

1 유리

성분은 흙에 포함되어 있는 SiO_2로 무색투명하며 산과 알칼리에 강하다.
① 강화유리
② 마충유리
③ 착색유리
④ 프린트 유리

(1) 강화유리
① 제조방법 : 보통의 판유리를 600℃ 정도로 가열한 후 급랭
② 내충격성 : 일반유리의 3~5배
③ 온도변화에 대한 내구성 : 170℃
④ 파편형태 : 둥근 형태로 인체에 피해가 거의 없음

(2) 마충유리
① 구조 : 두 장의 유리 사이에 폴리비닐 중간막
② 내충격성
  ㉠ 충격에 의한 파손 시 파편이 튀지 않음
  ㉡ 내, 외부로부터 관통성이 우수
③ HPR 마충유리

⊙ 중간막의 두께가 두꺼움
　　　ⓒ 내충격성이 우수
　　　ⓒ 자동차용 유리로 사용

(3) **착색유리**
　　① 제조방법 : 안료를 넣어 색상을 유지
　　② 용도 : 빛의 차광

(4) **프린트유리**
　　① 제조방법 : 표면에 금속 프린트
　　② 용도 : 열선, 안테나

(5) **자동차 유리 부착방법**
　　① 접착식
　　② 리머 마운트식
　　③ 플래시 마운트식

❷ 합성수지

여러 가지의 물질이 화학반응에 의해 합성된 고분자의 유기화합물이며 열 가소성과 열 경화성을 가진 재료로 일명 플라스틱이라고도 한다.

(1) **합성수지의 분류**
　　① 열가소성 수지 : 열을 가하면 부드러워지고 가소성이 나타나 수정과 용접이 가능하고 냉각이 되면 본래 상태로 굳어지는 성질의 수지(염화비닐, 아크릴 수지)
　　② 열경화성 수지 : 열을 가하면 경화되고 성형 후에는 가열하여도 연해지거나 융용되지 않는 성질의 수지(페놀 수지, 멜라닌 수지, 폴리에스테르 수지)

(2) **합성수지의 특징**
　　① 성형가공이 자유롭다.
　　② 금속, 유리 등과의 복합재료 제조가 가능하다.
　　③ 비중(약 0.9~1.3)이 낮아 경량이다.
　　④ 방습성, 내식성이 우수하다.
　　⑤ 방진, 방음, 절연, 단열성이 뛰어나다.
　　⑥ 열에 의한 변형이 일어난다.
　　⑦ 유기용제에 부식이 발생한다.

제7절 강판재료

1 강판의 종류

(1) 열간압연강판

탄소 함유량 0.15% 이하의 저탄소의 강괴를 열간가공온도 약 700~900℃ 부근에서 2개의 롤(Roll) 사이로 압연하고 판형으로 가공하여 제조한 강판이다.

① 재질이 연하여 가소성이 좋고 가공성이 높다.
② 판 표면이 거칠다.
③ 박판(3mm 이하), 중판(3~6mm), 후판(6mm 이상)으로 분류할 수 있다.

(2) 냉간압연강판

열간압연강판을 상온 상태에서 산으로 세정하여 롤러 압연하는 조질 압연으로 경도 조정 및 판 표면의 평활도를 높인 강판이다. 일반적으로 3.2mm 이하의 것이 많이 적용된다.

① 판 표면이 매끄럽다.
② 가공성, 용접성이 우수하다.
③ 자동차용으로 주로 사용된다.

(3) 고장력강판

차체의 중량 경감을 목적으로 개발된 강판으로 인장강도(52~70kg/mm^2)와 항복점(32~38kg/mm^2)이 높고 저항력 및 충돌 시 에너지 흡수성이 뛰어나며 성형 후 가공경화가 큰 특징이다.

> **참고 사항**
> 일반적으로 고장력강판은 600℃ 이상이 되면 고장력의 특성을 잃어버린다.

(4) 표면처리강판(방청강판)

1) 도장강판

강판 표면에 도전성 도료를 분사하여 방청층을 형성시킨 강판을 말한다.

2) 도금강판

① 전기 아연도금 강판 : 표면은 매끄러우나 도금층이 얇다.
② 용융 아연도금 강판 : 표면은 거치나 도금층이 두껍다.
③ 유기피복 강판(진듀러 스틸) : 아연도금층을 보호하기 위하여 유기피막이 도포되어 있다.
④ 합금화 아연도금 강판(엑세라이트 강판) : 표면은 도장성, 내면은 방청성의 2중 구조로 되어있다.

3) 적층강판(제진강판)

주행 시의 진동, 소음을 흡수하도록 샌드위치 구조의 구속형과 비구속형 형태로 제작한 강판을 말하며 라미네이트 강판이라고도 한다.

제8절 재료시험법

1 인장시험

인장시험은 시험편을 만들어 만능 재료 시험기로 절단될 때까지의 저항력을 측정하며, 이 시험으로 재료의 인장강도, 항복점, 연신율, 단면 수축률 등을 측정할 수 있다.

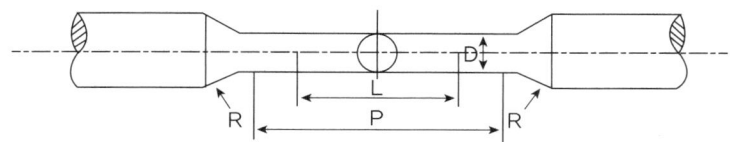

○ 표점거리(L=50mm), 평형부거리(P=약 60mm), 직경(D=14mm), 모서리 반경(R=15 이상)

[봉 형태의 시험편]

2 응력 변형률 선도

(1) 응력

외력이 작용할 때 단위 면적당 재료 내에 작용하는 힘을 응력이라고 한다.

(2) 응력과 변형률 선도

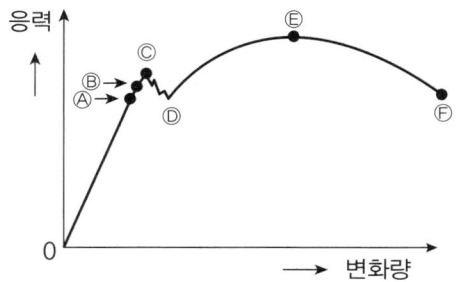

① A(비례한도) : 하중과 연신율이 비례하는 최대점
② B(탄성한도) : 영구 변형을 일으키려는 최대점
③ C(상항복점) : 소성 변형이 일어나기 시작하는 점

④ D(하항복점) : 응력변화 없이 변형이 많이 일어나는 점
⑤ E(최대응력) : 가장 많은 힘을 받을 수 있는 점
⑥ F(파단점) : 절단되어 끊어지는 점

3 단면 수축률

단면 수축률 Φ는 시험 전의 단면적 A_0와 시험 후에 시험편의 단면적 A의 차이를 A_0로 나눈 값을 %로 표시한다.

$$\Phi = \frac{A_0 - A}{A_0} \times 100(\%)$$

4 경도 시험의 종류

① 브리넬 경도 : 고탄소강의 볼에 일정 하중을 주어 시험
② 비커스 경도 : 다이아몬드 사각뿔을 가진 피라미드형 압입자로 시험
③ 로크웰 경도 : 경질의 재료에는 다이아몬드 원뿔, 연질의 재료에는 강구를 이용하여 시험
④ 쇼 경도 : 반발되어 올라온 높이로 측정하는 시험법

5 비파괴 시험의 종류

① 타진법 : 두드려서 나는 소리로 판정하는 방법
② 자기 탐상법 : 자력선과 산화철 분말을 이용하는 방법
③ 침투 탐상법 : 침투제 및 현상제를 이용한 방법
④ 초음파 탐상법 : 초음파를 입사시켜서 결함을 검출하는 방법
⑤ 방사선 탐상법 : X선이나 γ선을 이용하여 검출하는 방법

6 허용응력, 안전율 및 사용응력

① 안전율(S) = $\dfrac{\text{인장강도}(\sigma_u)}{\text{허용응력}(\sigma_a)}$

② 탄성한도 > 허용응력 > 사용응력

7 보와 모멘트

(1) 지점의 반력

1) 정정보

① 외팔보 : 한쪽 끝만 고정한 것으로 고정된 끝단을 고정단, 다른 쪽 끝을 자유단이라고 한다.

② 단순보 : 양끝에서 받치고 있는 것으로 양단지지보라고도 한다.

③ 돌출보 : 지점의 바깥 측에 하중이 걸리는 보를 말한다.

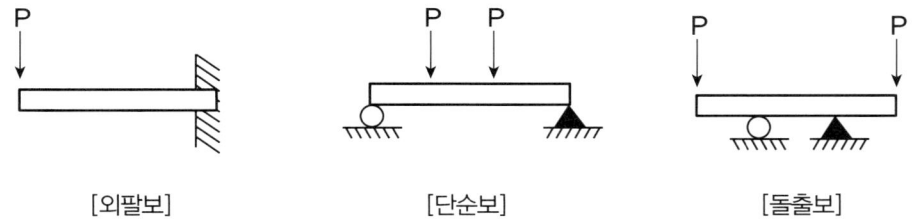

[외팔보]   [단순보]   [돌출보]

2) 부정정보

① 고정보 : 양끝 모두를 고정한 보를 말한다.

② 고정 받침보 : 한쪽 끝은 고정, 다른 쪽 끝은 받쳐 있는 형태의 보이다.

③ 연속보 : 3개 이상의 지점, 즉 2개 이상의 스팬을 가진 보를 말한다.

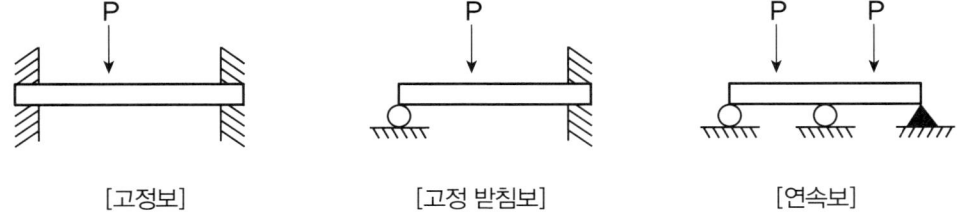

[고정보]   [고정 받침보]   [연속보]

Chapter 03
차체용접

제1절 용접일반 및 설비에 관한 사항

1 용접일반

(1) 접합법의 분류
① 기계적인 접합 : 볼트, 너트, 코터핀, 나사, 리벳 등
② 야금적인 접합 : 각종용접
③ 화학적인 접합 : 접착제, 실리콘, 풀 등

(2) 용접의 특징

No	장점	단점
1	모재와 유사 강도로 성능과 수명이 향상된다.	유해 물질이 발생된다.
2	다양한 용접법을 구사할 수 있다.	용접 후 해체가 어렵다.
3	동종 및 이종 재질의 접합이 가능하다.	용접열에 의한 재료 특성 변화가 나타난다.
4	자동화가 용이하여 재료와 경비를 절감시킬 수 있다.	변형 및 잔류응력이 발생한다.
5	용접장비의 휴대성과 비교적 가격이 저렴하다.	작업자의 숙련기술이 요구된다.
6	이음부의 기밀성이 우수하다.	조립 시 많은 비용이 소모된다(치구류 등).
7	구조물 설계가 용이하고 공정수가 감소된다.	고가 장비(레이저, 전자빔)도 있다.

2 용접설계

(1) 용접이음의 종류
① 맞대기 이음(버트 이음, Butt Joint)   ② 수직 이음(필렛 이음, Fillet Joint)
③ 겹치기 이음(랩 이음, Lap Joint)   ④ 모서리 이음(코너 이음, Coner Joint)
⑤ 변두리 이음(사이드 이음, Side Joint)   ⑥ 마개 이음(플러그 이음, Plug Joint)

 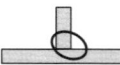  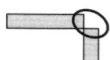 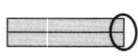 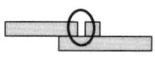

[맞대기 이음]   [수직 이음]   [겹치기 이음]   [모서리 이음]   [변두리 이음]   [마개 이음]

2) 용접 홈의 명칭

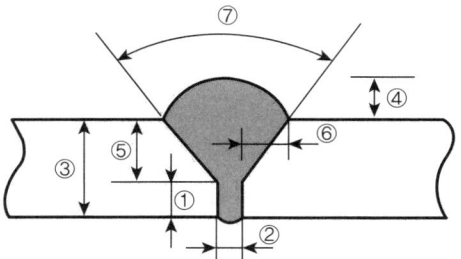

① 루트면
② 루트 간격
③ 판의 두께
④ 덧살 높이
⑤ 홈의 깊이
⑥ 베벨 각
⑦ 홈 각도

제2절 가스용접

1 가스용접의 원리

(1) 가스용접 장치의 구성
   ① 봄베
   ② 압력조정기(레귤레이터)
   ③ 가스호스
   ④ 가스토치

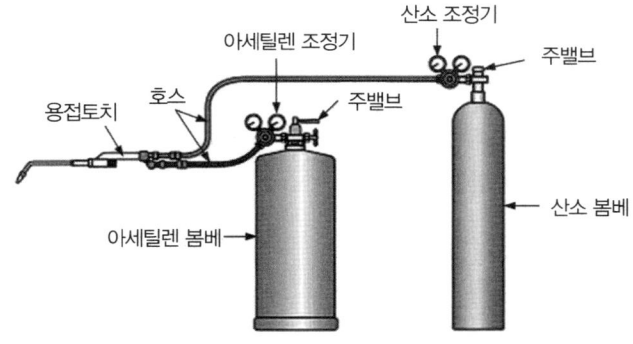

[가스용접 장치의 구성]

(2) 특징
   ① 불꽃을 조절하여 용접부의 가열 범위 조절이 쉽고 설비가 저렴하며, 운반이 자유롭다.
   ② 금속의 용접 및 절단이 가능하며 응용 범위가 넓다.
   ③ 아크 용접에 비해 유해 광선의 발생이 적다.
   ④ 열효율이 낮아서 용접 속도가 느리고, 폭발 위험성이 있다.
   ⑤ 금속이 탄화나 산화될 우려가 많다.
   ⑥ 가열범위가 넓어 용접 응력이 크고, 가열 시간이 길다.

❷ 용접 작업

(1) 좌진법과 우진법

① 좌진법(전진법) : 용접봉이 토치보다 앞서 나가는 방향으로 오른쪽에서 왼쪽으로 진행한다.
② 우진법(후진법) : 토치가 용접봉보다 앞서 나가는 방향으로 왼쪽에서 오른쪽으로 진행한다.

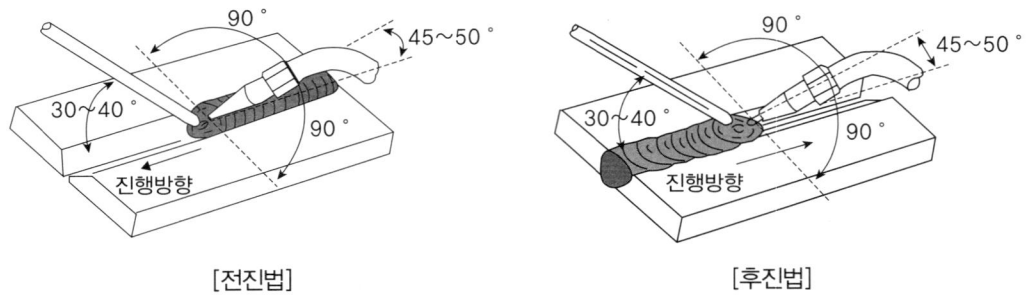

[전진법]　　　　　　　　　　[후진법]

❸ 구성부품

(1) 봄베

1) 아세틸렌 봄베

연강제의 봄베(Bombe)에 석면, 규조토, 숯, 석회 등의 물질을 넣고 아세톤을 포화될 때까지 흡수시켜 정제된 아세틸렌을 15℃에서 1.5MPa(15기압) 압력을 가하여 충전한다.

2) 산소 봄베

이음매가 없는 강철재의 봄베에 순도 99.5% 이상의 산소를 35℃에서 15MPa(150기압)으로 압축하여 충전한다. 봄베는 250기압 이상의 수압시험에 합격하여야 하며 반드시 3년마다 검사를 받아야 한다.

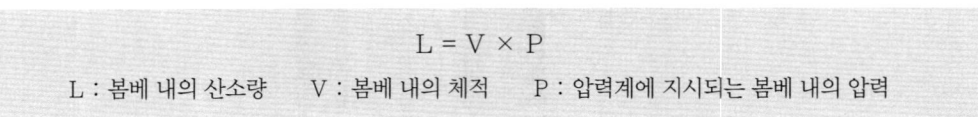

$$L = V \times P$$
L : 봄베 내의 산소량　　V : 봄베 내의 체적　　P : 압력계에 지시되는 봄베 내의 압력

① 각인 기호 및 명칭

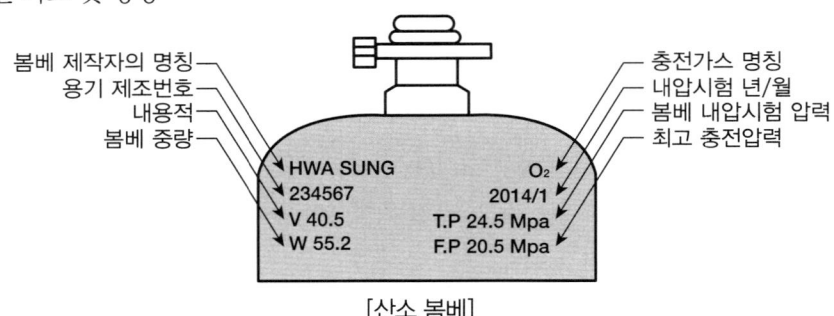

[산소 봄베]

② 카바이드(Calcium Carbide)

석회석과 코크스 또는 석탄과 코크스를 혼합하여 높은 온도로 가열하여 용융 화합시키면 칼슘과 탄소의 화합물이 만들어지는데 그것을 카바이드라고 한다.

③ 아세틸렌 : 카바이드에 물을 작용시키면 아세틸렌가스가 발생하고 소석회가 남는다.

(순수한 카바이드 1kg에서 348ℓ의 아세틸렌(C_2H_2) 발생)

※ 아세틸렌의 성질

㉠ 505~515℃ 정도에서 폭발위험이 있다.

㉡ 산소 85%, 아세틸렌 15% 정도에서 폭발성이 가장 크다.

㉢ 1.5기압 이상 시에 폭발하기 쉽고, 2기압 이상이면 자연 폭발한다.

㉣ 구리, 은, 수은 등과 접촉하여 120℃ 부근에서 폭발성 화합물이 생성된다.

④ 아세틸렌 발생기의 종류

㉠ 주수식 : 카바이드에 물을 부어서 아세틸렌을 발생시키는 방식

㉡ 투입식 : 많은 양의 물에 미량의 카바이트를 투하시켜 아세틸렌을 발생시키는 방식

㉢ 침지식 : 통 속의 카바이드를 물에 담가 아세틸렌을 발생시키는 방식

(2) 압력 조정기

용기 속의 압력은 고압이므로, 사용 시에 알맞게 감압하여 준다.

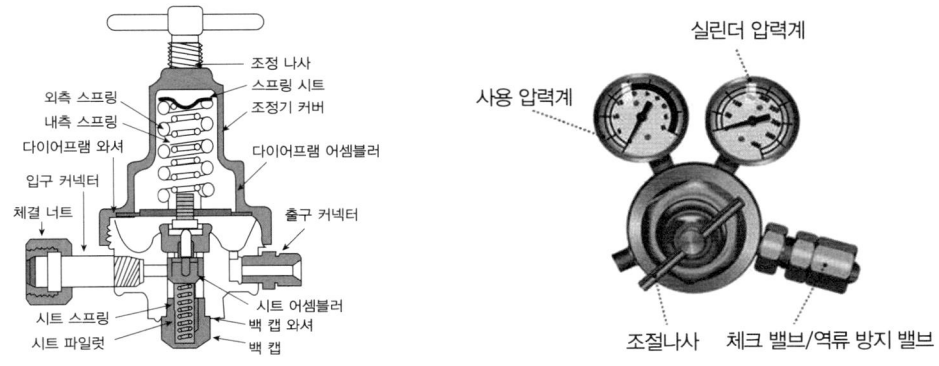

[압력 조정기]

1) 취급 유의사항

① 설치 전에 먼지 등을 불어낸 후에 연결부에 가스 누설이 없도록 정확하게 연결한다.

② 압력 조정기 설치구의 나사부나 조정기의 각부에 그리스나 기름 등을 사용하지 않는다.

③ 압력 조정기의 지시 바늘이 잘 보이도록 설치한다.

④ 가스 누설검사는 비눗물을 사용한다.

(3) 가스 호스

경화하지 않는 직물이 들어 있는 연성 재질의 고무관을 사용한다.

산소 호스의 색깔은 검은색 또는 녹색, 아세틸렌호스는 적색을 사용한다.

(4) 토치(Torch)

산소와 아세틸렌을 혼합실에서 혼합하여 팁으로 분출시켜 연소를 조정할 수 있도록 하여 용접 불꽃을 일으키는 장치이다.

1) 구성
   ① 밸브
   ② 혼합실
   ③ 팁

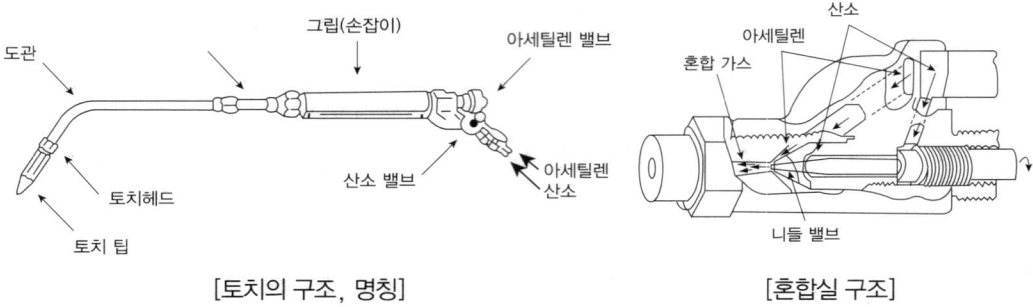

[토치의 구조, 명칭]   [혼합실 구조]

2) 분류
   ① 압력에 따른 분류
      ㉠ 저압식(발생기식 0.07kg/cm², 용해식 0.2kg/cm²)
      ㉡ 중압식(0.07~1.3kg/cm² 이하)
      ㉢ 고압식(1.4kg/cm² 이상)
   ② 구조에 따른 분류
      ㉠ 독일식(불변압식, A형) : 1개의 팁에 1개의 인젝터가 있는 타입
      ㉡ 프랑스식(가변압식, B형) : 인젝터에 니들밸브가 있어 유량, 압력을 조절하는 타입

(5) 팁(Tip)

토치 헤드에 결합되어 불꽃을 뿜어내는 부속품으로 규격은 번호로 표시되고 독일식의 경우 팁의 번호는 용접할 수 있는 판의 두께를 의미하며, 프랑스식은 표준 불꽃으로 1시간 동안 소비되는 아세틸렌 가스의 양(L/h)을 의미하며, 금속의 열 전도성, 철판 두께, 철판재료의 질량에 따라 알맞은 팁을 선택하여 사용한다.

❹ 산소 아세틸렌의 불꽃

(1) 불꽃

1) 불꽃의 구성
   ① 백심(Flame Core) : 환원성 백색 불꽃이며, 이때 불꽃 최고 온도는 약 1500℃ 정도이다.
   ② 속불꽃(Inner Flame) : 백심부에서 생성된 일산화탄소와 수소가 공기 중의 산소와 화합하여 일산화탄소는 이산화탄소(CO_2, 탄산가스), 수소는 수증기가 만들어지며, 이때 불꽃 최고 온도는 3000~3500℃ 정도이다.
   ③ 겉불꽃(Outer Flame) : 연소가스가 다시 공기 중의 산소와 결합하여 완전 연소되는 부분으로 약 2000℃ 정도이다.

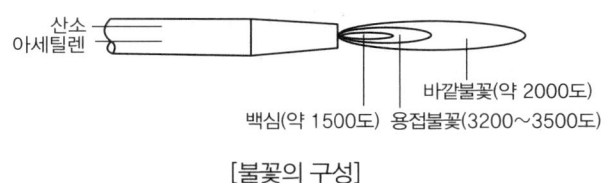

[불꽃의 구성]

2) 불꽃의 종류
   ① 중성불꽃(표준불꽃) : 산소와 아세틸렌가스의 혼합비가 1:1인 불꽃이며, 알루미늄 및 일반적인 용접에 이용된다.
   ② 산화불꽃(산소 과잉 불꽃, 산성불꽃) : 구리, 황동, 청동의 용접에 이용된다.
   ③ 탄화불꽃(아세틸렌 과잉 불꽃, 탄성불꽃) : 불완전 연소로 온도가 낮아 금속 부재 용융에 어려움이 있으나 산화나 급열을 피하기 위한 니켈, 스테인리스강 등의 용접에 이용된다.

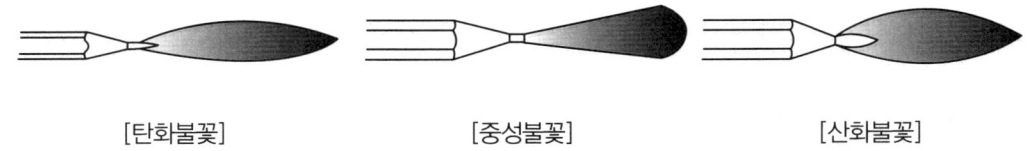

[탄화불꽃]　　　　　[중성불꽃]　　　　　[산화불꽃]

5 역류, 역화 및 인화

(1) 역류(Contra Flow) : 고압의 산소가 아세틸렌 쪽으로 흘러 들어가 폭발의 위험이 있는 현상을 말한다.

1) 원인
   ① 산소 압력 과다
   ② 아세틸렌 공급량 부족

2) 방지책
   ① 팁을 깨끗이 청소
   ② 산소 차단 후 아세틸렌을 차단

(2) 역화(Back Fire) : 폭음이 나면서 불꽃이 꺼졌다 다시 나타나는 현상을 말한다.

1) 원인
　① 팁 끝의 막힘　　　　　② 팁 끝의 가열 및 조임 불량
　③ 가스 압력 불량

2) 방지책
　① 팁의 과열 방지　　　　② 토치 기능 점검
　③ 산소 차단 후 아세틸렌 차단

(3) 인화(Flash Back) : 불꽃이 토치의 혼합실까지 들어오는 현상을 말한다.

1) 원인 : 팁 끝의 순간적인 막힘
2) 방지책
　① 가스 유량 조절　　　　② 팁 청소
　③ 토치 및 기구 점검　　　④ 아세틸렌 차단 후 산소 차단

6 용접봉

보통 비피복 용접봉이 사용되며, 차체수리에서는 연강과 황동재질의 용접봉이 주로 적용되고 가스 용접을 하면 상당한 강도와 연성이 풍부한 용접 금속을 얻을 수 있는 특징이 있다.

제3절 가스 절단

1 가스 절단의 원리

가연성 가스와 조연성 가스의 연소열 약 850~900℃ 정도로 예열하고, 고압의 산소를 분출시켜 철의 연소 및 산화로 절단하는 방식이다.
① 혼합비는 1.4~1.7 : 1
② 종류로는 팁의 모양에 따라 동심형(프랑스식)과 이심형(독일식)이 있다.

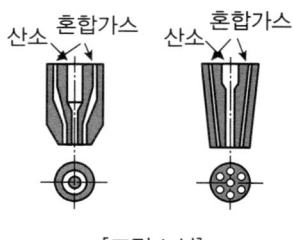

[프랑스식]

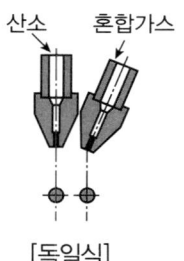

[독일식]

③ 절단의 조건
　㉠ 금속이 산화되어 연소하는 온도가 금속의 녹는 온도보다 낮을 것
　㉡ 연소되며 발생한 산화물의 녹는 온도가 금속의 녹는 온도보다 낮고 유동성이 있을 것
　㉢ 연소를 방해하는 원소가 적을 것

② 가스 절단의 구성 요소

(1) 가스 절단 토치 구조

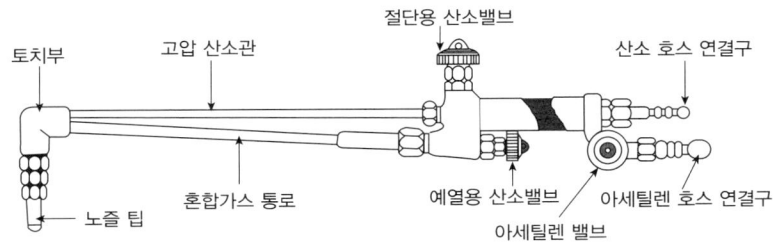

[가스 절단 토치 구조]

③ 절단 시공 일반사항

(1) 드래그

가스절단에서 절단면의 초입구와 끝단부에 압력차에 의해 생기는 라인을 말한다.

① 드래그 길이 : 판 두께의 1/5로 20% 정도가 좋다.

② 드래그 = $\dfrac{\text{드래그 길이(mm)}}{\text{판두께(mm)}} \times 100$

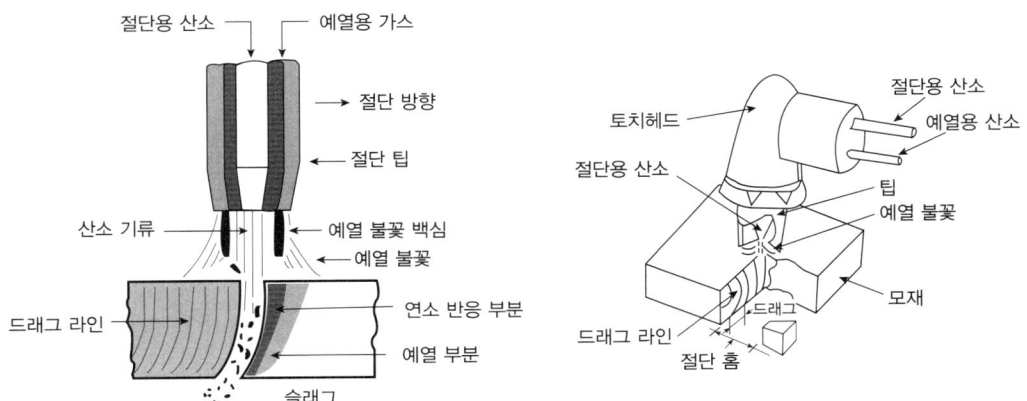

(2) 절단에 영향을 주는 요소

① 절단재의 온도　　　　　② 절단 산소의 유량

③ 절단 산소의 순도와 압력 ④ 팁의 모양 및 크기
⑤ 절단 속도 ⑥ 예열 불꽃의 세기
⑦ 사용 가스 ⑧ 팁의 거리 및 각도
⑨ 절단재의 재질, 두께 및 표면 상태

(3) 산소의 순도 저하 시 나타나는 현상
① 절단 속도 저하 ② 산소 소비량 증대
③ 절단면의 거침

제4절 전기(아크) 용접

1 아크 용접의 원리

심선이 피복제로 둘러싸인 형태의 전극과 모재 사이의 아크(Arc)의 강한 열을 사용하여 피복제/심선/모재를 용융시켜 접합시키는 용접법을 말한다.

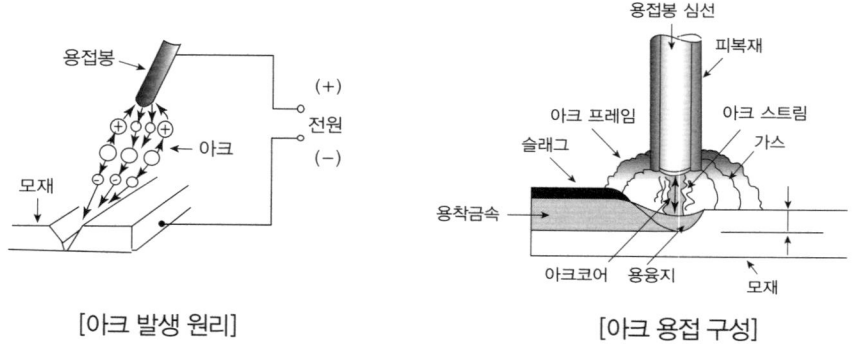

[아크 발생 원리] [아크 용접 구성]

(1) 아크 용접의 장·단점
① 장점
  ㉠ 용접 시 직접 이용되는 열효율이 높고, 효율적인 용접을 할 수 있다.
  ㉡ 가스 용접에 비해 용접 부분의 변형이 적고, 기계적 성질이 양호한 용접부를 얻을 수 있다.
  ㉢ 폭발 위험성이 없다.
② 단점
  ㉠ 전격의 위험성이 있다.
  ㉡ 아크 광선에 의한 피해가 발생될 수 있다.

2 아크 용접기의 종류 및 구성

(1) 아크 용접기의 종류

1) 교류 아크 용접기

교류 아크 용접기는 본체가 일종의 변압기이며, 구조가 간단하고 아크가 다소 불안정하지만 가격이 싸기 때문에 많이 사용한다.

종류에는 가동 코일형, 가동 철심형, 탭 전환형, 가포화 리액터형 등이 있다.

2) 직류 아크 용접기

직류 아크 용접기는 아크 안정성이 좋고, 얇거나 작은 모재에 적합하다.

종류에는 전동 발전기형, 엔진 구동형, 정류기형 등이 있다.

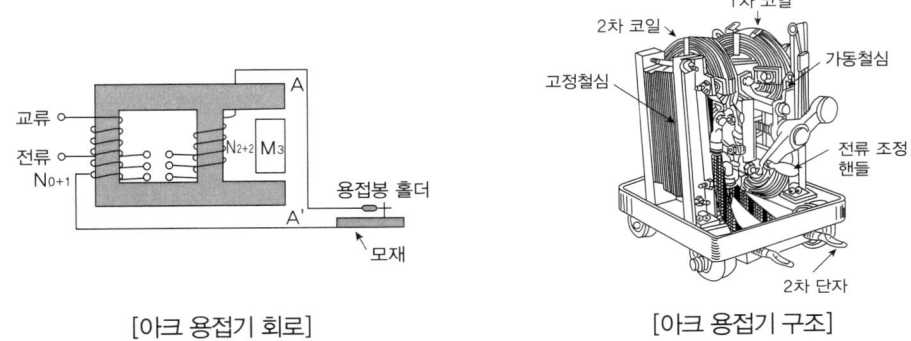

[아크 용접기 회로]   [아크 용접기 구조]

① 정극성(DC.SP) : 모재에 양극(+)을 연결하고, 용접봉(전극)에 (-)극에 연결하는 방식을 말하며, 용접봉의 용융속도가 느리고 비드 폭이 좁으며 모재의 용입이 깊어서 두꺼운 판재의 용접에 널리 사용된다.

② 역극성(DC.RP) : 모재에 음극(-)을 연결하고 용접봉(전극)에 양극(+)를 연결하는 방식을 말하며 용접봉의 용융속도가 빠르고 비드 폭이 넓고 모재의 용입이 얕아서 박판(얇은 판), 주철, 합금강, 비철금속에 사용된다.

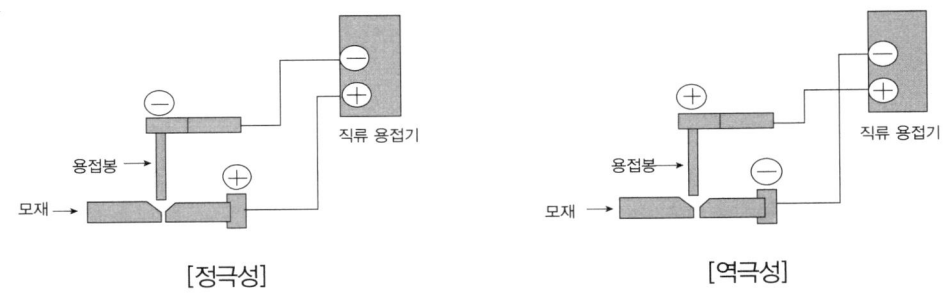

[정극성]   [역극성]

③ 아크 용접용 기구

(1) 원격제어장치

원격으로 전류를 제어하는 장치로, 가동 코일 또는 가동 철심을 소형 모터로 움직이는 방식과 가변 저항기의 변환에 의한 방식이 있다.

(2) 전격방지기

용접 작업 중에 감전의 위험을 방지하기 위한 장치로서, 작업대기 중에 용접기의 2차 무부하 전압을 25V로 유지하고 있다가 용접봉이 모재에 접촉하는 순간 전자개폐기가 작동하여 2차 무부하 전압이 보통 70~80V가 되도록 하여 아크를 발생시킨다. 용접 종료 후에는 자동적으로 전자개폐기가 차단되어 2차 무부하 전압이 다시 25V로 된다.

(3) 용접봉 홀더와 접지 클램프

용접봉 홀더는 A형과 B형이 있으며, A형은 홀더 전체가 절연된 형태이며, B형은 손잡이만 절연되어 있다. 접지 클램프는 접지 케이블과 모재를 접속하기 위해 사용하는 것으로 러그 등을 사용하여 작업대에 고정하기도 한다.

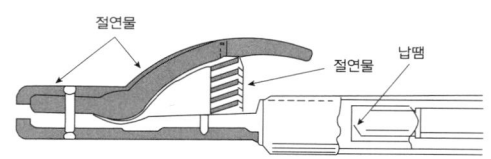 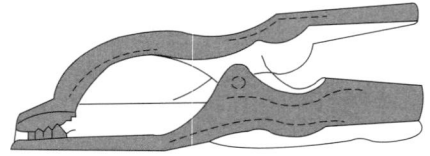

[용접봉 홀더와 접지 클램프]

No	종류	정격용접 전류(A)	사용 용접봉 지름(mm)	접속 홀더용 케이블(mm²)
1	100호	100	1.2~3.2	22
2	125호	125	1.6~3.2	22
3	200호	200	3.2~5.0	38
4	300호	300	4.0~6.0	50

(4) 용접용 케이블

아크 용접기는 전원에서 용접기까지 연결해 주는 1차 케이블과 용접기에서 모재나 홀더까지 연결하는 2차 케이블이 있다. 1차 측 케이블은 고정된 선으로 별로 움직임이 없으나, 2차 측 케이블은 움직임이 많기 때문에 유연성이 요구된다.

No	내용	200A	300A	400A
1	1차측 지름(mm)	5.5	8	14
2	2차측 단면적(mm²)	38	50	60

(5) 보호기구

안면 보호구로는 머리에 쓰는 헬멧형과 손잡이가 달린 핸드 실드형이 있으며, 차광 유리를 이용하여 강한 아크로부터 눈을 보호하고 용접용 장갑, 앞치마 및 발 커버 등의 보호구를 착용하여 안전사고를 예방한다.

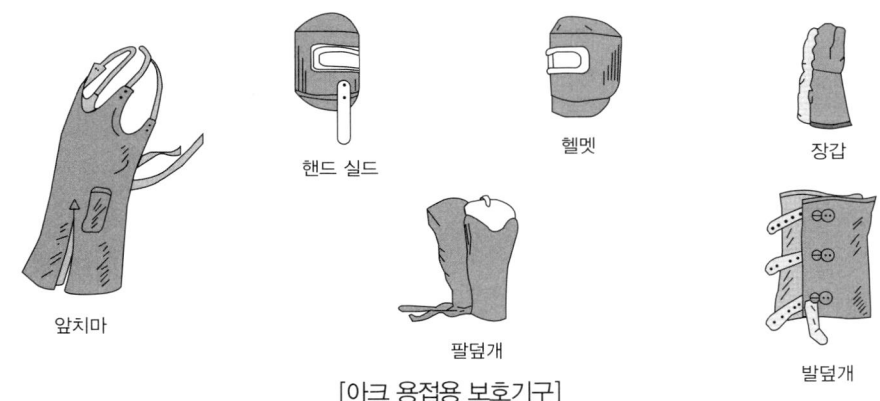

[아크 용접용 보호기구]

(6) 차광유리

차광 유리는 용접 전류에 따라 알맞은 규격을 선택하여 사용해야 한다.

No	용접봉 지름(mm)	용접 전류(A)	차광도 번호
1	1.2~2.0	45~75	8
2	1.6~2.6	75~130	9
2	2.6~3.2	100~200	10
2	3.2~4.0	150~250	11
2	4.8~6.4	200~300	12
3	4.4~9.0	300~400	13
4	9.0~9.6	400 이상	14

④ 아크 용접봉

피복제의 유무에 따라 피복 아크 용접봉과 비피복 아크 용접봉으로 구분되며, 피복아크 용접봉이 주로 많이 사용된다.

(1) 용접봉의 심선

심선은 불순물이 적게 함유된 것이 바람직하며, 심선의 지름은 1.0mm, 1.4mm, 2.0mm, 2.6mm, 3.2mm, 4.0mm, 5.0mm, 6.0mm, 7.0mm, 8.0mm의 10가지가 있으나 일반적으로 3.2~6.0mm가 많이 사용된다.

(2) 용접봉 피복제의 역할

용접봉 피복제(Flux)는 산성피복제, 셀룰로스 피복제, 루틸 피복제, 염기성 피복제 등을 사용하며 그 기능은 다음과 같다.
① 아크의 전도성을 향상시켜 점화성능, 아크를 안정시킨다.
② 용접 금속의 탈산 및 정련 작용으로 산화를 방지한다.

③ 융착 금속에 합금 원소를 첨가시켜 성분을 제어하여 용접부의 기계적 성질을 향상한다.
④ 보호가스를 발생시켜 용융지와 용적을 보호한다.
⑤ 모재 표면에 슬래그를 생성하고 용융 금속의 응고와 급랭을 방지하여 고운 비드를 만든다.

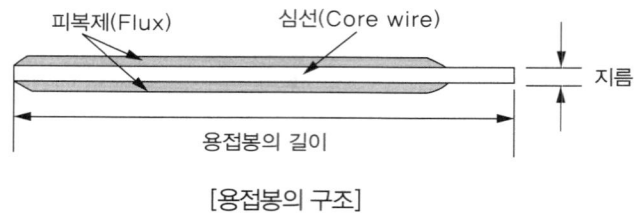

[용접봉의 구조]

5 아크 용접 작업

(1) 용접자세

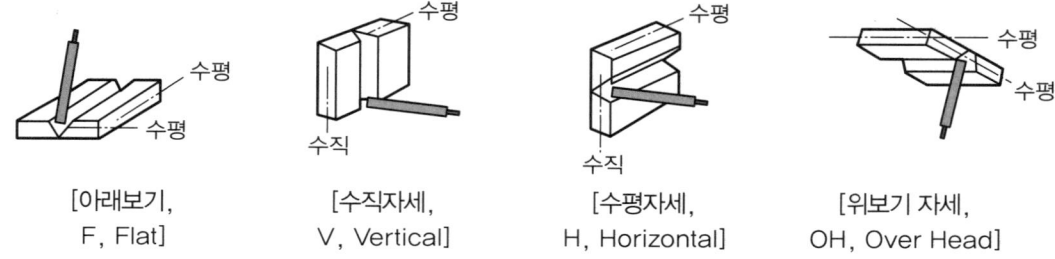

[아래보기, [수직자세, [수평자세, [위보기 자세,
F, Flat]   V, Vertical] H, Horizontal] OH, Over Head]

(2) 용접봉의 각도
① 작업각 : 용접 이음부와 용접봉이 이루는 수직 평면과의 각도이다.
② 진행각 : 용접선과 용접봉이 이루는 각도이다.
③ 아래보기 용접에서 작업 각은 90°, 진행각은 75~85°이다.

[작업각]   [진행각]

6 아크 용접의 결함

(1) 용접 결함의 종류
① 치수상의 결함 : 용접부의 변형, 치수 불량, 형상 불량에 의한 결함
② 구조상의 결함 : 산소, 습기, 수분, 냉각속도, 과대전류, 아크길이 등에 의한 결함(언더컷, 오버랩, 기공, 슬래그)
③ 성질상의 결함 : 기계적 성질, 화학적 성질 불량에 의한 결함

(2) 구조상의 결함 상태 및 발생원인

No	명칭	상태		발생원인
1	오버랩	두 모재보다 위로 올라온 상태		① 굵은 용접봉 사용 ② 느린 운봉 속도 ③ 용접 전류 과소
2	기공	용착금속 속에 구멍이 발생된 상태		① 용접 전류 과대 ② 용접봉 건조불량(습기) ③ 용접 시의 과열 ④ 불순물 부착
3	슬래그	용접부 표면에 피복재가 떠 있는 상태		① 운봉법 불량 ② 피복제 조성 불량 ③ 용접 전류 불량 ④ 운봉속도 불량
4	언더컷	두 모재보다 밑으로 내려온 상태로 용접선 끝에 생기는 작은 홈		① 용전 전류 과대 ② 빠른 운봉속도 ③ 가는 용접봉 사용
5	스패터	용접 중에 녹은 금속입자나 슬래그가 아크 앞으로 튀어서 알갱이 모양으로 나오는 현상		① 전류가 높을 때 ② 용접봉 건조 불량(습기) ③ 아크 길이가 너무 길 때 ④ 용접봉 각도 불량
6	용입불량	용접부에서 용입이 불충분한 상태		① 전류가 낮을 때 ② 용접 속도가 빠를 때 ③ 용접홈 각도가 좁을 때 ④ 부적합 용접봉 사용 시
7	피트	기공 또는 용융 금속이 튀는 현상이 생겨 용접한 부분의 바깥면에 나타나는 작고 오목한 구멍		① 습기, 녹, 페인트가 있을 때 ② 냉각속도가 빠를 때 ③ 모재에 탄소, 망간, 황 등의 함유량이 많을 때

제5절 Spot(점) 용접

1 전기저항 용접의 개요

용접부에 높은 전류를 직접 통전시켜 이때 발생하는 줄 열로 접합부를 녹이고, 동시에 압력을 주어 접합시키는 접합법을 말한다.

(1) 줄의 법칙

$$H = 0.238 I^2Rt ≒ 0.24 I^2Rt$$

H : 발열량[cal]   I : 전류[A]   R : 저항[Ω]   t : 통전시간[sec]

(2) 전기 저항 용접의 장점

① 용접공의 기능에 대한 영향이 적다(큰 숙련을 요하지 않는다).
② 용접 시간이 짧고 대량 생산에 적합하다.
③ 산화 및 용접 변형이 적다.
④ 가압 효과로 조직이 치밀하고 용접부가 깨끗하다.

(3) 전기 저항 용접의 단점

① 설비가 복잡하고 값이 비싸다.
② 급랭 경화를 받으므로 후열 처리가 필요하다.
③ 다른 금속 간의(이종금속재료) 접합이 곤란하다.

2 Spot(점) 용접의 원리

양 전극 사이에 2개 이상의 부재를 겹쳐 넣고 대전류를 공급하여 접촉면에 발생되는 저항열로 녹이고 가압력을 가하여 접합시키는 용접법이다.

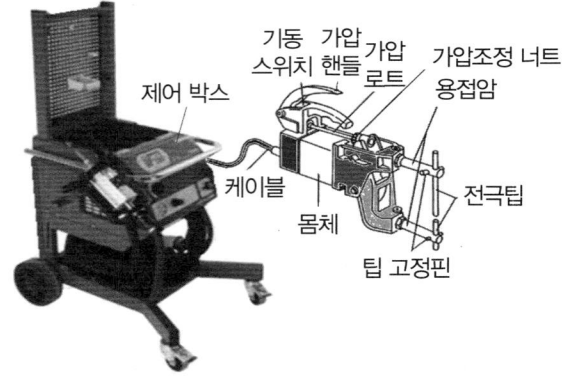

[점 용접기 구조]

(1) 특징

① 재료비가 절약되어 대량 생산에 적합하다.
② 표면이 편평한 바둑알 모양의 너깃이 생성되며 외관이 아름답다.
③ 열 영향부가 좁고, 돌기가 없다.
④ 구멍을 가공할 필요가 없으며 숙련을 요하지 않는다.
⑤ 용융점이 높은 재료, 열전도가 큰 재료 및 전기 저항이 작은 재료는 용접이 곤란하다.

(2) 스폿(점) 용접건의 종류
① 핀셔(Pincer)형 용접건
② 트윈 스폿건(Twin Spot Gun)
③ 프로드(Prod)형 용접건
④ 레시프형 용접건
⑤ 휠 아치형 용접건

(3) 스폿 용접의 3요소
① 용접전류
② 전극의 가압력
③ 통전시간

❸ 전극의 일반사항

(1) 전극
① 재질 : 구리, 구리 합금
② 구비조건
  ㉠ 전기와 열전도성이 좋을 것
  ㉡ 내구성을 유지할 것
  ㉢ 고온에서도 기계적 성질을 유지할 것
③ 종류 : P형, C형, F형, E형, R형, 돔형 등

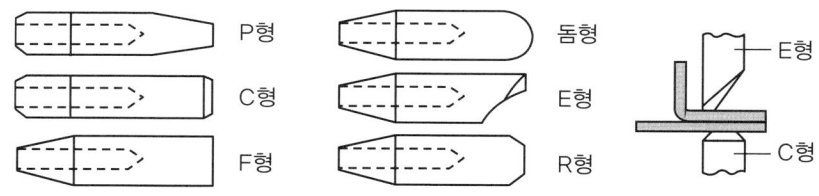

[전극 팁의 종류]

❹ 점 용접 작업

(1) 스폿(점) 용접 시 고려할 사항
① 용접하려는 판의 두께
② 용접하려는 부분의 형상
③ 용접할 부위의 판 표면 상태

(2) 점 용접 작업 순서

① 패널의 전처리 작업 : 차체 수리 용접은 구도막을 제거하고 전기가 잘 통하는 녹 방지제를 바른다.

② 암과 전극 준비 : 암은 용접부의 차체 구조에 알맞게 전극의 접촉부는 지름 5mm 정도, 깨끗하게 하고 서로 일직선으로 맞춘다.

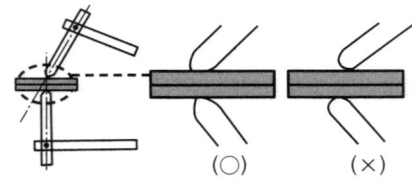

[암과 전극 준비]

③ 피치 및 위치 : 피치는 1T 두께의 판에서 약 20~25mm 최대 약 40~45mm이며 모재의 끝에서 5mm 이상 안쪽으로 수리 용접은 새 차보다 10~20% 정도 많게 한다.

[점 용접부 위치와 피치]

④ 용접부의 시험 : 시험 용접에 의하여 용접 상태를 확인, 같은 조건으로 용접

제6절 탄산가스 아크(CO_2)용접

1 탄산가스 아크(CO_2)용접의 원리

연속적으로 공급되는 와이어와 보호가스 안에서 아크를 발생시켜 모재와 용가재를 동시에 용융시켜 접합시키는 용접법

(1) 작동원리

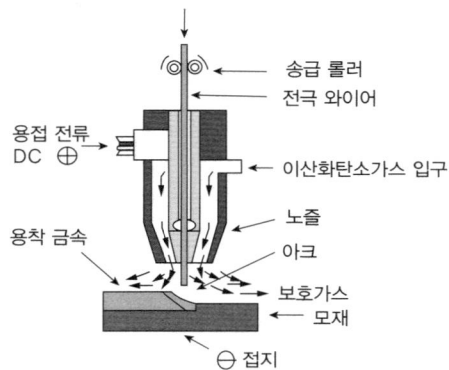

[탄산가스 아크용접 원리]

(2) 특징

No	장 점	단 점
1	고전류 밀도로 용입이 깊고, 용접 속도가 빠르다.	풍속 2m/sec 이상 시 방풍이 필요하다.
2	용착 금속의 결함이 적고, 기계적 성질이 우수하다.	비드 외관이 다소 거칠다.
3	박판 용접, 전자세 용접이 가능하다.	적용 재질이 철계통(연강용)으로 한정된다.
4	스패터 발생이 적고, 아크가 안정적이다.	
5	슬래그 혼입이 없어 용접 후 처리가 간단하다.	
6	가시 아크이므로 시공이 용이하다.	

(3) 용접 작업 시 고려사항

① 모재의 두께, 홈의 형상과 각도, 깊이 및 루트 간격 등 용접 이음부를 고려하여 작업한다.
② 와이어의 종류와 굵기 및 건조 상태를 고려하여 작업한다.
③ 이음부의 청정상태 기름, 페인트, 녹, 수분 등을 제거하여 작업한다.
④ 용접조건을 고려하여 작업한다(용접전류, 아크전압, 용접속도).

2 구성품

① 용접기 본체
② 와이어 송급장치
③ 보호가스 제어장치
④ 용접 토치

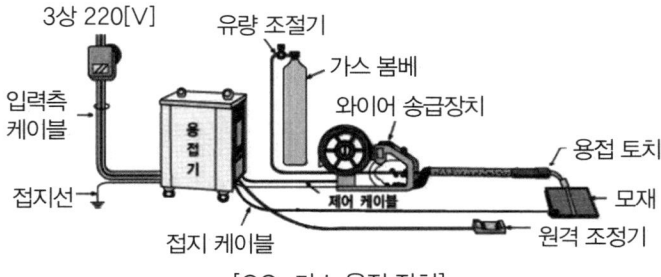

[CO_2 가스 용접 장치]

3 시공 일반 사항

(1) 금속 와이어의 종류

① 솔리드 와이어
② 플럭스 코어 와이어
③ 복합 와이어
④ 자성 용제 와이어

(2) 와이어의 돌출 길이

콘택트 팁 끝에서부터 아크를 제외한 와이어 끝단까지의 거리를 말한다.

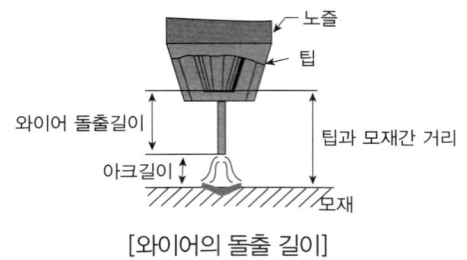

[와이어의 돌출 길이]

제7절 기타 용접

1 스터드 용접

볼트나 환봉 등을 강판이나 형강에 직접 용접하는 방법으로 볼트나 환봉을 피스톤형의 홀더에 끼우고 모재와 볼트 사이에 순간적으로 아크를 발생시켜 접합시키는 용접법이다.

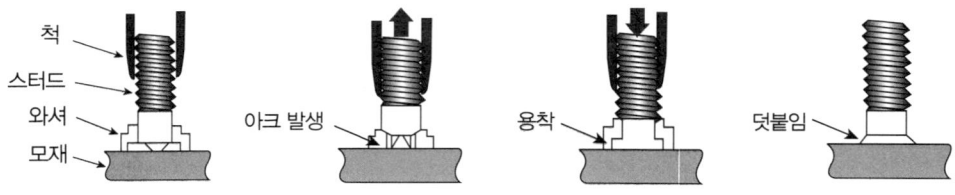

[스터드 용접의 원리]

2 플라스틱 용접

용접 방법으로는 열기구 용접, 마찰 용접, 열풍 용접, 고주파 용접 등을 이용할 수 있으나 열풍 용접이 주로 사용되고 있다.

① 전기 절연성이 좋다.
② 가볍고 비강도가 크다.
③ 열가소성만 용접이 가능하다.

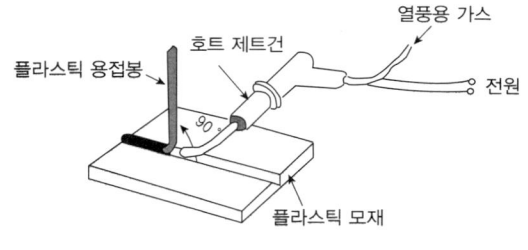

[플라스틱 용접]

③ 전기 저항 심(Seam) 용접

회전하는 롤러 전극 사이에 재료를 끼우고 가압력과 대전류를 통전시켜 선 모양으로 용융 접합시키는 용접법이다.

① 점 용접에 비해 가압력은 1.2~1.6배, 용접 전류는 1.5~2.0배 증가한다.
② 단속 통전법, 연속 통전법, 맥동 통전법 등이 있다.
③ 이음 형상에 따라 원주 심, 세로 심이 있다.
④ 용접 방법에 따라 매시 심, 포일 심, 맞대기 심, 롤러 심이 있다.
⑤ 기밀, 수밀성을 요구하는 0.2~4mm 정도 얇은 박판에 이용한다.

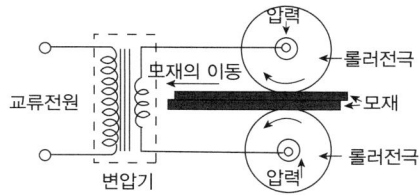

④ 전기 저항 돌기(Projection Welding, 프로젝션) 용접

피 용접물에 동일한 크기로 여러 개의 돌기부에 전류를 집중시켜 흐르게 하여 저항 열로 용융시킴과 동시에 가압하여 접합시키는 용접법으로 플로어 보디의 조립공정이나 엔진룸 등에 스터드 볼트 또는 너트를 용착시키는 작업에 사용된다.

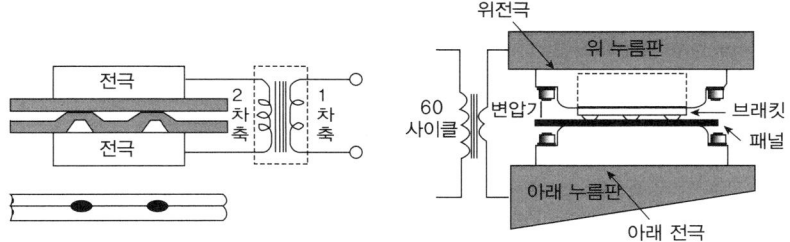

⑤ 전기 저항 플래시 용접

용접물에 일정 간격을 두고 전류를 통전시켜 발열 및 불꽃을 만들어 접합면이 가열되면 가압력을 가하여 접합시키는 용접법을 말한다.

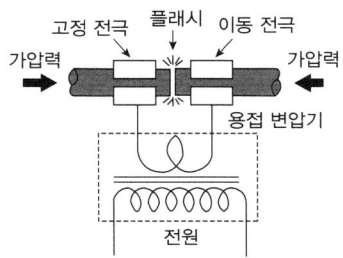

6 전기 저항 퍼커션 용접(Percussion Welding)

축전기의 전기 에너지를 1000분의 1초 이내의 짧은 시간에 방출, 방전시켜 이때 발생된 열로 금속을 가열, 가압하여 접합시키는 용접법을 말한다.

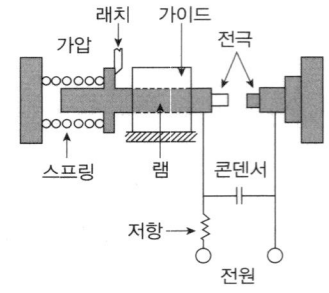

7 전기 저항 업셋 용접(Upset Welding)

용접 재료를 맞대어 가압하고 전류를 통전시키면 그때 발생되는 접촉 저항으로 발열되어 일정한 온도에 달했을 때 축방향의 압력을 가해서 접합시키는 용접법을 말한다.

① 불꽃의 비산이 없다.
② 플래시 용접에 비해 열영향부가 커진다.
③ 비대칭 단면적이 큰 것, 박판 등의 용접은 곤란하다.
④ 용접부의 접합 강도는 우수하다.
⑤ 용접부의 산화물이나 개재물이 밀려나와 건전한 접합이 이루어진다.

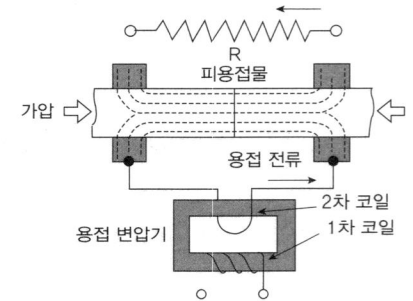

8 플라즈마 절단

전극선단과 모재 사이에 전기적 아크를 발생시킨 후 아크의 바깥 둘레를 강제로 냉각하면 화학적 작용에 의해 이온화되고 열적핀치효과에 의해 전자와 양이온으로 분리된 고온, 고속의 제트성 기체흐름 플라즈마를 이용하여 절단하는 방법

① 무부하 전압이 높은 직류 정극성을 이용한다.
② 플라즈마 10,000~30,000℃를 이용하여 절단한다.
③ 아르곤 + 수소(질소+공기) 가스를 이용한다.
④ 특수금속, 비금속, 내화물도 절단 가능하다.
⑤ 절단면에 슬래그 부착이 적고 열 영향부가 적어 변형이 거의 없다.

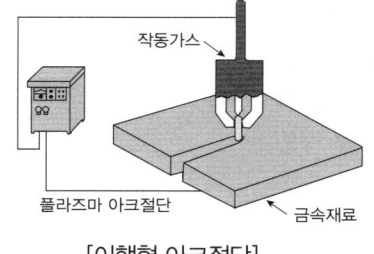

[이행형 아크절단]

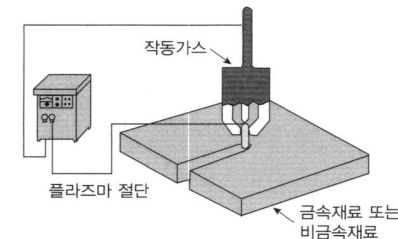

[비이행형 아크절단]

⑨ 가스압접

용접 이음매를 산소, 아세틸렌가스를 이용하여 재결정 온도 이상으로 가열하고 큰 기계적 압력을 가하여 접합시키는 용접법을 말한다.

⑩ 납땜

접합하고자 하는 재료. 즉, 모재는 녹이지 않고 모재보다 용융점이 낮은 금속을 녹여 표면장력으로 접합시키는 방법을 말한다.

⑪ TIG 아크 절단

텅스텐 전극과 모재 사이에 아크를 발생시키고, 아르곤가스를 공급하여 절단하는 방법을 말한다.

⑫ 레이저 용접

모재의 열변형이 거의 없으며 이종 금속의 용접이 가능하고, 미세하고 정밀한 용접을 할 수 있으며, 비접촉식 용접방식으로 모재 손상을 주지 않는 용접법이다.

제8절 용접 후 연삭에 관한 사항

1 연삭 일반사항

(1) 연삭의 특징

No	장 점	단 점
1	절삭할 수 없는 단단한 재료의 가공이 가능하다.	에너지 소비가 절삭에 비해 크다.
2	정밀도 높은 가공면을 얻을 수 있다.	절삭에 비해 가공 능률이 떨어진다.
3	숫돌바퀴의 자생작용에 의한 아름다운 가공면을 얻을 수 있다.	

(2) 연삭 조건

① 숫돌+바퀴의 원주 속도 ② 공작물의 원주 속도
③ 절삭 깊이 ④ 이송속도와 이송량

(3) 자생작용(Self Dressing or Sharpening)

마멸된 숫돌입자가 탈락하고 새 날이 생기는 현상을 말한다.
① 장시간 좋은 가공면을 유지한다.
② 공구교환이나 재 연삭 공정이 생략된다.
③ 숫돌바퀴의 선택과 연삭 조건이 필요하다.

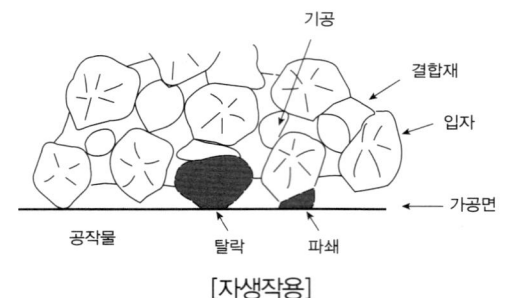

[자생작용]

(4) 숫돌면의 변화

① 셰딩(Shedding) : 과도한 자생작용에 의해 발생

② 무딤(Glazing) : 자생작용의 부족으로 입자 표면이 평탄해지는 상태

③ 눈메움(Loading) : 연성재료 연삭 시에 가공면이 쇳밥으로 메워지는 현상

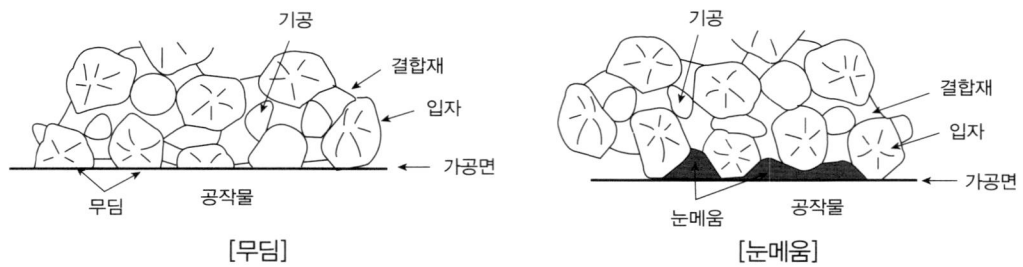

[무딤]　　　　　　　　　　　　　　[눈메움]

(5) 숫돌바퀴의 수정

① 드레싱(Dressing)

㉠ 눈메움이나 무딤에 의한 숫돌입자 제거

㉡ 드레서(Dresser) : 다이아몬드 드레서가 널리 사용

② 트루잉(Truing)

㉠ 변형된 연삭 숫돌바퀴를 정확한 모양으로 수정

㉡ 트루잉 작업 시 동시에 드레싱도 이루어짐

❷ 숫돌바퀴

(1) 숫돌바퀴 구성의 3요소

① 숫돌 입자

② 결합재

③ 기공

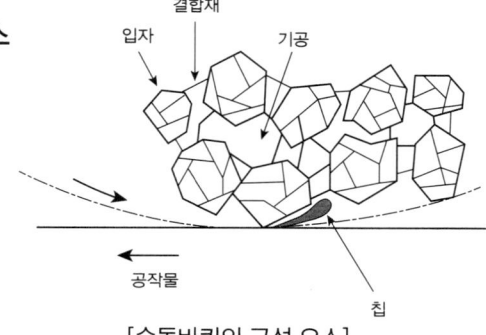

[숫돌바퀴의 구성 요소]

(2) 숫돌바퀴 성능의 5요소

① 숫돌 입자

② 입도

③ 결합재

④ 조직(숫돌 입자의 조밀 상태)

⑤ 결합도(결합재가 숫돌 입자를 결합하는 강도)

❸ 숫돌 입자

(1) 인조 숫돌 입자의 종류

1) 알루미나계의 숫돌 입자

① 재질 : 알루미나(Al_2O_3)의 결정

② 사용 : 강재의 연삭과 래핑 등

2) 탄화규소계의 숫돌 입자

① 재질 : 탄화규소(SiC)의 결정

② 사용 : 비금속의 연삭과 래핑 등

No	종류	숫돌 입자		인조 숫돌 입자의 종류
		재질	기호	
1	알루미나계	백색 알루미나	WA	4A
		갈색 알루미나	A	2A
2	탄화규소계	녹색 탄화규소	GC	4C
		흑색 탄화규소	C	2C

3) 다이아몬드 숫돌 입자

① 재질 : 초경합금, 유리, 석재, 세라믹, 반도체 등 경질

② 사용 : 고온의 철과 반응하므로 강의 가공에는 부적합

4) CBN(Cubic Boron Nitride) 숫돌 입자

① 강도 : 다이아몬드와 유사한 경도

② 사용 : 철과 반응이 어려우므로 공구강, 열처리강의 연삭

③ 특징

㉠ 고강이나 경질 재료의 가공이 용이하다.

㉡ 숫돌의 마모가 적다.

㉢ 대량생산의 치수 정밀도를 유지한다.

(2) 숫돌 입도(Grain Size)

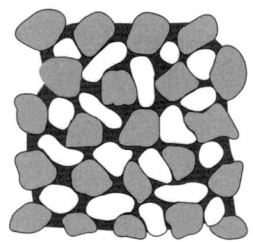 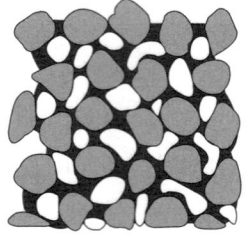 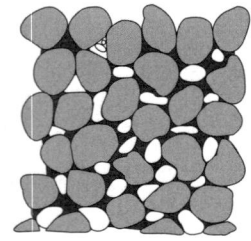

[거친 입자]　　　　　　　　[중간 입자]　　　　　　　　[고운 입자]

① 숫돌 입자의 크기를 나타내는 단위
② 입도의 호칭(KS L) : #8(8번), #220(220번)
③ 거친 입자 : 체가름 시험(1인치당 체눈의 수)
④ 고운 입자 : 침강 시험(수중이나 공기 중에서의 침강속도, 입도번호를 평균지름(m)과 분포로 규정)

구분	입도의 종류
거친 입자	#8 #10 #14 #16 #20 #24 #30 #36 #46 #54 #60 #70 #80 #90 #100 # 120 #150 #180 #220
고운 입자	#240 #280 #320 #360 #400 #500 #600 #700 #800 #1000 #1200 #1500 #2000 #2500 #3000 #4000 #6000 #8000

Part 3

차체정비

Chapter 01 차체 수정
Chapter 02 차체판금
Chapter 03 자동차도장

Chapter 01
차체수정

제1절 차체 손상 진단

1 차체의 손상 진단

(1) 목적

손상 발생 시의 충돌속도, 충돌각도, 충돌부위, 충돌 물체의 종류 등을 정확히 진단하려 함에 있다.
① 힘의 3요소 : 힘의 크기, 힘의 방향, 힘의 작용점

(2) 손상 진단 시 착안 사항

① 최초의 충돌지점(충돌 부위) 확인
② 힘의 전달 경로(충돌 각도, 속도, 크기, 방향) 확인
③ 최종 발생 요철부위 확인

(3) 프레임의 점검 사항 및 방법

1) 차체 프레임의 파손이나 변형의 원인
① 부분적인 집중하중으로 인한 발생
② 충돌, 굴러떨어진 사고에 의한 발생
③ 극단적인 굽힘 모멘트의 발생

2) 프레임의 파손 및 변형 점검 방법
① 육안 점검
② 자기 탐상법
③ 침투 탐상법
④ 염색 탐상법
⑤ 형광 탐상법

2 승용차 손상 진단

(1) 프런트 보디 손상 진단

① 앞면 중앙부에 외력이 가해진 경우
　　㉠ 라디에이터 코어 서포트와 좌우 후드 레지 패널 부근의 점검
　　㉡ 좌우 후드 레지 패널은 안쪽(엔진룸 쪽)으로 끌리는 경향이므로 그 부분의 변형 유무 점검
　　㉢ 프런트 크로스 멤버와 좌우 사이드 멤버가 붙어 있는 부근의 점검
　　㉣ 좌, 우 사이드 멤버는 안쪽으로 밀리는 경향이 있으므로 텐션 로드 브래킷이나 서스펜션 멤버가 설치된 부위 점검

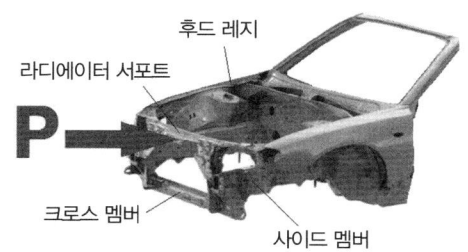

[프런트 보디의 구조]

② 앞면의 좌 또는 우측 끝 부분에 외력이 가해진 경우

(2) 보디 중앙부의 손상 진단
① 도어 부위에 외력이 가해진 경우
　　㉠ 프런트 패널의 상, 하가 설치된 부위의 점검
　　㉡ 센터 필러의 상, 하 설치 부위 근처의 점검
　　㉢ 사이드 실의 변형 유무 점검
　　㉣ 루프 및 루프 사이드 패널의 점검
　　㉤ 대시 인스트루먼트 패널 및 시트의 점검
② 사이드 실 부위에 외력이 가해진 경우
　　㉠ 사이드 실 이너(Side Seal Inner) 점검
　　㉡ 플로어 점검

(3) 리어 보디 손상 진단
① 리어 트렁크 플로어 점검
② 리어 사이드 멤버 및 킥업 부위, 스프링 부착 부위 점검
③ 리어 휠 하우스 패널 부위 점검
④ 쿼터 패널 이너 부위 점검
⑤ 루프 패널 및 센터 필러 부착 부위 점검
⑥ 관성에 의한 시트의 손상 점검

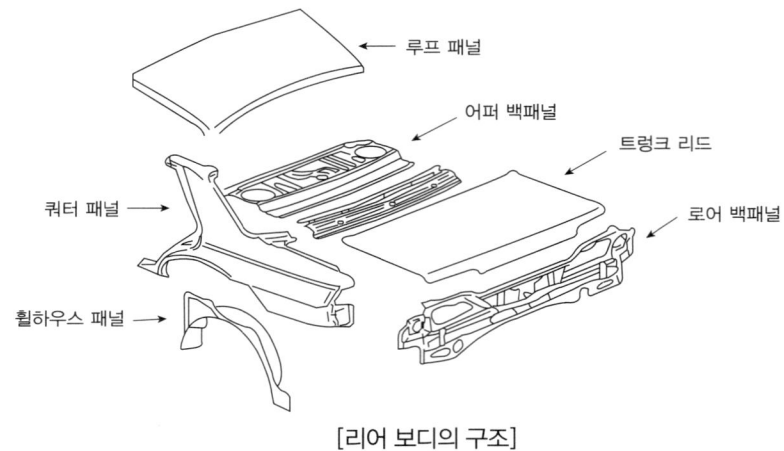

[리어 보디의 구조]

❸ 트럭의 손상 진단

(1) 캡 오버형 트럭의 특징
① 엔진의 전체 또는 대부분이 운전실 하부에 들어가 있다.
② 자동차의 높이가 높고 시야가 좋다.
③ 엔진룸의 면적이 보닛형에 비해 좁다.
④ 자동차 길이가 동일할 때 적재함을 크게 할 수 있다.

(2) 캡(Cap)의 손상 진단

1) 구조상의 유의점
① 부착 방식을 점검(고정, 틸트식 중)
② 멀티식인 경우 각 지지점 구조 점검
③ 대시패널의 체결상태 점검(볼트 고정식, 용접 고정식 중)
④ 플로어 멤버 유무 점검
⑤ 사이드 펜더의 조립 방법 및 단면 형상 점검

2) 일반적인 점검 부위
① 프런트 필러를 점검
② 도어 내의 판 점검
③ 리어 필러(이너 부분 포함) 점검
④ 백 패널(이너 패널 포함) 점검
⑤ 루프 패널(루프 사이드 패널 포함) 점검
⑥ 고정식 캡의 경우 브래킷 부위 점검
⑦ 틸트 캡의 경우 캡, 힌지, 토션바, 브래킷, 리어 캡 점검
⑧ 플로어 및 기관 커버 점검

⑨ 플로어 멤버 점검

⑩ 실내 계기판 점검

(3) 리어 보디의 손상 진단

1) 정면 충돌의 경우

① 프레임 전면 및 앞 입판 변형과 파손 점검

② 각 장니 설치부와 변형 점검

③ 사이드 멤버, 크로스 멤버를 점검

④ 리어 보디의 이동으로 인한 부착 부위의 손상 점검

2) 뒷부분 충돌의 경우

① 각 장니의 설치부와 변형을 점검

② 상판부의 능곡을 점검

③ 각 설치 볼트를 점검

④ 깔판, 크로스 멤버 및 사이드 멤버 점검

(4) 프레임의 손상 진단

① 프레임 형식

② 판 두께 및 구조

③ 충돌 시의 하중 분포 상태

④ 가해진 외력의 요소 및 분포 상태

제2절 파손분석

1 차체 파손 분석

파손된 차체의 상태를 파악하고 육안이나 계측기 등을 이용하여 차체의 변형상태를 분석하는 공정을 말한다.

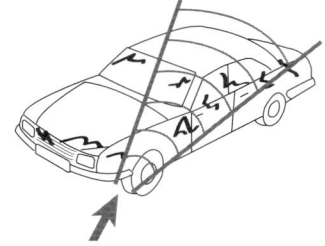

※ 콘의 원리 : 충돌 지점에서 힘이 퍼져나가는 형태를 말하며 원뿔 모양과 같다. 힘의 전달 방향은 콘의 센터 라인을 따라간다.

(1) 육안점검
   ① 패널부분의 페인트 벗겨짐 점검
   ② 용접상태 점검
   ③ 패널 간격 점검
   ④ 프레임 및 부품 파손 상태 점검 등

(2) 계측기에 의한 점검

   1) 손상분석의 4요소
   ① 센터 라인
   ② 레벨
   ③ 데이텀 라인
   ④ 치수

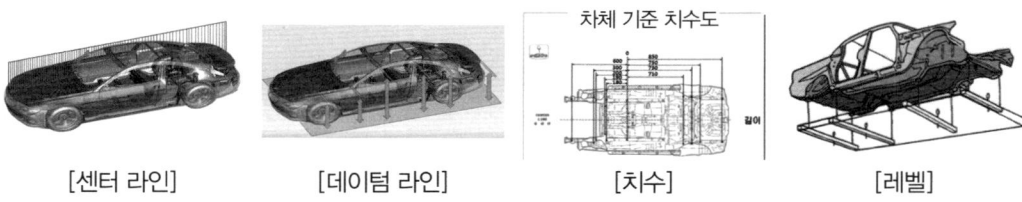

[센터 라인]   [데이텀 라인]   [치수]   [레벨]

   2) 트램 트랙킹 게이지에 의한 점검

   3) 센터링 게이지에 의한 점검

(3) 계측작업 시 주의사항
   ① 차체는 수평으로 확실히 고정할 것
   ② 계측기기는 손상이 없는 것을 사용할 것
   ③ 차체 치수도를 활용할 것

2 외부파손 분석

(1) **직접충돌에 의한 파손 분석**
   1차적으로 파손되기 쉬운 범퍼(플라스틱 부품), 후드 등의 손상 분석

(2) **직, 간접충돌에 의한 변형 및 파손 분석**
   충격이 직접 가해진 부위 및 충격이 가해진 곳의 내측 부위 파손

(3) **간접충돌에 의한 파손 분석**
   기계적 작동품의 오작동 및 인테리어 소품, 외부 페인트 등의 손상 분석

3 내부파손 분석

프레임의 변형상태 분석

(1) 프레임 변형

응력 집중이 많은 부위에서 일어난다.
① 곡면이 있는 부위
② 단면적이 적은 부위
③ 구멍이 있는 부위
④ 패널이 겹쳐져 있는 부위

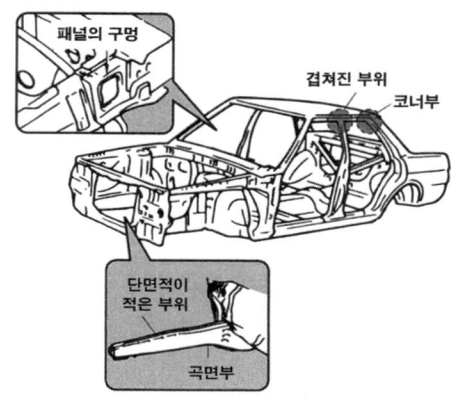

[응력 집중 부위]

(2) 변형의 종류

① 사이드 스웨이(Side Sway) 변형 : 차체를 위에서 보았을 때 센터라인을 기준으로 좌측 또는 우측으로 휘어진 변형을 말한다.

② 새그(Sag) & 킥업(Kick Up) 변형 : 새그는 차체를 옆에서 보았을 때 데이텀 라인을 기준으로 수직적으로 정렬되지 않고 휘어진 변형을 말하며, 사이드 멤버의 두면이 위쪽으로 휘어진 변형을 킥 업, 아래로 휘어진 변형을 킥 다운 변형이라고 말한다.

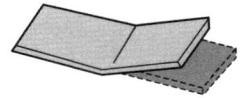

③ 비틀림(Twist) 변형 : 차체를 앞에서 보았을 때 좌, 우측 레벨이 평형 상태에 있지 않고 꼬여 있는 형태의 변형을 말한다.

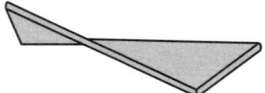

④ 붕괴(Collapse) 변형 : 건물이 붕괴되는 형태의 변형으로 차체의 한쪽 면 전체가 짧아진 형태의 변형을 말한다.

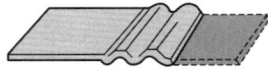

⑤ 쇼트레일(Short Rail) : 프레임이 짧아진 변형을 말한다.

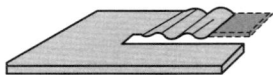

⑥ 다이아몬드(Diamond) 변형 : 차체를 위에서 보았을 때 센터라인을 기준으로 좌측 또는 우측면이 다이아몬드 형태처럼 전, 후면 쪽으로 밀려 휘어진 변형을 말한다.

제3절 보디 프레임 수정용 기구

1 개요

차체 교정 장치는 파스칼의 원리를 이용하여 유압 램의 팽창으로 인한 에너지를 기계적인 일로 전환시켜 패널을 밀거나, 잡아당기는 등 다양한 기능을 가진 장치이다.

(1) 유압 보디 잭(포토파워)

(2) 보디 프레임 수정기
  ① 이동식 보디 프레임 수정기
  ② 정치식 보디 프레임 수정기
  ③ 바닥식 보디 프레임 수정기

❷ 유압 보디 잭(Porto Power, 포토파워)

(1) 구성
① 유압 펌프 : 유압을 발생시킬 수 있도록 설치된 구성품
② 스피드 커플러 : 작업 중의 각종 램을 교환할 경우 오일이 누출되거나, 에어가 혼입되는 것을 방지하는 역할
③ 램(유압 실린더) : 유체에너지를 기계적인 일로 전환시키는 장치
④ 어태치먼트 : 몸체에 설치하여 여러 가지 작용을 할 수 있게 하는 장치
⑤ 고압호스 : 유압을 전달하는 통로역할을 하는 구성품

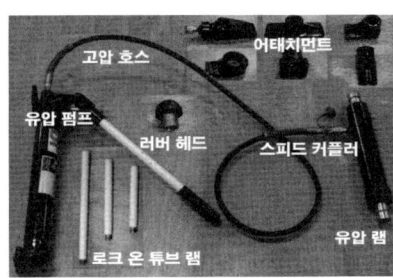

[포토 파워 구성]

(2) 판금 잭(포토 파워)의 기능
① 누르기 작업
② 당기기 작업
③ 늘리기 작업
④ 조르기 작업
⑤ 구부리기 작업

(3) 실제 작업에서의 응용

1) 포토 파워의 실제 자동차에 응용 부분
① 도어를 여는 부위에 적용
② 센터 필러의 밀어내는 작업
③ 앞 창유리 실과 테두리의 수정
④ 리어 패널의 밀어내기 작업

2) 프레임에 응용 부분
① 리어 프레임 사이드 패널 및 휠 하우징의 불완전한 수정
② 트럭 프레임의 휨 바로잡기
③ 로커 패널의 절개 수정

3) 유압 보디 잭(포토파워)의 주의사항
① 램의 커플러는 위로 오게 할 것
② 램에 무리한 힘을 가하지 말 것
③ 램의 연장은 최소의 수로 할 것
④ 유압 계통에 먼지가 들어가지 않도록 할 것
⑤ 램 플런저가 늘어나면 유압을 올리지 말 것
⑥ 호스의 취급에 주의할 것
⑦ 고열에 의한 펌프 실린더의 패킹 등의 변질에 주의할 것
⑧ 나사 부분을 보호할 것

❸ 보디 프레임 수정기

(1) 보디 프레임 수정기의 구비 조건
① 고정장치 : 언더 보디 4곳 이상 견고히 고정할 수 있을 것
② 측정장치 : 측정 시스템이 부속되어 있을 것
③ 인장장치 : 견인 장비가 있을 것

(2) 종류

1) 플로어 시스템(Floor System, 바닥식 시스템)
① 지그 레일 시스템(Jig Rail System) : 바닥에 레일을 설치하고 실 클램프(Sill Clamp) 및 유압 견인 장치를 사용하여 프레임을 수정하는 방식으로 바닥식 시스템의 대표적인 방식
② 앵커식 시스템(Anchoring Hook System) : 작업자가 박힌 고리나 앵커에 체인을 걸어서 차체를 지지하고 고정된 상태에서 체인 블럭(Chain Block) 등을 사용하여 프레임을 수정하는 방식
③ 폴식 시스템(Pole System) : 바닥에 폴 기둥을 설치하여 체인 및 클램프를 연결하고 잡아 당겨 프레임을 수정하는 방식
④ 강판식(Steel Plate Type)

[지그 레일 시스템]   [폴식 시스템]   [강판식]

2) 벤치식 시스템(Bench System)
① 이동식 프레임 수정기 : 캐스터가 장치되어 있으며 메인 프레임과 잡아당기기 위한 지주가 있어 지주 사이에 유압잭과 언더 클램프를 사용하여 보디 프레임을 수정하는 장치

② 리프트 식(Lift Type)
③ 틸트 식(Tilt Type)

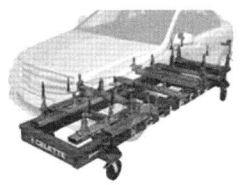
[이동식 수정기]

[리프트 식]

[틸트 식]

제4절 센터링 게이지

센터링 게이지는 행거로드, 센터링 핀(또는 타켓), 게이지툴, 수평수포로 구성되어 있으며 차체 하부 3~4곳에 설치하여 언더 보디의 상태(새그, 사이드 스웨이, 트위스트, 킥 업, 사이드 웨이 등)를 파악하는 용도로 이용된다.

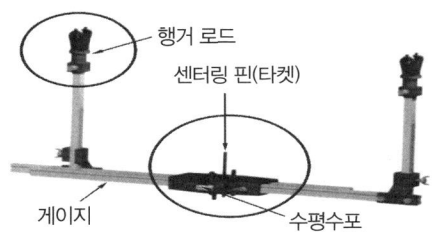
[센터링 게이지]

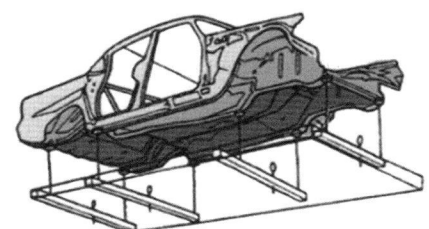
[센터링 게이지 설치]

(1) 센터링 게이지 설치 방법
① 센터링 게이지는 차량을 3~4부분으로 구분하여 설치한다.
② 차체 베이스부에는 반드시 게이지를 설치한다.
③ 기준 참조점에 걸고 다음 게이지는 파손 부위, 휨 부위에 건다.
④ 조정 포인트에는 게이지를 설치할 자리가 설계되어 있다.
⑤ 휨은 보통 기준 참조점에서 발생한다.

> **참고 사항**
>
> ※ 센터링 게이지 부착 방법은 다음과 같다.
> ① 안쪽에 거는 방법
> ② 아래쪽에 마그네트를 이용하여 부착하는 방법
> ③ 바깥쪽 윗부분에 거는 방법

(2) 센터링 게이지 작동 시 유의사항
① 센터 핀의 위치는 항상 중심으로 한다.
② 0점은 수시로 확인한다.
③ 항상 청결을 유지한다.
④ 마그네트 키퍼(Kipper)는 미사용 시 자석의 수명을 길게 해준다.
⑤ 차체수리 지침서를 정확히 확인하여 적용한다.
⑥ 홀의 변형 정도에 따라 수정해서 사용한다.

(3) 센터링 게이지 측정 부위
① 프레임의 상하 휨
② 프레임의 좌우 휨
③ 프레임의 비틀림

(4) 게이지 판독 및 필요한 작업방법
① 센터라인과 레벨을 동시에 읽는다.
② 센터라인과 레벨의 수정 후 데이텀을 점검한다.
③ 직접충돌에 의해 차체의 중앙부에 변형이 존재하거나 직, 간접충돌에 의해 전면이나 후면에 변형이 발생하였을 때에는 중앙부 수정을 가장 먼저 하여야 한다.
④ 수리작업을 진행하는 동안 수시로 점검한다.
⑤ 게이지 판독의 최종 목표는 센터라인, 데이텀, 레벨의 점검을 위함이다.

제5절 트램 트랙킹 게이지

트램 트랙킹 게이지는 오프 셋(Off-set) "자"이며 프레임의 하체부 서스펜션과 프레임의 깊숙한 두 곳 사이의 측정, 보디의 대각선 측정 또는 프레임 사이드 레일 길이 및 높이를 측정하는 용도로 이용된다.

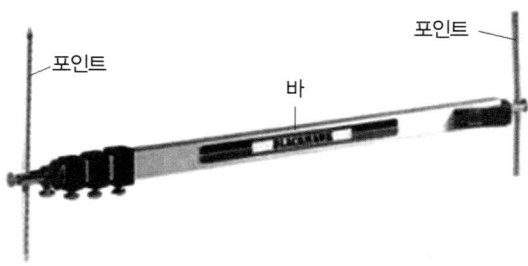

[트램 트랙킹 게이지]

(1) 구성
① 바
② 포인트

(2) 트램 트랙킹 게이지 용도
① 프런트 사이드 멤버의 두 곳 직선 길이 측정 비교
② 보디의 대각선 길이 측정 비교
③ 프런트 보디의 직선 또는 대각선 길이 측정 비교

(3) 프레임 각부 측정
① 프런트 사이드 멤버의 일그러짐이나 상하로 굽은 상태 점검
② 프런트 사이드 멤버의 좌우로 굽은 상태 점검
③ 로어 암과 후드 레지의 위치 점검
④ 로어 암 니백(Knee Back)의 점검
⑤ 리어 보디의 일그러진 곳과 상하의 휨 점검
⑥ 프레임의 일그러진 상태 점검

(4) 트램 트랙킹 게이지의 네 바퀴 정렬 점검부
① 프런트 서스펜션의 굽음
② 리어 액슬의 흔들림
③ 옆으로 굽은 프레임의 앞 부위

> **참고 사항**
>
> ※ 트램 트랙킹 게이지의 작업상 주의사항
> ① 측정자는 가급적 짧게 한다.
> ② 홀 중심, 끝 부분을 이용한다.
> ③ 계측 할 홀에 확실하게 고정한다.
> ④ 측정점의 높이 차가 있으면 오차가 생기기 쉽다.

제6절 보디 복원수리에 관한 사항

1 프레임 차트와 프레임 기준선

(1) 프레임 차트(보디 치수도)
신차 출고 시에 자동차 메이커에서 제작되며 프런트 보디, 사이드 보디, 언더보디, 리어 보디 등으로 기본 구성되어 패널의 교환 작업 시 주로 이용된다.

1) 차체 치수도의 표시법
   ① 직선거리 치수 : 측정하려는 2개의 측정 지점을 직선으로 연결하는 치수로 프런트 보디, 사이드 보디, 언더보디에 사용
   ② 평면 투영 치수 : 투영된 물체 지점간의 수평선 길이를 나타내는 치수로 높이차가 무시된 평면상의 치수법

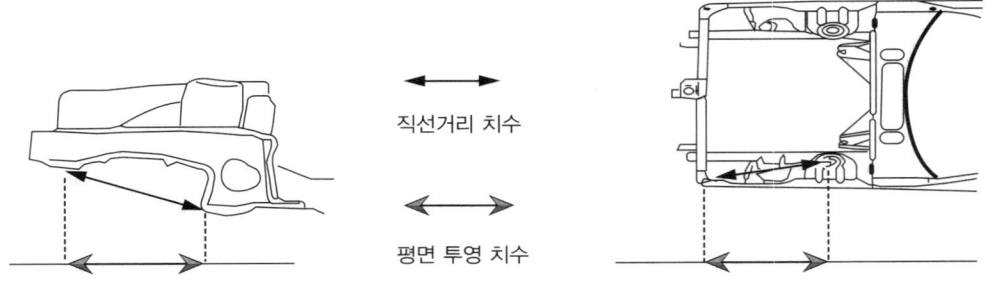

[차체 치수도 표시법]

2) 차체 치수도의 기준점
   ① 홀의 기준점
   ② 부품 선단의 기준점
   ③ 돌기 엠보싱의 기준점
   ④ 계단부의 기준점
   ⑤ 2중 겹침 패널의 기준점
   ⑥ 볼트 체결부의 기준점

(2) 프레임 기준선
   ① 타이어가 지면에 닿는 바닥면
   ② 앞뒤 차축의 중심선
   ③ 프레임 중앙 하부 수평부분의 밑바닥
   ④ 프레임 중앙 수평부분의 윗면
   ⑤ 리어스프링 브래킷 중심을 통한 선

(3) 데이텀 라인 게이지에 의한 프레임 각부 점검
   데이텀 라인이란 차체 프레임의 높이에 대한 기준선으로써 데이텀 라인 게이지는 프레임 기준선에 의해 프레임 각부 높이의 이상 상태를 점검 및 측정하는데 사용한다.

(4) 데이텀 라인 게이지 사용 시 주의사항
   ① 보디(Body) 치수도를 활용할 것

② 계측기기의 손상이 없을 것
③ 차체는 고정 상태에서 점검할 것
④ 수평으로 확실하게 고정할 것

2 모노코크 보디의 변형

(1) 변형 형태
① 응력이 집중된 장소에 손상이 나타나기 쉽다.
② 패널의 틈새를 확인함으로써 차체의 비틀어짐을 알 수 있다.
③ 충격을 받은 장소에서 멀수록 손상이 적다.
④ 멤버류의 변형은 내측에 주름이 진다.

(2) 보디 수리 시 피해야 할 절단부위
① 보강 부품이 있거나 부품의 모서리 부위
② 패널의 구멍 부위
③ 서스펜션을 지지하고 있는 부위
④ 형상부 단면적이 변하는 부위

(3) 차체 프레임의 파손이나 변형의 원인
① 부분적인 집중하중으로 인한 발생
② 충돌, 굴러떨어진 사고에 의한 발생
③ 극단적인 굽힘 모멘트의 발생

(4) 스프링 백 현상의 특징
① 탄성한계가 높을수록 커진다.
② 동일 두께의 판재에서는 구부림 반지름이 클수록 크다.
③ 동일 두께의 판재에서는 구부림 각도가 클수록 크다.
④ 동일 판재에서 구부림 반지름이 같을 때 두께가 얇을수록 크다.

3 프레임 고정 및 각부의 수정 방법

(1) 프레임 교정 불량 시 발생현상
① 타이어의 편 마모
② 주행 중 핸들이 떨림
③ 휠 얼라이먼트 불량
④ 단차 및 간극 불량으로 소음 발생

(2) 차체 고정방법

1) 기본 고정

기본고정은 사이드 실 좌, 우측의 앞, 뒤 플랜지 4부분에 실시한다.

① 차체의 이동방지 ② 모멘트 발생방지
③ 차체의 손상방지 ④ 힘의 분산방지

[기본 고정]

2) 추가 고정

① 기본 고정 작업의 보강 ② 모멘트 발생방지
③ 지나친 인장 방지 ④ 용접부 보호
⑤ 힘의 범위제한

(3) 수정 방법

1) 앞부분 충격에 의한 변형 수정 방법

앞부분의 변형 수정은 보디 프레임 수정기의 당기는 장치가 펜더 에이프런 앞 끝과 사이드 멤버를 동시에 당겨 끌어내는 방법으로 길이 방향을 먼저 인장시키는 것이 적합하다.

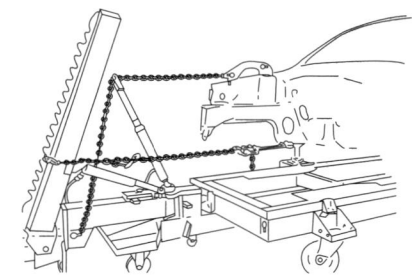

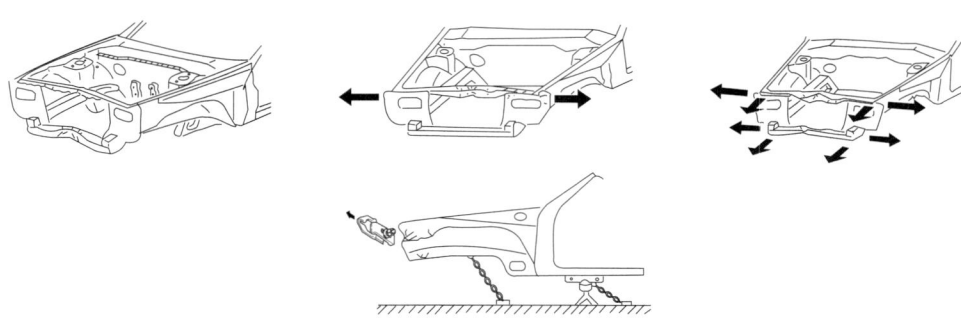

2) 옆면 중앙부 파손 변형의 수정 방법

옆면 중앙부의 파손은 충돌 시에 도어, 센터 루프 및 플로어의 일그러짐과 옆으로 굴렀을 경우 보디의 굽음 등이 주된 변형 및 파손이다. 따라서 수정 작업에는 3곳에서 동시에 잡아당기는 방법이 적합하다.

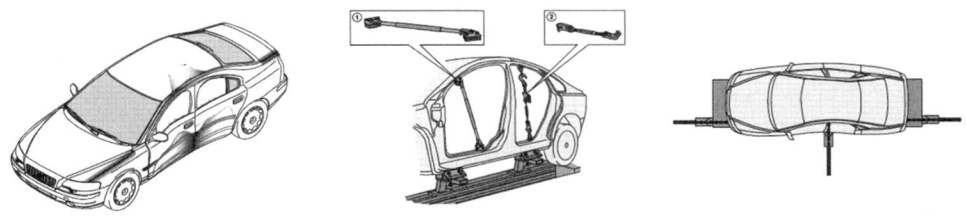

3) 뒷부분 충돌에 의한 변형의 수정 방법

뒷부분의 변형 수정은 트렁크 플로어와 사이드 멤버를 동시에 잡아당기는 것이 일반적인 방법이다.

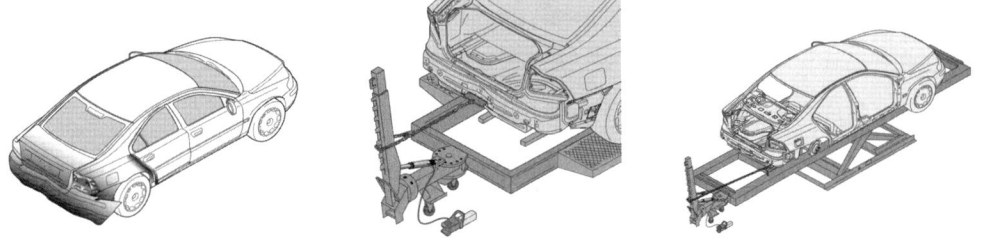

4) 프런트 좌우 굽힘 수정 방법

프런트 좌우 굽힘 수정 작업은 완전히 고정시켜 놓고 프레임 수정기로 작업한다.

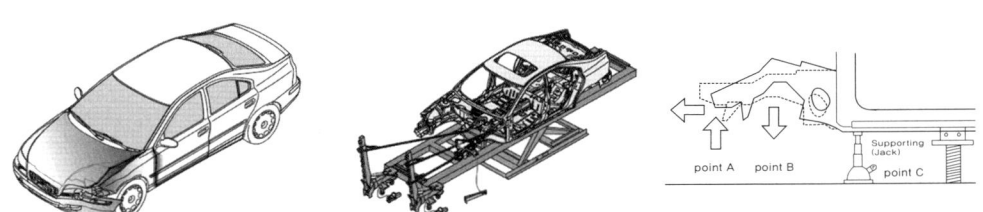

제7절 보디 수리용 공구에 관한 사항

1 수 공구(Hand Tools)

용도에 알맞은 공구를 적용하여 신속하고 안전하게 사용한다.

① 드라이버 류 : 각종 나사의 분해 조립 시에 사용
② 플라이어 류 : 잡기, 오므리기, 비틀기 등으로 사용
③ 스패너 류 : 나사 류의 분해 조립 시에 사용
④ 헤머 류 : 성형, 교정, 분해 조립 등을 위한 타격 시에 사용
⑤ 돌리 : 성형, 교정 작업 등의 받침쇠로 사용
⑥ 스푼 : 큰 작용력을 요구하는 부위에 사용

2 에어 공구(Air Tools)

(1) 탈착용 : 임팩트 렌치, 라쳇 렌치 등

[임팩트 렌치]   [라쳇 렌치]

(2) 패널 교환용 : 에어 펀치, 에어 드릴, 스포트 드릴, 에어 정, 에어 톱, 에어 가위, 에어 니블러, 에어 드라이버 등

[에어 펀치]   [에어 드릴]   [스포트 드릴]   [에어 정]

[에어 톱]   [에어 가위]   [에어 니블러]   [에어 드라이버]

① 에어 파워 치즐 : 용접부의 탈거, 볼트·너트, 리벳 탈거, 패널의 절단, 스폿 용접부의 탈거 등의 용도로 쓰인다.
② 커터 : 재료를 자르거나 깎는 용도로 사용한다.
③ 에어 톱 : 자동차 패널을 절단하는 용도로 사용한다.

④ 에어 파워 드릴 : 패널부의 홀 가공이나 스폿 용접된 패널의 분리 등의 용도로 사용한다.

⑤ 판금 가위 : 차체 부품을 제작 시 판재의 절단 작업에 주로 사용한다.

(3) 연마용 : 원형 샌더, 디스크 그라인더, 벨트 샌더, 사각 샌더 등

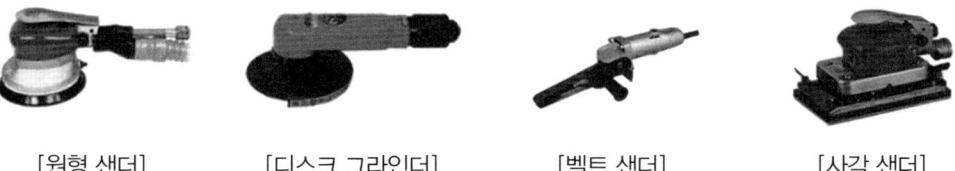

[원형 샌더] [디스크 그라인더] [벨트 샌더] [사각 샌더]

① 벨트 샌더 : 보디 패널의 면과 골이 파진 면의 좁은 곳을 작업하는데 적합하다.

② 사각 오비털 샌더 : 거친 연마용으로 퍼티면 연마 시 가장 많이 사용된다.

③ 디스크 샌더 : 도막 제거용 싱글 회전의 샌더로서 일반적인 그라인더를 말한다.

④ 싱글 액션 원형 샌더 : 구도막 제거 시에 사용한다.

제8절 차체수리 전반에 관한사항

1 자동차 차체 강판의 신축 및 수축

(1) 패널의 신축

① 금속은 두드리면 늘어나는 성질을 가지고 있어 손상부위도 변형되며 늘어난다.

② 늘어난 부위는 정상적으로 보여도 손으로 만져보면 요철이 느껴지므로 해머링 횟수는 가능한 한 적게 한다.

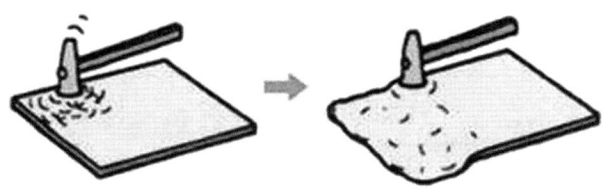 

[해머링에 의한 강판의 늘어남] [촉감 판별]

(2) 패널의 수축 방법

1) 해머와 돌리에 의한 방법

2) 강판의 주름잡기에 의한 방법

3) 가스 또는 전기열에 의한 방법

① 가스 불꽃에 의한 방법
② 카본 봉에 의한 방법
③ 전극봉에 의한 방법
④ 전기 해머에 의한 방법

2 패널 판별 방법

(1) 촉감에 의한 판별
① 안쪽으로 당기는 방향으로 검사
② 낮은 곳에서 높은 곳으로 검사

(2) 육안 판별
① 구도막 흔적이 남아 있는 면이 낮은 곳
② 색이 나타나지 않은 면이 낮은 곳

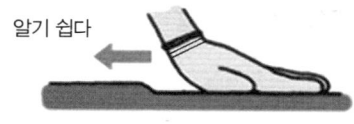

[촉감에 의한 판별]

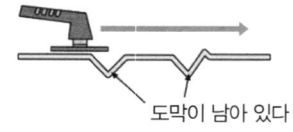

[육안 판별법]

3 차체 패널의 패턴별 변형

(1) 넓고 완만한 변형
손상의 범위가 넓고 완만한 변형일 경우에는 비교적 강판이 많이 늘어나 있지 않기 때문에 소성변형 부위만 교정하면 복원되는 특징을 가지고 있으므로 주로 수공구를 이용하여 수정하고 스터드 용접기를 사용하여 작업할 시에는 소성변형 부위에 와셔 등을 붙이고 지그시 올리며 작업한다.

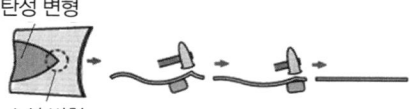

[넓고 완만한 변형의 수공구 사용 예]

[넓고 완만한 변형의 스터드 용접기 사용 예]

(2) 프레스 라인부의 변형
프레스 라인부의 변형은 해머링 및 인장판금으로는 어려워 뒤쪽에서 정을 사용하거나 스터드 용접의 핀이나 와셔로 당겨서 작업한다.

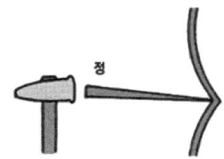
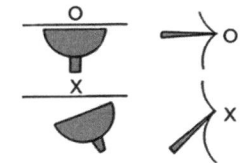

[정을 이용한 라인 수정]　　　　　　　[올바른 정 사용법]

(3) 파도 모양의 변형

전후 방향에서 힘을 발생되었을 때 발생되는 변형으로 전후 방향으로 당기고 늘린 뒤에 인장력을 유지한 상태에서 소성 변형부에 해머링하며 작업한다.

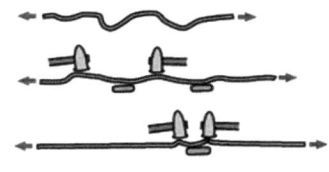

[파도 모양의 변형]　　　　　　　[수정 방법]

(4) 좁고 날카로운 예각 변형

급한 곡면이나 모서리 부분 등 강성이 높은 부위에 발생하는 변형으로 오프 돌리, 온 돌리 순으로 작업하며 온 돌리의 경우 강판이 늘어나기 쉬우므로 주의한다.

[좁고 날카로운 예각 변형]

(5) 가늘고 긴 변형

가늘고 긴 변형은 로커 패널 등의 강성이 높은 부위에 발생하는 변형으로 주로 인출 판금작업으로 당겨서 작업한다.

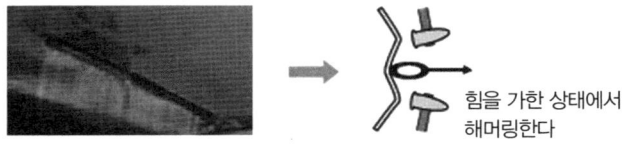

[가늘고 긴 변형]

④ 해머링 테크닉

(1) 해머 잡는 방법

① 해머의 손잡이를 새끼손가락에 힘을 주어 쥔다.
② 중지와 약지는 보조적인 역할로 가볍게 원을 그리는 것 같이 쥔다.
③ 첫째와 둘째 손가락은 해머의 흔들림을 막는 역할로 손잡이의 측면에 가볍게 밀어 맞춘다.
④ 바른 자세는 좌우의 손 모양이 八자가 되는 상태로 한다.

(2) 해머 온 돌리

해머 온 돌리는 돌리를 해머링 타격부에 받쳐서 치는 것을 말한다.

(3) 해머 오프 돌리

해머 오프 돌리는 돌리를 해머링 타격부에 받치는 것이 아니라 패널 부위에 받쳐서 치는 것을 말한다.

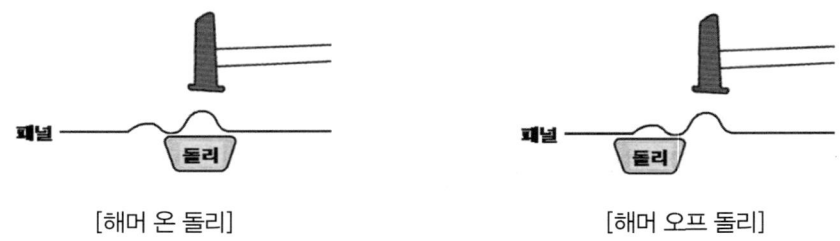

[해머 온 돌리]　　　　　　　　[해머 오프 돌리]

Chapter 02
차체판금

제1절 판금 일반에 관한 사항

1 판금 일반지식

(1) 판금 가공(Sheet Metal Working)
얇은 철판을 이용하여 여러 가지 모양을 제작하는 가공법을 말한다.

(2) 판금 가공의 특징
① 외관이 깨끗하고 제품의 손실이 적다.
② 제품이 가볍고 내구력이 강하다.
③ 복잡한 형상을 쉽게 만들 수 있으며 수리 및 개조가 쉽고 조립 및 분해가 가능하다.
④ 제조원가가 싸고 대량생산이 가능하다.

(3) 판금 가공의 종류

1) **전단 가공** : 철판을 2개 이상으로 나누는 작업을 말한다.
  ① 블랭킹(Blacking)
  ② 펀칭(Punching)
  ③ 전단(Shearing)
  ④ 트리밍(Triming)
  ⑤ 셰이빙(Shaving)

2) **성형 가공** : 판을 소성 가공하여 여러 가지 형상(모양)을 제작하는 가공을 말한다.
  ① 엠보싱(Embossing) : 소재의 양면에 오목 볼록한 모양을 만들어 강도를 높이는 가공법
  ② 플랜징(Flanging) : 판재의 가장자리를 직각으로 굽혀 강도 높은 곡선부의 플랜지를 만드는 가공법
  ③ 비딩(Beading) : 차체부품 제작 시 프레스 라인처럼 블록한 모양으로 만드는 작업

(4) 판금 재료

1) **판금 가공용 재료의 구비조건**
  ① 전연성이 풍부할 것

② 항복점이 낮을 것
③ 소성이 풍부할 것

2) 철강 재료
① 박강판(3mm 미만의 얇은 강판)
② 도금강판
㉠ 주석도금 강판(함석판)
㉡ 아연 도금 강판

3) 비금속 재료
① 구리판
② 황동판
③ 알루미늄과 알루미늄 합금

4) 판의 크기
① 두께 및 번호로 표시하는 방법
② 무게로 표시하는 방법

2 판금 공구와 기계

(1) 수공 판금
① 금긋기 공구 : 금긋기 공구는 직각자, 금긋기 바늘, 컴퍼스, 사피스 게이지 등이 있다.
② 접합용 공구 : 접합용 공구는 스패너, 드라이버 등이 있다.
③ 절단용 공구 : 절단용 공구는 가위, 정, 쇠톱 등이 있다.
④ 굽힘 공구 : 나무 또는 플라스틱, 리베팅 해머, 세팅 해머, 받침쇠 등이 있다.

> **참고 사항**
> ※ 가위의 종류
> ① 직선 가위 ② 곡선 가위 ③ 허크빌 가위 ④ 항공 가위

(2) 판금 기계

1) 굽힘 기계 : 재료를 원 또는 각으로 굽히는 기계
① 비딩 머신 : 판금 재료의 강성 증가 및 판금 공작물의 형상을 아름답게 하기 위해 홈을 만드는데 사용
② 포밍 머신 : 철판을 원동으로 제작할 때 원통이나 원뿔 모양으로 만드는데 사용
③ 프레스 브레이크 : 긴 물체를 굽히는데 사용
④ 그루빙 머신 : 원통을 말아서 이음할 때 심을 만드는 기구
⑤ 탄젠트 벤더 : 플랜지가 있는 제품을 만드는데 사용

⑥ 세팅다운 머신 : 원통 아래의 심 부분을 만드는 기구
⑦ 폴딩 머신 : 윗날과 아랫날 사이에 판재를 끼워 회전날을 회전시켜 철판을 깎는데 사용
⑧ 롤 교정기 : 직경이 다른 롤이나 직경이 같은 롤을 상하로 여러 개 설치하여 울퉁불퉁한 판재의 앞뒷면에 인장과 압축을 교대로 주어 판재의 면을 바로 잡아 교정이 되는 기계
⑨ 더블 시밍 머신
⑩ 크리핑 머신

2) 전단 기계 : 판을 직선이나 곡선으로 자르는데 사용
① 직선 전단기 : 두께가 얇고 연질의 철판을 직선으로 절단할 때 사용
② 회전 전단기 : 철판을 원형이나 곡선형으로 절단할 때 사용
㉠ 갱 슬리터 : 폭이 넓은 판에서 좁은 판으로 절단할 때 사용
㉡ 레버 시어
㉢ 로터리 전단기
③ 기타 전단기
㉠ 고속도 숫돌 전단기
㉡ 금속 띠톱

3) 압축 가공 기계
① 인력 프레스
② 동력 프레스

제2절 금속가공에 관한 사항

1 소성 가공

(1) 냉간 가공
재결정 온도보다 낮은 온도에서 가공하는 것으로 금속 판재를 냉간 가공하면 금속 판재는 내부 변형과 입자의 미세화로 인하여 결정입자가 섬유조직으로 변형되어 가공경화를 일으켜 강도나 경도가 증가되지만 인성은 줄어든다.

(2) 열간 가공
재결정 온도 이상으로 가열하여 가공하는 것으로 가공이 쉽고, 거친 가공에 적합하며 표면이 가열되어 있기 때문에 산화로 인해 정밀한 가공은 어렵다.

2 굽힘가공

(1) 스프링 백(Spring Back)

금속재료에 굽힘 가공을 할 때에 외력을 제거하면 반발력에 의해 원래의 상태로 되돌아가는 현상을 말한다.

> **참고 사항**
>
> ※ 방지법
> ① 강도가 낮은 재질을 사용한다.
> ② 두께가 큰 재료를 사용한다.
> ③ 펀치의 각도를 소요 각도보다 작게 한다.
> ④ 구부림 반지름을 크게 한다.

(2) 굽힘 반지름
판재를 굽힐 때 인장되는 바깥쪽 터짐(균열)이 발생되지 않는 범위에서 작업한다.

(3) 굽힘에 필요한 판재의 길이
재료를 구부릴 경우 전체의 길이는 다음의 식에 의해서 중심면의 길이를 구하면 된다. 중립면이 중앙에 있는 경우는 0.5이다.

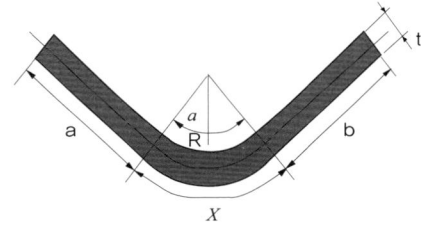

$$L = α + b2π × \frac{α}{360} × R + kt$$

L : 전체 길이(mm) α : 구부림 원호의 각도
a·b : a, b부분의 길이(mm) R : 구부림 길이(m)
kt : 중립면까지의 판의 치수 (R 〈 2t인 경우 k = 0.35, R〉2t인 경우인 경우 k = 0.5)

3 전단가공(Shearing Work)

(1) 전단가공의 종류
① 블랭킹(Blanking) : 판재에서 펀치와 받침을 이용하여 여러 가지 형태로 뽑아내는 전단가공법을 말한다.
② 펀칭(Punching) : 판재에서 구멍을 만드는 작업으로 뽑힌 부분이 스크랩(Scrap)이 되고 남은 부분이 제품이 된다.
③ 전단(Shearing) : 판재를 잘라서 형상을 만드는 작업
④ 트리밍(Triming) : 판재를 드로잉 가공으로 만든 다음, 둥글게 자르는 작업

⑤ 셰이빙(Shaving) : 뽑기나 구멍 뚫기를 한 제품의 가장 자리에 붙어있는 파단면 등이 평평하지 못하므로 제품의 끝을 약간 깎아 다듬질하는 작업

❹ 드로잉(Drawing) 가공

연성이 풍부한 강, 니켈, 알루미늄, 구리 및 이들 합금의 얇은 판으로 원통형, 각기둥형, 원평형 등의 용기를 성형하는 가공

① 딥 드로잉 : 깊게 드로잉하는 것
② 커핑 : 컵 형상을 만드는 과정
③ 마폼법 : 다이측에 금속 다이 대신 고무를 사용하는 드로잉법
④ 스피닝 : 스피닝 선반에 제품의 원형을 걸고 회전을 주면서 판재를 원형에 눌러 소요의 용기를 만드는 가공법

❺ 압축가공(Pressing Working)

① 스탬핑(Stamping) : 요철(凹凸)이 있는 형틀 사이에 소재를 끼우고 가입하며 소재의 표면에 모양을 주는 가공법
② 코닝(Coning) : 원형의 동전이나 메달 같은 장식품의 표면에 모양을 만드는 가공법
③ 엠보싱(Embossing) : 소재의 양면에 오목 볼록한 모양을 만들어 강도를 높이는 가공법

❻ 기타 성형가공

① 벌징(Bulging) : 원통 용기의 입구는 그대로 두고 아래 부분을 볼록하게 가공하는 방법
② 비딩(Beading) : 판금 성형 가공 시 제품을 보강하거나 장식을 목적으로 옆벽의 일부를 볼록하게 나오게 하거나 오목하게 들어가도록 띠를 만드는 가공법
③ 바아링 : 도어패널의 물 빼기 홀 등에 적용되는 가공법
④ 헤밍 : 도어나 후드 등의 아우터 패널과 이너 패널의 조합을 위한 가공법
⑤ 크라운 : 곡률의 의미로 패널 등의 완만한 경사면이나 급격한 경사면의 곡면을 만들어 강성을 유지하도록 하는 가공법
⑥ 컬링(Culing) : 드로잉 가공으로 성형한 용기의 테두리를 프레스나 선반 등으로 둥그스름하게 굽히는 가공법
⑦ 플랜징(Flanging) : 판재의 가장자리를 직각으로 굽혀 강도 높은 곡선부의 플랜지를 만드는 가공법
⑧ 타출(Penned Beating) : 해머 타격에 의한 제작방식으로 금속판을 문양이 조각된 틀에 넣고 안팎으로 두들겨서 가공하는 방법
⑨ 리머 가공 : 드릴 구멍보다 더 정밀도가 높은 구멍으로 내면을 매끄럽게 다듬는 가공을 말한다.

Chapter 03
자동차도장

제1절 도장용 설비와 기기

1 도장 설비

(1) 도장 작업장 환기법의 종류
① 자연 환기법
② 국부 배출 환기법
③ 전체 환기법

(2) 도장부스의 설치 목적
① 작업자의 건강유지를 위한 환경개선
② 도료 및 용제의 인화에 의한 재해방지
③ 안개 현상 방지

> **참고 사항**
>
> ※ 도장부스의 구비조건
> ① 강제 급기, 강제 배기의 상하로 피트를 가져야 한다.
> ② 내화구조로 화재방지 기능을 가지고 있어야 한다.
> ③ 내부를 점검하는 점검창이 1개소 이상이어야 하며, 각종 필터의 교환이 용이하여야 한다.
> ④ 도막의 건조를 위해 내부 공기 유속은 0.3~0.5m/s가 되도록 설계한다.
> ⑤ 조명은 최하 600~800Lux, 30~50W/m² 이상 되어야 한다.
> ⑥ 외부의 먼지나 도막이 붙지 않도록 밀폐할 수 있어야 한다.
> ⑦ 도료의 부착성을 높이기 위해 일정한 온도를 유지할 수 있어야 한다.

(3) 도장부스의 종류
① 강제 급기와 강제 배기형
  ㉠ 부스 내의 압력을 조금 높게 설정하여 외부의 오염된 공기의 침입을 방지한다.
  ㉡ 흡기 배기관의 필터를 주기적으로 점검한다.

ⓒ 부스의 공기 흐름 속도는 약 0.3~0.5m/sec가 적당하다.
② 자연 급기와 강제 배기형
  ㉠ 배기만을 강제적으로 배출하며, 부스 내는 외기보다 압력이 낮다.
  ㉡ 외부의 먼지가 유입되기 쉬우므로 주의하여야 한다.

[스프레이 부스]

[내부 구조]

(4) 샌딩 룸
구도막을 제거하고 퍼티를 연마할 수 있도록 여과 장치가 설비되어 있어야 한다.

1) 종류
  ① 물순환식 : 페인트 가루가 가라 앉아 물의 흐름에 의해서 제거되는 방식
  ② 필터식 : 3~6개월마다 필터를 교환하여 부스실을 신선하게 해주는 방식

2) 모양에 따른 분류
  ① 아치형
  ② 부스형

[샌딩 룸]

❷ 도장 기기

(1) 공기 압축기
공기 압축기는 공기를 흡입하여 압축공기를 만드는 것으로 압축공기는 스프레이 건, 에어 툴 등에 사용된다.

[스크류식 공기 압축기]

[피스톤식 공기 압축기]

(2) 에어 트랜스포머(Air Transformer)
에어 컴프레셔와 스프레이건 사이에 부착되어 있다.
① 수분 제거
② 유분 제거
③ 압력 제어

[에어 트랜스포머]

(3) 에어 클리너
공기 건조기와 에어 트랜스포머 사이에 설치되어 공기의 수분과 이물질을 걸러주는 역할을 한다. 에어 클리너는 도장뿐만 아니라 대량으로 압축공기를 필요로 하는 작업장에 필요하다.

(4) 감압 밸브(에어 레귤레이터)
공기 압축기에서 보내지는 압력의 불균형을 없애주고 사용압력을 높거나 낮게 하여 공기소비량을 적게 하는 등 사용에 알맞도록 조정하는 장치이다.

(5) 체크 밸브
도료 순환 라인의 끝 부분에 부착하여 순환 라인의 도료 압력을 일정하게 유지하면서 용기에 미

사용의 도료를 되돌리는 목적으로 사용되는 압력 조정 밸브를 말한다.

(6) 집진기 : 전기식을 많이 사용하며, 연마기와 일체로 연결하여 분진을 흡수한다.

[집진기]

(7) 건조장치

건조란 도료를 도장하는 물체에 칠하고 일정한 시간을 방치해 두거나 또는 가열하면 도료가 경화하여 연속 도막을 형성해 도막이 되는 과정을 말한다.

1) 열의 이동 방식에 따른 분류
   ① 전도
   ② 대류
   ③ 복사

2) 건조 방식에 따른 분류
   ① 전기식 : 청결하고 안정된 열원을 얻을 수 있으며, 정비가 간단하다.
   ② 열풍식 : 버너의 불꽃 등으로 따뜻한 공기를 팬으로 송출하는 구조로 넓은 범위로 열을 전달할 수 있다.
   ③ 원적외선식 : 효율이 좋고 건조 시에도 결함이 감소한다.
   ④ 근적외선식 : 도막에 직접 작용하여 열을 발생시키므로 효율이 좋아 고온을 얻기가 용이하나 도장면에 가까운 거리에서 사용하여야 한다.

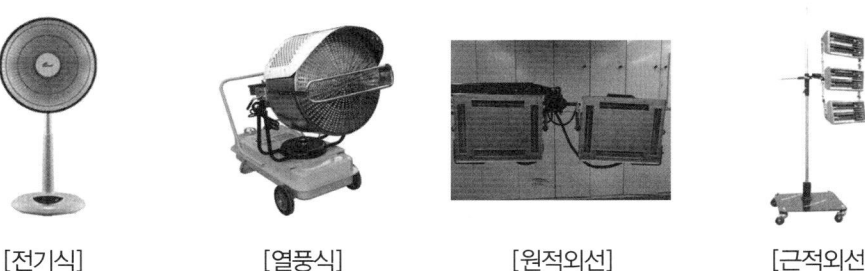

[전기식]　　　[열풍식]　　　[원적외선]　　　[근적외선]

제2절 도장용 공구

1 스프레이건

도장 작업에서 중요한 공구의 하나로 압축공기를 이용하여 도료를 안개모양으로 분사시켜 도막을 형성시키는데 필요한 공구

(1) 스프레이 건의 장점
① 도료를 피도물의 재질이나 형상에 관계없이 도장할 수 있다.
② 도료를 피도물의 크기에 상관없이 도장할 수 있다.
③ 효율적으로 도장할 수 있다.

(2) 종류

1) 도료 공급 방식에 따른 분류
① 중력식 : 도료의 컵이 스프레이 건 위에 설치되어 도료의 점도가 변하여도 토출량에는 변화가 없는 방식
② 흡상식 : 도표의 컵이 스프레이건 아래에 설치되어 압축공기가 토출될 때 도료가 흡입되어 분사하는 방식
③ 압송식 : 도료의 컵과 스프레이 건이 호스로 연결되어 있는 형식으로 연속도장이 가능한 방식

[흡상식]

[중력식]

[압송식]

2) 건의 구경에 따른 분류
① 상도용 : 1.3~1.6mm
② 하·중도용 : 1.7~2.0mm

3) 기타 건의 종류
① HVLP건 : 스프레이 작업 시 환경을 고려하여 비산되는 도료를 적게 하여 도착효율을 높인 방식
② 피스건(에어 브러시) : 소형 사이즈의 건으로 프리핸드나 금 긋기 등에 이용되는 방식
③ RP건 : 저압 건으로 높은 도착 효율을 이용하여 작업성을 높인 방식

[HVLP건]　　　　　　　　　　　[피스건]

> **참고 사항**
>
> 스프레이 작업에서 건의 폭
> 일반 스프레이건은 약 15~25cm, HVLP건의 경우 약 10~15cm가 적당하다.

❷ 연마기기

주로 전동식이나 에어식 연마기를 사용하며, 종류는 다음과 같다.

(1) 디스크 샌더 : 도막 제거용 싱글 회전의 샌더로서 일반적인 그라인더를 말한다.

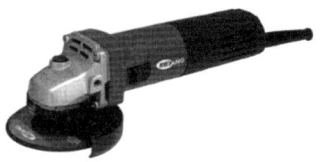 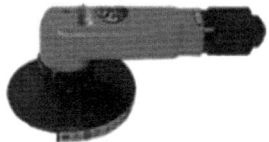

[전기식 디스크 샌더]　　　　　　　　[에어식 디스크 샌더]

(2) 기어 액션 샌더 : 거친 연마용으로 면 만들기에 효과적이며 작업 능률이 높다. 연삭력은 오비털 샌더나 더블 액션 샌더에 비해 우수하다.

[기어 액션 샌더]　　　　　　　　　[기어식 원운동]

(3) 사각 오비털 샌더 : 거친 연마용으로 퍼티면 연마 시 가장 많이 사용된다. 연삭력은 더블 액션 샌더보다 떨어지나 접촉부의 힘이 평균적으로 작용해 균일한 연마를 할 수 있다.

[사각 오비털 샌더]

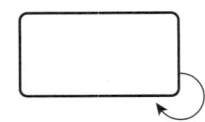

[편심 타원운동]

(4) 더블 액션 샌더 : 단 낮추기, 건식 샌딩 등 도장작업에 가장 광범위하게 사용되며 회전운동을 하는 연마기로 3mm, 5mm, 7mm 등이 사용된다.

[더블 액션 샌더]

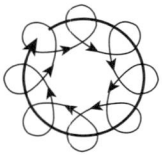

[편심 원운동]

(5) 싱글 액션 샌더 : 구도막 제거 시에 사용한다.

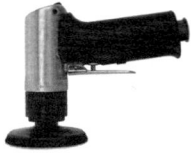

[싱글 액션 샌더]

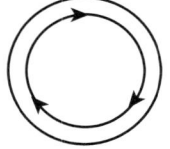

[단순 원운동]

(6) 벨트 샌더 : 보디 패널의 오목면과 골이 파여진 좁은 곳 등에서 주로 사용되는 샌더이다.

[벨트 샌더]

(7) 스트레이트 라인 샌더 : 선(라인) 만들기용으로 퍼티면에 작은 요철이나 변형 연마에 적합하다.

[스트레이트 라인 샌더]

(8) 에어샌더 : 구도막 제거와 철판 면 녹 제거에 사용되는 동력 공구로 가장 적합하다.

[에어 샌더]

(9) 광택기 : 최종 상도 도막을 연마하여 광택을 내는 작업을 폴리싱이라 하며, 패드에 버프를 붙여서 사용하는 연마기를 폴리셔라고 한다. 버프의 종류는 타월형, 울형, 스펀지형이 있다.

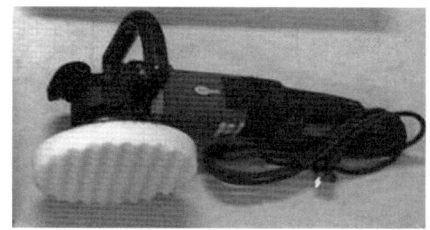

[광택기]

4 기타 기구와 용구

(1) 핸드 블록 : 퍼티를 연마할 때 연마지를 붙이고 작업한다.

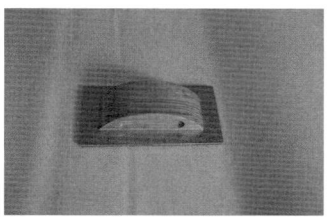

[핸드 블록]

(2) 퍼티 주걱 : 보수도장작업에서 퍼티를 도포할 때 사용한다.

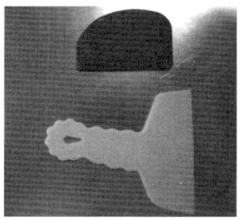

[퍼티 주걱]

(3) **퍼티 배합판** : 퍼티를 혼합하는 판을 말한다.

[퍼티 배합판]

(4) **페인트 여과지** : 스프레이건에 도료 충전 시에 이물질이 들어가지 않도록 사용한다.

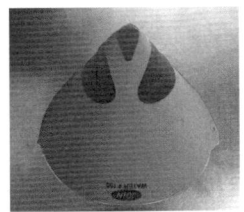

[여과지]

(5) **송진포** : 천에 송진을 묻힌 것으로 스프레이 작업 전에 이물질 제거에 사용한다.

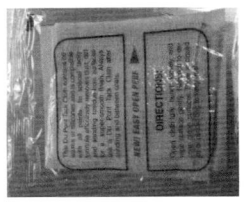

[송진포]

(6) **점도계** : 도료의 점도를 측정하는 데 사용한다.

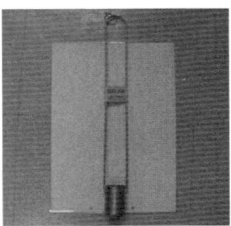

[점도계]

(7) 전자저울 : 도료 혼합 및 조색작업 시에 계량 목적으로 사용한다.

[전자저울]

(8) 도료 혼합기(교반기) : 침착된 도료를 혼합하기 위해 사용한다.

[도료 혼합기]

(9) 도막 두께 측정기 : 도막 두께를 ㎛까지 측정할 수 있다.

[도막 두께 측정기]

(10) 연마지(Sand Paper)

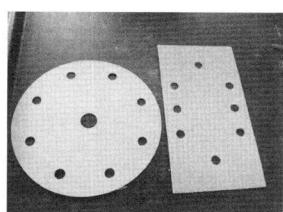

① 연마지는 작업에 따라 구분되며, 연마 작업에서 중요한 재료이다.
② 백킹 재료 위에 접착제를 사용하여 연마입자를 접착시켰다.
③ 입자는 산화알루미늄과 탄화규소가 있다.

제3절 도료와 도장

1 도장 일반

(1) 도장의 목적
① 물체의 보호
② 외관 향상
③ 상업적 가치 향상
④ 착색물의 기능, 의미 등을 식별

(2) 색의 3속성
① 색상 : 색 자체가 가지는 고유의 특성
② 명도 : 어둡고 밝은 정도
③ 채도 : 색 자체의 선명한 정도

(3) 색채현상
각 물체마다 다른 색을 느끼게 하는 가시광선에 의해 나타나는 빛의 현상을 말한다.
빛을 모두 흡수하면 검정색으로 보이고 반사하면 흰색에 가깝게 보인다.

2 신차 도장의 구조
① 표면처리(방청, 밀착력)
② 하도도장(방청, 내수)
③ 중도도장(두께, 평활성)
④ 상도도장(광택, 미관, 내후성)

> **참고 사항**
> 파커라이징
> 도장 작업을 하기 전에 샤워 방식으로 표면 처리를 하는 것

3 도료의 재료

(1) 도료의 성분

1) 수지(20~60%) : 투명하고 내구성이 있는 아크릴을 주로 사용하여 도막을 형성하고 도료의 성질이나 능력을 결정하는 요소
① 천연수지 : 송진(로진), 셀락(세라믹 탈민 라텍 고무)
② 합성수지

㉠ 열가소성수지 : 염화비닐, 아크릴 수지

㉡ 열경화성수지 : 멜라민, 에폭시, 폴리우레탄
　　　　　　　　 불포화 폴리에틸렌수지

2) 용제(2~40%) : 물질을 용해할 수 있는 성능을 가진 요소

3) 안료(30~80%) : 색채가 있고 수지에 의해 용해되는 분말형태의 가루

4) 첨가제(0~5%) : 도료의 기능을 발휘할 수 있도록 첨가되는 물질

(2) 도료의 점도

① 용제의 양이 점도에 영향을 미친다.
② 도료의 점도는 습도와 온도에 관계가 깊다.
③ 도료의 점도는 조그만 관을 통해 유출되는 도료의 양을 초시계로 재어 측정할 수 있다.
④ 도장기기의 선택에 점도가 중요한 요인이 된다.

(3) 중도 도장 재료

1) 프라이머(Primer)

강판에 직접 도포하여 녹 방지 및 부착성을 증대시키는 도료

① 요구 조건
　㉠ 층간의 밀착성이 좋을 것
　㉡ 내열성이 뛰어날 것
　㉢ 침전물이 없을 것

② 종류
　㉠ 래커 프라이머(Lacquer Primer) : 니트로 셀룰로리즈와 알키드 수지가 주성분으로 빨리 마르는 성질이 있어 도장 후 5~10분 정도면 지속 건조되는 속건성 도료로 1시간 정도면 후속 공정이 가능하다.
　㉡ 워시 프라이머(Wash Primer)
　㉢ 우레탄 프라이머(Urethane Primer)
　㉣ 에폭시 프라이머(Epoxy Primer)

③ 종류에 따른 기능 비교

기능 \ 종류	워시 프라이머	에폭시 프라이머	래커 프라이머	우레탄 프라이머
녹 방지	높음	높음	낮음	높음
접착력	낮음	높음	낮음	높음

2) 서페이서(Surfacer)

도료의 용제 침투 방지 및 내수성과 내구성을 증대시키고 층간 부착성을 향상시켜 주름현상, 리프팅현상을 방지한다.

3) 프라이머 서페이서(Primer Surfacer)

프라이머와 서페이서 2가지 기능을 하는 도료
① 래커계 프라이머 서페이서
② 우레탄계 프라이머 서페이서
③ 합성수지계 프라이머 서페이서
④ 에폭시계 프라이머 서페이서
⑤ 열경화성 아미노 알키드 프라이머 서페이서

4) 시너

각종 용제가 혼합되어 있는 도료의 희석제를 말한다.
① 래커 시너 및 아크릴 래커 시너
② 우레탄용 시너

❹ 도료의 건조 방법

(1) 도료 건조의 종류
① 중합 건조 : 도료의 수지 성분이 열과 빛에 의해 반응하거나 경화제의 첨가 등으로 인하여 반응한 후 경화되어 도막을 형성하여 건조되는 방식
② 휘발 건조 : 도장작업 후 도막에 칠이 되어진 도료에 용제가 휘발되면서 건조되는 방식
③ 산화 건조 : 공기중의 산소와 결합되며 건조되는 방식

(2) 건조 방법
① 자연 건조법 : 대기중에 방치하여 건조시키는 방법을 말한다.
② 열 건조법 : 도장물을 가열하여 도막의 산화 중합을 촉진시키는 방법으로 단시간에 굳어지며 부착력이 좋은 도막이 형성되는 건조방법을 말한다.
　㉠ 열의 대열에 의한 방법
　㉡ 복사열에 의한 방법

(3) 건조 상태
① 지촉건조 : 도막을 손가락으로 가볍게 눌렀을 때 접착성은 있으나 도료가 손가락에 묻지 않는 상태
② 경화건조 : 도막을 손가락 끝으로 약간의 압력으로 눌렀을 때 지문이 남지 않는 상태
③ 완전건조 : 손톱으로 도막을 벗기기가 곤란하고 칼로 자르더라도 충분히 저항을 나타내는 상태

제4절 퍼티의 종류와 사용법

1 퍼티(Putty)

강판에 도포하여 요철을 메우고 후속도장에 우수한 방청성 및 부착성을 갖는 도료

(1) 퍼티의 종류

① 판금 퍼티(Metal Putty) : 최대 3~5cm까지 도포가 가능하며 판과의 부착성을 좋게 하지만 완전건조 시간이 걸리며 연마성이 나쁘며 교환하는 리어펜더의 접합부나 깊이가 큰 요철 부분에 사용된다.

② 폴리에스테르 퍼티(Polyester Putty) : 주제와 경화제의 혼합은 100 : 1~3 정도이며 퍼티의 색상에 따라 경화 시간이 달라진다. 일반적으로 5mm 정도의 요철부나 퍼티면의 굴곡 등을 수정하는 마무리 타입으로 사용된다.

③ 스프레이 퍼티(Spray Putty) : 퍼티 도포가 힘든 굴곡 부위나 작업부위가 넓은 부위에 마무리 퍼티용을 사용된다.

④ 래커 퍼티(Lacquer Putty) : 막의 두께는 약 0.1~0.5mm 정도이며 퍼티면이나 프라이머 서페이서 면의 가공 및 작은 상처를 수정하는데 사용된다.

(2) 퍼티 연마의 3단계

① 거친 연마 : 샌드페이퍼 #80 정도로 요철 제거
② 표면 조성 연마(면내기) : #180 정도로 표면 조성
③ 마무리 연마(발붙임) : #320 정도로 섬세하게 연마

2 퍼티 사용법

(1) 반죽퍼티 사용 시 주의사항

① 균일한 색상이 될 때까지 혼합하여 사용하지 않으면 결함이 생긴다.
② 주제와 경화제 혼합비는 계량기로 정확하게 계량한다.
③ 사용에 필요한 양만 꺼낸다.
④ 정확하고 신속하게 작업한다.
⑤ 사용가능 시간에 유의하며 작업한다(약 5~10분).

(2) 퍼티 도포 요령

곡면이 심한 부분은 부드러운 고무주걱을 이용하여 아래에서 위쪽으로 도포한다.

제5절 도장 결함의 종류

1) 기공(Cratering, 크레이터링) : 도장작업 부위에 분화구 모양의 작은 구멍이 발생된 현상이다.

2) 얼룩(Blemish) : 메탈릭이나 펄 입자가 불균일하게 형성된 현상이다.

3) 고착(Seeding) : 먼지나 이물질 등이 부착되어 도장 면에 볼록한 부위가 생기는 현상이다.

4) 핀홀(Pin Hole) : 도장 건조 후에 바늘로 찌른 듯한 구멍이 생긴 상태를 말하며 발생원인은 다음과 같다.
 ① 두꺼운 도막을 세팅타임을 주지 않고 급격히 온도를 올린 경우
 ② 증발 속도가 빠른 신너를 사용했을 경우
 ③ 하도나 중도에 기공 잔재가 남아 있을 경우
 ④ 점도가 높은 도료를 두껍게 도장 시

5) 오렌지 필(Orange Peel) : 도장 면이 오렌지 껍질 형태의 모양으로 요철이 생기는 현상으로 발생원인은 다음과 같다.
 ① 증발이 잘되는 시너를 사용하였다.
 ② 도장부스의 공기 속도가 너무 빠르다.
 ③ 높은 점도의 도료를 사용하였다.
 ④ 녹을 완전히 제거하지 않고 도장을 하였다.
 ⑤ 도장면의 온도가 너무 높다.

6) 흐름(Sagging) : 한번에 너무 두껍게 도장되어 편평하지 못하고 흘러 내려간 상태의 현상이다.

7) 백화(Blushing) : 도장 시 증발잠열에 의해 안개가 낀 것처럼 하얗게 광택이 없는 상태의 현상이다.

8) 번짐(Bleeding) : 용제가 구도막에 침투해 색상이 녹아 번져 얼룩이 지는 현상이다.

9) 부풀음(Blister) : 습기나 불순물의 영향으로 도장면이 부풀어 오르는 현상이다.

10) 리프팅(Lifting) : 상도 도료가 하도 도료를 용해하여 도막 내부를 들뜨게 하여 주름지게 하는 현상으로 발생원인은 다음과 같다.
 ① 두꺼운 도막을 세팅타임을 주지 않고 급격히 온도를 올린 경우
 ② 증발 속도가 빠른 신너를 사용했을 경우
 ③ 하도나 중도에 기공 잔재가 남아 있을 경우

11) 변색(Discoloration) : 외부의 영향으로 도막이 다른 색으로 변하는 현상이다.

12) 박리현상(Peeling) : 층간 부착력 저하로 도막이 벗겨지는 현상이다.

13) 균열(Checking) : 도장면에 금이 가는 현상이다.

Part 4

안전관리

Chapter 01 산업안전일반
Chapter 02 기계 및 기기에 대한 안전
Chapter 03 공구에 대한 안전
Chapter 04 작업상의 안전

Chapter 01
산업안전일반

제1절 안전기준 및 재해

1 안전관리의 정의

재해발생을 최소화하여 인간의 생명과 재산을 보호하고 사고를 미연에 방지하기 위한 계획적이고 체계적인 제반 활동

(1) 안전관리의 목적
① 근로자 생명 존중과 사회복지 증진
② 작업 능률 및 생산성 향상
③ 기업의 경제적 손실 방지

> **참고 사항**
>
> 산업안전보건법 제정 목적
> - 근로자의 안전과 보건을 유지하고 증진
> - 산업재해를 예방
> - 쾌적한 작업환경 조성

(2) 재해율

① 연천인율 : 근로자 1,000명당 1년간 발생하는 재해자의 비율

$$연천인율 = \frac{재해자\ 수}{평균\ 근로자\ 수} \times 1,000$$

$$= 도수율 \times 2.4$$

② 도수율(빈도율) : 안전사고 발생 빈도로서 연 근로시간 100만(1,000,000) 시간당 재해발생 건수

$$도수율 = \frac{재해발생\ 건수}{연간\ 근로\ 시간\ 수} \times 1,000,000$$

③ 강도율 : 안전사고의 강도로서 근로시간 1,000시간당 재해에 의한 근로 손실 일수

$$강도율 = \frac{근로\ 손실\ 일수}{연간\ 근로\ 시간\ 수} \times 1,000$$

④ 재해율 : 전체 근로자 수에 대한 재해자 수의 백분율

$$도수율 = \frac{재해자\ 수}{전체\ 근로자\ 수} \times 1,000,000$$

❷ 사고예방의 원인

(1) 사고예방의 4원칙
① 원인 연계의 원칙 : 사고는 여러 가지 원인이 연속적으로 연계되어 발생한다.
② 손실 우연의 원칙 : 사고로 인한 손실에는 우연성이 있다.
③ 예방 가능의 원칙 : 모든 사고는 사전에 예방이 가능하다.
④ 대책 선정의 원칙 : 사고를 예방하기 위해서는 반드시 안전대책이 선정되고 적용되어야 한다.

(2) 사고예방 대책의 5단계
① 제1단계(안전관리조직) : 안전 활동 방침 및 계획을 수립하고 안전관리자를 임명하여 구체적인 안전관리 조직을 통하여 안전활동을 전개하는 단계
② 제2단계(현상 파악) : 안전활동(안전점검, 사고조사, 안전회의 등)에 대한 기록을 검토하고 작업요소를 분석하여 불안전한 요소들을 발견하는 단계
③ 제3단계(원인 규명) : 현장조사의 결과분석, 사고보고, 작업공정 및 작업환경 등을 분석하고 평가하여 불안전한 요소들을 찾아내는 단계
④ 제4단계(대책 선정) : 분석을 통하여 기술, 교육 훈련, 규정 및 수칙을 개선하여 체제를 강화하고 불안전한 행동과 상태를 시정하는 단계
⑤ 제5단계(목표 달성) : 문제 해결을 위해 교육, 기술 등을 독려하여 완성하고 선정된 시정책을 강구하고 반드시 적용 되어야 하는 단계

> **참고 사항**
>
> 안전대책의 3원칙
> • 교육적 대책   • 기술적 대책   • 관리적 대책

❸ 안전점검

(1) 안전점검의 구분

① 정기점검 : 주요 부분의 마모, 손상 등 장치의 안전상 이상 유무를 점검하는 것으로 일정 기간이나 날짜를 정해 놓고 주기적으로 시설, 기계를 점검한다.
② 일상점검 : 기계 가동하기 전 또는 가동 중이나 종료 시 작업동작에 대한 이상 유무를 점검하는 수시 점검이다.
③ 특별점검 : 설비의 변경, 신설 또는 천재지변의 발생 후 실시하는 점검이다.
④ 임시점검 : 정기점검 기일 전에 임시로 실시하는 점검으로 위험한 부분이나 특정 부분을 비정기적으로 실시하는 점검이다.

(2) 안전점검을 실시할 때의 유의사항
① 점검한 내용을 상호 이해하고 협조하여 시정책을 강구할 것
② 안전 점검 실시 후 강평을 실시하고 사소한 사항이라도 묵인하지 말 것
③ 과거에 재해가 발생한 곳에는 그 요인이 없어졌는지 확인할 것
④ 점검자의 능력에 맞는 점검내용을 활용할 것

(3) 산업체에서 안전을 지킴으로써 얻을 수 있는 이점
① 직장의 신뢰도 향상
② 상하 동료 간 인간관계 개선
③ 사내 규율과 안전수칙 준수로 질서유지 실현

제2절 안전보건표지

1 안전 표지
위험한 장소나 기계에 대한 위험성을 직접적인 표지로 경고하여 작업환경을 통제함으로써 작업자의 행동을 안전하게 취하도록 하여 재해 및 사고를 미연에 방지한다.

2 안전 색체
산업안전보건법 시행규칙 제8조 안전·보건표지에 사용되는 색채, 색도기준 및 용도[개정 2011. 3.3]

No	용도	색체	색도기준	사용 사례
1	금지	빨강	7R 4/14	정지신호, 소화설비 및 그 장소, 유해행위의 금지
2	경고	노랑	5Y 8.5/12	화학물질 취급 장소에서 유해·위험 경고 이외의 위험경고, 주의표지 또는 기계 방호물
3	지시	파랑	2.5PB 4/10	특정행위의 지시 및 사실의 고지

4	안내	녹색	2.5G 4/10	비상구 및 피난소, 사람 또는 차량의 통행표시
		흰색	N9.5	파란색 또는 녹색에 대한 보조색
		검정	N0.5	문자 및 빨간색 또는 노란색에 대한 보조색

① 안전표지 중 안전위생, 안전지도 표지는 녹색이다.
② 안전표지 색채에서 재해나 상해가 발생하는 장소의 위험 표시로 사용되는 색채는 노란색이다.

3 안전·보건 표지의 종류

안전·보건 표지의 종류에는 금지 표지, 경고 표지, 지시표지, 안내표지, 유해물질 표지, 소방 표지가 있다.

[산업안전보건법 시행규칙 안전·보건표지의 종류와 형태]

금지표시	출입금지	보행금지	차량통행금지	사용금지	탑승금지	금연	화기금지	물체이동금지
경고표시	인화성 물질 경고	산화성 물질 경고	폭발성 물질 경고	급성독성 물질 경고	부식성 물질 경고	방사성 물질 경고	고압전기 경고	매달린 물체 경고
	낙하물 경고	고온경고	저온경고	몸균형 상실 경고	레이저 광선 경고	발암성·변이원성·생식독성·정신독성·호흡기 과민성 물질 경고		위험장소 경고
지시표시	보안경 착용	방독마스크 착용	방진마스크 착용	보안면 착용	안전모 착용	귀마개 착용	안전화 착용	안전장갑 착용	안전복 착용
안내표시	녹십자 표시	응급구호 표지	들 것	세안장치	비상구	좌측비상구	우측비상구	범례	휘발유 화기엄금

Chapter 02
기계 및 기기에 대한 안전

제1절 차체수리 작업

1 차체수리 작업 시 안전사항

(1) 작업장의 표준 조도 기준(KSA3011)

No	작업등급 \ 기준조도	최저 허용 조도(lx)	표준 기준 조도(lx)	최대 허용 조도(lx)
1	초정밀 작업	1500	2000	3000
2	정밀 작업	600	1000	1500
3	보통 작업	300	400	600
4	단순 작업	150	200	300
5	거친 작업	60	100	150

① 작업장의 조명과 채광의 조건
   ㉠ 조명의 분포가 균일해야 한다.
   ㉡ 광원은 고정되어 있어야 한다.
   ㉢ 그림자가 생기지 않도록 해야 한다.
   ㉣ 빛의 반사체로 인해 작업을 방해하지 않아야 한다.
② 조명 방법에 따른 분류
   ㉠ 직접 조명
   ㉡ 간접 조명
   ㉢ 국부 조명

(2) 차체수리 작업장 환경 안전

① 바닥면에 호스나 전기코드가 흩어져 있지 않도록 한다.
② 천장식 호스릴, 코드릴 등을 이용하면 효과적이다.
③ 도막 샌딩이나 그라인더 연마 시에 금속가루와 가스가 발생되므로 반드시 흡진 장치를 설치한다.
④ 에너지 박스(압축공기, 전원, 가스 등이 일체화된 박스)를 설치하면 능률이 향상된다.

2 차체수리 장비 안전

(1) 프레임 수정 장비 안전
① 안전모, 안전화, 장갑은 반드시 착용하고 작업한다.
② 소매가 긴 옷이나 헐렁한 작업복은 입지 않으며 부자연스러운 자세에서 작업하지 않는다.
③ 작업자는 체인의 인장 방향과 일직선상에 서서 작업하지 않는다.
④ 견인작업 시 클램프 이탈 범위에는 사람이 접근하지 않도록 한다.
⑤ 인장 작업은 체인의 상태가 직각, 또는 수평으로 되게 한다.
⑥ 견인작업 시 클램프가 이탈되지 않도록 안전고리나 벨트를 설치하여 작업한다.
⑦ 급격한 인장작업은 지양한다.
⑧ 응력집중부에서 먼 곳부터 수정해 나간다.

(2) 클램프 취급 안전
① 클램프의 견인방향은 클램프가 보디로 파고 들어가는 범위의 중심과 일치시킨다.
　(반드시 조의 톱니 중심을 통하도록 견인 도구를 세팅할 것)
② 도막이나 금속의 분말이 톱니에 축적되어 톱니의 효과가 상실되지 않도록 청결을 유지한다.
③ 톱니를 교축 시키는 볼트 부위에 이상이 없도록 수시로 점검하고 엔진오일 등을 도포하여 녹이 발생되지 않도록 한다.
④ 클램프의 볼트를 필요 이상의 힘으로 조이지 않는다.
⑤ 클램프와 패널의 연결은 확실히 하고 견인작업 중 체인이 꼬이지 않도록 주의한다.

(3) 체인의 취급 안전
① 작업 시 규격에 맞는 체인을 사용한다.
② 이종품 및 변형된 체인은 사용하지 않는다.
③ 뒤틀어진 상태로 견인하지 않는다.
④ 녹이 발생되지 않도록 오일을 발라 손질한다.
⑤ 체인을 해머 등으로 가격하지 않는다.
⑥ 체인 체결 시 반드시 안전 고리나 벨트도 함께 연결한다.
⑦ 체인에 설치되어 있는 훅을 직접 차체에 걸어 사용하지 않는다.
⑧ 차체에 고정된 훅에 체인을 걸 때에는 약간의 여유가 있게 한다.

(4) 체인 블록의 취급 안전
① 체인이 뒤틀어진 상태로 견인하지 않는다.
② 급격한 인장작업은 지양한다.
③ 레버의 작동은 정위치 설치 후 실시한다.

④ 인장작업 시 작업자는 체인블록과 수직 위치에서 실시한다.
⑤ 체인 블록 사용 후 늘어난 체인은 원위치하고 안전하게 해체한다.

(5) 큐빅 타워의 취급 안전
① 견인작업 시 타워의 고정측이 인장 측의 높이보다 밑으로 가게 설치하여 타워의 전복을 예방한다.
② 타워는 견인방향에 평형하게 설치하여야 한다.
③ 이동 시 차체와의 충돌에 주의한다.

제2절 용접 작업

1 안전사항

(1) 폭발의 우려가 있는 장소에서 금지해야 할 사항
① 화기의 사용
② 과열로 인해 점화의 원인이 될 우려가 있는 기계
③ 사용도중 불꽃이 발생하는 공구
④ 가연성 재료의 사용

(2) 감전사고 방지 대책
① 전기설비의 점검을 철저히 한다.
② 고압의 전류가 흐르는 부분은 위험을 표시하여 게시한다.
③ 스위치의 개폐는 오른손으로 하고 물기가 있는 손으로 전기장치나 기구에 손을 대지 않는다.
④ 노출된 충전 부분에는 절연용 보호구를 설치하고 작업 시에는 절연용 보호구를 착용한다.
⑤ 설비의 필요 부분에는 보호 접지를 한다.

(3) 감전사고 발생 시 조치사항
① 감전자 구출 : 전원을 차단하거나 접촉된 충전부에서 감전자를 분리하고 안전지역으로 대피한다.
② 감전자 상태 확인
  ㉠ 큰소리로 소리치거나 볼을 두드려서 의식 확인
  ㉡ 입, 코에 손을 대어 호흡 확인
  ㉢ 손목이나 목 옆 동맥 짚어 맥박 확인
  ㉣ 추락 시에는 출혈이나 골절유무를 확인

　　　　ⓓ 의식불명이나 심장이 멈췄을 시에는 즉시 응급조치를 실시
　③ 응급조치
　　　　㉠ 기도확보 : 바르게 눕히고 턱을 당기고 머리를 젖혀 기도 확보, 입 속의 이물질 제거 및 혀를 꺼낸다.
　　　　㉡ 인공호흡 : 매분 12~15회, 30분 이상 지속, 인공호흡 소생률(1분-95%, 3분-75%, 4분-50%, 5분-25%)
　　　　㉢ 심장마사지 : 심장이 정지한 경우에는 인공호흡과 함께 동시 진행(심폐소생술)한다. 심장마사지 매초에 1회, 마사지 5회 후 인공호흡 1회, 흉골 사이를 압박한다.
　　　　㉣ 회복자세 : 감전자가 편안하도록 머리, 목을 펴고 사지는 약간 굽혀 회복자세 취한다.
　④ 감전자 구출 후 구급대에 지원요청하고, 주변 안전을 확보하여 2차 재해를 예방한다.

(4) 전격재해

① 전격이란 인체를 통하여 전기가 통과할 때 일어나는 현상으로 감전이라 한다.
② 감전 위험의 요소
　㉠ 통전전류의 크기
　㉡ 통전시간
　㉢ 통전경로
　㉣ 전원의 종류

(5) 화재의 분류

① A급 화재 : 목재, 종이, 섬유 등의 화재(물이나 강화액 소화기를 이용하여 소화)
② B급 화재 : 휘발유, 벤젠 등의 유류 화재(분말 소화기, 할론 소화기, 질소나 이산화탄소 소화기로 소화)
③ C급 화재 : 전기 화재(유기성 소화액, 분말 소화기, 이산화탄소 소화기로 소화)
④ D급 화재 : 금속칼륨, 금속나트륨 등의 금속 화재(모래나 팽창질석, 팽창 진주암을 이용하여 소화)
⑤ E급 화재 : LPG, LNG 등의 가스화재

> **참고 사항**
>
> **산업안전보건기준에 관한 규칙[일부개정 2013. 03. 23.]**
> 제238조 (유류 등이 묻어 있는 걸레 등의 처리)
> 사업주는 기름 또는 인쇄용 잉크류 등이 묻은 천조각이나 휴지 등은 뚜껑이 있는 불연성 용기에 담아 두는 등 화재예방을 위한 조치를 하여야 한다.

(6) 소화 작업

1) 소화

가연물이 연소할 때 연소의 3요소(가연물, 산소, 점화원) 중 1가지 이상을 제거하여 연소를 중단시키는 것을 말한다.

2) 소화방법

① 제거소화 : 화재현장에서 가연물을 제거하여 소화하는 방법이다.
② 냉각소화 : 물을 방사하여 가연물의 온도를 발화점 이하로 낮추어 소화하는 방법이다.
   (유류화재 시에는 물을 사용해서는 안 되며, 질식소화법을 이용한다).
③ 질식소화 : 분말, 이산화탄소, 할로겐 화합물 등과 같이 소화약제를 방사하여 산소의 농도를 낮추어 소화하는 방법이다.
④ 부촉매(억제)소화 : 분말, 할로겐 화합물 등과 같이 소화설비와 같이 산소와의 결합을 차단하거나 연소의 연쇄반응을 억제시켜 소화하는 방법이다.

3) 전기화재 발생 시 유의사항

① 화재가 일어나면 화재 경보를 한다.
② 배선의 부근에 물을 공급할 때에는 전기가 통하는지의 여부를 알아본 후에 한다.
③ 가스 밸브를 잠그고 전기 스위치를 끈다.
④ 카바이드 및 유류에는 물을 끼얹어서는 안 된다.

2 가스용접(산소 아세틸렌 용접) 취급

가스용접 시 가장 적합한 복장은 용접앞치마, 용접안경, 모자 및 용접장갑이다.

(1) 용해 아세틸렌 사용 시 주의사항

① 아세틸렌은 $1.0kgf/cm^2$ 이하로 사용한다.
② 용기에 진동이나 충격을 주지 않는다.
③ 화기에 항상 주의한다.
④ 누설 점검은 비눗물이나 가스감지기를 이용한다.

(2) 가스용접 작업 시 유의사항

① 작업 전에 반드시 소화기 및 방화사를 준비한다.
② 작업 전에 누설여부를 확인한다.
③ 작업장은 환기가 잘 되도록 한다.
④ 게이지 압력은 규정 값에 맞도록 설정한다(아세틸렌은 게이지 압력이 $1.5kgf/cm^2$ 이상되면 폭발 위험이 있다).

⑤ 점화는 성냥불로 직접 하지 않고 점화라이터를 이용한다.
⑥ 아세틸렌 밸브를 열어 점화한 후 산소밸브를 연다.
⑦ 역화가 발생하면 즉시 토치의 산소 밸브를 닫고 아세틸렌 밸브를 닫는다.
⑧ 호스는 꼬이거나 손상되지 않도록 하고 용기에 감아 놓지 않는다(호스의 길이는 최소 3m 이상).
⑨ 산소 통의 메인 밸브가 얼었을 때 40℃ 이하의 더운물로 녹인다.
⑩ 산소는 산소병에 35℃에서 150기압으로 압축 충전한다.

(3) 가스용접 시 발생하는 사고
① 가스누설에 의한 가스폭발
② 가스화재
③ 유해가스에 의한 중독사고

❸ 전기(ARC, 아크)용접 취급

(1) 전기(ARC, 아크) 용접기 안전사항
① 정비공장에서 아크(ARC) 용접기의 감전 방지를 위해 전격방지기를 설치하고 가급적 개로전압이 낮은 교류용접기를 사용한다.
② 전기용접기가 누전이 되었을 때 스위치를 끄고 누전된 부분을 찾아 절연시킨다.
③ 용접기의 외함은 접지를 하고 누전차단기를 설치한다.
④ 2차측 단자의 한쪽과 기계의 외부 상자는 반드시 접지를 한다.
⑤ 피용접물은 코드로 완전히 접지시킨다.

(2) 용접 작업 시 주의사항
① 용접 작업 시 보호구를 착용하여 눈과 피부를 노출시키지 않는다(헬멧, 보안경, 용접장갑, 앞치마 등).
② 용접 작업 전에 소화기 및 방화사를 준비한다.
③ 슬래그(Slag) 제거 시 보안경을 착용한다.
④ 가스관이나 수도관 등의 배관을 접지로 이용하지 않는다.
⑤ 절대로 물기가 있거나 땀에 젖은 손으로 작업해서는 안 된다.
⑥ 가열된 용접봉 홀더를 물에 넣어 냉각시켜서는 안 된다.
⑦ 우천 시 옥외작업을 하지 않는다.
⑧ 용접이 끝나면 용접봉을 홀더에서 빼내고 공구와 재료를 정리정돈한다.

> **참고 사항**
>
> ① 전기용접 시 발생되는 재해
>   ㉠ 눈 재해 : 아크발생 시 자외선 등의 유해광선이 발생되어 눈이 붓거나 눈병이 발생할 수 있으며 이때 냉찜질을 하고 안정을 취하도록 조치한다.
>   ㉡ 피부 화상 재해 : 아크 또는 스패터에 의해 화상을 입을 우려가 있다.
>   ㉢ 감전(전격)재해 : 홀더가 신체에 접촉하거나 절연된 부분이 균열 또는 파손, 1차측 코드가 벗겨진 경우 감전의 우려가 있으며 사망의 주원인이 된다.
> ② 전격방지기 기능 : 아크발생이 중단된 수 1초 이내에 교류아크용접기의 2차(출력)측 무부하 전압을 자동적으로 25V 이하로 강하시켜야 한다.

제3절 기계설비의 안전

1 기계설비의 위험점

(1) 협착점

① 왕복운동을 하는 작동부분과 움직임이 없는 고정부분 사이에서 형성되는 위험점이다.
② 발생부분 : 프레스, 전단기, 성형기, 조형기, 절곡기 등

(2) 끼임점

① 고정부분과 회전하는 부분 사이에서 형성되는 위험점이다.
② 발생부분 : 연삭숫돌과 덮개, 교반기의 날개와 하우징, 프레임에서 암의 요동운동을 하는 기계부분

(3) 물림점

① 회전하는 2개의 회전체에서 물려 들어갈 위험이 존재하는 위험점이다.
② 발생부분 : 롤러와 롤러의 물림, 기어와 기어의 물림 등

(4) 접선 물림점

① 회전하는 부분의 접선방향으로 물려 들어갈 위험이 존재하는 위험점이다.
② 발생부분 : 벨트와 풀리, 체인과 스프로킷, 랙과 피니언 등

(5) 말림점

① 회전하는 물체에 작업복, 머리카락 등이 말려드는 위험이 존재하는 위험점이다.
② 발생부분 : 회전하는 축, 커플링, 돌출된 키나 고정나사, 회전하는 공구 등

> **참고 사항**
> - 낙하 : 높은 데서 낮은 데로 떨어져 발생하는 재해
> - 충돌 : 서로 부딪쳐서 발생하는 재해
> - 전도 : 엎어지거나 넘어져서 발생하는 재해
> - 접착 : 중량물을 들어 올리거나 내릴 때 손이나 발이 중량물과 지면 등에 끼어 발생하는 재해

❷ 운반 작업

(1) 운반 작업 시 안전사항
① 드럼통, 봄베 등을 굴려서 운반해서는 안 된다.
② 공동 운반에서는 서로 협조를 하여 작업한다.
③ 길이가 긴 물건은 앞쪽을 높여서 운반한다.
④ 짐을 운반할 때는 보조구들을 사용한다.
⑤ 인력으로 운반 시 몸의 평형을 유지하기 위해서 발을 어깨 너비만큼 벌리고 어깨보다 높이 들지 않는다.

> **참고 사항**
> 엔진을 이동시킬 때는 체인블록이나 호이스트를 사용한다.

(2) 인력에 의한 운반
① 몸의 평형을 유지하기 위해서 발을 어깨 너비만큼 벌리고 몸의 위치는 물품을 수직으로 들어 올릴 수 있게 정한다.
② 등은 가급적 바르게 하여 허리에 무리가 가지 않도록 한다.
③ 물건이 시야를 가려서는 안되며 운반화물의 무게가 여러 사람들에게 평균적으로 걸리게 한다.

> **참고 사항**
> 공동 작업으로 물건을 들어 이동하는 방법
> - 힘의 균형을 유지하여 이동한다.
> - 불안전한 물건은 드는 방법에 주의한다.
> - 긴밀히 연락하면서 조심하여 든다.

(3) 앤빌(Anvil) 운반 시 안전사항
① 다른 사람과 협조하에 조심성 있게 운반한다.
② 운반 차량을 이용하는 것이 좋다.
③ 작업장에 내려놓을 때에는 주의하여 조용히 놓는다.

Chapter 03
공구에 대한 안전

제1절 전동 및 공기공구

1 전동 공구 및 공기 공구의 안전사항

(1) 전동 공구 안전수칙
① 전원의 ON, OFF가 확실히 되는지 확인한다.
② 디스크가 단단히 부착 되었는지 확인한다.
③ 보안경, 장갑, 안전화, 작업복 등이 완벽한지 확인한다.
④ 샌딩 기계를 사용할 때는 진공 흡입장치가 작동하는지 확인한다.
⑤ 먼지가 발생 시에는 즉시 마스크를 착용한다.
⑥ 디스크 해체 시에는 디스크 고정 스패너로 고정하고 접시를 뽑고, 끼울 때는 고정 스패너로 고정하며 접시를 단단히 조여 주고 시운전 해 본다.
⑦ 전기톱으로 패널을 자를 때는 톱의 작동 방향을 확실히 알고 작동시킨다. 톱날이 부러질 때 얼굴, 손, 팔 등이 상하기 쉽다.
⑧ 핸드 그라인딩 기계는 고속 회전(10000rpm)이기 때문에 위험성이 높아 사용법을 완전히 숙지하고 안전관리를 충분히 이해한 다음에 작업한다.
⑨ 전동 공구는 사용 시 무리하게 코드를 잡아 당기지 않으며, 사용 후에는 즉시 전원을 끄고 플러그를 빼놓는다.

(2) 그라인더(연삭 숫돌) 안전
① 숫돌의 교체 및 시험운전은 담당자만이 하여야 한다.
② 그라인더 작업에는 반드시 보호안경을 착용하여야 한다.
③ 숫돌의 받침대는 3mm 이상 열렸을 때에는 사용하지 않는다.
④ 숫돌작업은 측면에 서서 숫돌의 정면을 이용하여 연삭한다.
⑤ 안전 커버를 떼고서 작업해서는 안 된다.
⑥ 숫돌차를 고정하기 전에 균열이 있는지 확인한다.
⑦ 숫돌차의 회전은 규정 이상 빠르게 회전시켜서는 안 된다.
⑧ 플랜지가 숫돌차에 일정하게 밀착하도록 고정시킨다.
⑨ 그라인더 작업에서 숫돌차와 받침대 사이의 표준 간격은 2~3mm 정도가 가장 적당하다.

⑩ 탁상용 연삭기의 덮개 노출각도는 90°이거나 전체 원주의 1/4을 초과해서는 안 된다.

(3) 공기기구 사용 시 유의사항
① 공기기구의 활동부위에는 마찰 및 마모를 방지하기 위해 주유한다.
② 공기기구를 사용할 때는 보호안경을 사용해야 한다.
③ 고무 호스가 꺾여 공기가 새는 일이 없도록 한다.
④ 공기기구의 반동으로 생길 수 있는 사고를 미연에 방지한다.

(4) 공기 압축기 취급 유의사항
① 공기압축기는 항시 청결하여야 하고, 담당자외에는 운전을 금한다.
② 전기배선, 터미널 및 전선 등에 접촉 될 경우 전기쇼크의 위험이 있으므로 주의하여야 한다.
③ 분해 시 공기압축기, 공기탱크 및 관로 안의 압축공기를 완전히 배출한 뒤에 실시한다.
④ 하루에 한 번씩 공기탱크에 고여 있는 응축수를 제거한다.
⑤ 회전부에는 안전 덮개를 견고히 설치하여 말려 들어가지 않도록 한다.
⑥ 압력계의 제한압력 이상으로 올리지 않는다.
⑦ 안전밸브의 압력조정 너트를 작업자 임의로 조작하지 않는다.

2 전동 기계의 안전관리

(1) 드릴 작업
① 드릴 날은 사용 전에 균열이 있는가를 점검한다.
② 드릴 날의 탈·부착은 회전이 멈춘 다음 행한다.
③ 드릴 작업은 장갑을 끼고 작업해서는 안 된다.
④ 작업복을 입고 머리가 긴 사람은 안전모를 착용하여 작업한다.
⑤ 공작물은 테이블 위에 정확히 고정시켜서 따라 돌지 않게 작업한다.
⑥ 가공물이 관통될 즈음에는 알맞게 힘을 가하여야 한다.
⑦ 드릴 작업 때 칩의 제거는 회전을 중지시킨 후 솔로 제거하고 작업 중 쇳가루를 입으로 불어서는 안 된다.
⑧ 드릴 끝 가공물의 관통여부는 손으로 확인하지 않는다.
⑨ 드릴 작업에서 둥근 공작물에 구멍을 뚫을 때는 공작물을 V블록과 클램프로 잡는다.
⑩ 드릴 작업 시 재료 밑의 받침은 나무판이 적당하다.

> **참고 사항**
>
> **드릴작업 중 재해발생 이유**
> - 면장갑을 착용하고 작업 중, 회전 드릴 날에 감겨 말린다.
> - 보안경을 착용하지 않은 상태에서 작업 중 칩이 작업자의 눈으로 비산된다.
> - 쇳가루를 걸레로 제거 중 손가락을 벤다.
> - 균열이 심한 드릴 또는 무디어진 날이 파괴되어 그 파편에 맞는다.
> - 피공작물을 견고히 고정하지 않아 피공작물이 복부를 강타한다.

(2) 연삭 작업
① 작업 전 이상 유무를 확인하고 사용한다.
② 숫돌바퀴의 균열 여부를 나무해머로 가볍게 두드려 확인한다.
③ 연삭작업 전에 1분, 연삭숫돌 교체 후에 3분 이상 공회전한 후 정상 회전 속도에서 시작한다.
④ 반드시 안전덮개는 부착하고 작업한다.
⑤ 연삭숫돌은 가능한 한 측면을 사용하지 않는다.
⑥ 숫돌차와 받침대 간격은 3mm 이내로 한다.
⑦ 플랜지 직경은 숫돌 직경의 1/3 이상 되는 것을 사용한다.
⑧ 부시의 구멍은 숫돌바퀴의 바깥둘레와 동심원이어야 한다.
⑨ 숫돌차의 편심이 생기거나 원주면의 메짐이 심하면 드레싱하여 숫돌면을 다듬는다.
⑩ 연삭기의 노출각도
  ㉠ 탁상용 연삭기 : 노출각도는 90° 이내
  ㉡ 연삭숫돌의 상부를 사용하는 것을 목적으로 하는 연삭기 : 노출각도 60° 이내
  ㉢ 휴대용 연삭기 : 노출각도 180° 이내
  ㉣ 원통형 연삭기 : 노출각도 180° 이내
  ㉤ 절단 및 평면 연삭기 : 노출각도 150° 이내

(3) 연료 주입 안전관리
① 연료 주입구가 얼어서 열리지 않을 때는 주변을 가볍게 두드린 후 연다.
② 차량의 외부 표면에 연료가 떨어지면 도장이 손상될 수 있다.
③ 연료 주입구 캡을 닫을 때는 항상 안전하게 잠겼는지 확인해야 한다.
④ 연료를 주입하기 전에 항상 시동을 끄고 연료 주입구 주변에 화기를 가까이 하면 안 된다.

제2절 수공구 취급 안전

1 수공구 작업 시 안전조건

(1) 수공구 작업 시 안전사항
① 사용 전 수공구의 이상 유무를 확인한다.
② 올바른 취급방법을 습득하고 사용한다.
③ 작업에 맞는 수공구를 선택한다.
④ 비산물이 튀어 나올 우려가 있는 작업은 보안경이나 보호구를 착용한다.
⑤ 작업장 내·외부 이동 시 공구는 보관함에 담아서 가지고 다닌다.
⑥ 수공구 사용 후 지정된 보관함에 넣어 보관하고 작업 중에도 정리·정돈하며 사용한다.

⑦ 기름이 묻은 손이나 손잡이에 기름이 묻어 있으면 미끄러워 위험하므로 사용 전에 깨끗이 닦아내고 사용한다.

⑧ 공구는 기계, 발판, 난간 등 떨어지기 쉬운 곳에 놓지 않도록 안전한 곳에 둔다.

⑨ 불량한 공구는 반납하고 함부로 수리하여 사용해서는 안 된다.

(2) 판금 손작업 안전관리

① 작업자의 신체조건에 따라 해머 무게를 정한다.

② 절단기 사용 시 감독자의 입회하에 실시한다.

③ 절곡기, 휠 머신, 산소용접 등의 손작업 시 안전화, 작업복, 귀마개, 가죽 장갑, 보안경 등의 보호구를 착용한다.

④ 패널의 끝 모서리 등은 줄로 둥글게 갈아서 상처가 나지 않도록 예방한다.

(3) 수공구 작업 시 금지사항

① 작업에 맞지 않는 공구는 사용하지 않는다.

② 수공구는 사용 시 무리한 힘을 가하지 않는다.

③ 수공구 작업 시 부피가 큰 장갑은 착용하지 않는다.

④ 수공구를 옆 사람에게 건네줄 때 절대로 던져서 전달하지 않는다.

⑤ 날카로운 공구 등을 주머니에 넣고 작업을 하여서는 안 된다.

(4) 수공구 안전사고의 원인

① 사용방법 미숙

② 수공구 성능 파악 불철저

③ 힘에 맞지 않는 공구 사용

④ 사용공구의 점검, 정비 불량

❷ 수공구 취급

(1) 펀치 및 정 작업

① 펀치 작업을 할 경우에는 타격하는 지점에 시선을 두고 작업한다.

② 정 작업 시 얼굴이나 눈 등에 칩이 튈 우려가 있으므로 서로 마주 보고 작업하지 않는다.

③ 열처리한(담금질 한) 금속을 해머로 때리면 튀기 싶고 잘 부러지므로 작업하지 않는다.

④ 정 작업 시 시작과 끝은 조심스럽게 때린다.

⑤ 칩이 끊어져 나갈 무렵에는 비산물이 튈 수 있으므로 조심스럽게 때린다.

⑥ 정의 날을 몸 바깥쪽으로 하고 해머로 타격하며 작업한다.

⑦ 정이나 해머에 오일이 묻지 않게 작업한다.

⑧ 정 작업에서 버섯머리 나사는 그라인더로 갈아서 사용한다.

⑨ 보관을 할 때에는 날이 부딪쳐서 무디어지지 않도록 한다.
⑩ 금속 깎기, 쪼아내기 작업을 할 때는 보안경을 착용한다.

(2) 해머 작업
① 좁은 곳에서는 작업하지 않는다.
② 기름 묻은 손이나 장갑을 끼고 작업하지 않는다.
③ 타격 시 처음부터 힘을 주어 치지 않는다.
④ 해머 대용품은 사용하지 않는다.
⑤ 타격면은 평탄한 것을 사용한다.
⑥ 손잡이는 튼튼한 것을 사용하고 사용 중에 자주 확인한다.
⑦ 타격 부위를 주시하면서 작업한다.
⑧ 해머를 휘두르기 전에 반드시 주위를 살핀다.
⑨ 장갑을 끼고 작업하지 않는다.
⑩ 녹슨 재료는 타격에 주의한다(반드시 보안경 착용).

(3) 줄 작업
① 사용하기 전에 줄의 균열 유무를 확인한다.
② 작업 시 한 손은 날 끝 쪽을, 다른 손은 손잡이를 잡고 똑같은 힘으로 부드럽게 밀어낸다.
③ 작업대 높이는 작업자의 허리 높이로 한다.
④ 목은 수직으로 하고 눈은 일감을 주시한다.
⑤ 작업 자세는 작업자의 팔꿈치 높이가 적당하고 허리를 펴고 낮추며 몸의 안정을 유지하면서 전신을 이용하여 작업한다.
⑥ 줄은 취성이 커서 잘 부러지므로 충격을 주지 않는다.
⑦ 줄에 오일 등을 칠해서는 안되며 칩제거 시 입으로 불어내지 않고 브러시를 사용한다.

Chapter 04
작업상의 안전

제1절 소음 및 분진과 환경위생

1 소음 대책
85dB(A) 이상 시 귀마개 등 개인보호구 착용하고 필요 시 귀덮개를 착용하고 작업한다.

2 밀폐장소 안전
① 밀폐장소에서는 유독가스 및 산소농도 측정 후 작업할 것
② 급기 및 배기용 팬을 가동하면서 작업할 것
③ 통풍이 불충분한 곳에서 작업 시 긴급사태에 대비 할 수 있는 조치를 취한 후 작업할 것

제2절 차체수리 안전 보호구

1 보호구의 개요

(1) 보호구의 구비요건
① 착용이 간편할 것
② 작업에 방해가 되지 않을 것
③ 유해 및 위험요소에 대한 방호성능이 충분할 것
④ 재료는 가볍고 충분한 강도를 갖도록 할 것
⑤ 외관이 양호할 것
⑥ 가격이 싸고 재료의 품질이 양호할 것

(2) 작업에 따른 보호구 지급
① 안전모 : 물체가 떨어지거나 날아올 위험 및 근로자의 추락 위험이 있는 작업 시 지급
② 안전대 : 높이 또는 깊이 2m 이상의 추락 위험이 있는 작업 시 지급
③ 안전화 : 물체의 낙하, 충격, 끼임, 감전 또는 정전기 대전에 의한 위험 작업 시 지급

④ 보안경, 보안면 : 용접 불꽃이나 쇳가루 등의 이물질이 날릴 위험이 있는 작업 시 지급
⑤ 방진마스크 : 분진이 심하게 발생하는 작업 시 지급
⑥ 방열복 : 높은 열에 의한 화상 등의 위험이 있는 작업 시 지급
⑦ 방한 보호구 : −18℃ 이하인 급냉동 창고 작업 시 지급(방한모, 방한복, 방한화, 방한 장갑 등)
⑧ 절연 보호구 : 감전사고의 위험이 있는 작업 시 지급

2 안전화(발 보호구)

(1) 안전화의 일반기준
① 착용감이 좋으며 작업 및 활동하기가 편리해야 한다.
② 가볍고 견고하게 제조되어야 하며 착용하기에 편안해야 한다.
③ 가죽제 안전화는 발 끝부분에 선심을 넣어 압박 및 충격으로부터 착용자의 발가락을 보호할 수 있어야 한다.
④ 고무제 안전화는 물, 산 또는 알칼리 등이 안전화 내부로 쉽게 들어가지 않도록 되어 있어야 한다.
⑤ 정전기 안전화는 인체에 대전된 정전기를 겉창을 통하여 대지로 누설시키는 전기회로가 형성될 수 있는 재료와 구조이어야 한다.

3 안전모(머리 보호구)

(1) 안전모의 일반기준
① 안전모는 모체, 착장체 및 턱끈을 가질 것
② 착장체의 머리고정대는 착용자의 머리부위에 적합하도록 조절할 수 있을 것
③ 착장체의 구조는 착용자의 머리에 균등한 힘이 분배되도록 할 것
④ 모체, 착장체 등 안전모의 부품은 착용자에게 상해를 줄 수 있는 날카로운 모서리 등이 없을 것
⑤ 턱끈은 사용 중 탈락되지 않도록 확실히 고정되는 구조일 것
⑥ 모체에 구멍이 없을 것
⑦ 안전모의 내부 수직거리는 25mm 이상, 50mm 미만일 것
⑧ 턱끈의 폭은 10mm 이상일 것
⑨ 안전모의 모체, 착장체 및 충격흡수재를 포함한 질량은 440g을 초과하지 않을 것

(2) 안전모 취급
① 모체의 재료는 내관통성, 충격흡수성, 내전압성(7000V 이하), 내수성, 난연성이 있어야 한다.
② 착장체는 땀이나 기름으로 더러워지므로 최소한 1개월에 1회 정도 60℃의 물이나 세척제로 세척한다.
③ 화기를 취급하는 곳에서 모자의 몸체와 차양이 셀룰로이드로 된 것을 사용해서는 안 된다.

④ 산이나 알칼리를 취급하는 곳에서는 펠트나 파이버 모자를 사용해야 한다.

(3) 안전모의 종류
① 낙하방지용(A형)
② 낙하 · 추락방지용(B형)
③ 낙하 · 감전방지용(AE형)
④ 다목적용(ABE형)

4 눈 보호구

(1) 차광안경
① 아크용접 및 가스용접 시 가시광선을 적당히 투과하며 자외선과 적외선을 허용치 이하로 약화시켜 눈을 보호하기 위해 착용하는 보호구이다.
② 렌즈색은 녹색, 자색, 청색이 가미된 색이 이상적이다.
③ 차광도 번호 선택
   ㉠ 절단작업 : 1~8
   ㉡ 산소 아세틸렌 용접 : 7~9
   ㉢ 전기(아크) 용접 : 11

(2) 방진안경
① 절단작업 및 절삭작업 시 미분, 칩(Chip), 비산물로부터 눈을 보호하기 위하여 착용한다.
② 추락 및 붕괴의 위험성이 있을 경우에는 눈에 상해를 입을 수 있으므로 미착용한다.

5 안면 보호구(얼굴 보호구)

(1) 용접 보안면
① 유해광선으로 눈을 보호하고, 열 또는 파편에 의한 화상위험으로부터 안면부를 보호하기 위하여 착용한다.
② 종류
   ㉠ 헬멧형 : 안전모나 착용자의 머리에 지지대나 헤드 밴드 등을 이용하여 적정위치에 고정하여 사용한다.
   ㉡ 핸드 실드형 : 손에 들고 이용하는 보안면을 말한다.
③ 주의사항
   ㉠ 시야의 방해가 적고 가벼워야 한다.
   ㉡ 복사열과 불꽃으로부터 안면을 보호할 수 있어야 하며 외부의 충격에 절대로 깨지지 않는 재질이어야 한다.

ⓒ 복사열에 노출될 수 있는 금속부분은 단열처리해야 한다.
ⓔ 용접용 보안면의 내부 표면은 무광으로 처리하고 보안면 내부로 빛이 침투하지 않도록 해야 한다.

(2) 일반 보안면
① 보안면 전체가 투명하게 되어 있어 유해광선 차단보다는 파편 등으로부터 얼굴을 보호하기 위해 착용한다.
② 스폿(점) 용접, 연삭작업 등의 가공 작업 시 착용한다.

6 호흡용 보호구(목 보호구)

(1) 방진마스크
① 분진 및 먼지가 많이 발생하는 작업장에서 착용한다.
② 착용이 쉬워야 하며 착용하였을 때 안면부가 안면에 밀착되어 공기가 새지 않아야 한다.
③ 여과효율이 좋고 통기저항이 작아야 한다.
④ 중량이 가볍고 시야가 넓어야 한다.
⑤ 머리끈은 적당한 길이 및 탄력성을 갖고 길이를 쉽게 조절할 수 있어야 한다.

(2) 방독마스크
① 가스의 종류에 따라 마스크를 선택하여 착용한다.
② 산소 농도가 18% 이하 또는 가스의 농도가 짙은 맨홀이나 가스탱크 내에서 작업할 경우에는 사용하지 않는다.
③ 방독마스크는 격리식, 직결식, 직결식 소형으로 구분된다.
  ㉠ 격리식 : 가스의 농도가 2%(암모니아 3%) 이하 대기에서 사용
  ㉡ 직결식 : 가스의 농도가 1%(암모니아 1.5%) 이하 대기에서 사용
  ㉢ 직결식 소형 : 가스의 농도가 1% 이하 대기에서 사용

> **참고 사항**
> 산소 결핍은 산소 농도가 18% 이하 시에 발생한다.

(3) 송기(송풍)마스크
① 산소 결핍 및 유해가스의 농도가 짙은 작업장, 탱크나 지하실 등의 통풍이 불충분한 작업장에서 작업할 경우 착용한다.
② 종류 : 압축공기식, 송풍기식, 흡입식

7 방음 보호구(귀 보호구)

① 소음이 심한 작업장이나 해머 작업 시 충격음으로부터 귀를 보호하기 위해 귀마개 또는 귀덮개를 착용한다.
② 귀마개
   ㉠ 귀마개를 착용하면 고주파에서 25~35dB 정도의 방음효과가 있으므로 115~120dB에서 작업이 가능하다.
   ㉡ 귀마개는 귀에 잘 맞고 사용 중에 불쾌감이 없어야 하며 쉽게 탈락되지 않아야 한다.
   ㉢ 귀에 질병이 있는 작업자는 착용이 불가능하다.
   ㉣ 플래시 버트 용접 시 충격음이 발생하므로 귀마개를 착용해야 한다.
③ 귀덮개
   ㉠ 귀덮개를 착용하면 고주파에서 35~45dB 정도의 방음 효과가 있으므로 130~135dB에서 작업이 가능하다.
   ㉡ 귀덮개는 귀마개에 비해 차음효과가 크나 고온의 작업에서는 착용하기가 어렵다.
   ㉢ 귀덮개를 착용한 상태에서는 작업 중 의사소통이 불가능하므로 신호음이나 의사소통을 필요로 하는 작업장에서는 안전사고의 원인이 될 수 있으므로 주의해야 한다.

> **참고 사항**
>
> 탱크 내 밀폐된 공간에서 해머 작업을 하는 경우 115dB 이상의 고소음이 발생하므로 귀마개와 귀덮개를 동시에 착용하여 방음 효과를 높여 준다.

MEMO

Part 5

과년도 기출문제

국가기술자격 필기시험문제

2008년 기능사 제1회 필기시험				수험번호	성명
자격종목 자동차차체수리기능사	종목코드 6285	시험시간	형별 A		

01 자동차의 여유 구동력에 관한 설명으로 틀린 것은?

① 최대 구동력과 주행저항과의 차이이다.
② 최고 속도에서의 여유구동력은 영(0)이다.
③ 여유구동력은 가속이나 구배에서 사용된다.
④ 최고속도에서의 여유구동력은 최대값이 된다.

해설
여유 구동력
- 최대 구동력과 주행저항과의 차이이다.
- 최고속도에서의 여유구동력은 영(0)이다.
- 여유 구동력은 가속이나 구배에서 사용된다.

02 Fe에 12% 이상의 Cr을 합금시키면 강한 보호 피막이 생성되어 부동태화 되는데, 이 특징을 이용하여 녹이 발생되지 않게 한 강(鋼)은?

① 스테인리스강 ② 고속도강
③ 합금공구강   ④ 탄소공구강

해설
스테인리스강
Fe에 12% 이상의 Cr을 합금시키면 강한 보호 피막이 생성되어 부동태화 되는데, 이 특징을 이용하여 녹이 발생되지 않게 한 강을 말한다.

03 자동차의 차체 모양에 따른 분류로 노치백 세단(Notch Back Sedan)의 형상은?

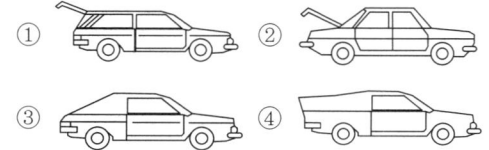

해설
노치백(Notch Back)
노치백은 객실과 트렁크 실이 구분되어 트렁크 실이 돌출된 형태의 승용차를 말한다.

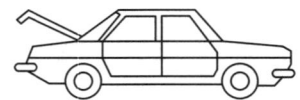

04 다음 중 차체(Body)가 갖추어야 할 일반적인 조건이 아닌 것은?

① 방청성능이 우수할 것
② 진동이나 소음이 작을 것
③ 강도와 강성이 우수할 것
④ 프레임과 차체가 반드시 일체로 된 구조일 것

해설
차체(Body)
프레임을 뺀 외관을 담당하는 부품
- 방청성능이 우수할 것
- 진동이나 소음이 작을 것
- 강도와 강성이 우수할 것

05 타이어 뼈대가 되는 중대한 부분으로서, 하중이나 충격에 완충 작용을 해야 하기 때문에 목면 또는 레이온이나 나일론 코드를 여러 층 엇갈리게 겹쳐서 내열성 고무로 접착시킨 구조로 되어 있는 것은?

① 비드(Bead)
② 브레이커(Breaker)
③ 트레드(Tread)
④ 카커스(Carcass)

정답 1. ④ 2. ① 3. ② 4. ④ 5. ④

> **해설**

카커스(Carcass)
- 타이어의 뼈대부
- 일정체적 유지
- 완충작용(하중이나 충격에 따라 변형)
- 카커스 구성 코드의 층수를 플라이 수로 표시

비드 부(Bead Section)
림에 접촉하는 부분
- 공기 주입 시 타이어를 림에 고정
- 카커스에 걸리는 인장력을 비드 와이어가 받아줌
- 튜브 리스 타이어의 경우 기밀성을 유지해 줌

벨트(Belt), 브레이커(Breaker Strip)
트레드와 카커스의 떨어짐을 방지

트레드부(Tread)
노면과 접촉하는 부분

06 운전 중 파워 윈도우 스위치 작동으로 인해 발생되는 위험성(어린이의 장난 등)을 방지하기 위해서 사용되는 스위치는?

① 파워 윈도우 메인
② 운전석 뒤 파워 윈도우 스위치
③ 승객석 뒤 파워 윈도우 스위치
④ 파워 윈도우 록 스위치

> **해설**

파워 윈도우 록 스위치
운전 중 파워 윈도우 스위치 작동으로 인해 발생되는 위험성(어린이의 장난 등)을 방지하기 위해서 사용되는 스위치

07 엔진이 과열되는 직접적인 원인이 아닌 것은?

① 벨트의 장력이 클 때
② 냉각수가 부족할 때
③ 냉각수 통로가 막혔을 때
④ 수온조절기가 열리지 않았을 때

> **해설**

엔진이 과열되는 직접적인 원인
- 냉각수가 부족할 때
- 냉각수 통로가 막혔을 때
- 수온조절기가 열리지 않았을 때

08 승용차의 리어 보디(Rear Body)를 구성하는 구성품이 아닌 것은?

① 리어 범퍼(Rear Bumper)
② 트렁크 도어(Trunk Door)
③ 대시 패널(Dash Panel)
④ 리어 패널(Rear Panel)

> **해설**

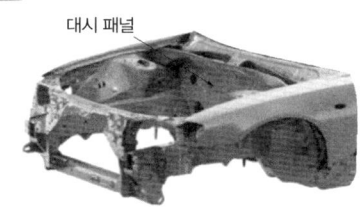

[엔진룸 구조]

09 온도차에 의하여 시스템과 주위와의 사이에 교환되는 에너지는?

① 상태식 ② 열
③ 위치   ④ 운동

> **해설**

열에너지는 온도차에 의하여 시스템과 주위와의 사이에 교환되는 에너지를 말한다.

10 다음 중 자동차의 기관회전수를 표시하는 단위는?

① rpm   ② kgf · m
③ kg/s   ④ km/h

> **해설**

rpm(Revolution Per Minute)
회전체의 분당 회전수

11 금속의 열에 대한 열영향을 설명한 것이다. 가장 옳은 것은?

① 금속에 열을 가하면 조직의 변화가 일어나지 않는다.
② 금속에 열을 가하면 성질은 변하지 않고 색깔만 변화한다.

정답 6.④ 7.① 8.③ 9.② 10.① 11.③

③ 높은 온도를 가하여 가열되면 적은 힘에 의하여 잘 늘어난다.
④ 가열과 냉각을 반복해도 성질은 변화되지 않는다.

해설
금속의 열에 대한 영향
- 금속에 열을 가하면 조직의 변화가 일어난다.
- 금속에 열을 가하면 성질과 색깔이 변화한다.
- 높은 온도를 가하여 가열되면 적은 힘에 의하여 잘 늘어난다.
- 가열과 냉각을 반복하면 금속의 성질이 변화된다.

12 도면에 다음과 같이 표기되어 있다. 올바른 설명은?

① 직경 9mm 드릴로 뚫는다.
② 구멍의 숫자는 20개이다.
③ 자리파기의 깊이는 9mm이다.
④ 구멍의 수는 9로, 20개의 자리파기를 한다.

13 연삭숫돌의 선택조건과 가장 관계가 없는 것은?
① 재료   ② 입도와 결합도
③ 고속 회전도   ④ 조직과 결합체

해설
숫돌 바퀴 성능의 5요소
- 숫돌 입자
- 입도
- 결합제
- 조직(숫돌 입자의 조밀 상태)
- 결합도(결합제가 숫돌 입자를 결합하는 강도)

14 산소-아세틸렌 불꽃 중 히스테리상을 나타내는 불꽃은?
① 탄화상태의 화염
② 중성화염
③ 과산화염
④ 이산화탄소상의 염

해설
불꽃의 종류
- 중성불꽃(표준불꽃) : 산소와 아세틸렌 가스의 혼합비가 1:1인 불꽃을 말한다.
- 산화불꽃(산소 과잉 불꽃, 산성불꽃) : 산소의 비율이 높을 때의 불꽃으로 히스테리상이 나타난다.
- 탄화불꽃(아세틸렌 과잉 불꽃, 탄성불꽃) : 아세틸렌의 비율이 높을 때의 불꽃으로 불완전 연소에 의한 온도가 낮아 금속 부재 용융에 어려움이 있다.

15 재료가 타격이나 압연에 의해 얇고, 넓게 펴지는 성질은?
① 전성   ② 인성
③ 취성   ④ 연성

해설
- 전성 : 하중에 의해서 넓게 펴지는 성질
- 인성 : 파괴 시까지의 에너지 흡수(저장) 능력
- 취성 : 아주 작은 변형에도 쉽게 파괴되는(부서지는) 성질
- 연성 : 큰 변형 후에 또 다른 변형에 저항하는 성질

16 용접봉 사용에 대한 설명 중 틀린 것은?
① 용접 목적과 사용조건을 감안하여 선택해야 한다.
② 용접봉의 플럭스는 건조한 장소에 보관하도록 한다.
③ 용접봉은 건조된 것을 사용하도록 한다.
④ 용접봉은 용접할 금속에 관계없이 모두 사용할 수 있다.

해설
용접봉 선택
- 용접 목적과 사용조건을 감안하여 선택해야 한다.
- 용접봉의 플럭스는 건조한 장소에 보관하도록 한다.

정답 12. ① 13. ③ 14. ③ 15. ① 16. ④

- 용접봉은 건조된 것을 사용하도록 한다.
- 용접봉은 용접할 금속에 따라 사용해야 한다.

17 알루미늄이 자동차 부품으로 사용되는 이유가 아닌 것은?

① 가볍다.
② 열전달이 쉽다.
③ 성형성이 좋다.
④ 용접성이 뛰어나다.

해설

알루미늄의 특징
- 비중 : 철의 1/3인 약 2.7 정도로 가볍다.
- 열전도성 : 철의 약 1.75배 정도로 빠르다.
- 특성 : 용융점이 낮고, 유동성이 좋아 자유로운 형태의 가공이 가능하며 내식성과 표면이 아름답다.
- 용도 : 라디에이터, 실린더헤드, 피스톤, 일부 차종의 프레임과 외판, 휠 등에 사용되고 있다.

18 열경화성, 수지의 종류가 아닌 것은?

① 페놀
② 멜라민
③ 폴리에스테르
④ 아크릴

해설

합성수지의 분류
- 열가소성 수지
  - 열을 가하면 부드러워지고 가소성이 나타나 수정과 용접이 가능하고 냉각이 되면 본래 상태로 굳어지는 성질의 수지(염화비닐, 아크릴 수지)
- 열경화성 수지
  - 열을 가하면 경화되고 성형 후에는 가열하여도 연해지거나 용융되지 않는 성질의 수지(페놀 수지, 멜라민 수지, 폴리에르테르 수지)

19 CO₂ 아크용접 방법 중 플러그 용접에 가장 적합하지 않은 사항은?

① 용접부위를 청결하게 해야 한다.
② 용접하지 않는 부위도 반드시 와이어 브러시로 청소한다.
③ 플러그 용접은 패널 교환에 많이 사용한다.
④ 5~8mm 정도의 구멍을 뚫어 놓는다.

해설

플러그 용접
접합하려고 하는 한쪽에 구멍을 뚫고 판의 표면까지 가득하게 용접하여 접합하는 용접을 말한다.

20 철강의 분류는 무엇에 의해 하는가?

① 조직
② 성질
③ 탄소량
④ 제작법

해설

철강재료
- 순철(탄소 0.035% 이하의 철)
- 강
  - 탄소강(탄소 0.035~1.7%를 함유한 철(Fe)과 탄소(C)의 합금)
  - 합금강 or 특수강(탄소강에 1종 이상의 금속을 합금시킨 것)
- 주철 or 선철(탄소 1.7~6.67%를 포함한 철과 탄소의 합금)

21 티그 용접에서 보호가스 설명으로 틀린 것은?

① 아르곤이 헬륨에 비하여 아크 발생이 쉽다.
② 아르곤이 헬륨보다 무거워 아래보기 자세에서 양호하다.
③ 아르곤이 헬륨보다 아크온도가 높아 용융부의 크기가 크다.
④ 헬륨은 고온의 아크열로 용입증가 열전도가 높은 Al합금 용접에 적합하다.

22 탈산이 완전히 된 강은?

① 림드강
② 킬드강
③ 세미킬드강
④ 선철

정답 17. ④ 18. ④ 19. ② 20. ③ 21. ③ 22. ②

> 해설

강괴의 제조
- 림드강 : 평로 또는 전로에서 용해한 강에 페로망간을 첨가해 가볍게 탈산시킨 강을 말한다.
- 킬드강 : 노내 안에서 강력한 탈산제인 페로실리콘, 페로망간, 알루미늄 등을 첨가해 탈산시킨 강을 말한다.
- 세미킬드강 : 탈산의 정도를 킬드강과 림드강의 중간 정도로 한 강을 말한다.
- 캡드강 : 페로망간으로 가볍게 탈산한 용강을 주형에 주입한 다음에 탈산제를 재투입하거나 주형 뚜껑을 덮어 비등 교반운동을 조기에 강제적으로 끝마치게 한 강을 말한다.

23 산소 봄베에 각인된 기호 T.P가 뜻하는 것은?

① 내압시험압력
② 최고 충전압력
③ 용기기호
④ 용기중량

> 해설

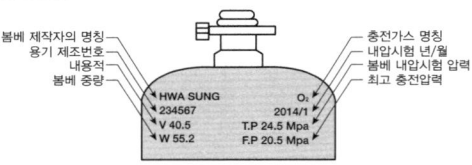

24 용접부의 청소는 각종 용접이나 용접 시작 전에 실시한다. 용접부 청정에 대한 설명으로 틀린 것은?

① 청소 상태가 나쁘면 슬래그, 기공 등의 원인이 된다.
② 청소 방법은 와이어 브러시, 그라인더, 쇼트 브라스팅 등으로 한다.
③ 청소 상태가 나쁠 때 가장 큰 결함이 슬래그 섞임이고, 오버랩이 발생한다.
④ 화학 약품에 의한 청정은 특수한 용접법 외에는 사용하지 않는다.

> 해설

명칭	상태	발생 원인
오버랩	두 모재보다 위로 올라온 상태		• 굵은 용접봉 사용 • 느린 운봉 속도 • 용접 전류 과소

25 도면을 접을 때 다음 중 도면의 어느 부분이 겉으로 드러나게 정리해야 하는가?

① 상세도가 있는 부분
② 부품도가 없는 부분
③ 표제란이 있는 부분
④ 어떻게 하여도 좋다.

> 해설

원도면은 일반적으로 말아서 보관하고 도면을 접어서 보관할 때에는 표제란이 있는 부분이 겉으로 드러나게, A4 크기로 접어서 보관한다.

26 프레임의 하체부 서스펜션과 프레임의 깊숙한 두 곳 사이의 측정, 보디의 대각선 측정 또는 프레임 사이드레일 길이 및 높이를 측정하는 데 사용하는 측정기는?

① 프레임 센터링 게이지
② 트램 트랙킹 게이지
③ 하이트 게이지
④ 서피스 게이지

> 해설

트램 트랙킹 게이지 용도
트램 트랙킹 게이지는 오프 셋(Off-set) "자"이며 프레임의 하체부 서스펜션과 프레임의 깊숙한 두 곳 사이의 측정, 보디의 대각선 측정 또는 프레임 사이드레일 길이 및 높이를 측정하는 용도로 이용된다.

27 차체 판 두께가 서로 다른 재료 또는 열용량이 서로 다른 재료를 가스용접 할 경우 용접부의 보호를 위하여 가장 적당한 사항은?

① 두 판의 중간 부분에서 불꽃을 대도록 한다.
② 용접 속도를 느리게 한다.

③ 열용량이 큰 쪽의 모재에서 불꽃을 대도록 한다.
④ 얇은 판 쪽의 모재에서 불꽃을 대도록 한다.

해설
차체 판 두께가 서로 다른 재료 또는 열용량이 서로 다른 재료를 가스용접 할 경우 용접부의 보호를 위하여 두께가 두꺼운 쪽, 열용량이 큰 쪽의 모재부터 불꽃을 대고 용접을 실시한다.

28 퍼티를 설명한 것 중 틀린 것은?

① 퍼티는 얇게 여러번에 나누어 칠한 장소일수록 경화속도가 빠르다.
② 퍼티 주걱의 재료는 나무, 고무, 플라스틱을 사용한다.
③ 퍼티가 일정하게 희석되도록 반죽할 때에는 공기가 들어가지 않도록 주의한다.
④ 퍼티는 많은 양을 혼합하여 두껍게 한번에 칠하는 것이 원칙이다.

해설
퍼티 작업 요령
• 퍼티를 경화제와 혼합할 때에는 공기가 들어가지 않도록 주의한다.
• 퍼티 주걱의 재료는 나무, 고무, 플라스틱을 사용한다.
• 퍼티는 얇게 여러번에 나누어 칠한 장소일수록 경화 속도가 빠르므로 퍼티를 두껍게 도포할 시에는 2~3회 나누어서 칠하고 페더에지 부분의 단차가 없도록 한다.

29 일반적으로 프레임 기준선을 정할 때 관련되지 않는 사항은?

① 타이어가 지면에 접촉하는 부분
② 앞뒤 액슬 축의 중심선
③ 크로스 멤버의 각 접속부
④ 프레임 중앙 수평부분

해설
프레임의 기준선
• 타이어가 지면에 닿는 바닥면
• 프레임 중앙 수평부분의 윗면
• 프레임 중앙 하부 수평부분의 밑바닥
• 앞뒤 차축의 중심선
• 리어스프링 브래킷 중심을 통한 선 등

30 센터링 게이지 수평 바의 관측에 의하여 파악할 수 있는 것으로 차체의 각 부분들이 수평한 상태에 있는가를 고려하는 파손분석의 요소는?

① 트램 게이지
② 데이텀 라인
③ 레벨
④ 센터 라인

해설
레벨이란 언더 보디의 평행상태를 나타내는 지표를 말한다.

31 전단 작업에서 전단 가공의 종류가 아닌 것은?

① 블랭킹
② 트리밍
③ 드로잉
④ 셰이빙

해설
전단 가공
철판을 2개 이상으로 나누는 작업을 말한다.
• 블랭킹(Blanking)
• 펀칭(Punching)
• 전단(Shearing)
• 트리밍(Triming)
• 셰이빙(Shaving)

32 차체의 변형을 정확하게 알기 위하여 수행하는 작업은?

정답 28. ④ 29. ③ 30. ③ 31. ③ 32. ②

① 인장작업　② 계측작업
③ 수정작업　④ 교환작업

해설

차체정렬작업
- 고정작업 : 차체의 변형상태를 올바르게 판단하기 위해 언더 보디 4곳 이상을 고정하여 준비하는 작업
- 계측작업 : 차체의 변형을 정확하게 알기 위하여 수행하는 작업
- 인장작업 : 계측된 차체를 견인 장비를 이용하여 수정하는 작업

33 스폿 제거 드릴의 구성 부품이 아닌 것은?

① 나사　② 스프링
③ 센터 파이로트　④ 치즐

해설

[스폿 제거 드릴 구조 명칭]

34 프런트 범퍼 탈착 작업과 관계없는 부위는?

① 헤드 램프
② 범퍼 커버 마운팅 너트
③ 프런트 범퍼커버
④ 프런트 시트 어셈블리

해설

프런트 시트 어셈블리는 차실 내의 구성품으로 범퍼와는 무관하다.

35 적외선 건조장치에 대한 설명으로 틀린 것은?

① 복사선과 전자파로 열전달을 한다.
② 근적외선 장치는 전구를 사용한다.
③ 원적외선 장치는 반사 소자를 사용한다.
④ 먼지를 많이 발생시키게 된다.

해설

적외선 건조장치는 이동식 건조 설비로 먼지 발생과는 무관하다.

36 0.7mm의 철판을 자를 때 사용하는 가위 날 끝의 각도로 가장 적합한 것은?

① 60~65°　② 30~35°
③ 5~10°　④ 2~3°

해설

철판가위로 철판을 자를 때 사용하는 가위의 날 각도는 표준 60~65°이며 일반 가위의 절단 각은 20° 이하이다.

37 차체 손상 상태를 확인하기 위해 조사하여야 할 항목과 관계가 없는 것은?

① 충격이 어떻게 파급되어 있는가
② 차량전체의 비틀림, 휨, 기울어짐은 없는가
③ 충돌한 대상이 무엇인가
④ 차체에 몇 개소의 손상이 있는가

해설

손상 진단 시 착안 사항
- 최초의 충돌지점(충돌 부위) 확인
- 힘의 전달 경로(충돌 각도, 속도, 크기) 확인
- 최종 발생 요철부위 확인

38 차체 정비에 사용되는 동력공구가 아닌 것은?

① 에어 파워 치즐
② 커터
③ 에어 톱
④ 보디 파일

해설

보디파일은 패널 수정 작업에 이용되는 수공구이다.

39 프레임 교정용 장비를 선택 및 사용하는 자세 중 가장 바람직한 것은?

① 사전에 장비에 대한 지식을 파악한다.
② 고가의 장비를 선택한다.
③ 안전에 대한 교육이 필요 없다.
④ 장비 선택 시 시간 단축을 중점적으로 고려한다.

해설
프레임 교정용 장비는 사전에 장비에 대한 지식을 충분히 파악한 후에 사용하는 것이 바람직하다.

40 보디 프레임 수정에서 기본 고정을 주로 하는 차체의 부위는?

① 쿼터 패널 ② 사이드 멤버
③ 크로스 멤버 ④ 로커 패널

해설

기본고정은 로커패널의 플랜지 4부분에 실시한다.

41 자동차의 모노코크 보디에는 전후 충돌 등의 충격을 받았을 경우에 멤버 자체가 변형하여 차실에 영향을 미치는데 영향이 적게 미치도록 부분적으로 굴곡을 두는 것은?

① 쿠션 ② 킥업
③ 댐퍼 ④ 스토퍼

해설

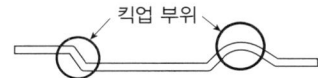

킥업
전, 후 충돌 등의 충격을 받았을 경우에 멤버 자체가 변형하여 차실에 영향을 미치는데 영향이 적게 미치도록 부분적으로 된 굴곡을 말한다.

42 도장부스의 기능이 아닌 것은?

① 유기 용제로부터 작업자를 보호한다.
② 다른 곳으로의 도료 비산을 이루게 한다.
③ 먼지, 오물 등의 접촉을 차단한다.
④ 오염된 공기를 여과한다.

해설
도장부스의 기능
- 도장 작업 중에 발생되는 도료의 분진을 여과기를 통해 배출한다.
- 오염된 공기를 여과한다.
- 먼지, 오물 등의 접촉을 차단하여 공급함으로써 도장작업 시 최적의 상태를 유지한다.
- 유기 용제로부터 작업자를 보호한다.
- 도막 결함을 방지하며 도장의 품질을 향상시킨다.
- 건조 시간을 단축시킨다.

43 산소-아세틸렌가스 용접기의 설명으로 틀린 것은?

① 용접 강도를 저하시킨다.
② 쉽게 녹이 발생할 수 있다.
③ 강판의 비틀림 현상이 없어진다.
④ 열을 좁은 범위로 집중시키기 어렵다.

해설
산소-아세틸렌가스 용접 특징
- 가열 열량의 조절이 쉽고 설비 비용이 저렴하며 운반이 편리하다.
- 용접 및 절단이 가능하며 응용 범위가 넓다.
- 아크 용접에 비해 유해 광선이 적다.
- 열효율이 낮고 폭발 위험성이 있다.
- 금속이 탄화나 산화하기 쉽다.
- 가열범위가 넓고, 가열 시간이 길어 용접 응력이 크다.

정답 39. ① 40. ④ 41. ② 42. ② 43. ③

44 패널 수정작업인 해머링 작업에 대한 설명 중 틀린 것은?

① 해머 오프 돌리는 돌리 위를 해머로 치는 것이다.
② 해머링에는 돌리와 함께 사용 방법에 따라 두 가지 방법이 있다.
③ 해머로 패널을 두들겨서 형태를 잡아가는 작업을 해머링이라고 한다.
④ 손잡이 끝 부분을 가볍게 쥐고 머리 부분의 무게를 이용하여 자연스럽게 내려치는 것이다.

해설

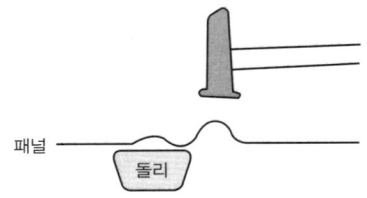

해머 오프 돌리는 그림과 같이 돌리를 해머링 타격부에 받치는 것이 아니라 패널부위에 받쳐서 치는 것을 말한다.

45 도어 또는 후드 등의 아우터 패널과 이너 패널을 조립하기 위한 프레스 가공법은?

① 플랜징   ② 비딩
③ 버링   ④ 헤밍

해설

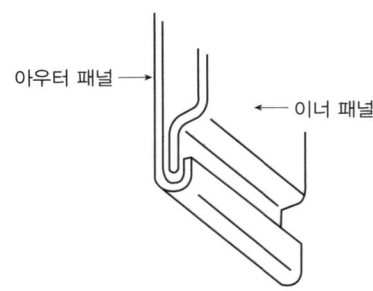

헤밍(Heming)
도어 또는 후드 등의 아우터 패널과 이너 패널을 조립하기 위한 프레스 가공법

46 충돌현상 발생 시 차체가 변형되는 현상이 아닌 것은?

① 상, 하 변형   ② 좌, 우 변형
③ 비틀림   ④ 얼라인먼트

해설

파손의 형태에 따른 분류

• 사이드 스웨이(Side Sway) 변형 : 차체를 위에서 보았을 때 센터라인을 기준으로 좌측 또는 우측으로 휘어진 변형을 말한다.

• 새그(Sag) & 킥업(Kick Up) 변형 : 새그는 차체를 옆에서 보았을 때 데이텀 라인을 기준으로 수직적으로 정렬되지 않고 휘어진 변형을 말하며, 사이드 멤버의 두면이 위쪽으로 휘어진 변형을 킥업, 아래로 휘어진 변형을 킥 다운 변형이라고 말한다.

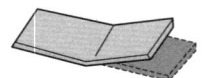

• 비틀림(Twist) 변형 : 차체를 앞에서 보았을 때 좌, 우측 레벨이 평형 상태에 있지 않고 꼬여 있는 형태의 변형을 말한다.

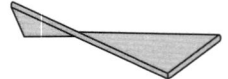

• 붕괴(Collapse) 변형 : 건물이 붕괴되는 형태의 변형으로 차체의 한쪽 면 전체가 짧아진 형태의 변형을 말한다.

• 쇼트레일(Short Rail) : 프레임이 짧아진 변형을 말한다.

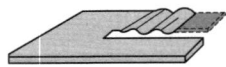

• 다이아몬드(Diamond) 변형 : 차체를 위에서 보았을 때 센터라인을 기준으로 좌측 또는 우측면이 다이아몬드 형태처럼 전, 후면 쪽으로 밀려 휘어진 변형을 말한다.

정답 44. ① 45. ④ 46. ④

47 도료의 점도에 대한 설명 중 잘못된 것은?
① 용제의 양이 점도에 영향을 미친다.
② 도료의 점도는 습도와 관계가 깊으며 온도와는 무관하다.
③ 도료의 점도는 조그만 관을 통해 유출되는 도료의 양을 초시계로 재어 측정할 수 있다.
④ 도장기기의 선택에 점도가 중요한 요인이 된다.

해설
도료의 점도
- 용제의 양이 점도에 영향을 미친다.
- 도료의 점도는 습도와 온도에 관계가 깊다.
- 도료의 점도는 조그만 관을 통해 유출되는 도료의 양을 초시계로 재어 측정할 수 있다.
- 도장기기의 선택에 점도가 중요한 요인이 된다.

48 다음 냉간가공의 특징 중 틀린 것은?
① 제품의 치수를 정확히 할 수 있다.
② 가공면이 아름답다.
③ 재질의 균일화가 이루어진다.
④ 어느 정도 기계적 성질을 개선할 수 있다.

해설
냉간가공은 금속의 재결정 온도(재결정 온도는 용융점의 1/2이다) 이하에서 가공하므로 작업이 어려우나 가공면이 아름답고 제품의 치수를 정확히 할 수 있으며, 안전율이 낮은 단점이 있으나 기계적 성질을 개선할 수 있다.

49 금속 도장에 관한 내용 중 틀린 것은 무엇인가?
① 몸체 보호는 도장 최대의 목적이다.
② 아크릴 수지는 천연 수지를 용제에 용해시켜 만든 것으로 도막이 약하다.
③ 프라이머의 주목적은 부착 및 방청이다.
④ 실러는 찌그러지거나 오므라드는 것을 방지하며, 흡입방지를 하는 데 사용된다.

해설
아크릴 수지
아크릴산이나 메타크릴산 등의 에스테르로부터 얻는 중합체로 무색 투명하며 내약품성, 내수성, 전기절연성이 양호하고 도막이 얇고 견고하여 자외선 등 옥외에 노출시켜도 변색되지 않는다.

50 스프레이 도장의 방법에 대한 설명 중 잘못된 것은?
① 너무 멀리 떨어져 분무하면 표면이 거칠게 된다.
② 너무 가까이에서 분무하면 균일한 도막의 두께를 가질 수 없다.
③ 도폭이 1/3~1/4 정도 겹치면 균일한 도막을 얻을 수 없다.
④ 압력이 높으면 도료의 손실이 많다.

해설
일반 스프레이건은 약 15~25cm, HVLP건의 경우 약 10~15cm가 적당하며 도폭은 1/3~1/4 정도 겹치면 균일한 도막을 얻을 수 있다.

51 안정장치 선정 시 고려사항 중 맞지 않는 것은?
① 안전장치의 사용에 따라 방호가 완전할 것
② 안전장치의 기능 면에서 신뢰도가 클 것
③ 정기 점검 시 이외에는 사람의 손으로 조정 할 필요가 없을 것
④ 안전장치를 제거하거나 또는 기능의 정지를 용이하게 할 수 있을 것

해설
안정장치 선정 시 고려사항
- 안전장치의 사용에 따라 방호가 완전할 것
- 안전장치의 기능 면에서 신뢰도가 클 것
- 정기 점검 시 이외에는 사람의 손으로 조정할 필요가 없을 것
- 안전장치는 어떤 경우라도 해체하거나 기능을 정지시키면 안 된다.

정답 47.② 48.③ 49.② 50.③ 51.④

52 카바이드 취급 시 주의할 점 중 잘못 설명한 것은?

① 밀봉해서 보관한다.
② 건조한 곳보다 약간 습기가 있는 곳에 보관한다.
③ 인화성이 없는 곳에 보관한다.
④ 저장소에 전등을 설치할 경우 방폭 구조로 한다.

해설
카바이드 취급 시 주의할 점
• 밀봉해서 보관한다.
• 건조한 곳에 보관한다.
• 인화성이 없는 곳에 보관한다.
• 저장소에 전등을 설치할 경우 방폭 구조로 한다.

53 리머 가공에 관한 설명으로 옳은 것은?

① 리머는 직경 10mm 이상의 것은 없다.
② 리머는 드릴 구멍보다 먼저 작업한다.
③ 리머는 드릴 구멍보다 더 정밀도가 높은 구멍을 가공하는 데 필요하다.
④ 리머는 드릴 구멍보다 더 작게 하는 데 사용한다.

해설
리머 가공
드릴 구멍보다 더 정밀도가 높은 구멍으로 내면을 매끄럽게 다듬는 가공을 말한다.

54 다음 중 해머 작업 시의 안전 수칙으로 틀린 것은?

① 해머는 처음과 마지막 작업 시 타격하는 힘을 크게 할 것
② 해머로 녹슨 것을 때릴 때에는 반드시 보안경을 쓸 것
③ 해머의 사용 면이 깨진 것을 사용하지 말 것
④ 해머 작업 시 타격 가공하려는 곳에 눈을 고정시킬 것

해설
해머 작업 안전
• 좁은 곳에서는 작업하지 않는다.
• 기름 묻은 손이나 장갑을 끼고 작업하지 않는다.
• 타격 시 처음부터 힘을 주어 치지 않는다.
• 해머 대용품은 사용하지 않는다.
• 타격면은 평탄한 것을 사용한다.
• 손잡이는 튼튼한 것을 사용하고 사용 중에 자주 확인한다.
• 타격 부위를 주시하면서 작업한다.
• 해머를 휘두르기 전에 반드시 주위를 살핀다.
• 장갑을 끼고 작업하지 않는다.
• 녹슨 재료는 타격에 주의한다(반드시 보안경 착용).

55 측정기 취급에 대한 설명 중 잘못 된 것은?

① 비중계의 눈금은 눈높이에서 읽는다.
② 점화 플러그 세척 시에는 보안경을 사용한다.
③ 파워 밸런스 시험은 가능한 한 짧은 시간 내에 실시한다.
④ 회로시험기의 0점 조정은 측정범위에 관계없이 1회만 실시한다.

해설
회로시험기의 0점 조정은 측정범위에 따라 변경 시에 실시한다.

56 산소용접을 할 때, 지켜야 할 안전수칙 중 틀린 것은?

① 아세틸렌의 압력은 $1kgf/cm^2$ 이하로 한다.
② 역화가 일어날 때는 용접 토치를 먼저 냉각시키고 아세틸렌 밸브를 잠근다.
③ 아세틸렌 밸브를 열고 점화한 후 산소 밸브를 연다.
④ 점화는 성냥불로 직접 하지 않는다.

해설
역화(Back Fire)
폭음이 나면서 불꽃이 꺼졌다 다시 나타나는 현상

정답 52. ② 53. ③ 54. ① 55. ④ 56. ②

- 원인
  - 팁 끝의 막힘
  - 팁 끝의 가열 및 조임 불량
  - 가스 압력 불량
- 방지책
  - 팁의 과열 방지
  - 토치 기능 점검
  - 산소 차단 후 아세틸렌 차단

57 프레임 교정 작업 전 확인해야 할 사항이 아닌 것은?

① 용접기의 작동상태
② 클램프의 톱니상태
③ 보디 수정기의 유압호스 누유상태
④ 보디 수정기의 작동상태

해설

차체 교정 장치의 구비 조건
- 고정장치 : 언더 보디 4곳 이상 견고히 고정할 수 있을 것
- 측정장치 : 측정 시스템이 부속되어 있을 것
- 인장장치 : 견인 장비가 있을 것

58 다음 중 독성이 가장 많은 것은?

① 산소   ② 질소
③ 수은   ④ 공기

해설

공기의 주성분은 질소(Nitrogen) 약 78%, 산소(Oxygen) 약 21%, 그리고 약 1%의 이산화탄소와 비활성 기체 및 수증기로 구성되어 있다.

59 가연성 물질을 사용한 제품을 밀폐된 차량의 실내에 보관하는 경우 실내 온도의 상승으로 인하여 폭발 등 화재의 위험성이 있어 보관하면 안 된다. 가연성 물질과 거리가 먼 것은?

① 가스라이터
② 시너 스프레이 등
③ 부탄가스 등
④ 유리 세정제

60 안전 보안경의 종류와 용도를 나열한 것 중 틀린 것은?

① 차광 보안경 : 유해광선이 발생하는 전기 용접에 사용
② 유리 보안경 : 유해광선이 발생하지 않는 가스 용접에 사용
③ 플라스틱 보안경 : 칩이나 비산물로부터 눈을 보호
④ 도수렌즈 보안경 : 유해 물질로부터 눈을 보호하고 시력을 교정하는데 사용

해설

종류		사용구분
보안경	차광보안경	유해광선이 발생하는 장소에서 사용
	방진안경 유리 보안경	미분 칩 기타 비산물로 눈을 보호하기 위한 곳에 사용
	방진안경 플라스틱 보안경	미분, 칩, 액체 등의 비산물로부터 눈을 보호하는 곳에 사용
	방진안경 도수렌즈 보안경	유해 물질로부터 눈을 보호하고 시력을 교정하는데 사용

정답 57. ① 58. ③ 59. ④ 60. ②

국가기술자격 필기시험문제

2008년 기능사 제2회 필기시험

자격종목	종목코드	시험시간	형별
자동차차체수리기능사	6285		A

01 자동차의 차체 모양에 따른 분류로 차체 후부가 계단 형상으로 되어 있으며, 차실과 트렁크 부의 공간이 커서 승용차의 표준형인 세단(Sedan)의 한 종류는?

① 해치백(Hatch Back) 세단
② 패스트 백(Fast Back) 세단
③ 플레인 백(Plain Back) 세단
④ 노치 백(Notch Back) 세단

해설

세단의 트렁크 형상에 따른 분류
- 해치백(Hatch Back) : 차량에서 객실과 트렁크실의 구분이 없으며 트렁크로 끌어 올리는 형태의 문을 단 승용차를 말한다.
- 노치백(Notch Back) : 노치백은 객실과 트렁크실이 구분되어 트렁크 실이 돌출된 형태의 승용차를 말한다.
- 패스트 백(Fast Back) : 루프의 최고점에서 리어 엔드(Rear End)까지 단일 곡선으로 완만한 경사를 가진 구조의 승용차를 말한다.

[해치백]　　[노치백]　　[패스트 백]

02 차체(Body)의 도어(Door)가 차량의 측면을 따라 개폐되는 도어 형식은?

① 힌지(Hinge)형 개폐 도어
② 걸링(Gulling) 도어
③ 슬라이딩(Sliding) 도어
④ 여닫이 도어

해설

슬라이딩(Sliding) 도어는 도어가 옆으로 미끄러지며 열리고 닫히는 형태의 도어를 말한다.

03 어떤 물질의 질량과 이것과 같은 부피를 가진 표준물질의 질량 비는?

① 비중　　② 무게
③ 면적　　④ 체적

해설

비중
어떤 물질의 질량과 이것과 같은 부피를 가진 표준물질의 질량 비

04 다음 중 물체의 부피를 표시하는 단위가 아닌 것은?

① ℓ　　② cm³
③ cc　　④ Ω

해설

Ω(옴)은 저항을 나타내는 단위이다.

05 알루미늄으로 제작된 실린더 헤드에 균열이 생겼다면 다음 중 어떤 용접이 가장 적합한가?

① 전기피복 아크 용접
② 불활성가스 아크 용접
③ 산소-아세틸렌가스 용접
④ LPG 용접

해설

불활성가스 아크 용접의 장점
- 전 자세 용접이 가능하며 능률적이다.
- 피복제와 용제가 불필요하다.
- 실드가스로 헬륨(He), 아르곤(Ar) 등의 불활성 가스를 사용한다.
- 알루미늄 등의 비철금속 용접에 용이하다.
- 용착부의 성질이 우수하다.

정답 1.④　2.③　3.①　4.④　5.②

06 다음 중 실린더 블록에 관한 설명으로 옳은 것은?

① 실린더는 피스톤 행정의 약 2배의 길이로 열팽창을 고려해 타원형으로 되어 있다.
② 실린더와 실린더 블록을 별개로 만드는 경우에는 실린더 라이너를 설치한다.
③ 크랭크 케이스는 크랭크축이 설치되는 실린더 블록의 아래 부분을 말하며 오일 팬은 제외된다.
④ 건식 라이너는 냉각수와 직접 접촉되어 냉각효과가 뛰어나다.

해설
실린더 블록
- 실린더는 피스톤 행정의 약 2배의 길이로 진원통형이다.
- 실린더 블록은 일체식 실린더와 라이너식이 있다.
- 실린더 주위에는 연소열을 냉각시키기 위해 물 재킷이 설치되어 있다.
- 실린더 하부에는 크랭크축과 오일팬 등 각 부품을 설치하기 위한 크랭크 케이스로 구성되어 있다.
- 건식 라이너는 냉각수와 간접 접촉되어 습식 라이너보다 냉각 효과가 떨어진다.

07 브레이크가 작동되었음을 알리는 등은?

① 브레이크 오일 경고등(Brake Oil Warning Lamp)
② 계기등(Instrument Lamp)
③ 후진등(Back up Lamp)
④ 제동등(Stop Lamp)

08 자동 변속기에서 엔진의 회전력을 받아 구동력을 증대시키는 장치는?

① 유압 펌프
② 토크 컨버터
③ 액추에이터
④ 메카트로닉스

해설
토크 컨버터(Torque Converter)
자동 변속기에서 엔진의 회전력을 받아 구동력을 증대시키는 장치
- 구성품
  - 펌프 임펠러(엔진측)
  - 터빈(변속기측)
  - 가이드링 : 유체의 와류를 방지하고 전달 효율을 증대하는 기능
  - 스테이터 : 유체의 흐름 방향을 바꿔주는 기능
- 전달효율
  - 토크비 : 2~3 : 1
  - 전달효율 : 97~98%(슬립율 2~3%)

09 충분한 강성과 강도가 요구되며, 자동차의 기본골격이 되는 부분은?

① 패널(Panel)
② 엔진(Engine)
③ 프레임(Frame)
④ 범퍼(Bumper)

해설
프레임
충분한 강성과 강도가 요구되며, 섀시를 구성하는 부품이나 보디를 설치하는 자동차의 기본골격이 되는 부품
※ 구비조건
- 기계적 강도가 높을 것(충격에 의한 휨, 비틀림, 인장, 진동 등에 견디는 강성)
- 가벼울 것

10 시스템 내의 동작물질이 한 상태에서 다른 상태로 변화하는 것은?

① 상태변화 ② 경로
③ 가역과정 ④ 이상과정

해설
상태변화
시스템 내의 동작물질이 한 상태에서 다른 상태로 변화하는 것

정답 6. ② 7. ④ 8. ② 9. ③ 10. ①

11 아래와 같은 정면도에 해당되는 평면도는?

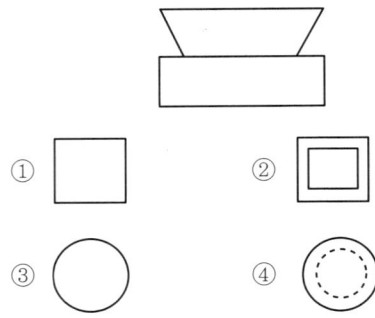

12 용접 및 가스 절단 시 산화물이나 기타 유해물을 분리 제거하기 위해 사용하는 것은?
① 자동역류 방지장치
② 호스 체크밸브
③ 봄 트롤리
④ 플럭스

해설
플럭스(Flux, 용제)
용접 및 가스 절단 시 발생하는 산화물이나 기타 유해물을 분리 제거하기 위해 사용하며 그 기능은 다음과 같다.
• 아크의 전도성을 향상시켜 점화성능, 아크를 안정시킨다.
• 용접 금속의 탈산 및 정련 작용으로 산화를 방지한다.
• 융착 금속에 합금 원소를 첨가시켜 성분을 제어하여 용접부의 기계적 성질을 향상한다.
• 보호가스를 발생시켜 용융지와 용적을 보호한다.
• 모재 표면에 슬래그를 생성하여 용융 금속의 응고와 급랭을 방지하고 고운 비드를 만든다.

13 범퍼의 재료로 쓰이지 않는 플라스틱의 재료는?
① ABS
② PC
③ PUR
④ TPUR

해설

수지 부품 명칭	약칭(기호)	내열온도(℃)	주 사용부
아크릴로 니트릴 부타디엔스틸렌수지	ABS	70~107℃	보디 외판, 오너먼트, 콘솔박스, 라디에이터 그릴, 인스트루먼트 패널
폴리 카보네이트	PC	138~143℃	범퍼, 그릴, 램프렌즈, 인스트루먼트 패널
열경화성 우레탄	PUR	60~80℃	범퍼, 시트 쿠션제, 트림류, 단열재
열가소성 우레탄	TPUR		범퍼, 조향 휠

14 용접 작업 시 용접 홈을 만드는 이유가 될 수 없는 것은?
① 용입을 좋게 하기 위해서
② 용접 이음 효율을 높이기 위해서
③ 용접 변형을 적게 하기 위해서
④ 용접봉의 소비를 적게 하기 위해서

해설
용접 홈
두꺼운 판을 용접할 때에는 내부까지 용융, 용착되기 어려워 용접 홈을 만들어 작업하면 용입을 좋게 하고 용접 변형 및 이음 효율이 높아진다.

15 불변강인 엘린바의 주요 성분 원소가 아닌 것은?
① 니켈   ② 크롬
③ 인   ④ 철

해설
엘린바(Elinvar)
철(Fe) 52%, 니켈(Ni) 36%, 크롬(Cr) 12%의 합금강으로 상온에 있어서 실용상 탄성률이 불변하며 열팽창계수가 적기 때문에 저울의 스프링, 고급 시계, 정밀계측기 등의 단일 금속 부품으로 사용된다.

16 알루미늄의 특성으로 틀린 것은?
① 용융점이 철보다 높다.
② 무게는 철의 약 1/3이다.

정답 11. ④   12. ④   13. ①   14. ④   15. ③   16. ①

③ 열전달이 철보다 높다.
④ 전기 도전율이 구리보다 낮다.

해설
알루미늄의 특징
- 비중 : 철의 1/3인 약 2.7 정도로 가볍다.
- 열전도성 : 철의 약 1.75배 정도로 빠르다.
- 특성 : 용융점이 낮고, 유동성이 좋으며, 내식성과 표면이 아름답다.
- 용도 : 라디에이터, 실린더헤드, 피스톤, 일부 차종의 프레임과 외판, 휠 등에 사용되고 있다.

17 전기저항 용접법 중 주로 기밀, 수밀, 유밀성을 필요로 할 때 가장 적합한 용접은?

① 점 용접
② 심 용접
③ 플래시 용접
④ 프로젝션 용접

해설

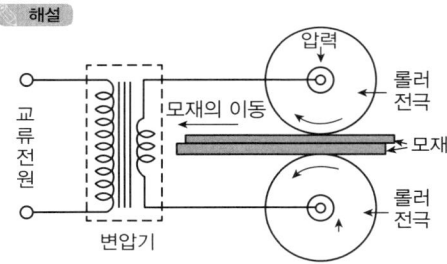

전기 저항 심(Seam) 용접
회전하는 롤러 전극 사이에 재료를 끼우고 가압력과 대전류를 통전시켜 선 모양으로 용융 접합시키는 용접법으로 기밀 및 수밀이나 유밀이 필요한 부위에 많이 이용된다.

18 순철의 자기변태점 온도는?

① 721℃
② 768℃
③ 913℃
④ 1400℃

해설
변태점
금속이나 합금이 고체 상태에서 어떤 온도가 되면 각종 성질이 급격히 변화하는 지점을 말한다.
※ 순철의 변태점은 다음과 같다.
- A_0변태점 : 210℃
- A_1변태점 : 720℃
- A_2변태점(자기변태점) : 768℃
- A_3변태점(동소변태점) : 910℃
- A_4변태점 : 1400℃

자기변태점(퀴리 포인트)
자기의 상태가 급격하게 변화되는 온도를 말한다.
※ 순철은 원자의 배열에는 변화가 없으나 온도가 상승됨에 따라 서서히 변화되다가 768℃ 부근에서 급격히 자기의 변화를 일으킨다.

19 용접기의 1차선에 비하여 2차선을 굵은 선으로 사용하는 이유는?

① 전선의 유연성을 좋게 하기 위해서이다.
② 2차 전류가 1차 전류보다 크기 때문이다.
③ 2차 전압이 1차 전압보다 높기 때문이다.
④ 2차 전선의 열전도를 보다 크게 하기 위해서이다.

해설

No	정격용접 전류(A)	2차 케이블(mm^2) 두께
1	100	22
2	125	22
3	200	38
4	300	50

※ 케이블의 굵기는 흐르는 전류와 비례한다.

20 다음 철광석 중 철분이 가장 많은 것은?

① 자철광
② 적철광
③ 갈철광
④ 능철광

해설
철광석
철분 함량이 40% 이상이고 불순물이 적고 인과 황의 성분은 0.1% 미만인 철강 재료를 말한다.
※ 철분 함량에 따른 분류
- 자철광 : 72.4%
- 적철광 : 70%
- 갈철광 : 59.9%
- 능철광 : 48.3%

21 산소절단의 원리를 설명한 것으로 옳은 것은?

① 산소절단은 산소와 철의 화학 작용에 의한다.

정답 17. ② 18. ② 19. ② 20. ① 21. ①

② 산소절단 시의 화학 반응열은 예열에 이용된다.
③ 산소절단은 산소와 철의 화학 반응열을 이용한다.
④ 철에 포함되는 많은 탄소는 절단을 방해한다.

해설

산소절단의 원리
가연성 가스와 조연성 가스의 연소열 약 850~900℃ 정도로 예열하고, 고압의 산소를 분출시켜 철의 연소 및 산화로 절단하는 방식

22 기계 부품으로 사용될 재료의 조건으로 틀린 것은?

① 쉽게 구할 수 있는 재료
② 열에 대한 변형이 용이한 재료
③ 기계의 성능을 장기간 유지할 수 있는 재료
④ 가공이 용이한 재료

해설

기계부품 재료의 조건
- 쉽게 구할 수 있는 재료
- 열에 대한 변형이 없는 재료
- 기계의 성능을 장기간 유지할 수 있는 재료
- 가공이 용이한 재료

23 금속 재료의 기계적 성질을 옳게 설명한 것은?

① 금속재료가 가지고 있는 물리적 성질
② 금속재료가 가지고 있는 화학적 성질
③ 금속재료가 가지고 있는 원소의 성질
④ 외부로부터 힘을 가했을 때 나타나는 성질

해설

금속재료의 기계적 성질
각종 하중(외력)에 대응하여 나타나는 금속의 성질을 금속 재료의 기계적 성질이라고 한다.
금속 재료의 물리적 성질
빛, 열, 전기, 자기 등에 의해 나타나는 성질로 비중, 용융점, 비열, 열팽창, 열전도, 전기 전도 등이 이에 속한다.

24 보기와 같은 단면도는 어떤 물체의 단면도인가?

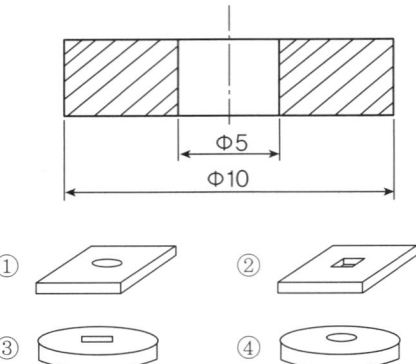

25 레이저 빛 대신 전자파(Microwave)를 이용하여 전자파의 증폭발진을 일으켜 용접하는 것은?

① 레이저(Laser)빔 용접
② 메이저(Maser) 용접
③ 전자빔 용접
④ 프로젝션 용접

해설

메이저 용접(Maser Welding)
레이저 빛 대신 전자파(Microwave)를 이용하여 전자파의 증폭발진을 일으켜 접합시키는 용접법

26 도막을 형성하는 주요소로 아크릴, 우레탄, 에폭시, 멜라민 등으로 구성되어 있는 것은?

① 수지   ② 안료
③ 용제   ④ 첨가제

해설

수지
투명하고 내구성이 있는 아크릴을 주로 사용하여 도막을 형성하고 도료의 성질이나 능력을 결정하는 요소
※ 종류 : 천연수지, 합성수지
- 천연수지 : 송진(로진), 셀락(세라믹 탈민 라텍 고무)
- 합성수지
  - 열가소성수지 : 염화비닐, 아크릴 수지
  - 열경화성수지 : 멜라민, 에폭시, 폴리우레탄 불포화 폴리에틸렌수지

정답 22. ② 23. ④ 24. ④ 25. ② 26. ①

27 보디의 접합 시 전기 저항 스폿 용접을 하는 이유가 아닌 것은?

① 변형 발생이 일어나지 않는다.
② 기계적 성질을 변화시키지 않는다.
③ 용접부의 균열, 내부응력 발생이 없다.
④ 모재와 동등한 상태를 유지할 필요가 없다.

> **해설**
> 전기 저항 스폿 용접의 특징
> • 재료비가 절약되어 대량 생산에 적합하다.
> • 표면이 편평한 바둑알 모양의 너깃이 생성되며 외관이 아름답다.
> • 열 영향부가 좁고, 돌기가 없다.
> • 구멍을 가공할 필요가 없으며 숙련을 요하지 않는다.
> • 용융점이 높은 재료, 열전도가 큰 재료 및 전기 저항이 작은 재료는 용접이 곤란하다.

28 기계 판금의 굽힘 기계 종류 중 판금재료의 강성을 증가시키거나 판금 공작물의 형상을 아름답게 하기 위하여 홈을 만드는데 사용되는 기계는?

① 포밍머신
② 탄젠트 벤더
③ 폴딩머신
④ 비딩머신

> **해설**
> 비딩(Beading)
> 판금 성형 가공 시 제품을 보강하거나 장식을 목적으로 옆벽의 일부를 볼록하게 나오게 하거나 오목하게 들어가도록 띠를 만드는 가공법

29 차체 손상진단에서 착안해야 할 점과 관계가 없는 것은?

① 장치의 관성부분
② 형상의 변화부분
③ 단면 형상의 변화부분
④ 지점 부분

> **해설**
> 손상 진단 시 착안 사항
> • 최초의 충돌지점(충돌 부위) 확인
> • 힘의 전달 경로(충돌 각도, 속도, 크기) 확인
> • 최종 발생 요철부위 확인

30 수직 높이의 측정을 위하여 설정한 기본 가상 축은?

① 데이텀 라인
② 레벨
③ 센터 라인
④ 치수도

> **해설**
> • 데이텀 라인 : 높이에 대한 차체의 기준선
> • 레벨 : 언더 보디의 평행상태를 나타내는 지표
> • 센터라인 : 차체의 중심을 가르는 기하학적 중심선
> • 단차 : 면과 면의 높이차

31 트렁크 도어의 구조는 프레스 가공한 얇은 강판으로 안쪽에서 프레임을 포개어 점 용접한 것이다. 트렁크 도어 개폐 시 균형을 잡기 위해 사용되는 것은?

① 트렁크 도어 힌지
② 토션 바
③ 도어 록
④ 도어 체커

> **해설**
>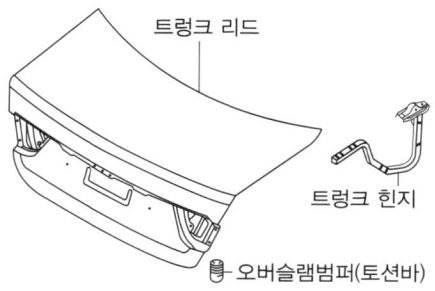

32 프런트 도어 장착 시 펜더와 리어 도어, 사이드 실 등과 단차나 간격이 맞지 않는 경우 점검해야 될 부위가 아닌 것은?

정답 27. ④ 28. ④ 29. ① 30. ① 31. ② 32. ③

① 도어의 상, 하 힌지 부착 상태 점검
② 센터 필러부에 부착된 스트라이커의 위치 점검
③ 도어의 이너 핸들 점검
④ 프런트 도어 필러의 변형 상태 점검

> 해설

도어 탈부착 조정 방법
• 간격 조정 → 필러측 상, 하 힌지나 와셔를 이용하여 조정한다.
• 단차 조정 → 도어측 상, 하 힌지나 와셔를 이용하여 조정한다.
• 스트라이커 조정 → 필러부에 부착된 스트라이커의 위치를 점검하여 조정한다.

33 손상된 패널의 수정 방법 중 축을 사용하여 수정하는 방법은?

① 돌리, 해머를 이용한 수정 방법
② 인장에 의한 수정 방법
③ 덴트 풀러에 의한 수정 방법
④ 강판의 수축에 의한 수정 방법

> 해설

[타워 이용 예]   [풀링 유니트 이용 예]

※ 프레임 수정을 위한 인장 작업 시에 축(타워나 풀링 유닛)을 이용한다.

34 자동차 보수 도장 작업 중 퍼티의 기본 목적은?

① 충진성
② 부착성
③ 습도조절
④ 색상향상

> 해설

퍼티(Putty)
강판에 도포하여 요철을 메우고 후속도장에 우수한 방청성 및 부착성을 갖는 도료

35 차체를 고정할 수 있는 부위가 아닌 것은?

① 사이드 씰 하부 플랜지
② 사이드 멤버
③ 프레임
④ 센터 필러

> 해설

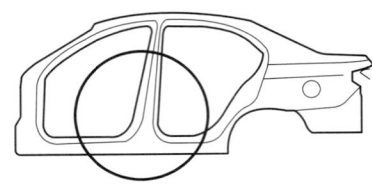

센터 필러는 루프 패널과 라커 패널 사이에 위치하고 있는 차체의 기둥부위에 해당하므로 견인력에 의해 굽음 현상이 발생하기 쉽다.

36 에어 트랜스포머(Air Transformer)의 기능이 아닌 것은?

① 수분 제거   ② 유분 제거
③ 압력 조절   ④ 먼지 제거

> 해설

에어 트랜스포머
에어컴프레셔와 스프레이건 사이에 부착되어 있다.
• 수분 제거
• 유분 제거
• 압력 제어

37 차체 프레임 교정기의 구성 장치가 아닌 것은?

① 인장 장치   ② 고정 장치
③ 절단 장치   ④ 에어공급 장치

> 해설

차체 교정 장치의 구비 조건
• 고정장치 : 언더 보디 4곳 이상 견고히 고정할 수 있을 것
• 측정장치 : 측정 시스템이 부속되어 있을 것
• 인장장치 : 견인 장비가 있을 것
※ 에어공급 장치는 인장장치의 작동을 위해 사용된다.

정답 33. ② 34. ① 35. ④ 36. ④ 37. ③

38 패널의 절단 및 이음 방법의 설명 중 잘못된 것은?

① 절단 이음 부위는 반드시 겹치기 용접만 한다.
② 절단은 가능한 한 좁은 부위를 선택한다.
③ 신품으로 교환할 때는 조금 길게 잘라서 겹친 부분에서 두 장을 한 번에 자른다.
④ 겹치기 용접은 스폿 용접도 가능하다.

해설
패널 교환작업 시 절단 부위는 대부분 맞대기 용접을 실시한다.
용접이음의 종류
- 맞대기 용접(Butt Joint, 버트 이음)
- 수직 용접(Fillet Joint, 필렛 이음)
- 겹치기 용접(Lap Joint, 랩 이음)
- 모서리 용접(Coner Joint, 코너 이음)
- 변두리 용접(Side Joint, 사이드 이음)
- 마개 용접(Plug Joint, 플러그 이음)

39 도장의 결함 중 오렌지 필 결함의 원인은?

① 증발 속도가 너무 빠른 시너를 사용했을 경우
② 압축 공기에 물이나 오일이 포함되어 있는 건으로 도료와 함께 송출될 경우
③ 오일, 왁스 등이 표면에 붙어 있을 경우
④ 스프레이건의 청소가 부족했을 경우

해설
오렌지 필(Orange Peel)
도장 면이 오렌지 껍질 형태의 모양으로 요철이 생기는 현상
- 증발 속도가 너무 빠른 시너를 사용했을 경우
- 도장부스 내의 공기 속도가 너무 빠를 경우
- 도료의 점도가 너무 높을 경우
- 녹 제거가 완전하지 못한 상태에서 도장을 하였을 경우
- 도장면의 온도가 너무 높을 경우

40 구도막 제거와 철판 면 녹 제거에 사용되는 동력 공구로 가장 적합한 것은?

① 에어 샌더
② 에어 치즐
③ 벨트 샌더
④ 오비털 샌더

해설
- 에어 파워 치즐 : 용접부의 탈거, 볼트·너트, 리벳 탈거, 패널의 절단, 스폿 용접부의 탈거 등의 용도로 쓰인다.
- 사각 오비털 샌더 : 거친 연마용으로 퍼티면 연마 시 가장 많이 사용된다. 연삭력은 더블 액션 샌더보다 떨어지나 접촉부의 힘이 평균적으로 작용해 균일한 연마를 할 수 있다.
- 벨트 샌더 : 보디 패널의 면과 골이 파진 면의 좁은 곳을 작업하는 데 적합한 샌더
- 에어 샌더 : 구도막 제거와 철판 면 녹 제거에 이용된다.

41 차체 박판의 변형된 모양이 작은 원으로 변형되었을 경우 어떤 방법으로 변형 교정을 하는 것이 바람직한가?

① 박판 점 수축법
② 박판 직선 수축법
③ 박판 기계적 처리법
④ 롤러 가공법

해설
강판 두께에 따른 분류
- 박판 : 3mm 이하의 강판
- 중판 : 3~6mm의 강판
- 후판 : 6mm 이상의 강판

※ 박판은 3mm 이하의 얇은 판을 말하는데 차체를 이루고 있는 외판의 경우 0.6~1mm 이하의 강판이 주로 이용된다. 이러한 차체에 작은 원모양의 변형(일명 문콕)이 생겼을 경우 점 수축법을 이용하여 범위를 최대한 줄이며 수정한다.

42 도료의 수지 성분이 열과 빛에 의해 반응하거나 경화제의 첨가 등으로 인하여 반응한 후 경화되어 도막을 형성하는 건조 방식은?

① 휘발 건조
② 산화 건조
③ 중합 건조
④ 융해 냉각 건조

정답 38.① 39.① 40.① 41.① 42.③

해설
- 중합 건조 : 도료의 수지 성분이 열과 빛에 의해 반응하거나 경화제의 첨가 등으로 인하여 반응한 후 경화되어 도막을 형성하여 건조되는 방식
- 휘발 건조 : 도장작업 후 도막에 칠이 되어진 도료에 용제가 휘발되면서 건조되는 방식
- 산화 건조 : 공기 중의 산소와 결합되서 건조되는 방식

43 트램 트랙킹 게이지의 용도와 무관한 것은?

① 대각선이나 특정 부위의 길이 측정
② 엔진룸, 윈도우 부분의 개구부 변형 측정
③ 좌우 비대칭 보디의 변형 측정
④ 바퀴의 정렬부 점검

해설
트램 트랙킹 게이지 용도
트램 트랙킹 게이지는 오프 셋(Off-set) "자"이며 자동차의 길이와 치수를 측정하는 용도로 이용된다.
- 프런트 사이드 멤버의 두 곳 직선 길이 측정 비교
- 보디의 대각선 길이 측정 비교
- 프런트 보디의 직선 또는 대각선 길이 측정 비교

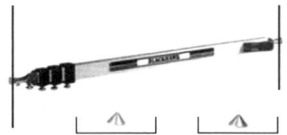

44 아래 그림과 같이 직각으로 두 방향을 굽힐 때 노치부에 구멍을 만드는 이유는?

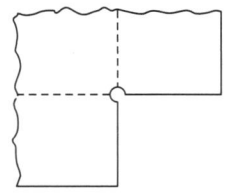

① 재료를 절약하기 위해서
② 강도를 증가시키기 위해서
③ 균열을 막기 위해서
④ 납땜을 쉽게 하기 위해서

45 다음 중 보디 프레임 수정기의 종류에 속하지 않는 것은?

① 이동식 프레임 수정기
② 고정식 랙형 프레임 수정기
③ 바닥면식 간이형 프레임 수정기
④ 가변식 프레임 수정기

해설
프레임 수정기의 분류
- 이동식 보디 프레임 수정기
- 바닥식 보디 프레임 수정기
- 고정식(정치식) 보디 프레임 수정기

[이동식 프레임 수정기]   [바닥면식 프레임 수정기]

[고정식 보디 프레임 수정기]   [바닥식 폴형 프레임 수정기]

46 자동차의 차체는 철 금속의 어떤 성질을 이용한 것인가?

① 가공경화   ② 소성
③ 탄성   ④ 취성

해설
- 가공경화 : 금속을 재결정 온도 이하(상온)에서 가공하면 연신율이 감소하고 강도, 경도가 커져 굳어지는 현상
- 소성 : 하중을 가했다가 제거하면 영구변형(잔류변형)이 남아 있는 성질
- 탄성 : 하중을 가했다가 제거하면 원래의 형태로 회복되는 성질
- 취성 : 아주 작은 변형에도 쉽게 파괴되는(부서지는) 성질
※ 자동차의 차체는 재료의 소성을 이용하여 가공한다.

47 파손 분석을 하는 요령 중 틀린 것은?

① 응력이 완화되는 부위

② 충격이 직접 가해진 부위
③ 충격이 가해진 곳의 내측 부위
④ 플라스틱 등 파손이 되기 쉬운 부품

해설

파손분석
- 외부파손 분석
  - 직접충돌에 의한 파손 분석 : 1차적으로 파손되기 쉬운 범퍼(플라스틱 부품), 후드 등의 손상 분석
  - 직, 간접충돌에 의한 변형 및 파손 분석 : 충격이 직접 가해진 부위 및 충격이 가해진 곳의 내측 부위 파손
  - 간접충돌에 의한 파손 분석 : 기계적 작동품의 오작동 및 인테리어 소품, 외부 페인트 등의 손상 분석
- 내부파손 분석
  - 프레임의 변형상태 분석
- 계측기에 의한 분석
  - 차체치수도의 측정 포인트 확인 분석

48 프레임 센터링 게이지의 설치 방법 중 틀린 것은?

① 게이지 1개가 1조이다.
② 차체 프레임의 행거 로드의 높이를 수평으로 조절하여 건다.
③ 게이지를 부착하려면 게이지 훅, 스프링 훅, 마그네틱을 사용할 수 있다.
④ 비대칭 차체와 좌·우 대칭인 차체를 구분해야 한다.

해설

센터링 게이지 설치 방법
- 센터링 게이지는 2개가 1조로 구성되어 있다.
- 차량을 3~4부분으로 구분하여 설치한다.
- 차체 프레임의 행거 로드의 높이를 수평으로 조절하여 기준 참조점에 걸고, 다음 게이지는 파손 부위, 휨 부위에 건다.
- 조정 포인트에는 게이지를 설치할 자리가 설계되어 있다.
- 차체와 좌·우 대칭인 차체를 구분할 수 있어야 한다.

49 아래 그림은 스프레이 건의 에어캡을 확대한 것이다. 도료가 지나가는 통로는?

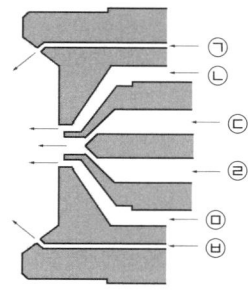

① ㉠과 ㉥
② ㉡과 ㉤
③ ㉢과 ㉣
④ ㉡과 ㉥

50 금속의 냉간가공 특징 설명으로 틀린 것은?

① 경도 및 인장강도가 증가된다.
② 연신율 및 충격치가 감소한다.
③ 가공면이 아름답고 정밀한 모양으로 만들 수 있다.
④ 도전율이 감소한다.

해설

냉간가공은 금속의 재결정 온도(재결정 온도는 용융점의 1/2이다) 이하에서 가공하므로 작업이 어려우나 가공면이 아름답고 제품의 치수를 정확히 할 수 있으며, 안전율이 낮은 단점이 있으나 기계적 성질을 개선할 수 있다.

51 자동차에서 엔진오일 압력 경고등의 식별 색상으로 가장 많이 사용되는 색은?

① 녹색
② 황색
③ 청색
④ 적색

해설

유압 경고등의 점등시기
엔진의 유압이 $0.9 kg/cm^2$ 이하로 떨어졌을 때 점등되며 빨간색이 가장 많이 사용되고 있다.

정답 48. ① 49. ③ 50. ④ 51. ④

52 드릴링 머신의 안전수칙 설명 중 틀린 것은?

① 구멍 뚫기를 시작하기 전에 자동이송장치를 쓰지 말 것
② 드릴을 회전시킨 후 테이블을 조정하지 말 것
③ 드릴을 끼운 뒤에는 척 키를 반드시 꽂아 놓을 것
④ 드릴 회전 중에는 쇳밥을 손으로 털거나 불지 말 것

해설

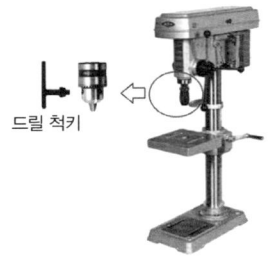

드릴 척키는 드릴 장착 후 분리하여 놓는다.

53 기관에서 크랭크축의 휨 측정 시 가장 적합한 것은?

① 스프링 저울과 V블록
② 버니어캘리퍼스와 곧은자
③ 마이크로미터와 다이얼게이지
④ 다이얼게이지와 V블록

해설

크랭크축 휨 측정
정반 위에 V블럭을 설치한 뒤 크랭크축을 올리고 다이얼 게이지를 크랭크축 메인저널부에 수직 방향으로 설치한 후, 0점을 조정한 후에 크랭크축을 1회전한 뒤 측정값의 1/2을 기록한다.

54 줄 작업에서 줄에 손잡이를 꼭 끼우고 사용하는 이유는?

① 평행을 유지하기 위해
② 열의 전도를 막기 위해
③ 보관에 편리하도록 하기 위해
④ 사용자에게 상처를 입히지 않기 위해

55 어느 정비공장의 연 근로시간수가 150,000시간이며, 근로 총 손실수가 150일이라면 강도율은 약 얼마인가?

① 10   ② 1
③ 0.1 ④ 0.001

해설

강도율
안전사고의 강도로써 근로시간 1,000시간당 재해에 의한 근로 손실 일수

$$강도율 = \frac{근로\ 손실\ 일수(150)}{연간\ 근로\ 시간수(150,000)} \times 1,000$$

∴ 강도율 = 0.001 × 1000 = 1

56 용접작업 시의 보호구에 대한 설명으로 틀린 것은?

① 보호구는 작업의 관계없이 아무 것이나 착용하면 된다.
② 필요한 수량을 준비하여 항상 사용 가능하도록 정비하여 둔다.
③ 가능한 한 작업자 개개인이 전용 보호구를 사용하도록 한다.
④ 보호구의 올바른 사용법을 익혀둔다.

해설

보호구는 사용자에게 적합하고 사용목적에 적합한 것을 선택하여야 한다.

57 차체가 부식 및 변색 될 우려가 있는 지역을 운행한 후에는 조속히 세차를 하여야 한다. 이에 해당되지 않는 것은?

정답 52.③ 53.④ 54.④ 55.② 56.① 57.④

① 바닷물에 접했을 때
② 눈이나 결빙으로 인한 도로 빙결 방지제 도포 구간 운행 후
③ 공장매연, 콜타르 지역 통과 후
④ 비포장 도로 운행 후

해설

차체 부식의 원인

철이나 강은 수분이 접촉되면 수산화제1철이 되고, 산소가 결합되면 수산화제2철이 되어 적색의 녹이 발생되는데 염분이나 기타의 산, 알칼리 계통의 약품 속에서는 대단히 빠른 속도로 진행된다.

58 작업장 내 조명방법에 속하지 않는 것은?

① 직접 조명   ② 간접 조명
③ 전체 조명   ④ 국부 조명

해설

조명 방법에 따른 분류
- 직접 조명
- 간접 조명
- 국부 조명

59 차체수리 작업에 사용하는 공구 중 스패너 렌치의 사용 시 주의사항으로 틀린 것은?

① 스패너 작업 시 큰 힘으로 작업할 경우 스패너를 미는 방향으로 작업한다.
② 볼트와 수평의 상태로 작업을 한다.
③ 스패너 자루에 파이프 등을 끼워 사용하지 않는다.
④ 볼트와 동일한 규격을 사용한다.

해설

스패너 작업
- 스패너는 볼트나 너트 폭에 맞는 것을 사용한다.
- 스패너를 너트에 단단히 끼우고 앞으로 당기면서 풀고 조인다.
- 스패너에 2개의 자루를 연결하거나 자루를 파이프에 물려 돌려서는 안 된다.
- 스패너 사용 시 너무 무리한 힘을 가하지 않는다.
- 스패너를 해머 대용으로 사용하지 않는다.

60 전기용접 작업할 때의 주의사항 중 틀린 것은?

① 피부를 노출하지 않도록 한다.
② 슬래그(Slag) 제거 때는 보안경을 착용하고 한다.
③ 가열된 용접봉 홀더는 물에 넣어 냉각시킨다.
④ 우천 시 옥외작업을 금한다.

해설

전기용접 작업 시 주의사항
- 용접 작업 시 보호구를 착용하여 눈과 피부를 노출시키지 않는다(헬멧, 보안경, 용접장갑, 앞치마 등).
- 용접 작업 전에 소화기 및 방화사를 준비한다.
- 슬래그(Slag) 제거 시 보안경을 착용한다.
- 가스관이나 수도관 등의 배관을 접지로 이용하지 않는다.
- 절대로 물기가 있거나 땀에 젖은 손으로 작업해서는 안 된다.
- 가열된 용접봉 홀더를 물에 넣어 냉각시켜서는 안 된다.
- 우천 시 옥외작업을 하지 않는다.
- 용접이 끝나면 용접봉을 홀더에서 빼내고 공구와 재료를 정리, 정돈한다.

정답 58. ③ 59. ① 60. ③

국가기술자격 필기시험문제

2008년 기능사 제3회 필기시험				수험번호	성명
자격종목 **자동차차체수리기능사**	종목코드 **6285**	시험시간	형별 **A**		

01 클러치 시스템의 필요조건이 아닌 것은?
① 회전부분의 평행이 좋아야 한다.
② 동력전달 효율을 높이기 위해 회전 관성이 커야 한다.
③ 방열이 잘되고 과열되지 않아야 한다.
④ 클러치 작용이 원활하고, 단속이 확실해야 한다.

> **해설**
> 구비조건
> • 회전 관성이 적을 것
> • 차단은 신속하고, 동력 연결은 자연스럽고 체결 시 확실하게 전달할 것
> • 회전 부분 평형이 좋을 것
> • 방열이 효과가 좋을 것
> • 구조가 간단하고 정비성이 용이할 것

02 프론트 사이드 멤버로부터 리어 사이드 멤버에 이르는 보디 전체에 해당되는 것은?
① 리어 보디 ② 펜더 보디
③ 사이드 보디 ④ 언더 보디

> **해설**
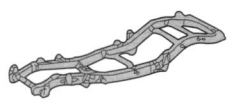
> 언더 보디는 프론트 사이드 멤버로부터 리어 사이드 멤버에 이르는 보디 전체를 말하며 크게 사이드 멤버와 크로스 멤버로 구성되어 있다.

03 각 온도의 단위 중 틀린 것은?
① 섭씨 온도 : ℃ ② 화씨 온도 : °F
③ 절대 온도 : K ④ 랭킨 온도 : D

> **해설**
> 랭킨 온도(R)
> 분자 운동이 정지할 때의 절대온도를 0으로 하고 비등점을 671.67R, 빙점을 491.67R로 하여 비등점과 빙점 사이를 180등분한 온도를 랭킨 온도라 한다.

04 4행정 엔진의 크랭크축이 8회전하였다면 이 엔진은 몇 사이클을 수행한 것인가?
① 2사이클 ② 4사이클
③ 6사이클 ④ 8사이클

> **해설**
> 4행정 1사이클 기관은 크랭크축 720°(2회전)에 흡입, 압축, 폭발, 배기 4개의 과정으로 1사이클을 완성한다.

05 자동차의 모노코크 보디에는 전후 충돌 등의 충격을 받았을 경우에 멤버 자체가 변형하여 차실에 영향을 미치는데, 영향이 적게 미치도록 차축이 설치되는 부위에 프레임을 부분적으로 굴곡을 두는 동시에 차축을 낮추는 효과를 가질 수 있는 것은?
① 댐퍼 ② 스토퍼
③ 킥업 ④ 쿠션

> **해설**
> 킥업
> 모노코크 보디에서 전후 충돌 등의 충격을 받았을 경우에 멤버 자체가 변형하여 차실에 영향을 미치는데, 영향이 적게 미치도록 프레임을 부분적으로 만든 굴곡을 말한다.

정답 1.② 2.④ 3.④ 4.② 5.③

06 휠 얼라인먼트에서 캐스터를 두는 목적으로 옳은 것을 모두 골라 나열한 것은?

> ㉠ 앞바퀴가 수직방향의 하중에 의해 아래로 벌어지는 것을 방지한다.
> ㉡ 주행 중 앞바퀴에 방향성을 준다.
> ㉢ 조향 시 직진방향으로 복원력이 발생된다.
> ㉣ 주행 중 앞차축의 주행 안정성을 향상시킬 수 있다.

① ㉠, ㉡, ㉢ ② ㉡, ㉢, ㉣
③ ㉠, ㉢, ㉣ ④ ㉠, ㉡, ㉢, ㉣

해설

캐스터(Caster)
차량을 옆에서 보았을 때 타이어 가상의 수직선과 킹핀(쇽업쇼버)의 중심선이 이루는 각
※ 필요성
- 조향바퀴의 방향성 부여
- 조향 시 바퀴의 복원성 부여
- 주행 중 앞차축의 주행 안정성 향상

07 자동차 차체 프레임의 파손이나 변형의 원인과 가장 거리가 먼 것은?

① 노후에 의한 자연적 발생
② 부분적인 집중하중으로 인한 발생
③ 충돌, 굴러 떨어진 사고에 의한 발생
④ 극단적인 굽힘 모멘트의 발생

해설

차체 프레임의 파손이나 변형의 원인
- 부분적인 집중하중으로 인한 발생
- 충돌, 굴러 떨어진 사고에 의한 발생
- 극단적인 굽힘 모멘트의 발생

08 판금 성형 가공 시 제품을 보강하거나 장식을 목적으로 옆벽의 일부를 볼록하게 나오게 하거나 오목하게 들어가도록 띠를 만드는 가공은?

① 타출 ② 플랜징
③ 벌징 ④ 비딩

해설

- 타출(Penned Beating) : 해머 타격에 의한 제작방식으로 금속판을 문양이 조각된 틀에 넣고 안팎으로 두들겨서 가공하는 방법
- 플랜징(Flanging) : 판재의 가장자리를 직각으로 굽혀 강도 높은 곡선부의 플랜지를 만드는 가공법
- 벌징(Bulging) : 원통 용기의 입구는 그대로 두고 아래 부분을 볼록하게 가공하는 방법
- 비딩(Beading) : 판금 제품을 보강하거나 장식을 목적으로 옆 벽의 일부를 볼록하게 나오게 하거나 오목하게 들어가도록 띠를 만드는 가공 방법

09 앞바퀴의 중심을 지나는 수직면에서 자동차의 맨 앞부분까지의 수평거리는?

① 중심고 ② 앞 오버행
③ 램프각 ④ 윤거

해설

10 전기회로에서 아래 그림이 나타내는 심벌의 명칭은?

① 릴레이 ② 다이오드
③ 전구 ④ 퓨즈

11 구리 88%, 주석 10%, 아연 2%의 합금으로서 주조성, 기계적 성질, 내식성, 내마모성이 우수하여 기계부품의 중요 부분에 널리 사용되는 청동은?

① 포금 ② 알루미늄 청동
③ 인 청동 ④ 니켈 청동

> 해설

청동
- 포금 : 구리 88%, 주석 10%, 아연 2%의 합금으로서 주조성, 기계적 성질, 내식성, 내마모성이 우수하여 기계부품의 중요 부분에 널리 사용되는 청동이다.
- 알루미늄 청동 : 구리에 알루미늄을 2~15% 첨가한 합금으로 인장강도가 높고 비중이 낮으며 내식성 및 내열성, 내마멸성이 우수하나 주조성이 나쁘다.
- 인청동 : Cu+Sn 9% 청동에 인(P, 탈산제)을 0.35% 함유한 것으로 베어링, 밸브 시트 등에 사용된다.

12 MIG 용접에서 와이어 공급 방식이 아닌 것은?

① 푸시(Push)식
② 풀(Pull)식
③ 푸시-풀(Push-Pull)식
④ 더블 푸시(Double-Push)식

> 해설

와이어 송급 방식에 따른 분류
- 푸시(Push)식 : 반자동 용접작업에 적합
- 풀(Pull)식 : 와이어 송급 시 마찰저항을 적게 한 방식으로 직경이 작고 연한 와이어에 이용
- 푸시-풀(Push-Pull)식 : 송급 튜브가 길고 연한 재료에 사용이 가능하나 조작이 불편하다.

13 일반적으로 실용되고 있는 탄소강의 탄소 함유량은?

① 0.03~1.7%
② 0.3~0.4%
③ 0.5~0.7%
④ 0.7~1.5%

> 해설

철(Fe)과 탄소(C) 0.035~1.7%를 주성분으로 하는 합금에 규소(Si), 망간(Mn), 인(P), 황(S) 등의 원소가 소량 함유되어 있는 철강재료이다.

14 강판의 절단방법 중 산소-아세틸렌가스에 의한 절단방법이 있는데, 화염접촉은 화염 끝이 절단 면에서 얼마나 떨어지는 것이 가장 좋은가?

① 1.5mm
② 2.5mm
③ 3.5mm
④ 4.0mm

> 해설

가스절단 방법
가연성가스와 조연성가스의 연소열 약 850~900℃ 정도로 예열하고, 팁 끝과 강판의 거리를 1.5~2.0mm 정도로 유지한 뒤 고압의 산소를 분출시켜 철의 연소 및 산화로 강판을 절단한다.

15 강의 열처리 분류에 속하지 않는 것은?

① 불림
② 단조
③ 풀림
④ 담금질

> 해설

강의 열처리
- 담금질(Quenching) : 강을 변태점 온도에서 가열한 후 급랭하여 마르텐자이트 조직으로 변화시키는 열처리 방법이며, 이 조직은 매우 단단하고 내마멸성과 내충격성이 우수하다.
- 뜨임(Tempering) : 담금질한 강의 내부응력 제거와 인성을 높이고, 경도를 감소시키기 위해서 변태점 이하의 적당한 온도로 가열한 후에 냉각시키는 열처리 방법이다.
- 풀림(Annealing) : 강을 적당한 온도로 가열 후 온도를 유지하며 서랭하는 열처리 방법. 강의 결정 조직을 조정하거나 가공 또는 담금질에 의해 생긴 내부 응력을 제거하고, 연화, 절삭성, 냉간 가공성을 개선한다.
- 불림(Normalizing) : 강의 결정 조직을 표준상태로 만들기 위하여 강을 단련한 후, 오스테나이트의 단상이 되는 온도범위에서 가열하고 대기 속에 방치하여 자연냉각하는 열처리 방법. 강의 결정 조직을 미세화하고, 냉간가공, 단조 등에 의한 내부응력을 제거하여 결정조직, 기계적 성질, 물리적 성질 등을 표준 상태로 개선한다.

정답 12. ④ 13. ① 14. ① 15. ②

16 알루미늄 + 구리 + 마그네슘 + 망간의 합금으로, 비중에 비하여 강도가 크므로 무게를 가볍게 해야 하는 항공기나 자동차의 재료로 활용되는 것은?

① 주철합금　② 황동
③ 두랄루민　④ 알루미늄

> **해설**
> 두랄루민
> 뒤렌(Düren) 금속회사의 이름과 알루미늄의 합성어이며, 알루미늄 + 구리 + 마그네슘 + 망간의 합금으로, 비중에 비하여 강도가 크므로 무게를 가볍게 해야 하는 항공기나 자동차의 재료로 활용되는 합금이다.

17 CO_2용접기에 CO_2가스가 하는 역할은?

① 불꽃을 만드는 역할
② 열을 높이는 역할
③ 용접부 산화, 질화 방지 역할
④ 와이어 공급 역할

> **해설**
> CO_2용접(MIG용접, Metal Inert Gas Welding)
> 금속 불활성 가스실드 용접으로 금속에 화학반응이 일어나지 않는 CO_2가스로 산화반응이 일어나지 않도록 용접부의 산소와 질소를 차단해 금속을 용융 접합시키는 용접법을 말한다.

18 오스테나이트는 어떤 조직을 말하는가?

① 체심 입방 격자　② 면심 입방 격자
③ 육방 정격자　　④ 정방 정격자

19 교류 아크용접기 종류가 아닌 것은?

① 발전기형　② 가동 철심형
③ 가동 코일형　④ 탭 전환형

> **해설**
> 직류 아크 용접기
> 직류 아크 용접기는 아크 안정성이 좋고, 얇거나 작은 모재에 적합하다. 종류에는 전동 발전기형, 엔진 구동형, 정류기형 등이 있다.

20 다음 가스용접기에 의한 절단 작업 시 틀린 것은?

① 산소용기의 압력 조정기 압력을 10~15로 설정한다.
② 아세틸렌 압력 조정기 압력을 0.3~0.4로 설정한다.
③ 불의 강약 조정은 아세틸렌 밸브를 고정해두고, 산소밸브로 조정한다.
④ 불을 점화할 때 아세틸렌 밸브를 조금 열고, 산소밸브를 아주 미세하게 열어 용접용 라이터로 점화한다.

> **해설**
> 가스절단 방법
> 산소 압력조정기의 압력을 $3~5kgf/cm^2$, 아세틸렌의 압력을 $0.3~0.5kgf/cm^2$로 설정한 후에 토치의 아세틸렌 밸브를 열어 점화하고 산소밸브로 불꽃을 조정한 뒤 강판을 약 850~900℃ 정도로 예열하여, 팁 끝과 강판의 거리를 1.5~2.0mm 정도로 유지한 뒤 고압의 산소를 분출시켜 강판을 절단한다.

21 스케치를 할 때 필요 없는 것은?

① 광명단　② 분해기구
③ 제도기　④ 작도용구

> **해설**
> 스케치
> 물체를 보고 용지에 그 모양을 프리핸드로 그리는 작업법을 말한다.
> • 스케치 용구
> - 작도용구 : 모눈종이, 연필, 지우개 등
> - 측정용구 : 직선자, 줄자, 캘리퍼스, 각도기 등
> - 분해용 공구 : 렌치, 플라이어, 드라이버 등
> • 스케치 방법
> - 프린트법 : 부품 표면에 광명단 또는 스탬프, 잉크를 칠한 후 용지에 찍어 모양을 뜨는 방법
> - 본뜨기법 : 실제 부품을 용지 위에 올려 본을 뜨는 방법과 납선으로 부품표면의 본을 떠서 용지에 옮기는 방법
> - 사진 촬영법 : 실물을 직접 찍어서 도면을 그리는 방법
> - 프리핸드법 : 손으로 직접 그리는 방법

정답 16. ③　17. ③　18. ②　19. ①　20. ①　21. ③

22 금속 재료에 외력을 가하면 펴지는 성질은?

① 점성   ② 전성
③ 인성   ④ 연성

> **해설**
> - 점성 : 유체의 흐름을 방해하는 성질, 즉 유체흐름저항을 말한다.
> - 전성 : 하중에 의해서 넓게 펴지는 성질
> - 인성 : 파괴 시까지의 에너지 흡수(저장) 능력
> - 연성 : 큰 변형 후에도 또 다른 변형에 저항하는 성질

23 볼트나 환봉 등을 강판이나 형강에 직접 용접하는 방법으로 볼트나 환봉을 피스톤형의 홀더에 끼우고 모재와 볼트 사이에 순간적으로 아크를 발생시켜 용접하는 방법은?

① 산소용접
② 서브머지드 아크 용접
③ 테르밋 용접
④ 스터드 용접

> **해설**
> 스터드 용접
> 볼트나 환봉 등을 강판이나 형강에 직접 용접하는 방법으로 볼트나 환봉을 피스톤형의 홀더에 끼우고 모재와 볼트 사이에 순간적으로 아크를 발생시켜 접합시키는 용접법

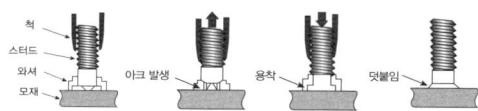

[스터드 용접 원리]

24 6·4 황동에 주석 1% 정도를 첨가한 황동은?

① 애드미럴티 황동   ② 네이벌 황동
③ 쾌삭 황동   ④ 문츠메탈

> **해설**
> - 문츠메탈 : 6·4 황동(Cu+Zn 40%)
> - 애드미럴티 황동 : 7·3 황동 + 주석 1%
> - 네이벌 황동 : 6·4 황동 + 주석 1%
> - 쾌삭 황동 : 6·4 황동 + 납 1.5~3.0%

25 다음 그림 중 회전도시 단면도가 아닌 것은?

① 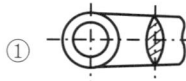   ②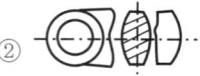

③    ④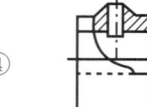

26 헤드램프 탈, 부착 시 주의사항으로 적합하지 않은 것은?

① 볼트의 위치와 개소를 확인한다.
② 볼트의 크기에 알맞은 공구를 선택한다.
③ 볼트 제거 후 망치로 쳐서 차체로부터 분리한다.
④ 헤드램프에 연결된 배선을 먼저 제거한 후 볼트를 푼다.

> **해설**
> 헤드램프 탈, 부착 주의사항
> - 볼트의 위치와 개소를 확인한다.
> - 볼트의 크기에 알맞은 공구를 선택한다.
> - 헤드램프에 연결된 배선을 먼저 제거한 후 볼트를 푼다.
> - 볼트 제거 후 망치 등으로 충격을 가하여 분리하지 않는다.

27 점용접의 3대 요소가 아닌 것은?

① 통전시간
② 전극의 가압력
③ 용접전류
④ 모재의 두께

> **해설**
> Spot(점) 용접의 원리
> 양 전극 사이에 2개 이상의 부재를 겹쳐 넣고 대전류를 공급하여 접촉면에 발생되는 저항열로 녹이고 가압력을 가하여 접합시키는 용접법이다.
> ※ 스폿 용접의 3요소
> - 용접전류
> - 전극의 가압력
> - 통전시간

정답 22. ② 23. ④ 24. ② 25. ④ 26. ③ 27. ④

28 스프레이 건에 대한 설명으로 틀린 것은?

① 흡상식, 중력식이 주로 사용된다.
② 노즐구경은 1.0~2.5mm 정도이다.
③ 청결 및 보관상태는 작업성에 영향을 주지 않는다.
④ 일상 점검을 한다.

> **해설**
> 스프레이 건의 청소상태가 불량한 경우 도막 결함이 발생된다.

29 퍼티를 이용한 보디 수리 방법으로 설명이 잘못된 것은?

① 평면에는 부드러운 주걱을 사용하고 곡면에는 딱딱한 주걱을 사용한다.
② 퍼티 작업의 기본은 한 번에 두껍게 바르지 않고 확실하게 건조시킨다.
③ 프레스 선은 테이프 등을 사용하여 두 번에 나누어 바른다.
④ 퍼티 연마 작업 시 샌더를 움직이는 방향으로 퍼티면에 너무 세게 밀어서는 안 된다.

> **해설**
> 퍼티를 도포하는 경우 평면에는 딱딱한 주걱을 사용하고 곡면에는 부드러운 주걱을 사용한다.

30 손상된 차체를 복원하기 위해서 차체에 센터링 게이지를 설치한 후 게이지 판독 및 필요한 작업방법을 설명한 것으로 틀린 것은?

① 센터 라인과 레벨을 동시에 읽는다.
② 센터 라인과 레벨의 수정 후 데이텀을 점검한다.
③ 차체 손상이 객실 부위까지 이어지면 최초로 손상된 전, 후면 멤버를 먼저 수정한다.
④ 게이지 판독의 최종 목표는 센터라인, 데이텀, 레벨의 점검을 위함이다.

> **해설**
> 작업방법 및 게이지 판독 기술
> • 센터라인과 레벨을 동시에 읽는다.
> • 차체 손상이 객실 중앙부위에서 전, 후면 멤버까지 발생된 때에는 반드시 객실 중앙부위를 먼저 수정한다.
> • 센터라인과 레벨의 수정이 끝나면 데이텀을 점검한다.
> • 수리작업을 진행하는 동안에는 필요에 따라서 수시로 측정하여 점검할 필요가 있다.
> • 게이지 판독의 최종 목표는 센터라인, 데이텀 레벨의 점검을 위함이다.

31 위시본 형식의 차량에서 캠버에 이상이 생긴 크로스 멤버의 수정에 대한 설명으로 틀린 것은?

① 서스펜션 바의 캠버 각이 늘어난 상태의 수정이다.
② 캠버가 마이너스 상태로 되었을 경우의 수정 작업이다.
③ 양끝의 쇽업쇼버와 프레임 수정기의 크로스 스탠드를 체인으로 묶어 중앙에 잭을 걸어서 수정한다.
④ 좌우 각도가 틀린 경우는 잭 포인트를 이동시켜 조정한다.

> **해설**
> 쇽업쇼버에 크로스 스탠드를 고정시켜서는 안 된다.

32 도장실의 설치 목적에 대한 설명으로 틀린 것은?

① 작업자의 건강유지를 위한 환경개선
② 도료 및 용제의 인화에 의한 재해방지
③ 안개 현상 방지
④ 도료의 사용량 절감

> **해설**
> 도장부스의 기능
> • 도장 작업 중에 발생되는 도료의 분진을 여과기를 통해 배출
> • 오염된 공기를 여과한다.

정답 28. ③   29. ①   30. ③   31. ③   32. ④

- 먼지, 오물 등의 접촉을 차단하여 공급함으로써 도장작업 시 최적의 상태를 유지한다.
- 유기 용제로부터 작업자를 보호한다.
- 도막 결함을 방지하며 도장의 품질을 향상시킨다.
- 건조 시간을 단축시킨다.

33 자동차 사고 시 차체의 손상에 대한 진단을 할 때 확인해야 할 사항과 거리가 가장 먼 것은?

① 충돌 속도 ② 충돌 각도
③ 충돌 부위 ④ 충돌 거리

> 해설

손상 진단 시 착안사항
- 최초의 충돌지점(충돌 부위) 확인
- 힘의 전달 경로(충돌 각도, 속도, 크기) 확인
- 최종 발생 요철부위 확인

34 차체부품 제작 시 리벳 구멍의 지름은 리벳 몸체지름보다 어느 정도 크게 하는가?

① 1~1.2mm
② 2~2.2mm
③ 3~3.2mm
④ 4~4.2mm

35 스프링 백 현상의 특징 설명 중 틀린 것은?

① 탄성한계가 높을수록 커진다.
② 동일 두께의 판재에서는 구부림 반지름이 클수록 크다.
③ 동일 두께의 판재에서는 구부림 각도가 클수록 크다.
④ 동일 판재에서는 구부림 반지름이 같을 때 두께가 두꺼울수록 크다.

> 해설

스프링 백 현상의 특징
- 탄성한계가 높을수록 커진다.
- 동일 두께의 판재에서는 구부림 반지름이 클수록 크다.
- 동일 두께의 판재에서는 구부림 각도가 클수록 크다.
- 동일 판재에서 구부림 반지름이 같을 때 두께가 얇을수록 크다.

36 트램 트랙킹(Tram Tracking) 게이지(Gauge)는 차의 어느 것을 측정하는가?

① 차의 무게
② 차의 비틀림 각
③ 차의 길이 치수
④ 차의 중심

> 해설

트램 트랙킹 게이지
트램 트랙킹 게이지는 오프 셋(Off-set) "자"이며 프레임의 하체부 서스펜션과 프레임의 깊숙한 두 곳 사이의 측정, 보디의 대각선 측정 또는 프레임 사이드 레일 길이 및 높이를 측정하는 용도로 이용된다.

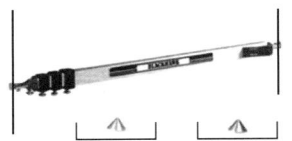

37 프레임 센터링 게이지로 변형된 승용차 차량을 측정하기 위하여 부착하고자 한다. 부착 부위가 옳게 짝지어진 것은?

① 프런트 크로스 멤버 – 카울부 – 리어 도어부 – 리어 크로스 멤버
② 루프 사이드 멤버 – 프런트 크로스 멤버 – 카울부 – 리어 도어부
③ 사이드 이너 패널 – 카울부 – 리어 도어부 – 리어 크로스 멤버
④ 리어 패널 – 카울부 – 리어크로스 멤버 – 리어 도어부

> 해설

센터링 게이지
센터링 게이지란 프레임의 중심부를 측정함으로써 프레임의 이상 상태를 진단하는 게이지이다.
센터링 게이지는 행거로드, 센터링 핀(또는 타켓), 게이지, 수평수포로 구성되어 있으며 차체 하부 3~4곳에 설치하여 언더 보디의 상태(새그, 사이드 스웨이, 트위스트, 킥 업 등)를 파악하는 용도로 이용된다.

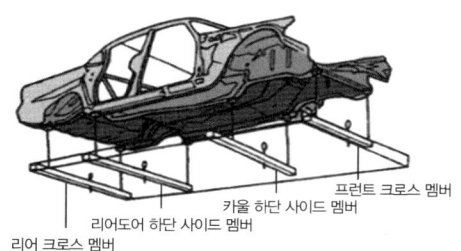

38 자동차의 뒷부분 추돌로 인해 변형이 발생될 수 있는 패널로만 옳게 나열된 것은?

① 도어, 센터 필러, 사이드 실
② 트렁크 플로어, 사이드 멤버, 센터 루프
③ 휠 하우스, 트렁크 플로어, 리어 쿼터
④ 프런트 필러, 범퍼, 사이드 멤버

해설
후면부 보디의 명칭

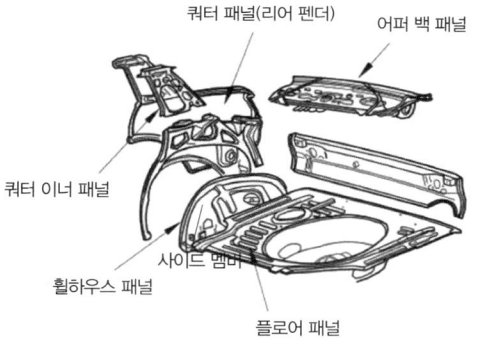

39 가스 절단에서 예열온도가 몇 도 정도일 때 산소로 불어 내는가?

① 60~100℃ ② 200~300℃
③ 400~500℃ ④ 800~900℃

해설
가스절단 원리
가연성 가스와 조연성 가스의 연소열 약 850~900℃ 정도로 예열하고, 고압의 산소를 분출시켜 철의 연소 및 산화로 절단하는 방식

40 포트 파워의 주요 구성 부품 중 램을 구동시키기 위한 유압을 발생시키는 동력원이 되는 것은?

① 고압 호스
② 유압 램
③ 스피드 커플러
④ 유압 펌프

해설
유압 보디 잭(Porto Power, 포토파워) 구성
• 유압 펌프 : 유압을 발생시킬 수 있도록 설치된 구성품
• 스피드 커플러 : 작업 중의 각종 램을 교환할 경우 오일이 누출되거나, 에어가 혼입되는 것을 방지하는 역할
• 램(유압 실린더) : 유체에너지를 기계적인 일로 전환시키는 장치
• 어태치먼트 : 몸체에 설치하여 여러 가지 작용을 할 수 있게 하는 장치
• 고압 호스 : 유압을 전달하는 통로역할을 하는 구성품

41 자동차 보수도장에 있어서 도료의 건조장치 중 가장 바람직한 것은?

① 복사 대류에 의한 열풍 건조장치
② 복사에 의한 고온 다습한 열풍 건조장치
③ 습도가 많은 상온에서의 자연 건조장치
④ 고온 다습한 실내에서의 자연 건조장치

42 자동차 보디 수리 시 손상 부분을 가스 용접기로 절단 할 때의 특징 설명으로 옳은 것은?

① 절단이 불가능하다.
② 매우 정밀하게 절단할 수 있다.
③ 절단된 면이 깨끗하게 된다.
④ 복잡한 손상부도 빠르게 절단할 수 있다.

43 자동차 차체 중 일체구조식에서 외판부분으로 짝지어진 것은?

① 대시 패널과 후드
② 타이어 에이프런과 앞 엔드 패널
③ 대시패널과 타이어 에이프런
④ 후드와 앞 엔드 패널

해설

전면부 보디 명칭

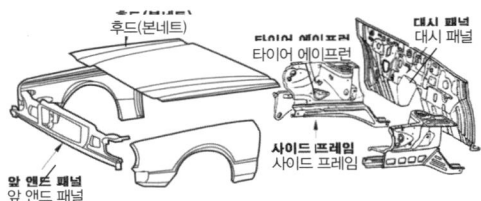

44 도막의 결함 중 도장 후의 결함에 속하지 않는 것은?

① 얼룩짐   ② 주름
③ 흐름   ④ 부풀음

해설

흐름(Sagging)
한번에 너무 두껍게 도장되어 편평하지 못하고 흘러 내려간 상태의 현상

45 차가 사이드 레일이나 중앙 분리대 등에 고속 충돌 시 발생하는 현상으로 차체가 꼬여 있는 것처럼 보이는 변형은?

① 종변형   ② 횡변형
③ 찌그러짐 ④ 비틀림

해설

파손의 형태에 따른 분류
- 사이드 스웨이(Side Sway) 변형 : 차체를 위에서 보았을 때 센터라인을 기준으로 좌측 또는 우측으로 휘어진 변형을 말한다.
- 새그(Sag) & 킥업(Kick Up) 변형 : 차체를 옆에서 보았을 때 데이텀 라인을 기준으로 높이가 아래로 휘어진 변형을 새그, 위쪽으로 휘어진 변형을 킥업이라 말한다.
- 비틀림(Twist) 변형 : 차체를 앞에서 보았을 때 좌, 우측 레벨이 평형 상태에 있지 않고 꼬여 있는 형태의 변형을 말한다.
- 붕괴(Collapse) 변형 : 건물이 붕괴되는 형태의 변형으로 차체의 한쪽 면 전체가 짧아진 형태의 변형을 말한다.
- 쇼트레일(Short Rail) : 프레임이 짧아진 변형을 말한다.

- 다이아몬드(Diamond) 변형 : 차체를 위에서 보았을 때 센터라인을 기준으로 좌측 또는 우측면이 다이아몬드 형태처럼 전, 후면 쪽으로 밀려 휘어진 변형을 말한다.

46 그림에서 a=60mm, b=80mm, R=100mm, α=90°인 경우 전체 길이를 구하면 몇 mm인가? (단, 중립면의 변화가 없는 경우로서 판재두께는 2mm임)

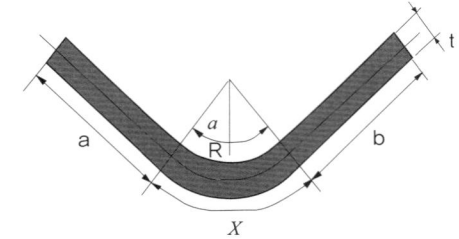

① 140   ② 180
③ 240   ④ 298

해설

$L = a + b2\pi \times \dfrac{\alpha}{360} \times R + kt$

L : 전체 길이(mm)
a · b : a부분의 길이, b부분의 길이(mm)
α : 구부림 원호의 각도
R : 구부림 길이(m)
kt : 중립면까지의 판의 치수 (R 〈 2t인 경우 k = 0.35, R〈2t인 경우 k = 0.5)

$L = 60+80+2 \times 3.14 \times \dfrac{90}{360} \times 100 + 0.5 \times 2$
$= 298mm$

47 프레임을 바닥 면에 묻고 유압잭과 체인, 앵커 등을 조합하여 사용할 수 있는 방식의 프레임 수정기는?

① 이동식 프레임 수정기
② 고정식 랙형 프레임 수정기
③ 바닥식 묻힘 베이스 프레임 수정기
④ 바닥식 간이형 프레임 수정기

정답 44.③ 45.④ 46.④ 47.③

해설
플로어 시스템(Floor System, 바닥식 시스템)
바닥에 앵커나 레일 등을 설치하여 프레임을 수정하는 방식을 말한다.
- 지그 레일 시스템(Jig Rail System) : 바닥에 레일을 설치하고 실 클램프(Sill Clamp) 및 유압 견인 장치를 사용하여 프레임을 수정하는 방식으로 바닥식 시스템의 대표적인 방식이다.
- 고정식 시스템(Anchoring Hook System) : 작업자에 박힌 고리나 앵커에 체인을 걸어서 차체를 지지하고 고정된 상태에서 체인 블럭(Chain Block) 등을 사용하여 프레임을 수정하는 방식
- 폴식 시스템(Pole System) : 바닥에 폴 기둥을 설치하고 체인 및 클램프를 연결하고 잡아 당겨 프레임을 수정하는 방식

48 니트로 셀룰로리즈와 알키드 수지가 주성분으로 빨리 마르는 성질이 있어 도장 후 5~10분 정도면 만져도 될 정도가 되며, 1시간 정도면 다음 작업에 들어갈 수 있는 프라이머는?

① 판금 퍼티
② 에칭 프라이머
③ 래커 프라이머
④ 프라이머 서페이서

해설
래커 프라이머(Lacquer Primer)
니트로 셀룰로리즈와 알키드 수지가 주성분으로 빨리 마르는 성질이 있어 도장 후 5~10분 정도면 지촉 건조되는 속건성 도료로 1시간 정도면 후속 공정이 가능하다.

49 패널 교환을 할 때 변형 없이 빠른 시간에 정확한 절단을 하고자 한다. 가장 적합한 절단 장비는?

① 산소-아세틸렌가스 절단기
② 헥소
③ 전동 커터
④ 플라즈마 절단기

해설
플라즈마 절단기
전극선단과 모재 사이에 전기적 아크를 발생시킨 후 아크의 바깥 둘레를 강제로 냉각하면 화학적 작용에 의해 이온화되고 열적핀치효과에 의해 전자와 양이온으로 분리된 고온, 고속의 제트성 기체흐름 플라즈마를 이용하여 절단하는 방법
- 무부하 전압이 높은 직류 정극성을 이용한다.
- 플라즈마 10,000~30,000℃를 이용하여 절단한다.
- 아르곤 + 수소(질소+공기) 가스를 이용한다.
- 특수금속, 비금속, 내화물도 절단 가능하다.
- 절단면에 슬래그 부착이 적고 열 영향부가 적어 변형이 거의 없다.

50 자동차 차체 강판의 수축 방법에 해당되지 않는 것은?

① 해머와 돌리에 의한 방법
② 강판의 주름잡기에 의한 방법
③ 열에 의한 방법
④ 연마에 의한 방법

해설
수축 방법의 종류
- 해머와 돌리에 의한 방법
- 강판의 주름잡기에 의한 방법
- 열에 의한 방법

51 $\dfrac{\text{재해발생 건수}}{\text{연간 근로 시간 수}} \times 1{,}000{,}000$의 식이 나타내는 것은?

① 강도율
② 도수율
③ 휴업율
④ 천인율

해설
도수율(빈도율)
안전사고 발생 빈도로써 연 근로시간 100만(1,000,000)시간당 재해발생 건수

$$\text{도수율} = \dfrac{\text{재해발생 건수}}{\text{연간 근로 시간 수}} \times 1{,}000{,}000$$

정답 48. ③ 49. ④ 50. ④ 51. ②

52 정 작업에서 안전한 사용방법이 아닌 것은?
① 안전을 위해서 정 작업을 마주보고 작업한다.
② 정 작업을 시작과 끝에 특히 조심한다.
③ 열처리한 재료는 정으로 작업하지 않는다.
④ 정 작업 시 버섯 머리는 그라인더로 갈아서 사용한다.

해설
펀치 및 정 작업
- 펀치 작업을 할 경우에는 타격하는 지점에 시선을 두고 작업한다.
- 정 작업 시 얼굴이나 눈 등에 칩이 튈 우려가 있으므로 서로 마주 보고 작업하지 않는다.
- 열처리한(담금질 한) 금속을 해머로 때리면 튀기 쉽고 잘 부러지므로 작업하지 않는다.
- 정 작업 시 시작과 끝은 조심스럽게 때린다.
- 칩이 끊어져 나갈 무렵에는 비산물이 튈 수 있으므로 조심스럽게 때린다.
- 정의 날을 몸 바깥쪽으로 하고 해머로 타격하며 작업한다.
- 정이나 해머에 오일이 묻지 않게 작업한다.
- 정 작업에서 버섯머리 나사는 그라인더로 갈아서 사용한다.
- 보관을 할 때에는 날이 부딪쳐서 무디어지지 않도록 한다.
- 금속 깎기, 쪼아내기 작업을 할 때는 보안경을 착용한다.

53 안전·보건표지의 종류와 형태에서 경고표지 색깔로 맞는 것은?
① 검정색 바탕에 노란색 테두리
② 노란색 바탕에 검정색 테두리
③ 빨강색 바탕에 흰색 테두리
④ 흰색 바탕에 빨강색 테두리

해설
안전·보건표지의 종류와 형태

분류	종류	모양
금지 표지	출입금지, 보행금지, 차량통행금지, 사용금지, 화기금지, 물체이동금지, 금연	흰색 바탕에 기본 모형은 빨강
경고 표지	인화성물질, 산화성물질, 폭발성물질, 독성물질, 매달린 물체, 고압전기, 낙하물체, 위험장소, 방사성	노랑 바탕에 기본 모형은 검은색
지시 표지	보안경 착용, 방독마스크 착용, 안전모 착용, 방진마스크 착용, 보호면 착용, 귀마개 착용	청색 바탕에 기본 모형은 흰색
안내 표지	녹십자표지, 응급구호표지, 비상구, 들것, 세안장치, 비상용기구	흰색 바탕에 기본 모형은 녹색 / 녹색 바탕의 사각형

54 부품의 바깥지름, 안지름, 깊이, 길이 등을 측정할 수 있는 측정 기구는?
① 마이크로미터 ② 버니어 캘리퍼스
③ 다이얼 게이지 ④ 직각자

55 드릴 작업을 할 때 주의할 점으로 틀린 것은?
① 일감은 정확히 고정한다.
② 작은 일감은 손으로 잡고 작업한다.
③ 작업복을 입고 작업한다.
④ 테이블 위에 가공물을 고정시켜서 작업한다.

해설
드릴 작업
- 드릴 날은 사용 전에 균열이 있는가를 점검한다.
- 드릴 날의 탈·부착은 회전이 멈춘 다음 행한다.
- 드릴 작업은 장갑을 끼고 작업해서는 안 된다.
- 작업복을 입고 머리가 긴 사람은 안전모를 착용하여 작업한다.
- 공작물은 테이블 위에 정확히 고정시켜서 따라 돌지 않게 작업한다.
- 가공물이 관통될 즈음에는 알맞게 힘을 가하여야 한다.
- 드릴 작업 때 칩의 제거는 회전을 중지시킨 후 솔로 제거하고 작업 중 쇳가루를 입으로 불어서는 안 된다.
- 드릴 끝 가공물의 관통여부는 손으로 확인하지 않는다.
- 드릴 작업에서 둥근 공작물에 구멍을 뚫을 때는 공작물을 V블록과 클램프로 잡는다.
- 드릴 작업 시 재료 밑의 받침은 나무판이 적당하다.

56 아세틸렌 도관은 어떤 색인가?
① 흑색 ② 청색
③ 녹색 ④ 적색

해설
아세틸렌 도관 적색, 산소 도관은 녹색을 사용한다.

정답 52.① 53.② 54.② 55.② 56.④

57 차체수정 작업 시 사용되는 포터 파워(유압 램)의 취급 시 주의사항으로 틀린 것은?

① 포터 파워의 설치 각도가 30° 이하에서는 앵커부가 벗겨지기 쉽다.
② 포터 파워의 설치 각도가 30° 이하에서는 램의 접속부가 벗겨지기 쉽다.
③ 포터 파워의 설치 각도가 90° 이상에서는 체인이 앵커에서 벗겨질 위험이 있다.
④ 포터 파워의 효율적인 각도는 65° 이상이다.

> **해설**
> 유압 보디 잭(포토파워)의 주의사항
> • 램의 커플러는 위로 오게 한다.
> • 설치 각도는 30~90°의 범위로 한다(45~60°가 효율적).
> • 30° 이하에서는 앵커부와 램의 접속부가 벗겨지기 쉽고, 90° 이상에서는 체인이 앵커에서 벗겨질 위험이 있다.
> • 유압 계통에 먼지가 들어가지 않도록 한다.
> • 램 플런저가 늘어나면 유압을 올리지 않는다.
> • 호스의 취급에 주의한다.
> • 고열에 의한 펌프 실린더의 패킹 등의 변질에 주의한다.
> • 나사 부분을 보호한다.
> • 램의 연장은 최소의 수로 한다.

58 작업현장에 사용되는 안전모에 대한 설명으로 틀린 것은?

① 안전모의 종류에 따라 충전부에 접근 시 감전 위험으로부터 머리를 보호하는 것도 있다.
② 충격 흡수용으로 스티로폼을 사용하기도 한다.
③ 열경화성 수지 안전모의 수명은 반영구적이다.
④ 사용목적에 따라 내전압, 내수성을 보유해야 한다.

> **해설**
> 안전모 취급
> • 모체의 재료는 내관통성, 충격흡수성, 내전압성(7000V 이하), 내수성, 난연성이 있어야 한다.
> • 착장체는 땀이나 기름으로 더러워지므로 최소한 1개월에 1회 정도 60℃의 물이나 세척제로 세척한다.
> • 화기를 취급하는 곳에서 모자의 몸체와 차양이 셀룰로이드로 된 것을 사용해서는 안 된다.
> • 산이나 알칼리를 취급하는 곳에서는 펠트나 파이버 모자를 사용해야 한다.

59 작업장 내 조명과 채광의 조건에 적합하지 않은 것은?

① 조명의 분포가 균일해야 한다.
② 광원이 고정되어 있으면 안 된다.
③ 그림자가 생기지 않도록 해야 한다.
④ 빛의 반사체로 인해 작업을 방해하지 않아야 한다.

> **해설**
> 작업장의 조명과 채광의 조건
> • 조명의 분포가 균일해야 한다.
> • 광원은 고정되어 있어야 한다.
> • 그림자가 생기지 않도록 해야 한다.
> • 빛의 반사체로 인해 작업을 방해하지 않아야 한다.

60 안전띠 착용의 중요성에 대한 설명으로 적합하지 않은 것은?

① 사고에 의해 차 밖으로 튀어나가는 것을 방지한다.
② 에어백은 가장 중요한 안전장치이며, 안전띠는 에어백의 보조 안전장치이다.
③ 안전띠는 에어백이 팽창될 때 신체를 올바른 위치로 유지시켜 에어백 위에 충돌하도록 한다.
④ 에어백이 정상이더라도 에어백 작동조건에 해당되지 않아 작동되지 않을 경우 안전띠에 의해 부상이 경감될 수가 있다.

> **해설**
> 안전띠 착용의 중요성
> • 사고에 의해 차 밖으로 튀어나가는 것을 방지한다.
> • 안전띠는 가장 중요한 안전장치이며, 에어백은 보조 안전장치이다.
> • 안전띠는 에어백이 팽창될 때 신체를 올바른 위치로 유지시켜 에어백 위에 충돌하도록 한다.
> • 에어백이 정상이더라도 에어백 작동조건에 해당되지 않아 작동되지 않을 경우 안전띠에 의해 부상이 경감될 수가 있다.

정답 57. ④ 58. ③ 59. ② 60. ②

국가기술자격 필기시험문제

2009년 기능사 제2회 필기시험

자격종목	종목코드	시험시간	형별
자동차차체수리기능사	6285		A

01 자동차 차체모양에 따른 분류로 일명 2박스 카라고도 하는 해치백 세단(Hatch Back Sendan)의 형상은 어떤 것인가?

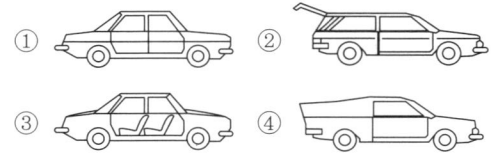

해설
해치백(Hatch Back)
차량에서 객실과 트렁크실의 구분이 없으며 트렁크 위로 끌어 올리는 형태의 문을 단 승용차를 말한다.
노치백(Notch Back)
노치백은 객실과 트렁크 실이 구분되어 트렁크 실이 돌출된 형태의 승용차를 말한다.

02 자동차에서 사용하는 타이어 규격 표시 "205 55 R17"에서 55의 의미는?

① 최고속도 허용 시간당 55마일을 의미함
② 타이어 폭에 대한 높이의 편평비가 55% 임을 의미함
③ 타이어 호칭 치수가 고압 타이어임을 의미함
④ 튜브가 없는 튜브리스 타이어를 의미함

해설
타이어 규격 표기
205 55 R17
• 205 : 타이어 단면폭(mm)
• 55 : 편평비(%)
• R : 레이디얼 구조
• 17 : 타이어 내경 또는 림 직경(inch)
※ 편평비[시리즈] = $\dfrac{높이(H)}{단면폭(W)} \times 100\%$

03 자동차 방향지시등에 대한 설명 중 올바른 것은?

① 작동의 결함은 운전석에서 확인하지 못하는 구조로 되어 있다.
② 작동은 확실하여야 하고 임의로 조작할 수 없는 구조이어야 한다.
③ 방향지시등은 자동차의 진로 변경을 다른 자동차나 보행자에게 알려주기 위한 것이다.
④ 등색은 녹색이어야 한다.

해설
방향지시등은 자동차의 진행 방향을 다른 자동차나 보행자에게 알리는 램프를 말한다.

04 반드시 시동을 건 상태에서 점검해야 하는 항목은?

① 엔진오일과 파워스티어링 오일의 양
② 자동변속기 오일과 냉각수의 양
③ 엔진의 냉각수와 자동변속기 오일의 양
④ 자동변속기와 파워스티어링 오일의 양

해설
• 엔진오일 : 워밍업 후 엔진정지 상태에서 측정
• 파워스티어링 오일 : 시동 상태에서 측정
• 자동변속기 오일 : 시동 상태에서 측정
• 냉각수 양 : 엔진정지 및 시동상태에서 측정

05 가스를 한곳에 모아 분배하기 위한 덕트나 파이프를 말하는 것은?

① 소음기
② 매니폴드
③ 가변흡기 제어장치
④ 개스킷

정답 1.② 2.② 3.③ 4.④ 5.②

> 해설
- 소음기 : 기관에서 배출되는 배기가스의 온도와 압력을 낮추어 배기소음을 감소시켜 주는 역할(역류식, 단류식이 있음)
- 가변흡기 제어장치 : 엔진의 저속, 고속회전 영역에서 충전 효율을 높이기 위한 장치
- 개스킷 : 누수 및 누출 방지용 패킹

06 다음 중 작용·반작용의 관계가 아닌 것은?

① 두 자석 사이에 작용하는 힘
② 조정 경기를 할 때 선수가 젓는 노와 물 사이에 작용하는 힘
③ 책상 위에 놓인 물체에 작용하는 중력과 수직항력
④ 달리기 할 때 스타팅 블록과 사람의 발 사이에 작용하는 힘

> 해설

어떤 물체를 이동시키기 위해 힘을 가하면 그 물체의 반대 방향으로 같은 크기의 반발력이 작용한다. 이 때 가한 한쪽의 힘을 작용이라 하고 반발력이 작용한 쪽을 반작용이라 한다. 예를 들어 물체가 지구를 당기는 힘은 중력에 대한 반작용이 된다.

07 아래 그림에서 얼라이먼트 각도를 나타내는 것은?

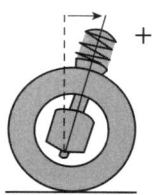

① 캠버
② 캐스터
③ 토(Toe)
④ 스러스트 각

> 해설
- 캠버 : 차량을 앞에서 보았을 때 타이어 가상의 중심 수직선과 실제 중심선이 이루는 각
- 캐스터 : 차량을 옆에서 보았을 때 타이어의 가상의 수직선과 조향축이 이루는 각
- 토(Toe) : 차량을 위에서 보았을 때 타이어의 앞 부분의 중심거리와 뒷 부분 중심거리 차

- 스러스트각 : 차체의 센터라인과 뒷바퀴 추진선이 이루는 각도
- 센터라인 : 자동차 중심을 가로질러 넓이의 중심이 되는 기준선

08 모노코크 보디의 각부 구조중 프런트 보디 패널 구분으로 적합하지 않은 것은?

① 후드 패널
② 라디에이터 서포트 패널
③ 쿼터 패널
④ 에이프런 패널

> 해설

프런트 보디부는 사이드 멤버, 크로스 멤버, 라디에이터 서포트 패널, 후드레지 어퍼 패널, 휠 하우스 패널, 스티어링 서포트 패널, 대시 패널, 카울 패널 등이 결합 구성되어 있고 외판은 범퍼와 후드 패널, 펜더 에이프런 패널이 조립되어 있다.

09 크랭크축의 반경이 R, 작용하는 힘이 F일 때 엔진회전력 T를 구하는 공식은?

① $T = F \times R$
② $T = F \div R$
③ $T = F + R$
④ $T = F - R$

> 해설

토크(Torque, 회전력)
물체에 작용하여 물체를 회전시키는 원인이 되는 힘의 모멘트를 토크라 한다.
(1) 직각방향의 힘이 작용할 때
  $M = T = F \times \ell$
  M : 모멘트, T : 토크, F : 힘, ℓ : 물체의 길이
(2) 일정량의 각도가 작용할 때
  $T = F \times \ell \times \sin\theta$
  T : 토크, F : 힘, ℓ : 물체의 길이,
  $\sin\theta$: 일정량의 각도

10 모노코크 보디의 특징이 아닌 것은?

① 차량의 중량을 가볍게 한다.
② 차실 바닥 면을 낮출 수 있다.
③ 충돌에너지를 차체 전체로 분산시킨다.
④ 주행소음의 차단 효과가 좋다.

> 해설

모노코크 보디의 특징
- 일체식 보디로써 충격을 흡수하고, 차체 전체로 분산시키는 구조로 되어 있다.
- 중량이 가볍고 강성이 높다.
- 정밀도가 높고 생산성이 좋다.
- 차고를 낮게 하고 차량의 무게 중심을 낮출 수 있어 승차감을 향상시킨다.
- 차실 바닥면을 넓고 낮게 할 수 있어 객실공간을 효과적으로 설계할 수 있다.
- 사고, 수리 시 복원의 어려움이 있다.
- 소음, 진동의 영향을 받기 쉬워 엔진룸 설계 시 기술력이 요구된다.

11 산소-아세틸렌가스를 이용하여 패널을 절단하려고 한다. 이때 절단 작업이 잘 이루어지기 위한 사항 중 옳은 것은?

① 모재의 산화, 연소하는 온도가 그 금속의 용융점보다 낮을 것
② 생성된 금속 산화물의 용융온도는 모재의 용융 온도보다 높을 것
③ 생성된 산화물은 유동성이 좋아야 하고 그것이 산소 압력에 의해 잘 밀려 나가지 말아야 한다.
④ 금속의 화합물 중 연소되지 않은 물질이 많을 것

> 해설

절단의 조건
- 금속이 산화되어 연소하는 온도가 금속의 녹는 온도보다 낮을 것
- 연소되며 발생한 산화물의 녹는 온도가 금속의 녹는 온도보다 낮고 유동성이 있을 것
- 연소를 방해하는 원소가 적을 것

12 스폿(Spot) 용접에서 전극부의 팁 직경은 무엇에 따라 결정되는가?

① 전류의 세기   ② 암의 형상
③ 판의 두께   ④ 용접 시간

> 해설

판의 두께에 따라 스폿 용접 전극부 팁의 직경이 정해지며, 일반적으로 팁의 직경은 5mm 정도, 각도는 120° 정도이다.

13 철에 얼마의 탄소가 함유된 것을 탄소강이라 하는가?

① 0.01~0.03%
② 0.035~1.7%
③ 2.3~3.5%
④ 25~35%

> 해설

철강재료
- 순철(탄소 0.035% 이하의 철)
- 강
  - 탄소강(탄소 0.035~1.7%를 함유한 철(Fe)과 탄소(C)의 합금)
  - 합금강 or 특수강(탄소강에 1종 이상의 금속을 합금시킨 것)
- 주철 or 선철(탄소 1.7~6.67%를 포함한 철과 탄소의 합금)

14 도면을 나타낼 때 전단면에 대한 설명으로 틀린 것은?

① 물체의 전면을 절단하는 것이다.
② 물체의 전면을 단면도로 표시하는 것이다.
③ 단면선을 30°로 긋는 것을 원칙으로 한다.
④ 중심선을 지나는 절단평면으로 전면을 자르는 것이다.

> 해설

전단면
- 물체를 2개로 절단하여 도면 전체를 단면으로 나타낸 것이다.
- 물체의 전면을 절단한 것이다.
- 물체의 전면을 단면도로 표시하는 것이다.
- 단면선을 45°로 긋는 것을 원칙으로 한다.
- 중심선을 지나는 절단평면으로 전면을 자르는 것이다.

정답 11. ① 12. ③ 13. ② 14. ③

15 다음 그림에서 전개도는 어떻게 나타내는가?

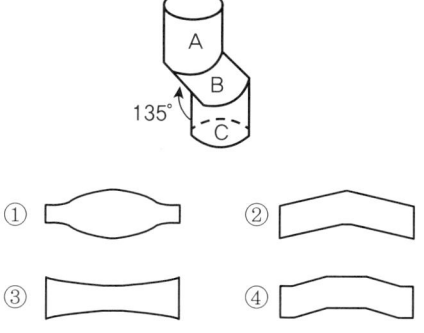

16 다음 중 냉간압연강판과 관계가 없는 것은?
① 표면이 매끄럽다.
② 가공성이 좋다.
③ 800℃ 이상의 고온으로 처리한다.
④ 상당히 얇은 판도 만들 수 있다.

> **해설**
> 열간압연강판
> 탄소 함유량 0.15% 이하의 저탄소의 강괴를 열간가공온도 약 700~900℃ 부근에서 2개의 롤(Roll) 사이로 압연하고 판형으로 가공하여 제조한 강판이다.
> 냉간압연강판
> 열간압연강판을 상온 상태에서 산으로 세정하여 롤러 압연하는 조질압연으로 경도 조정 및 판 표면의 평활도를 높인 강판이다. 일반적으로 3.2mm 이하의 것이 많이 적용된다.
> ※ 특징
> • 판 표면이 매끄럽다.
> • 가공성, 용접성이 우수하다.
> • 자동차용으로 주로 사용된다.

17 자동차의 재료 중 많이 쓰이는 비금속 재료는 합성수지(플라스틱)인데 그 특징을 설명한 것으로 틀린 것은?
① 착색하기가 쉽고 내구성이 있다.
② 내식성이 우수하고 열전도율이 낮다.
③ 비중과 내열성이 다른 금속보다 비교적 크다.
④ 가소성이 크고 대량 생산이 쉬운 장점이 있다.

> **해설**
> 합성수지의 특징
> • 성형가공이 자유롭다.
> • 금속, 유리 등과의 복합재료 제조가 가능하다.
> • 비중(약 0.9~1.3)이 낮아 경량이다.
> • 방습성, 내식성이 우수하다.
> • 방진, 방음, 절연, 단열성이 뛰어나다.
> • 열에 의한 변형이 일어난다.
> • 유기용제에 부식이 발생한다.

18 모재의 열 영향부가 경화할 때 비드 끝단에 일어나기 쉬운 균열은?
① 유황 균열
② 토(Toe) 균열
③ 비드 아래 균열
④ 은점

> **해설**
> 열 영향부의 균열
> • 유황 균열(설퍼 균열) : 강중에 황이 층상으로 존재하는 고온 균열
> • 토 균열 : 맞대기 용접 및 필릿 용접의 경우나 비드 표면과 모재와의 경계부에 생기는 균열
> • 비드 아래 균열 : 비드 아래 균열은 용접부위에 수소가 있을 때 잘 발생되는 균열
> • 루트 균열 : 저온 균열에서 가장 주의해야 할 균열로 루트 간격이 너무 넓은 경우, 용접부에 응력이 집중되는 경우 루트 근방에 발생하는 균열
> • Micro 균열 : 용접금속 내부에 발생하며, 너무 작아 육안으로 확인이 곤란한 미세한 균열
> • 크레이터 균열 : 용접이 끝난 직후 크레이터 부분에 생기는 균열

19 열처리 방법 중에서 저온 뜨임을 할 때의 적정온도는?
① 상온
② 150℃
③ 500℃
④ 600℃

> **해설**
> 뜨임(Tempering)
> 담금질한 강의 내부응력 제거와 인성을 높이고, 경도를 감소시키기 위해서 변태점 이하의 적당한 온도

정답 15. ④ 16. ③ 17. ③ 18. ② 19. ②

로 가열한 후에 냉각시키는 열처리 방법으로 저온 뜨임은 150~200℃ 정도, 고온 뜨임은 400~600℃ 정도로 가열한다.

20 피복 금속 아크 용접기에 사용되는 용접봉의 피복제의 역할 중 틀린 것은?

① 아크의 안정, 집중 등을 향상시켜 아크 유지를 용이하게 한다.
② 용접 금속의 탈산, 정련작용을 한다.
③ 용융 금속의 응고 및 냉각속도를 급속하게 한다.
④ 박리성이 좋은 슬래그를 만든다.

해설

용접봉 피복제의 역할
용접봉 피복제(Flux)는 산성피복제, 셀룰로스 피복제, 루틸 피복제, 염기성 피복제 등을 사용하며 그 기능은 다음과 같다.
- 아크의 전도성을 향상시켜 점화성능, 아크를 안정시킨다.
- 용접 금속의 탈산 및 정련 작용으로 산화를 방지한다.
- 융착 금속에 합금 원소를 첨가시켜 성분을 제어하여 용접부의 기계적 성질을 향상한다.
- 보호가스를 발생시켜 용융지와 용적을 보호한다.
- 모재 표면에 슬래그를 생성하여 용융 금속의 응고와 급랭을 방지하여 고운 비드를 만든다.

21 다음 공구강의 구비조건 중 틀린 것은?

① 열처리가 쉽고 단단할 것
② 고온에서 강도를 유지할 것
③ 내식성이 클 것
④ 강인성과 내충격성이 약할 것

해설

공구강의 구비조건
- 열처리가 쉽고 단단할 것
- 고온에서 강도를 유지할 것
- 내식성이 클 것
- 강인성과 내충격성이 클 것

22 도어와 보디 사이에 부착되어 비, 바람, 물 및 먼지의 침입을 방지함과 동시에 도어 개폐 시의 충격완화와 진동방지의 역할을 하는 것은?

① 도어 프레임
② 도어 웨더 스트립
③ 스펀지
④ 글래스

해설

도어 웨더 스트립은 도어가 닫혔을 때 공기나 소음, 이물질(비, 눈, 물, 먼지) 등이 차실로 들어오지 않도록 필러부 가장자리에 설치되어 있는 고무 패킹으로 도어 개폐 시 발생되는 충격을 흡수, 완화하고 주행 중 도어의 진동을 감소시키는 역할도 한다.

23 탄산가스 아크용접에 사용되지 않는 가스는?

① CO_2
② $CO_2 + H_2$
③ $CO_2 + O_2$
④ $CO_2 + O_2 + Ar$

해설

혼합가스 사용 시 CO_2 양이 클수록 열전도성은 커진다.

24 알루미늄 합금 패널의 용접 시 주의사항 및 특징으로 틀린 것은?

① 알루미늄 합금은 가열온도를 확인하기가 어렵다.
② 알루미늄 합금 패널은 열전도성이 우수하여 국부 가열이 어렵다.
③ 알루미늄 합금 패널의 산화막은 손상되지 않도록 용접해야 한다.
④ 알루미늄 합금의 용접부위에 기공이 발생하기 쉽다.

해설

알루미늄 합금 용접 시 주의사항
- 가열상태 및 용융온도를 확인하기가 어렵다.
- 열전도성이 우수하여 국부가열이 어렵다.
- 모재의 용융을 일정하게 유지하기 어렵다.

정답 20. ③ 21. ④ 22. ② 23. ② 24. ③

- 알루미늄 합금 패널의 산화막은 와이어 브러시 또는 화학약품을 사용하여 제거하고 용접을 실시한다.
- 용접 부위에 기공 및 균열이 발생하기 쉽다.

25 비철금속 중 구리(55~65%), 아연(15~30%), 니켈(5~20%)의 합금이며, 내열성, 내식성, 가공성이 우수한 합금은?

① 로엑스(Lo-ex)
② 황동(Bronze)
③ 양은(Nickle Silver)
④ 켈밋(Kelmet Alloy)

26 모노코크 차체에 충돌이 있을 때 센터라인 상의 변형은 어떤 것인가?

① 다이아몬드   ② 새그
③ 사이드 스웨이   ④ 트위스트

해설
파손의 형태에 따른 분류
- 사이드 스웨이(Side Sway) 변형 : 차체를 위에서 보았을 때 센터라인을 기준으로 좌측 또는 우측으로 휘어진 변형을 말한다.
- 새그(Sag) & 킥업(Kick Up) 변형 : 새그는 차체를 옆에서 보았을 때 데이텀 라인을 기준으로 수직적으로 정렬되지 않고 휘어진 변형을 말하며, 사이드 멤버의 두면이 위쪽으로 휘어진 변형을 킥 업, 아래로 휘어진 변형을 킥 다운 변형이라고 말한다.
- 비틀림(Twist) 변형 : 차체를 앞에서 보았을 때 좌,우측 레벨이 평형 상태에 있지 않고 꼬여 있는 형태의 변형을 말한다.
- 붕괴(Collapse) 변형 : 건물이 붕괴되는 형태의 변형으로 차체의 한쪽 면 전체가 짧아진 형태의 변형을 말한다.
- 쇼트레일 (Short Rail) : 프레임이 짧아진 변형을 말한다.
- 다이아몬드(Diamond) 변형 : 차체를 위에서 보았을 때 센터라인을 기준으로 좌측 또는 우측면이 다이아몬드 형태처럼 전, 후면 쪽으로 밀려 휘어진 변형을 말한다.

27 다음 중 프레임의 비틀림 변형 시 수정방법 중 제일 먼저 시도할 방법은?

① 낮은 부위에 잭이나 유압 장비를 놓고 작동시킨다.
② 잭 위에 철판 1cm 두께를 받친다.
③ 게이지를 보면서 두 개의 잭을 동시에 작동한다.
④ 높이 올라간 부위를 체인으로 고정한다.

해설
차체수리의 공정
- 제1단계 : 차체의 손상 진단 및 분석
- 제2단계 : 차체의 고정
- 제3단계 : 차체의 인장
- 제4단계 : 패널 절단 및 탈거
- 제5단계 : 패널 부착 및 용접

28 다음 중 프레임의 기준선은 누가 독자적으로 만들어 발표하는가?

① 자동차 제작회사
② 자동차 형식담당 정부 부처
③ 자동차 정비사업자
④ 자동차 측정기 제작회사

29 보디 프레임 수정기를 사용하여 수정할 때 차체를 붙잡을 수 있는 부속기기를 무엇이라 하는가?

① 클램프   ② 잭
③ 훅   ④ 유압 램

해설
- 잭 : 차체를 수직으로 들어 올릴수 있는 장비
- 훅 : 갈고리 형태로 걸어서 사용할수 있는 도구
- 유압 램 : 실린더와 피스톤으로 구성되어 상·하 왕복이 가능한 형태의 장비

30 트램 트래킹(Tram Tracking) 게이지의 비틀림 측정에 옳지 않은 것은?

① 프레임의 마름모꼴 휨

정답 25. ③ 26. ③ 27. ④ 28. ① 29. ① 30. ④

② 앞부분의 옆으로 휨
③ 리어 액슬의 흔들림
④ 휠 베이스의 흔들림

> **해설**
>
> 트램 트래킹 게이지 용도
> 트램 트래킹 게이지는 오프 셋(Off-set) "자"이며 자동차의 길이와 치수를 측정하는 용도로 이용된다.
> • 프런트 사이드 멤버의 두 곳 직선 길이 측정 비교
> • 보디의 대각선 길이 측정 비교
> • 프런트 보디의 직선 또는 대각선 길이 측정 비교

31 보디 수정 시 교정기술에 대한 사항에서 보기의 ( ) 안에 각각 들어갈 내용은?

[보기]
( )는 평균 대부분 이것이 앞바퀴 바로 뒤에 카울 지역에 형성되며, 이 현상은 프레임 조립형 혹은 모노코크에서 휠 변형이 생긴 것이다. ( )가 일어난 사이드 레일 전면부는 솟아 오르는 경향이 있다.

① 새그, 카울   ② 피벗, 새그
③ 새그, 새그   ④ 피벗, 카울

32 자동차를 조립하는 생산라인과 같은 방식이며, 계측과 수리작업이 동시에 가능한 프레임 수정방식은?

① 레이저식   ② 유니버셜식
③ 바닥식   ④ 지그식

> **해설**
>
> 지그식
> 자동차를 조립하는 생산라인과 같은 방식이며, 계측과 수리작업이 동시에 가능한 프레임 수정방식

[지그식 셀렉트]

33 다음의 탈지제 중 알칼리성이 아닌 것은?
① 가성소다   ② 탄산소다
③ 염화나트륨   ④ 삼인산소다

34 도료의 건조 방법을 설명한 것 중에서 옳은 것은?
① 전기식은 청결하고 안정된 열원을 얻을 수 있으나 정비가 불편하다.
② 열풍식은 넓은 범위로 열을 전달하기 어렵다.
③ 원적외선식은 효율이 좋고 건조 시에도 결함이 감소한다.
④ 적외선식은 고온을 얻기가 곤란하다.

> **해설**
>
> 건조 방식
> • 전기식 : 청결하고 안정된 열원을 얻을 수 있으며, 정비가 간단하다.
> • 열풍식 : 버너의 불꽃 등으로 따뜻한 공기를 팬으로 송출하는 구조로 넓은 범위로 열을 전달할 수 있다.
> • 원적외선식 : 효율이 좋고 건조 시에도 결함이 감소한다.
> • 적외선식 : 도막에 직접 작용하여 열을 발생시키므로 효율이 좋아 고온을 얻기가 용이하나 도장면에 가까운 거리에서 사용하여야 한다.

35 두꺼운 도막을 급격히 가열했을 때 발생할 수 있는 결함은 무엇인가?
① 크레이터형   ② 핀홀
③ 호올   ④ 침전

> **해설**
>
> 도장 결함
> • 크레이터형 : 도장작업 부위에 분화구 모양의 작은 구멍이 발생된 현상
> • 핀홀 : 두꺼운 도막을 급격히 가열했을 때 바늘로 찌른 듯한 구멍이 발생할 수 있는 결함
> • 침전 : 안료가 바닥에 가라 앉아 굳어버린 현상

정답 31. ③ 32. ④ 33. ③ 34. ③ 35. ②

36 다음 중 우리나라에서 단일체 구조 보디 프레임이 가장 많이 쓰이는 차종은?

① 소형승용차 ② 소형화물차
③ 대형승용차 ④ 특수차

> **해설**
> 모노코크 보디(단일체 프레임)
> 일체형 보디로 여러 장의 균일한 패널이 용접 및 조립 결합되어 하나의 형상을 구성하고 있으며 거의 모든 소형 승용차에 적용되고 있다.

37 자동차의 프레임 중 프레임과 보디 바닥면을 일체로 한 프레임은?

① 플레이트 폼형 프레임
② 백본형 프레임
③ X형 프레임
④ H형 프레임

> **해설**
> 프레임의 종류
> • 플레이트 폼형 프레임 : 프레임과 바닥면을 판형으로 용접 결합한 형태로, 프레임과 차체사이에 고무 쿠션이 장착되어 있으며, 차체가 탈부착 가능한 형태의 프레임(예 : 폭스바겐의 비틀)이다.
> • 백본형 프레임 : 커다란 등뼈를 집어 넣은 것 같은 형상으로 바닥면을 낮추고 중심을 낮게 할 수 있는 형태의 프레임(예 : 기아차의 엘란)이다.
> • X형 프레임 : 사이드 멤버나 크로스 멤버를 양쪽으로 X자 모양으로 용접 결합하여 배기관이나 드라이브 샤프트를 통과시킬수 있는 형태의 프레임이다. 사다리형(=H형)에 비해 비틀림 강성은 크지만 현재는 사용되지 않는다.
> • H형 프레임 : 2개의 사이드 멤버와 몇개의 크로스 멤버로 구성되어 있으며, 강도가 높고, 구조가 간단해 대량생산에 적합하나 차체의 높이가 상승해 승차감이 떨어진다. 미니버스나 트럭, 픽업 등에 적용된다.

38 프레임 사이드 멤버의 보강판이나 덧대기 판 양끝 면의 단면이 점점 좁아져 가는 이유로 가장 적합한 것은?

① 보조기구 부착을 위해
② 응력 집중을 방지하기 위해
③ 크로스 멤버의 부착을 위해
④ 무게의 균형을 잡기 위해

39 다음 판금 퍼티작업으로 가장 옳은 것은?

① 한번에 쌓아 올리는 높이는 5mm 정도가 적당하다.
② 혼합용 정반이 없다면 판자 조각이나 두꺼운 종이를 써도 무방하다.
③ 한번에 쌓아 올리는 양 만큼씩 사용하는 것보다 많은 양을 혼합해서 두고 쓰는 것이 좋다.
④ 공기의 거품이 남아 있으면 도막 파열의 원인이 되므로 제거한다.

40 판금가위 중 비틀림 가위는 어떻게 자를 때 사용하는가?

① 직선으로 자를 때
② 둥글게 자를 때
③ 지그재그형으로 자를 때
④ 직각으로 자를 때

41 차체수리용 판금 잭의 기능 중 가장 적당한 것은?

① 밀고, 절단한다.
② 당기고, 절단한다.
③ 밀고, 당기고, 절단한다.
④ 밀고, 당기고, 오므리기 한다.

> **해설**
> 판금 잭(포토 파워)의 기능
> • 누르기 작업
> • 당기기 작업
> • 늘리기 작업
> • 오므리기 작업

정답 36. ① 37. ① 38. ② 39. ④ 40. ② 41. ④

42 윈도우 실드 교환 시 글래스 실런트의 절단 설명 중 맞지 않는 것은?

① 피아노 선을 사용한다.
② 윈도우 실드 나이프를 사용한다.
③ 커트 나이프를 사용한다.
④ 댐 러버를 사용한다.

43 계량 조색을 하기 위한 조색기기와 관계가 없는 것은?

① 전자저울   ② 애지데이터 커버
③ 믹싱머신   ④ 버프

44 보디 수정 시 파손의 인장 방법에서 보기의 ( ) 안에 각각 들어갈 내용은?

[보기]
차체는 반드시 잘 고정되어야 한다. 이때 고정시키는 앵커는 ( ) 고정시킨다. 뒤편에 충돌된 차량의 경우 가장 강하게 고정할 지점이 ( ) 지역 양쪽이다.

① 파손 부위에, 레인포스먼트
② 파손 부위를 피해서, 카울
③ 파손 부위에, 카울
④ 파손 부위를 피해서, 레인포스먼트

해설
차체는 반드시 잘 고정되어야 한다. 이때 고정시키는 앵커는 (파손 부위를 피해서) 고정시킨다. 뒤편에 충돌된 차량의 경우 가장 강하게 고정할 지점은 (카울)지역의 양쪽이다.

45 승용차 손상 진단 시 자동차 뒷부분 중앙에 외력이 가해졌을 경우 우선 1차적인 점검 부위에 해당되지 않는 것은?

① 리어 플로어 부위
② 리어 라디에이터 코어 부위
③ 리어 사이드 부위
④ 리어 프레임 부위

해설
라디에이터 코어는 차체 전면부 점검 부위에 해당한다.

46 센터라인 게이지의 구성요소로 맞는 것은?

① 센터 핀   ② 센터 고리
③ 센터 멤버   ④ 센터 눈금

해설

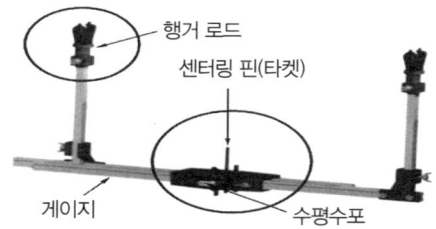

현재 센터링 게이지로 통용되며 행거로드, 센터링 핀(또는 타켓), 게이지, 수평수포로 구성되어 있다.

47 각종 숫돌 바퀴의 결합제의 종류가 아닌 것은?

① B   ② H
③ M   ④ S

해설
숫돌 바퀴 결합제의 종류
• V : 자기 결합제(비트리파이드)
• S : 규산소다 결합제(실리게이트)
• R : 고무질 결합제(고무)
• B : 인조수지질 결합제(레지노이드)
• E : 천연 결합제(셀락)
• M : 메탈 결합제(메탈)

48 텅스텐 전극과 모재 사이에 아크를 발생시키고 아르곤가스를 공급하여 절단하는 방법은?

① TIG 아크 절단
② MIG 아크 절단
③ 서브머지드 아크 절단
④ 플라즈마 아크 절단

정답 42. ④ 43. ④ 44. ② 45. ② 46. ① 47. ② 48. ①

49 승용차 보디 중 엔진룸을 구성하는 부품이 아닌 것은?

① 푸드 패널
② 프런트 휠 하우스
③ 쿼터 아웃 패널
④ 라디에이터 서포트 패널

해설
쿼터 아웃 패널은 사이드 후면부를 구성하는 부품이다.

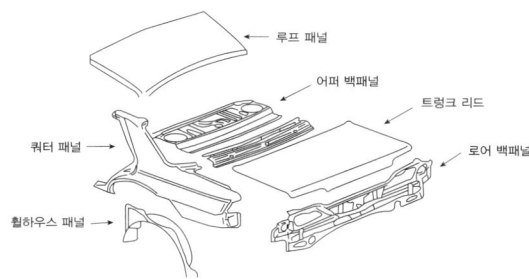

50 전기저항 스폿 용접기의 용접암과 전극의 선택에서 주의사항이 아닌 것은?

① 상하의 암을 평행하게 장착한다.
② 전극을 바르게 상하 정렬시킨다.
③ 전극팁의 접촉면을 완전히 평평하게 다듬질 한다.
④ 용접하려고 하는 부분에 적합하고 가능한 한 긴 것을 사용한다.

해설
스폿 용접 작업
• 구도막이나 오물을 제거하고 전기가 잘 통하는 방청제 도포 후 용접해야 한다.
• 암은 용접부의 차체 구조에 알맞게 전극의 접촉부는 지름 5mm 정도로 깨끗하고 서로 일직선하게 위치시킨다.
• 스폿 용접의 피치는 1T 두께의 판에서 약 20~25mm, 최대 약 40~45mm이며 모재의 끝에서 5mm 이상 안쪽으로 작업한다.
• 수리 용접은 새 차보다 10~20% 정도 많게 한다.

51 안전표지에 사용되는 색채에서 보라색은 주로 어느 용도에 사용하는가?

① 방화표시   ② 주의표시
③ 방향표시   ④ 방사능표시

해설
안전표지 색채
• 적색 : 위험, 방화, 방향
• 흑색 및 백색 : 통로표시, 방향지시 및 안내표지
• 청색 : 조심, 금지
• 보라색(자색) : 방사능(방사능의 위험을 경고하기 위해 표시)
• 녹색 : 안전, 구급
• 노란색(황색) : 주의
• 오렌지색 : 기계의 위험 경고

52 기계 작업 시의 일반적인 안전사항이 아닌 것은?

① 주유 시는 지정된 오일을 사용하며, 기계는 운전을 정지시킨다.
② 고장의 수리, 청소 및 조정 시에는 동력을 끊고 다른 사람이 작동시키지 않도록 표시해 둔다.
③ 운전 중 기계로부터 이탈할 때는 운전을 정지시킨다.
④ 기계운전 중 정전이 발생되었을 때는 각종 모터의 스위치를 켜둔다.

해설
기계운전 중 정전이 발생되면 각종 모터의 스위치는 OFF시켜야 한다.

53 공기기구 사용에서 적합하지 않은 것은?

① 공기기구의 활동부위에는 윤활유가 묻지 않게 할 것
② 공기기구를 사용할 때는 보호안경을 사용할 것
③ 고무호스가 꺾여 공기가 새는 일이 없도록 할 것
④ 공기기구의 반동으로 생길 수 있는 사고를 미연에 방지할 것

정답 49. ③ 50. ④ 51. ④ 52. ④ 53. ①

> 해설

공기기구 사용 시 유의사항
- 공기기구의 활동부위에는 마찰 및 마모를 방지하기 위해 주유할 것
- 공기기구를 사용할 때는 보호안경을 사용할 것
- 고무 호스가 꺾여 공기가 새는 일이 없도록 할 것
- 공기기구의 반동으로 생길 수 있는 사고를 미연에 방지할 것

54 스패너 작업 시의 안전수칙에 알맞지 않은 것은?

① 주위를 살펴보고 조심성 있게 죌 것
② 스패너를 몸 바깥쪽으로 밀지 말고 앞쪽으로 당길 것
③ 스패너는 조금씩 돌리며 사용할 것
④ 힘겨울 때는 스패너 자루에 파이프를 끼워서 작업할 것

> 해설

스패너 작업
- 스패너는 볼트나 너트 폭에 맞는 것을 사용한다.
- 스패너를 너트에 단단히 끼우고 앞으로 당기면서 풀고 조인다.
- 스패너에 2개의 자루를 연결하거나 자루를 파이프에 물려 돌려서는 안 된다.
- 스패너 사용 시 너무 무리한 힘을 가하지 않는다.
- 스패너를 해머 대용으로 사용하지 않는다.

55 중량물을 들어 올리거나 내릴 때 손이나 발이 중량물과 지면 등에 끼어 발생하는 재해는?

① 낙하 ② 충돌
③ 전도 ④ 접착

> 해설

- 낙하 : 높은 데서 낮은 데로 떨어져 발생하는 재해
- 충돌 : 서로 부딪쳐서 발생하는 재해
- 전도 : 엎어지거나 넘어져서 발생하는 재해
- 접착 : 중량물을 들어 올리거나 내릴 때 손이나 발이 중량물과 지면 등에 끼어 발생하는 재해

56 산소는 산소병에 몇 도에서 150기압으로 충전하는가?

① 35℃ ② 45℃
③ 55℃ ④ 65℃

> 해설

봄베
- 아세틸렌 봄베 : 연강재의 봄베(Bombe)에 석면, 규조토, 숯, 석회 등의 물질을 넣고 아세톤을 포화될 때까지 흡수시켜 정제된 아세틸렌을 15℃에서 1.5MPa(15기압) 압력을 가하여 충전한다.
- 산소 봄베 : 이음매가 없는 강철재의 봄베에 순도 99.5% 이상의 산소를 35℃에서 15MPa(150기압)으로 압축하여 충전한다.
※ 봄베는 250기압 이상의 수압시험에 합격하여야 하며 반드시 3년마다 검사를 받아야 한다.

57 자동차를 도장할 때 안전 위생에 관한 사항 중 옳지 않은 것은?

① 퍼티작업은 무해한 작업이므로 장소에 구애받지 않는다.
② 도료에 포함되는 유기용제를 계속 흡입하면 중독이 되어 건강을 해친다.
③ 도장부스는 작업자 자신과 공장 내의 다른 인원을 보호한다.
④ 도장을 할 때는 환수캡식 또는 에어라인식의 마스크를 착용한다.

> 해설

퍼티 작업 시 발생하는 분진 등으로 호흡기 장애를 유발할 수 있으므로 방진 마스크, 장갑 등의 안전보호구를 착용하고 환기가 잘되는 장소에서 작업하여야 한다.

58 차량 정비 시 주의 사항으로 옳지 않은 것은?

① 차량 정비 시 구름 방지를 위해 바퀴에 고임목을 설치한다.
② 편의장치 추가 장착 시 임의 배선을 사용하면 안 된다.

정답 54. ④ 55. ④ 56. ① 57. ① 58. ③

③ 차량 성능 향상을 위해 차량을 부분적으로 개조해도 된다.
④ 전기 작업 시 배터리 접지선을 탈거한다.

해설
자동차는 성능을 향상시키기 위해서 부분적으로 개조할 수 없으며, 구조·장치를 변경시키는 경우에는 시장·군수·구청장의 승인을 받아야 가능하다.

59 자동차 연료탱크의 작은 구멍을 수리할 때 보기 중 가장 올바르고 안전한 작업방법으로 연결된 것은?

[보기]
A : 탱크 내의 가솔린 증기를 완전히 없앤다.
B : 탱크 내의 물을 넣는다.
C : 납땜을 이용하여 용접한다.
D : 주입구를 밀폐시킨다.

① A – B – D
② A – C – D
③ A – B – C
④ A – B – C – D

60 차체수리 작업을 할 때 안전보호구 착용 중 잘못 설명한 것은?
① 드릴작업을 할 때 손을 보호하기 위하여 장갑을 끼고 작업한다.
② 그라인더 작업할 때 반드시 보안경을 착용한다.
③ 해머 작업할 때 귀마개를 착용한다.
④ 퍼티를 연마할 때 방진 마스크를 착용한다.

해설
드릴 작업
• 드릴 날은 사용 전에 균열이 있는가를 점검한다.
• 드릴 날의 탈·부착은 회전이 멈춘 다음 행한다.
• 드릴 작업은 장갑을 끼고 작업해서는 안 된다.
• 작업복을 입고 머리가 긴 사람은 안전모를 착용하여 작업한다.
• 공작물은 테이블 위에 정확히 고정시켜서 따라 돌지 않게 작업한다.
• 가공물이 관통될 즈음에는 알맞게 힘을 가하여야 한다.
• 드릴 작업 때 칩의 제거는 회전을 중지시킨 후 솔로 제거하고 작업 중 쇳가루를 입으로 불어서는 안된다.
• 드릴 끝 가공물의 관통여부는 손으로 확인하지 않는다.
• 드릴 작업에서 둥근 공작물에 구멍을 뚫을 때는 공작물을 V블록과 클램프로 잡는다.
• 드릴 작업 시 재료 밑의 받침은 나무판이 적당하다.

정답 59. ③   60. ①

국가기술자격 필기시험문제

2009년 기능사 제5회 필기시험

자격종목	종목코드	시험시간	형별
자동차차체수리기능사	6285		A

01 자동차의 여유 구동력에 관한 설명으로 틀린 것은?
① 최대구동력과 주행저항의 차이이다.
② 최고속도에서의 여유 구동력은 영(0)이다.
③ 여유구동력은 가속이나 구배에서 사용된다.
④ 최고속도에서의 여유구동력은 최대값이 된다.

해설
여유 구동력
• 최대 구동력과 주행저항과의 차이이다.
• 최고 속도에서의 여유 구동력은 영(0)이다.
• 여유 구동력은 가속이나 구배에서 사용된다.

02 배기관의 배압이 상승하는 원인으로 맞는 것은?
① 배기관의 막힘
② 오버사이즈 소음기
③ 2개로 설치된 테일 파이프
④ 새로 장착한 정품의 머플러

해설
배압이란 배기가스의 배출저항을 말하는데 연소실에서 배출되는 가스의 부피가 크게 늘어나면서 배기밸브, 배기 포트, 배기 매니폴드, 배기관, 머플러 등의 저항을 받게 되어 압력이 발생하게 된다.

03 자동차의 수랭식과 공랭식 냉각장치 부품 중 공랭식 냉각계통에 있는 것은?
① 압력식 캡
② 서모스탯
③ 방열 핀
④ 라디에이터

해설
수랭식 구성품
• 라디에이터
• 냉각핀
• 냉각팬
• 압력 캡
※ 방열 핀은 방열면적을 넓히기 위해 방열관 둘레에 단 지느러미 형태의 판을 말하는데 공랭식에 이용된다.

[방열 핀 구조]

04 트럭 프레임의 일반적인 보강판 단면형이 아닌 것은?
① ㅁ형
② ㅅ형
③ ㄷ형
④ ㄴ형

05 일은 어떤 물체에 일정 크기의 힘을 작용시켜 힘의 방향으로 일정거리만큼 움직였을 때, 힘과 변위의 곱으로 나타난다. 다음 중 일을 나타내는 단위는?
① km/s
② kgf/s
③ kgf·m
④ kgf/m

해설
일의 단위
• 1PS=0.736kW=75kgf·m/sec=0.175Kcal/sec = 0.697 BTU/sec
• 1kgf·m = 1/417Kcal = 0.0234Kcal
• 1kW/H = 860Kcal

정답 1.④ 2.① 3.③ 4.② 5.③

06 자동차에서 토 인 조정은 무엇으로 하는가?
① 타이로드   ② 스러스트 바
③ 컨트롤 암   ④ 스태빌라이저 바

　해설
토(Toe)
차량을 위에서 보았을 때 타이어 앞쪽과 뒤쪽 중심 거리차를 말하며 타이로드의 길이로 조정한다.
※ 토 인 : 타이어 앞쪽 중심거리가 뒤쪽 중심거리 보다 짧은 상태

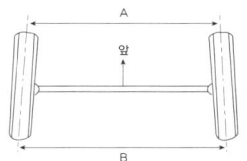
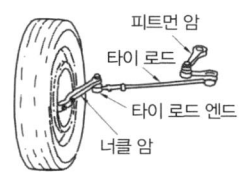

07 천장 외피의 효과와 가장 거리가 먼 것은?
① 방열   ② 방음
③ 방화   ④ 미관

　해설
방화란 일부러 불을 지르는 것을 의미한다.

08 전기회로에서 아래 그림이 나타내는 심벌의 명칭은?

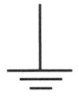

① 릴레이   ② 접지
③ 전구   ④ 퓨즈

　해설
전기회로 심벌
· 릴레이
· 전구
· 퓨즈

09 외력을 제거하면 원래의 상태로 돌아가는 것을 무엇이라 하는가?

① 탄성변형   ② 소성변형
③ 항복점   ④ 인장강도

　해설
· 소성 : 하중을 가했다가 제거하면 영구변형(=잔류변형)이 남아있는 성질
· 탄성 : 하중을 가했다가 제거하면 원래의 형태로 회복되는 성질

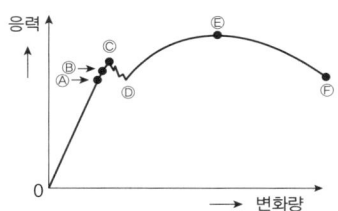

· 항복점 : ⓒ를 상항복점, ⓓ를 하항복점이라고 하는데 상항복점 이상의 하중이 작용하게 되면 연신율과 상관없이 시험편은 늘어나게 된다.
· 인장강도(극한강도) : 최대하중과 시험 전 시험편의 단면적을 나눈값을 말하며 ⓔ지점을 지칭한다.

10 자동차 기관의 연료소비율을 향상시키기 위한 대책이 아닌 것은?
① 동력전달장치의 마찰감소
② 차체의 공기저항 감소
③ 차량 중량 저감
④ 기관 냉각수 온도 저감

11 모재의 열변형이 거의 없으며, 이종 금속의 용접이 가능하고 미세하고 정밀한 용접을 할 수 있으며, 비접촉식 용접방식으로 모재 손상을 주지 않는 특징을 가진 용접은?
① 산소용접   ② 전기용접
③ 레이저용접   ④ 스터드용접

　해설
레이저용접
모재의 열변형이 거의 없으며, 이종 금속의 용접이 가능하고 미세하고 정밀한 용접을 할 수 있으며, 비접촉식 용접방식으로 모재 손상을 주지 않는 용접법

정답 6. ① 7. ③ 8. ② 9. ① 10. ④ 11. ③

12 특정한 모양을 가진 물체를 도시한 그림으로 가장 옳은 것은?

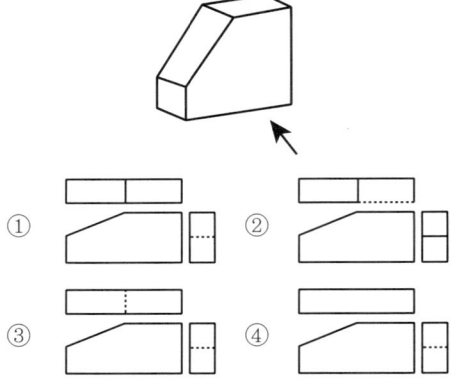

13 다음 중 가장 경도가 높은 조직은?
① 시멘타이트   ② 마르텐사이트
③ 펄라이트   ④ 오스테나이트

해설
시멘타이트(Cementite)
경도가 높고 취성이 크며, 백색으로 상온에서 강자성체인 결정으로 210℃에서 자기 변태를 일으킨다.

14 자동차용 안전유리 중 접합유리에 속하는 것은?
① 부분 강화유리   ② 표준 강화유리
③ 플라스틱 유리   ④ 표준 유리

해설
유리의 종류
- 강화유리 : 보통의 판유리를 600℃ 정도로 가열한 후 급랭
- 마충유리 : 두 장의 유리 사이에 폴리비닐 중간막
- 착색유리 : 안료를 넣어 색상을 유지
- 프린트 유리 : 표면에 금속 프린트

15 100A 이상 300A 미만의 아크용접 작업 시 알맞은 것은?
① 6~7번   ② 8~9번
③ 10~12번 ④ 13~14번

해설

No	용접봉 지름(mm)	용접 전류(A)	차광도 번호
1	1.2~2.0	45~75	8
2	1.6~2.6	75~130	9
3	2.6~3.2	100~200	10
4	3.2~4.0	150~250	11
5	4.8~6.4	200~300	12
6	4.4~9.0	300~400	13
7	9.0~9.6	400 이상	14

16 아크 용접봉에서 피복제의 작용이 아닌 것은?
① 슬래그를 생성하여 용융금속을 보호하고 냉각속도를 느리게 한다.
② 심선보다 빨리 녹으며, 산성 분위기를 만든다.
③ 용융금속과 반응하여 탈산 정련작용을 한다.
④ 용착금속을 양호하게 하기 위해서 작용한다.

해설
용접봉 피복제의 역할
- 아크의 전도성을 향상시켜 점화성능, 아크를 안정시킨다.
- 용접 금속의 탈산 및 정련 작용으로 산화를 방지한다.
- 용착 금속에 합금 원소를 첨가시켜 성분을 제어하여 용접부의 기계적 성질을 향상한다.
- 보호가스를 발생시켜 용융지와 용적을 보호한다.
- 모재 표면에 슬래그를 생성하여 용융 금속의 응고와 급랭을 방지하여 고운 비드를 만든다.

17 가스 용접에서 모재와 불꽃과의 거리는 대략 어느 정도로 하는 것이 좋은가?
① 0~1mm   ② 2~3mm
③ 5~7mm   ④ 10~15mm

정답 12. ① 13. ① 14. ② 15. ③ 16. ② 17. ②

18 기공 또는 용융 금속이 튀는 현상이 생겨 용접한 부분의 바깥면에 나타나는 작고 오목한 구멍을 무엇이라 하는가?

① 플래시(Flash) ② 피닝(Peening)
③ 플럭스(Flux)   ④ 피트(Pit)

🔍 해설
피트
기공 또는 용융 금속이 튀는 현상이 생겨 용접한 부분의 바깥면에 나타나는 작고 오목한 구멍
※ 발생원인
- 습기, 녹, 페인트가 있을 때
- 냉각속도가 빠를 때
- 모재에 탄소, 망간, 황 등의 함유량이 많을 때

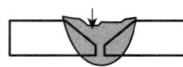

19 하나의 고용체로부터 2개의 고체가 일정한 비율로 동시에 나온 혼합물을 무엇이라고 하는가?

① 공정   ② 포석정
③ 공석정   ④ 편석정

🔍 해설
- 공정 : 두 개의 금속이 용융된 액체 상태에서는 균일한 상태이나 응고 상태에서는 각각 분리된 결정으로 정출되어 혼합된 조직이 되는 것
- 공석정 : 하나의 고용체로부터 2개의 고체가 일정한 비율로 동시에 석출 되어 나온 혼합물
- 편석정 : 금속이 용융상태에서 응고 온도차에 따라 농도의 차이를 일으키며 불균일한 금속조직으로 나타나는 현상

20 기계제도를 할 때 도면에 기입하여야 할 것이 아닌 것은?

① 용도   ② 가공정밀도
③ 재료   ④ 치수

21 전기 용접할 때 발생 열량으로 알맞은 식은?
[단, H(cal), I(A), R(Ω), t(sea)]

① H = (0.24)²IRt
② H = (0.24)I²Rt
③ H = (0.24)I²Rt
④ H = (0.24)IRt²

🔍 해설
줄의 법칙
H = 0.238 I²Rt ≒ 0.24I²Rt
[H : 발열량(cal), I : 전류(A), R : 저항(Ω), t : 통전시간(sec)]

22 다음 합금 중에서 구리에 아연 8~20%를 첨가한 것은?

① 문츠메탈   ② 델타메탈
③ 톰백   ④ 포금

🔍 해설
황동
구리와 아연의 합금을 말하며 함유 비율에 따라 분류한다.
- 7-3황동 : 구리 70%, 아연 30%이며 황금색을 띠며 연신율, 냉간 가공성이 좋다.
- 6-4황동 : 구리 60%, 아연 40%이며 주황색을 띠며 주조성, 열간 가공성이 좋으며 인장강도가 높다.
- 톰백(Tom Bac) : 구리 85%, 아연 15%의 황동을 말한다.
- 네이벌 황동 : 6-4황동에 주석 1%를 첨가한 황동을 말한다.

23 금속 판재를 냉간 가공하면 결정입자는 어떤 조직으로 되는가?

① 입상조직   ② 섬유조직
③ 편상조직   ④ 층상조직

🔍 해설
냉간 가공
재결정 온도보다 낮은 온도에서 가공하는 것으로 금속 판재를 냉간 가공하면 금속 판재는 내부 변형과 입자의 미세화로 인하여 결정입자가 섬유조직으로 변형되어 가공경화를 일으켜 강도나 경도가 증가되지만 인성은 줄어든다.

📝 정답 18. ④ 19. ③ 20. ① 21. ② 22. ③ 23. ②

24 자동차의 구조 중 주로 차의 내부 패널용으로 사용되는 강판은?

① 열간압연 강판
② 열간압연 고장력 강판
③ 냉간압연 강판
④ 알루미늄 강재

해설
냉간압연강판
열간압연강판을 상온 상태에서 산으로 세정하여 롤러 압연하는 조질압연으로 경도 조정 및 판 표면의 평활도를 높인 강판이다. 일반적으로 3.2mm 이하의 것이 많이 적용된다.
※ 특징
• 판 표면이 매끄럽다.
• 가공성, 용접성이 우수하다.
• 자동차용으로 주로 사용된다.

25 점용접에서 접합면의 일부가 녹아 바둑알 모양의 단면으로 된 부분을 무엇이라 하는가?

① 스폿(Spot)
② 너깃(Nugget)
③ 포일(Foil)
④ 돌기(Projection)

해설
너깃
용접 접합면의 일부가 녹아 형성된 바둑알 모양의 단면을 말한다.

26 트렁크 리드 탈거 작업에 속하지 않는 것은?

① 리드 어셈블리
② 리드힌지 마운팅 볼트
③ 리드래치 및 메인 와이어 링
④ 사이드 가니쉬

27 승용차 손상 진단 시 자동차 앞면 좌·우측 끝에 외력이 가해졌을 경우 우선 1차적인 점검부위에 해당되지 않는 것은?

① 프런트 사이드 멤버와 크로스 멤버
② 라디에이터 서포트 중심과 좌우부위
③ 후드의 평면부위와 좌우부위
④ 쿼터 패널 부위

해설
쿼터 패널은 자동차 후면 사이드 부를 구성하고 있다.

28 다음 중 언더 보디(Under Body) 패널에 속하지 않는 것은?

① 프런트 플로어
② 리어 크로스 멤버
③ 센터 필러 패널
④ 사이드 멤버

해설
센터 필러 패널은 중앙 사이드 보디 부를 구성하고 있다.

29 차체 치수도의 표시법에서 직선거리 치수가 아닌 것은?

① 엔진룸
② 평면치수
③ 언더 보디
④ 사이드 보디

해설
차체치수도의 표시법
• 직선거리 치수 : 측정하려는 2개의 측정 지점을 직선으로 연결하는 치수로 프런트 보디, 사이드 보디, 언더 보디에 사용
• 평면 투영 치수 : 투영된 물체 지점간의 수평선 길이를 나타내는 치수로 높이차가 무시된 평면상의 치수법

30 생산라인에서 신차 도장의 일반적인 작업방법을 순서대로 바르게 표시한 것은?

① 표면처리 – 표면수정 – 중간도장 – 마지막 도장
② 표면가공 – 초벌도장 – 표면수정 – 마지막 도장
③ 표면처리 – 초벌도장 – 중간도장 – 마지막 도장
④ 표면가공 – 수정도장 – 표면수정 – 마지막 도장

정답 24. ③ 25. ② 26. ④ 27. ④ 28. ③ 29. ② 30. ③

> 해설

신차 도장은 표면처리(방청, 밀착력)을 한 다음, 하도도장(방청, 내수), 중도도장(두께, 평활성), 상도도장(광택, 미관, 내후성)의 3층 구조로 되어 있다.

31 차체 수리 시 패널부를 CO_2용접기로 맞대기 이음을 하려고 한다. 가장 알맞은 방법은?

① 스폿 용접　② 연속 용접
③ 플러그 용접　④ 펠릿 용접

> 해설

[맞대기 이음]　[필렛 이음]　[겹치기 이음]　[플러그 이음]

- 스폿 용접 : 점용접 작업
- 플러그 용접 : 겹치기 용접 작업
- 필렛 용접 : 수직 용접 작업
- 연속 용접 : 맞대기 용접 작업

32 건조로에 있어 보편적인 열원의 전달 방식은?

① 대류와 복사　② 전도와 대류
③ 복사와 전도　④ 전도와 직사

33 지그 시스템을 사용하는 프레임 수정기 사용방법의 설명 중 잘못된 것은?

① 차체와 지그를 연결할 때에 볼트를 사용한다.
② 지그는 차종마다 같고 스트럿 타워만 교체한다.
③ 크로스 멤버의 번호와 일치하는 지그를 사용한다.
④ 지그는 용접 작업을 하기 전에 정확하게 가조립을 할 수 있다.

34 손상차체의 계측작업에 사용되는 계측기의 종류가 아닌 것은?

① 센터링 게이지
② 유니버설 메저링 시스템
③ 오토 폴 시스템
④ 지그 벤치 시스템

> 해설

오토 폴식 시스템(Auto Pole System)
바닥에 폴 기둥을 설치하고 체인 및 클램프를 연결하고 잡아 당겨 프레임을 수정하는 방식

35 차체 용접에서 용입 불량의 원인은?

① 용접전류가 낮다.
② 용접 겹침이 너무 넓다.
③ 와이어 공급률이 너무 느리다.
④ 모재에 과도한 산소가 공급되었다.

> 해설

용입불량
용접부에서 용입이 불충분한 상태
※ 발생원인
- 전류가 낮을 때
- 용접 속도가 빠를 때
- 용접홈 각도가 좁을 때
- 부적합 용접봉 사용 시

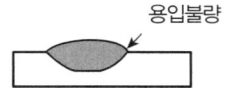

용입불량

36 자동차 판금작업에 관한 설명으로 틀린 것은?

① 패널 부착 상태에 따라 일부를 절단하여 절단 이음 교환을 할 때가 있다.
② 절단 이음부는 맞대기 용접이나 겹침 용접을 한다.
③ 강도가 필요한 부위는 겹침 용접이나 보강판을 넣어서 맞대기 용접을 한다.
④ 용접은 산소용접을 주로 하여 강판에 영향을 주지 않도록 한다.

> 해설

차체수리 작업 시 산소용접은 강판이 탄화 및 산화될 우려가 많고 기계적 강도가 떨어지므로 스폿 용접이나 탄산가스 아크용접을 주로 사용한다.

정답　31. ②　32. ①　33. ②　34. ③　35. ①　36. ④

37 판금 제품을 보강 또는 장식을 목적으로 옆벽의 일부를 볼록 나오거나 오목 들어가게 띠를 만드는 가공법은?

① 비딩(Beading)
② 벌징(Bulging)
③ 플랜징(Flanging)
④ 컬링(Curling)

> 해설
> • 벌징(Bulging) : 원통 용기의 입구는 그대로 두고 아랫부분을 볼록하게 가공하는 방법
> • 플랜징(Flanging) : 판재의 가장자리를 직각으로 굽혀 강도 높은 곡선부의 플랜지를 만드는 가공법
> • 컬링(Curling) : 드로잉 가공으로 성형한 용기의 테두리를 프레스나 선반 등으로 둥그스름하게 굽히는 가공법

38 효과적인 프레임 교정술에서 힘의 성질로 옳은 것은?

① 물체의 중심을 벗어난 장소에 힘을 가하면 회전하려는 모멘트가 발생한다.
② 형태나 면적이 변화하는 부위에는 응력(힘)이 집중되어 파손이 되지 않는다.
③ 사고차 수리 시에 충격(힘)을 받는 가까운 부위부터 수리하여 복원한다.
④ 순간적인 인장 작업을 하면 힘은 수리차의 전체로 전달된다.

39 스프레이건에서 방아쇠와 연동하여 분사되는 도료 토출량을 조절하는 부품은?

① 캡
② 니들밸브
③ 노즐
④ 패턴조절장치

40 손상된 차체를 절단하고 연강판으로 차체를 제작할 경우 손상된 차체보다 어느 정도 크게 제작하는 것이 적당한가?

① 0.5mm
② 1mm
③ 1.5mm
④ 2mm

41 커터(Cutter)란 무엇을 하는 공구인가?

① 앵글 등을 쇠줄로 절삭한다.
② 갈고 깎아내는 데 쓰이는 공구이다.
③ 철판을 절단한다.
④ 도장작업을 하는 데 쓰이는 공구이다.

42 판금퍼티 작업에서 주걱과 피도면의 작업각도는 얼마가 적당한가?

① 5~15°
② 15~30°
③ 30~45°
④ 50~60°

43 자동차 도어 락 중 일반적으로 가장 많이 사용하는 방식은?

① 스핀들식
② 캠식과 슬라이드식
③ 래크 피니언식과 후크핀식
④ 빗장과 코터식

> 해설

44 트램 트래킹 게이지로 측정할 수 없는 부분은?

① 프레임 하체부 서스펜션과 전동장치 부위
② 프레임의 일그러진 상태
③ 프런트 사이드 멤버의 일그러짐이나 상·하로 휨 상태
④ 프런트 사이드 멤버의 좌·우로 휨 상태

> 해설
> 트램 트래킹 게이지
> 트램 트래킹 게이지는 오프 셋(Off-set) "자"이며 자동차의 길이와 치수를 측정하는 용도로 이용된다. 측정부위는 다음과 같다.

- 프런트 사이드 멤버의 일그러짐이나 상하로 굽은 상태 점검
- 프런트 사이드 멤버의 좌우로 굽은 상태 점검
- 로어 암과 후드 레지의 위치 점검
- 로어 암 니백(Knee Back)의 점검
- 리어 보디의 일그러진 곳과 상하의 휨 점검
- 프레임의 일그러진 상태 점검

45 가스 절단 시 산소의 순도가 저하될 때 나타나는 현상이 아닌 것은?

① 절단 속도 저하
② 산소 소비량 증대
③ 슬래그의 박리성 양호
④ 절단면의 거침

> **해설**
> 산소의 순도 저하 시 나타나는 현상
> - 절단 속도 저하
> - 산소 소비량 증대
> - 절단면의 거침

46 연삭숫돌입자 중 탄화규소계 연삭재로서 초경합금, 유리 연삭용이며 녹색인 것은?

① A
② WA
③ GC
④ C

> **해설**
>
> | No | 종류 | 숫돌 입자 재질 | 기호 | 인조 숫돌 입자의 종류 |
> |---|---|---|---|---|
> | 1 | 알루미나계 | 백색 알루미나
갈색 알루미나 | WA
A | 4A
2A |
> | 2 | 탄화규소계 | 녹색 탄화규소
흑색 탄화규소 | GC
C | 4C
2C |

47 프레임 센터링 게이지에 의해 측정할 수 없는 것은?

① 프레임의 상하 휨
② 프레임의 좌우 휨
③ 프레임의 비틀림
④ 프레임의 접속부 이완

> **해설**
> 센터링 게이지
> 센터링 게이지는 행거로드, 센터링 핀(또는 타켓), 게이지, 수평수포로 구성되어 있으며 차체 하부 3~4곳에 설치하여 프레임의 상하 휨, 프레임의 좌우 휨, 프레임의 비틀림 등 언더 보디의 상태(새그, 사이드 스웨이, 트위스트, 킥 업, 사이드 웨이 등)를 파악하는 용도로 이용된다.

48 자동차 도료는 자동차를 어떤 목적에서 피복하기 위하여 수지, 안료, 첨가제 등을 써서 만든 액체나 고체이다. 도료의 목적에 맞지 않는 것은?

① 보호
② 미관
③ 상품가치 향상
④ 강도

> **해설**
> 도장의 목적
> - 물체의 보호
> - 외관 향상
> - 상업적 가치 향상

49 자동차 도료의 퍼티에 대한 설명으로 맞는 것은?

① 주제를 충분히 저어서 혼합한다.
② 한번에 두껍게 여러 번 바른다.
③ 주제와 경화제의 혼합비는 10:3~4이다.
④ 패널 수정 후 패널면에 바로 바른다.

> **해설**
> - 판금 퍼티(Metal Putty) : 최대 3~5cm까지 도포가 가능하며 판과의 부착성을 좋게 하지만 완전건조 시간이 걸리며 연마성이 나쁘고 교환하는 리어펜더의 접합부나 깊이가 큰 요철 부분에 사용된다.
> - 폴리에스테르 퍼티(Polyester Putty) : 주제와 경화제의 혼합은 100:1~3 정도이며 퍼티의 색상에 따라 경화 시간이 달라진다. 일반적으로 5mm 정도의 요철부나 퍼티면의 굴곡 등을 수정하는 마무리 타입으로 사용된다.
> - 스프레이 퍼티(Spray Putty) : 퍼티 도포가 힘든 굴곡 부위나 작업부위가 넓은 부위에 마무리 퍼티용으로 사용된다.

정답 45. ③ 46. ③ 47. ④ 48. ④ 49. ①

- 래커 퍼티(Lacquer Putty) : 막의 두께는 약 0.1~0.5mm 정도이며 퍼티면이나 프라이머 서페이서 면의 가공 및 작은 상처를 수정하는데 사용된다.

50 벤치식 프레임 수정장비의 설명으로 맞는 것은?

① 계측기준은 바닥이다.
② 바닥에 레일이 설치되어 있다.
③ 하체정비나 계측이 용이하다.
④ 다른 작업장으로도 사용이 가능하다.

> **해설**
>
> 벤치식 시스템(Bench System, 이동식 시스템)
> 캐스터가 장치되어 있으며 메인 프레임과 잡아당기기 위한 지주가 있어 지주 사이에 유압잭과 언더 클램프를 사용하여 보디 프레임을 수정하며 하체 정비나 계측이 용이하다.

51 유류화재 시 소화방법으로 적합하지 않은 것은?

① 분말소화기를 사용한다.
② 물을 부어 끈다.
③ 모래를 뿌린다.
④ ABC 소화기를 사용한다.

> **해설**
>
> 소화방법
> - 제거소화 : 화재현장에서 가연물을 제거하여 소화하는 방법
> - 냉각소화 : 물을 방사하여 가연물의 온도를 발화점 이하로 낮추어 소화하는 방법(유류화재 시에는 물을 사용해서는 안되며, 질식소화법을 이용한다)
> - 질식소화 : 분말, 이산화탄소, 할로겐 화합물 등과 같이 소화약제를 방사하여 산소의 농도를 낮추어 소화하는 방법.
> - 부촉매(억제)소화 : 분말, 할로겐 화합물 등과 소화설비와 같이 산소와의 결합을 차단하거나 연소의 연쇄반응을 억제시켜 소화하는 방법

52 평균 근로자 500명인 직장에서 1년간 8명의 재해가 발생하였다면 연천인율은?

① 12   ② 14
③ 16   ④ 18

> **해설**
>
> 연천인율 = $\frac{\text{재해자 수}}{\text{평균 근로자 수}} \times 1,000$
>
> = $\frac{8}{500} \times 1,0000 = 16$

53 수공구의 사용방법 중 잘못된 것은?

① 공구를 청결한 상태에서 보관할 것
② 공구를 취급할 때에 올바른 방법으로 사용할 것
③ 공구는 지정된 장소에 보관할 것
④ 공구는 사용 전·후 오일을 발라둘 것

> **해설**
>
> 수공구 작업 시 안전사항
> - 사용 전 수공구의 이상 유무를 확인한다.
> - 올바른 취급방법을 습득하고 사용한다.
> - 작업에 맞는 수공구를 선택한다.
> - 비산물이 튈 우려가 있는 작업은 보안경이나 보호구를 착용한다.
> - 작업장 내·외부 이동 시 공구는 보관함에 담아서 가지고 다닌다.
> - 수공구 사용 후 지정된 보관함에 넣어 보관하고 작업 중에도 정리·정돈하며 사용한다.
> - 기름이 묻은 손이나 손잡이에 기름이 묻어 있으면 미끄러워 위험하므로 사용 전에 깨끗이 닦아내고 사용한다.
> - 공구는 기계, 발판, 난간 등 떨어지기 쉬운 곳에 놓지 않도록 안전한 곳에 둔다.
> - 불량한 공구는 반납하고 함부로 수리하여 사용해서는 안 된다.

54 연삭작업 시 지켜야 할 안전수칙 중 잘못된 것은?

① 보안경을 반드시 착용한다.
② 숫돌의 측면을 사용한다.
③ 숫돌차와 연삭대 간격은 3mm 이하로 한다.
④ 정상 회전속도에서 연삭을 시작한다.

정답 50. ③ 51. ② 52. ③ 53. ④ 54. ②

해설

연삭 작업
- 작업 전 이상 유무를 확인하고 사용한다.
- 숫돌바퀴의 균열 여부를 나무해머로 가볍게 두드려 확인한다.
- 연삭작업 전에 1분, 연삭숫돌 교체 후에 3분 이상 공회전한 후 정상 회전 속도에서 시작한다.
- 반드시 안전덮개는 부착하고 작업한다.
- 연삭숫돌은 가능한 한 측면을 사용하지 않는다.
- 숫돌차와 받침대 간격은 3mm 이내로 한다.
- 플랜지 직경은 숫돌 직경의 1/3 이상 되는 것을 사용한다.
- 부시의 구멍은 숫돌바퀴의 바깥둘레와 동심원이어야 한다.
- 숫돌차의 편심이 생기거나 원주면의 메짐이 심하면 드레싱하여 숫돌면을 다듬는다.
- 연삭기의 노출각도
  - 탁상용 연삭기 : 노출각도는 90° 이내
  - 연삭숫돌의 상부를 사용하는 것을 목적으로 하는 연삭기 : 노출각도 60°이내
  - 휴대용 연삭기 : 노출각도 180° 이내
  - 원통형 연삭기 : 노출각도 180° 이내
  - 절단 및 평면 연삭기 : 노출각도 150° 이내

55 전동공구를 사용하여 작업할 때의 준수 사항이다. 올바른 것은?

① 코드는 방수제로 되어 있기 때문에 물이나 기름이 있는 곳에 놓아도 좋다.
② 무리하게 코드를 잡아당기지 않는다.
③ 드릴의 이동이나 교환 시는 모터를 손으로 멈추게 한다.
④ 코드는 예리한 걸이에도 절단이나 파손이 안 되므로 걸어도 좋다.

해설

전동 공구 안전수칙
- 전원의 ON, OFF가 확실히 되는지 확인한다.
- 디스크가 단단히 부착되었는지 확인한다.
- 보안경, 장갑, 안전화, 작업복 등이 완벽한지 확인한다.
- 샌딩 기계를 사용할 때는 진공 흡입장치가 작동하는지 확인한다.
- 먼지의 발생 시는 즉시 마스크를 착용한다.
- 디스크 해체 시에는 디스크 고정 스패너로 고정하여 접시를 뽑고, 끼울 때는 고정 스패너로 고정하여 접시를 단단히 조여 주고 시운전해 본다.
- 전기톱으로 패널을 자를 때는 톱의 작동 방향을 확실히 알고 작동시킨다. 톱날이 부러질 때 얼굴, 손, 팔 등이 상하기 쉽다.
- 핸드 그라인딩 기계는 고속 회전(10000rpm)이기 때문에 위험성이 높아 사용법을 완전히 숙지하고 안전관리를 충분히 이해한 다음에 작업한다.
- 전동 공구는 사용 시 무리하게 코드를 잡아 당기지 않으며, 사용 후 즉시 전원을 끄고 플러그를 빼어 놓는다.

56 연료 주입과 관련된 안전관리 측면에 대한 설명 중 틀린 것은?

① 연료 주입구가 얼어서 열리지 않을 때는 주변의 얼음을 제거하고 빙점이 낮은 브레이크액을 부어 녹인다.
② 차량의 외부 표면에 연료가 떨어지면 도장이 손상될 수 있다.
③ 연료 주입구 캡을 닫을 때는 항상 안전하게 잠겼는지 확인해야 한다.
④ 연료를 주입하기 전에 항상 시동을 끄고 연료 주입구 주변에 화기를 가까이 하면 안 된다.

해설

연료 주입 안전관리
- 연료 주입구가 얼어서 열리지 않을 때는 주변을 가볍게 두드린 후 연다.
- 차량의 외부 표면에 연료가 떨어지면 도장이 손상될 수 있다.
- 연료 주입구 캡을 닫을 때는 항상 안전하게 잠겼는지 확인해야 한다.
- 연료를 주입하기 전에 항상 시동을 끄고 연료 주입구 주변에 화기를 가까이 하면 안 된다.

정답 55. ② 56. ①

57 스폿 드릴 커터의 드릴 끝 날을 만들어 줄 때 주의사항으로 틀린 것은?

① 드릴 날의 끝 부분을 천천히 들어 올리면서 날 끝의 경사를 만든다.
② 연마할 때 너무 무리하게 힘을 주게 되면 날 끝 부위가 타서 변색이 된다.
③ 드릴 날의 센터 부분을 평면으로 연마한다.
④ 드릴 날을 회전시킬 때 드릴 날의 중심이 연삭기의 중심으로부터 벗어나지 않게 한다.

58 산소-아세틸렌가스 용접 시 가스의 압력은 얼마로 조정하는가?

① 산소 : $0.5\sim1kgf/cm^2$, 아세틸렌 : $0.5\sim1kgf/cm^2$
② 산소 : $1\sim2kgf/cm^2$, 아세틸렌 : $0.5\sim1kgf/cm^2$
③ 산소 : $2\sim5kgf/cm^2$, 아세틸렌 : $0.2\sim0.5kgf/cm^2$
④ 산소 : $5\sim10kgf/cm^2$, 아세틸렌 : $0.2\sim0.5kgf/cm^2$

> **해설**
> 가스용접 시 압력비가 10:1이므로 산소 $3\sim5kgf/cm^2$, 아세틸렌 $0.3\sim0.5kgf/cm^2$로 조정하고 사용한다.

59 소음과 진동이 많이 발생하는 컴프레서의 설치 장소에 대한 설명 중 적합하지 않은 것은?

① 습기가 적은 장소에 설치한다.
② 수평이고 탄탄한 마루면 위에 설치한다.
③ 온도가 쉽게 오르지 않고, 먼지나 불순물이 적은 장소에 설치한다.
④ 소음과 진동으로 시끄러우므로 작업장에서 멀고, 외부의 좁고 구석진 장소에 설치한다.

60 귀마개의 선정조건이 아닌 것은?

① 귀(외이도)에 잘 맞을 것
② 사용 중 심한 불쾌감이 없을 것
③ 사용 중 쉽게 빠지지 않을 것
④ 어느 정도 무게(중량)감이 있을 것

> **해설**
> 귀마개
> • 귀마개를 착용하면 고주파에서 25~35dB 정도의 방음 효과가 있으므로 115~120dB에서 작업이 가능하다.
> • 귀마개는 귀에 잘 맞고 사용 중에 불쾌감이 없어야 하며 쉽게 탈락되지 않아야 한다.
> • 귀에 질병이 있는 작업자는 착용이 불가능하다.
> • 플래시 버트 용접 시 충격음이 발생하므로 귀마개를 착용해야 한다.

정답 57. ③ 58. ③ 59. ④ 60. ④

국가기술자격 필기시험문제

2010년 기능사 제2회 필기시험				수험번호	성명
자격종목 **자동차차체수리기능사**	종목코드 6285	시험시간	형별 A		

01 물질에서 기체, 액체, 고체의 3상이 공존하는 상태를 무엇이라 하는가?
① 임계점　　② 3중점
③ 포화한계선　④ 액화점

해설
- 임계점 : 물질이 2가지 상으로 서로 분간할 수 없게 되어 공존하는 임계상태에서의 온도와 증기압을 말한다.
- 포화한계선 : 물질을 더 이상 수용할 수 없는 막다른 지점을 말한다.
- 액화점 : 액체가 기체로 또는 기체가 액체로 될 때의 온도, 즉 끓는점을 말한다.
- 3중점 : 물질에서 기체, 액체, 고체의 3상이 공존하는 상태이다.

02 실린더 헤드의 밸브 개폐기구에 직접적으로 속하지 않는 것은?
① 캠축　　　② 스로틀 밸브
③ 밸브 리프트　④ 로커암

해설
스로틀 밸브는 엔진에 유입되는 공기량을 조절하는 기구이다.

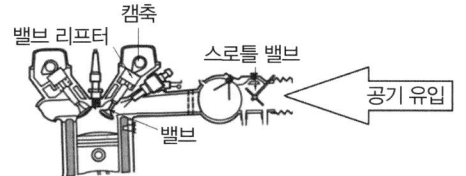

03 차체(Body) 측면부에서 가장 큰 강성이 요구되는 부분은?
① 후드　② 패널
③ 필러　④ 트렁크

해설

필러는 도어와 루프 중간에 위치한 기둥형태의 구성품을 말하며 차체의 강성을 크게 한다.

04 자동차 프레임의 기능이 아닌 것은?
① 섀시를 구성하는 각 장치를 차체와 연결한다.
② 자동차의 골격으로 차체의 하중을 지탱한다.
③ 운전자의 거주공간을 제공한다.
④ 앞뒤 차축에서 발생하는 반력을 지지한다.

해설
프레임
섀시를 구성하는 부품이나 보디를 설치하는 부품
※ 구비조건
- 기계적 강도가 높을 것(충격에 의한 휨, 비틀림, 인장, 진동 등에 견디는 강성)
- 가벼울 것

05 온도의 단위 중 섭씨온도를 나타낸 기호는?
① ℃　② R
③ K　④ °F

정답　1. ②　2. ②　3. ③　4. ③　5. ①

> 해설

온도의 종류
- 섭씨온도(Celsius Temperature, ℃) : 표준 대기압(760mmHg)하에서 증류수가 어는 빙점을 0℃, 끓는 비등점을 100℃로 하여 이 두 점을 100등분한 온도를 말한다.
- 화씨(Fahrenheit Temperature, ℉) : 물의 끓는점을 212℃로 하고 얼음의 녹는점을 32℃로 정하여 그 사이를 180등분한 온도를 말한다.
- 켈빈(K) : 열역학 제2법칙에 따라 정해진 온도로 절대 온도의 기호는 K를 사용하며, 이론상 생각할 수 있는 최저 온도를 기준으로 하여 갖는 단위의 온도를 말한다.
- 랭킨 온도(R) : 분자 운동이 정지할 때의 절대온도를 0으로 하고 비등점을 671.67R, 빙점을 491.67R로 하여 비등점과 빙점 사이를 180등분한 온도를 말한다.

06 변속기의 필요성과 거리가 먼 것은?
① 후진이 가능하게 하기 위해
② 엔진을 무부하 상태로 유지하기 위해
③ 엔진의 회전력 증대를 위해
④ 엔진의 구동력을 감소시키기 위해

> 해설

변속기
속도를 변화시켜 회전력을 일으키는 장치
※ 필요성
- 회전력 증대
- 기관 무부하
- 후진 가능

07 자동차의 비상등에 대한 설명 중 틀린 것은?
① 자동차의 고장이나 긴급사태가 발생하였을 경우 사용
② 다른 자동차나 보행자에게 알려주는 역할을 하고 있음
③ 작동은 앞뒤, 좌우에 설치되어 있는 방향지시등이 동시에 점멸하는 방식
④ 미등의 작동과 동일

> 해설

비상등
- 자동차의 고장이나 긴급사태가 발생하였을 경우 사용
- 다른 자동차나 보행자에게 알려주는 역할을 하고 있음
- 작동은 앞뒤, 좌우에 설치되어 있는 방향지시등이 동시에 점멸하는 방식
- 점화S/W가 OFF된 상태에서도 동작

08 한 물체에 작용한 힘의 합이 0인 경우 힘의 역학으로 맞는 것은?
① 움직이기 시작한다.
② 아무런 변화가 없다.
③ 속력이 빨라진다.
④ 점점 느려진다.

09 캡 오버형 트럭의 특징이 아닌 것은?
① 엔진의 전체 또는 대부분이 운전실 하부에 들어가 있다.
② 자동차의 높이가 높고 시야가 좋다.
③ 엔진룸의 면적이 보닛형에 비해 넓다.
④ 자동차 길이가 동일할 때 적재함을 크게 할 수 있다.

> 해설

캡 오버형 트럭의 특징
- 엔진의 전체 또는 대부분이 운전실 하부에 들어가 있다.
- 자동차의 높이가 높고 시야가 좋다.
- 엔진룸의 면적이 보닛형에 비해 좁다.
- 자동차 길이가 동일할 때 적재함을 크게 할 수 있다.

10 다음 자동차 타이어 사용공기압에 따른 분류의 설명으로 적합한 것은?

> 20~40psi 공기압을 사용하는 기본형이며, 일반적으로 승용차에 사용된다.

① 저압 타이어 ② 고압 타이어
③ 초저압 타이어 ④ 초고압 타이어

정답 6.④ 7.④ 8.② 9.③ 10.①

해설

사용 압력에 따른 분류
- 고압 타이어
- 저압 타이어 : 20~40psi 공기압을 사용하는 기본형이며, 일반적으로 승용차에 사용된다.
- 초저압 타이어

11 미그(MIG)용접에 있어서 용접 토치와 본체를 연결하는 중요 케이블이 아닌 것은?

① 플렉시블 콘딧라이너
　(Flexible Conduitliner)
② 파워 메인 케이블(Power Main Cable)
③ 가스 호스 및 제어리드
④ 네오 프렌 튜브(Neoprene Tube)

12 용접에서 이음의 기본형식에 들지 않는 것은?

① 맞대기 이음　　② 변두리 이음
③ 모서리 이음　　④ K 이음

해설

용접 이음의 종류
- 맞대기 용접(Butt Joint, 버트 이음)
- 수직 용접(Fillet Joint, 필렛 이음)
- 겹치기 용접(Lap Joint, 랩 이음)
- 모서리 용접(Coner Joint, 코너 이음)
- 변두리 용접(Side Joint, 사이드 이음)
- 마개 용접(Plug Joint, 플러그 이음)

[맞대기 이음] [필렛 이음] [겹치기 이음] [모서리 이음] [변두리 이음] [마개 이음]

13 산소-아세틸렌 불꽃으로 강의 표면만을 가열하여 열이 중심부에 전달되기 전에 급랭시키는 것은?

① 질화법　　　② 침탄법
③ 화염경화법　　④ 고주파 경화법

해설

표면 경화법
- 질화법 : 암모니아(NH₃)가스를 이용하여 520℃에서 50~100시간 가열하여 Al, Cr, Mo 등에 질화층이 생겨 경화시키는 방법
- 침탄법 : 침탄강을 침탄제 속에 넣고 850~900의 온도에서 8~10시간 가열하면 표면에 2mm 가량의 침탄층을 만들어 경화시키는 방법
- 화염 경화법 : 산소-아세틸렌 불꽃으로 강의 표면만을 가열하여 열이 중심부에 전달되기 전에 급랭시키는 것
- 고주파 경화법 : 고주파 열로 표면을 열처리하는 방법

14 금속의 비중과 관련된 설명으로 틀린 것은?

① 비중이 4.5 이하인 것은 경금속이다.
② 동일 금속이라도 금속의 순도 온도 가공법에 따라 변화된다.
③ 단조, 압연, 드로잉 등의 가공된 금속은 주조상태인 것보다 비중이 작다.
④ 상온에서 가공한 금속의 비중은 가열한 후 서랭한 것보다 비중이 작다.

15 다음 중 알루미나를 주성분으로 하는 것은?

① 고속도강
② 초경질합금
③ 다이아몬드
④ 세라믹

해설

세라믹
산화물 Al2O3를 1600℃ 이상에서 소결 성형하여 만드는 재료

16 금속의 성질 중 기계적 성질인 것은?

① 인성　　　② 비중
③ 비열　　　④ 열전도

해설

- 비중 : 물의 질량과 같은 부피를 가진 다른 물질의 질량과의 비율
- 비열 : 어떤 물질 1g을 1℃만큼 올리는 데 필요한 열량
- 열전도 : 고체 내부에서 일어나는 열의 이동 형태

17 전기 아크 용접기의 장점이 아닌 것은?

① 가동부분이 적기 때문에 고장 발생률이 낮다.
② 높은 전력효과를 얻을 수 있다.
③ 피복 용접봉만을 사용한다.
④ 이동과 운반이 용이하다.

> **해설**
> 아크 용접기의 장점
> • 가동부분이 적기 때문에 고장 발생률이 낮다.
> • 높은 전력효과를 얻을 수 있다.
> • 이동과 운반이 용이하다.

18 산소용기는 약 몇 기압을 표준으로 하여 충전되어 있는가?

① 35℃, 150기압   ② 45℃, 130기압
③ 50℃, 100기압   ④ 55℃, 80기압

> **해설**
> 봄베
> • 아세틸렌 봄베 : 연강제의 봄베(Bombe)에 석면, 규조토, 숯, 석회 등의 물질을 넣고 아세톤을 포화될 때까지 흡수시켜 정제된 아세틸렌을 15℃에서 1.5MPa(15기압) 압력을 가하여 충전한다.
> • 산소 봄베 : 이음매가 없는 강철재의 봄베에 순도 99.5% 이상의 산소를 35℃에서 15MPa(150기압)으로 압축하여 충전한다.
> ※ 봄베는 250기압 이상의 수압시험에 합격하여야 하며 반드시 3년마다 검사를 받아야 한다.

19 다음 용접 홈 형상 중에서 판 두께가 가장 얇은 판의 용접에 적용하는 것은?

① I형 홈   ② V형 홈
③ X형 홈   ④ H형 홈

> **해설**
> 맞대기 용접
> • I형 홈 용접 : 판 두께 6mm 이하
> • V형 홈 용접 : 판 두께 6~19mm 이하
> • J형 홈 용접 : 12mm 이상
> • X형 홈 용접 : 12mm 이상
> • U형 홈 용접 : 16~50mm 이하
> • H형 홈 용접 : 50mm 이상

20 재료기호 SM40C에서 40이란 숫자가 나타내는 뜻은?

① 인장강도의 평균치
② 탄소함유량의 평균치
③ 가공도의 평균치
④ 경도의 평균치

21 제도에서 도면을 표시할 때 실물과 같은 크기로 그릴 경우의 척도이며, 읽지 않더라도 치수나 모양에 착오가 적은 특징을 가진 것은?

① 배척   ② NS
③ 축척   ④ 현척

> **해설**
> • 배척은 실물 크기보다 확대하여 그린 것
> • 축척은 실물 크기보다 축소하여 그린 것
> • 현척은 실물 크기와 같게 그린 것으로 치수나 모양에 착오가 적기 때문에 많이 사용된다.
> • NS는 None Scale의 약어로 비례척이 아닌 것을 의미한다.

22 선철의 특성 중 틀린 것은?

① 강보다 탄소가 많다.
② 전성이 작고 취성이 크다.
③ 취성이 작고 인성은 크다.
④ 강의 재료가 된다.

> **해설**
> 선철
> 철강의 원료인 철광석을 용광로에서 분리한 철을 말한다.
> • 90% 정도가 강을 제조하는 재료가 된다.
> • 10% 정도가 용선로에서 주철을 제조하는 재료가 된다.
> • 강보다 탄소가 많다.
> • 전성이 작고 취성이 크다.

정답 17. ③ 18. ① 19. ① 20. ② 21. ④ 22. ③

23 다음 합성수지의 공통적인 성질 중 틀린 것은?

① 가볍고 튼튼하다.
② 전기 절연성이 좋다.
③ 단단하고 열에 강하다.
④ 산·알칼리 등에 강하다.

> **해설**
> 합성수지의 특징
> • 성형가공이 자유롭다.
> • 금속, 유리 등과의 복합재료 제조가 가능하다.
> • 비중(약 0.9~1.3)이 낮아 경량이다.
> • 방습성, 내식성이 우수하다.
> • 방진, 방음, 절연, 단열성이 뛰어나다.
> • 열에 의한 변형이 일어난다.
> • 유기용제에 부식이 발생한다.

24 플로어 보디의 조립공정이나 엔진룸 등에 스터드볼트 또는 너트를 용착시키는 작업에 사용되는 용접은?

① 심 용접
② 프로젝션 용접
③ 플래시 용접
④ 전기저항 스폿 용접

> **해설**
> • 전기 저항 심(Seam) 용접 : 회전하는 롤러 전극 사이에 재료를 끼우고 가압력과 대전류를 통전시켜 선 모양으로 용융 접합시키는 용접법
> • 전기 저항 플래시 용접 : 용접물에 일정 간격을 두고 전류를 통전시켜 발열 및 불꽃을 만들어 접합면이 가열되면 가압력을 가하여 접합시키는 용접법
> • Spot(점) 용접 : 양 전극 사이에 2개 이상의 부재를 겹쳐 넣고 대전류를 공급하여 접촉면에 발생되는 저항열로 녹이고 가압력을 가하여 접합시키는 용접법이다.

25 다음 자동차에 쓰이는 비철금속의 용도를 설명한 것 중 용도의 예를 잘못 표시한 것은?

① 브론즈 주물 – 대형 탱크로리 차의 대형 밸브
② 알루미늄 청동 주물 – 크랭크 케이스
③ 켈밋 합금 – 기관 베어링
④ Y(와이)합금 – 피스톤

26 도장을 가열하여 도막의 산화 중합을 촉진 시키는 방법이며, 단시간에 굳어지고 부착력이 좋은 도막이 형성되는 건조 방법은?

① 휘발 건조법
② 산화 건조법
③ 열 건조법
④ 중합 건조법

27 자동차 보디의 수정작업에서 잭의 응용 예로 적합하지 않는 것은?

① 풀 램(Pull Ram)
② 스윙 암식(Swing Arm Type)
③ 푸시 램(Push Ram)
④ 방향성 암

28 차체 수정 장비의 바닥식에서 자동차를 고정하는 곳은?

① 레일
② 체인레버
③ 체인바인더
④ 클램프 볼트

> **해설**
> 플로어 시스템(Floor System, 바닥식 시스템)
> 바닥에 앵커나 레일 등을 설치하여 프레임을 수정하는 방식을 말한다.

29 스폿 용접을 하고자 할 때 용접 준비 시 중요 사항이 아닌 것은?

① 용접 시간
② 용접하려는 판의 두께
③ 용접하려는 부분의 형상
④ 용접할 부위의 판 표면 상태

> **해설**
> 스폿 용접 시 고려할 사항
> • 용접하려는 판의 두께
> • 용접하려는 부분의 형상
> • 용접할 부위의 판 표면 상태

정답 23.③ 24.② 25.② 26.③ 27.④ 28.① 29.①

30 다음 중 언더 보디(플로어 패널)에 속하는 것은?

① 프런트 펜더
② 프런트 사이드 멤버
③ 리어필러
④ 대시 패널

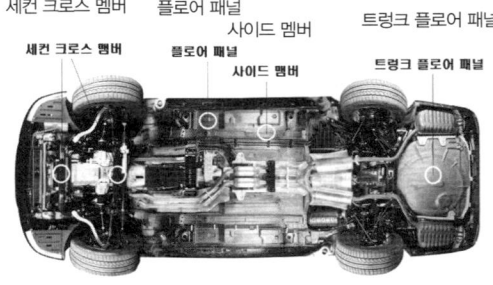

31 보디 프레임 수정용 기기가 갖추어야 할 조건 중 아닌 것은?

① 인장장치　② 고정장치
③ 계측장치　④ 엔진 상승장치

해설
차체 교정 장치의 구비 조건
- 고정장치 : 언더 보디 4곳 이상 견고히 고정할 수 있을 것
- 측정장치 : 측정 시스템이 부속되어 있을 것
- 인장장치 : 견인 장비가 있을 것

32 자동차 유리 부착방법의 종류가 아닌 것은?

① 접착식　② 글로블로식
③ 리머 마운트식　④ 플래시 마운트식

해설
자동차 유리 부착방법
- 접착식
- 리머 마운트식
- 플래시 마운트식

33 차체 치수도의 표시법에서 기준점으로 적합하지 않은 것은?

① 홀의 기준점
② 볼트 체결부의 기준점
③ 2중 겹침 패널의 기준점
④ 부품 중앙부의 기준점

해설
차체 치수도의 기준점
- 홀의 기준점
- 부품 선단의 기준점
- 돌기 엠보싱의 기준점
- 계단부의 기준점
- 2중 겹침 패널의 기준점
- 볼트 체결부의 기준점

34 프레임 차트가 필요한 때는 언제인가?

① 리어도어와 쿼터 패널의 비교 시
② 보닛과 펜더의 틈새 비교 시
③ 패널이 제거되었을 때
④ 펜더와 도어와의 간격을 맞추기 위해

해설
프레임 차트(차체 치수도)는 프런트 보디, 사이드 보디, 언더 보디, 리어 보디 등으로 기본 구성되어 패널의 교환 작업 시 주로 이용된다.

35 퍼티 연마의 3단계에 속하지 않는 것은?

① 각내기　② 발붙임
③ 면내기　④ 거친 연마

해설
퍼티 연마의 3단계
- 거친 연마 : 샌드페이퍼 #80 정도로 요철 제거
- 표면 조성 연마(면내기) : #180 정도로 표면 조성
- 마무리 연마(발붙임) : #320 정도로 섬세하게 연마

36 연강, 구리합금, 경합금의 절삭 시 적합한 톱날의 잇수는 1인치당 몇 개인가?

① 14　② 18
③ 24　④ 32

정답 30. ② 31. ④ 32. ② 33. ④ 34. ③ 35. ① 36. ①

37 차체부품 제작 시 리벳 구멍을 뚫기 작업 후 균열방지를 위해 다듬질을 한다. 이때 가공하는 작업방법을 무엇이라고 하는가?

① 탭 작업 ② 다이스 작업
③ 리밍 작업 ④ 코킹 작업

해설
- 탭 작업 : 예비 구멍을 뚫는 작업
- 다이스 작업 : 수나사를 깎는 작업
- 코킹 작업 : 기밀을 유지하기 위한 작업
- 리밍 작업 : 차체부품 제작 시 리벳 구멍을 뚫기 작업 후 균열방지를 위해 다듬질 가공법

38 자동차 제조공정 시 보디에 가장 많이 사용하는 용접은?

① 전기아크 용접
② 전기저항 스폿 용접
③ 가스 용접
④ 가스 실드 아크 용접

해설
전기저항 스폿 용접의 특징
- 재료비가 절약되어 대량 생산에 적합하다.
- 표면이 편평한 바둑알 모양의 너깃이 생성되며 외관이 아름답다.
- 열 영향부가 좁고, 돌기가 없다.
- 구멍을 가공할 필요가 없으며 숙련을 요하지 않는다.
- 용융점이 높은 재료, 열전도가 큰 재료 및 전기 저항이 작은 재료는 용접이 곤란하다.

39 모노코크 보디에서 엔진룸과 승객실 사이를 가로지르는 패널은?

① 로커 패널 ② 대시 패널
③ 센터 필 ④ 프런트 패널

해설

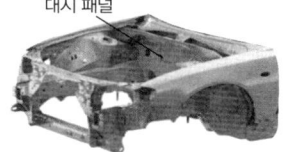

[엔진룸 구조]

40 차체수정작업에서 프런트 프레임을 교환할 때 사용되는 장비 및 공구가 아닌 것은?

① 프레임 수정기
② CO_2용접기
③ 프레임 센터링 게이지
④ 에어샌더

해설
에어샌더는 프레임 교체 작업 후 연마에 주로 이용된다.

41 다음 보기는 도료의 결함을 설명한 것이다. 옳은 것은?

[보기]
㉠ 하도 도장 시 이미 조그만 구멍이 발생되어 있는 곳에 상도 도장 했을 때 발생
㉡ 두꺼운 도막을 급격히 가열하였을 때 발생
㉢ 공기 중 수분이 있거나 시너의 선정이 잘못 되었을 때 발생

① 기공 현상 ② 오렌지 필 현상
③ 주름 현상 ④ 색 분리 현상

해설
- 오렌지 필(Orange Peel) : 도장 면이 오렌지 껍질 형태의 모양으로 요철이 생기는 현상
- 주름(Lifting) : 상도 도료가 하도 도로를 용해하여 도막내부를 들뜨게 하여 주름지게 하는 현상
- 기공(Cratering) : 작업 부위에 작은 구멍이 발생된 현상
- 색분리(Peeling, 박리현상) : 층간 부착력 저하로 도막이 벗겨지는 현상

42 다음 중 보디 프레임의 종류로 가장 거리가 먼 것은?

① 페리미터형 프레임
② 사다리형 프레임
③ Y형 프레임
④ X형 프레임

 정답 37. ③ 38. ② 39. ② 40. ④ 41. ① 42. ③

해설

프레임 형상에 의한 분류
- 사다리형 프레임
- 페리미터형 프레임
- 플레이트 폼 프레임
- 스페이스형 프레임
- X형 프레임
- 모노코크 보디(=유닛 콘스트렉션)

43 3속성에 해당되지 않는 것은?

① 광원　　　② 색상
③ 명도　　　④ 채도

해설

색의 3속성
- 색상 : 색 자체가 가지는 고유의 특성
- 명도 : 어둡고 밝은 정도
- 채도 : 색 자체의 선명한 정도

44 피도물에 굴곡이 있거나 라운딩된 면에 퍼티를 바를 때 사용하는 공구로 가장 적합한 것은?

① 고무 주걱　　　② 플라스틱 주걱
③ 나무 주걱　　　④ 대 주걱

해설

곡면이 심한 부분은 부드러운 고무주걱을 이용하여 아래에서 위쪽으로 도포하는 것이 요령이다.

45 자동차 도어 손상의 원인과 가장 관계가 적은 것은?

① 수분에 의한 부식
② 급격한 충격에 의한 뒤틀림
③ 충돌에 의한 찌그러짐
④ 계속적인 사용에 의한 개폐

해설

도어(Door)의 손상 원인
- 수분에 의한 녹 부식
- 급격한 충격에 의한 뒤틀림
- 충돌에 의한 찌그러짐
- 외부 요인(돌, 문콕 등)에 의한 손상

46 트램 트래킹 게이지의 측정에 속하지 않는 것은?

① 프레임의 중심부 휨의 점검
② 프레임의 일그러진 상태 점검
③ 프레임의 좌우로 휨 상태 점검
④ 로어암 니백(Knee Back)의 점검

해설

트램 트래킹 게이지
트램 트래킹 게이지는 오프 셋(Off-set) "자"이며 자동차의 길이와 치수를 측정하는 용도로 이용되며 측정부위는 다음과 같다.
- 프런트 사이드 멤버의 일그러짐이나 상하로 굽은 상태 점검
- 프런트 사이드 멤버의 좌우로 굽은 상태 점검
- 로어 암과 후드 레지의 위치 점검
- 로어 암 니백(Knee Back)의 점검
- 리어 보디의 일그러진 곳과 상하의 휨 점검
- 프레임의 일그러진 상태 점검

47 단 낮추기 등 도장작업에 가장 광범위하게 사용되며 회전운동을 하는 연마기는?

① 싱글 액션 샌더　　　② 더블 액션 샌더
③ 오비털 샌더　　　　④ 기어 액션 샌더

해설

- 싱글 액션 샌더 : 구도막 제거 시 사용한다.
- 사각 오비털 샌더 : 거친 연마용으로 퍼티면 연마 시 가장 많이 사용된다. 연삭력은 더블 액션 샌더보다 떨어지나 접촉부의 힘이 평균적으로 작용해 균일한 연마를 할 수 있다.
- 기어 액션 샌더 : 거친 연마용으로 면 만들기에 효과적이며 작업 능률이 높다. 연삭력은 오비털 샌더나 더블 액션 샌더에 비해 우수하다.
- 더블 액션 샌더 : 단 낮추기 등 도장작업에 가장 광범위하게 사용되며 회전운동을 하는 연마기이다.

48 센터링 게이지 수평바의 관측에 의해 파악할 수 있는 것으로 차체의 각 부분들이 수평한 상태에 있는가를 고려하는 파손분석의 요소는?

① 데이텀 라인　　　② 레벨

정답 43. ①　44. ①　45. ④　46. ①　47. ②　48. ②

③ 센터라인 ④ 치수도

해설
- 데이텀 라인 : 높이에 대한 차체의 기준선
- 레벨 : 언더 보디의 평행상태를 나타내는 지표
- 센터라인 : 차체의 중심을 가르는 기하학적 중심선
- 단차 : 면과 면의 높이차

49 열적 핀치 효과를 가진 절단 방법은?

① 금속아크 절단
② 플라즈마 제트 절단
③ TIG 절단
④ 아크 절단

해설
플라즈마 절단기
전극선단과 모재 사이에 전기적 아크를 발생시킨 후 아크의 바깥 둘레를 강제로 냉각하면 화학적 작용에 의해 이온화되고 열적핀치효과에 의해 전자와 양이온으로 분리된 고온, 고속의 제트성 기체흐름 플라즈마를 이용하여 절단하는 방법이다.

50 평평한 금속판재를 펀치로 다이 공동부(Cavity)에 밀어 넣어 원통형이나 각 통형 제품을 만드는 공정은?

① 엠보싱   ② 플랜징
③ 컬링   ④ 드로잉

해설
- 엠보싱(Embossing) : 소재의 양면에 오목 볼록한 모양을 만들어 강도를 높이는 가공법이다.
- 플랜징(Flanging) : 판재의 가장자리를 직각으로 굽혀 강도 높은 곡선부의 플랜지를 만드는 가공법이다.
- 드로잉(Drawing) : 연성이 풍부한 강, 니켈, 알루미늄, 구리 및 이들 합금의 얇은 판으로 원통형, 각기둥형, 원평형 등의 용기를 성형하는 가공을 말한다.
- 컬링(Curling) : 드로잉 가공으로 성형한 용기의 테두리를 프레스나 선반 등으로 둥그스름하게 굽히는 가공법이다.

51 연삭작업 시 안전사항이 아닌 것은?

① 연삭숫돌 설치 전 해머로 가볍게 두들겨 균열 여부를 확인해 본다.
② 연삭숫돌의 측면에 서서 연삭한다.
③ 연삭기의 커버를 벗긴 채 사용하지 않는다.
④ 연삭숫돌의 주위와 연삭 지지대 간의 간격은 5mm 이상으로 한다.

해설
연삭 작업
- 작업 전 이상 유무를 확인하고 사용한다.
- 숫돌바퀴의 균열 여부를 나무해머로 가볍게 두드려 확인한다.
- 연삭작업 전에 1분, 연삭숫돌 교체 후에 3분 이상 공회전한 후 정상 회전 속도에서 시작한다.
- 반드시 안전덮개는 부착하고 작업한다.
- 연삭숫돌은 가능한 한 측면을 사용하지 않는다.
- 숫돌차와 받침대 간격은 3mm 이내로 한다.

52 전동공구 및 전기기계의 안전 대책으로 잘못된 것은?

① 전기 기계류는 사용 장소와 환경에 적합한 형식을 사용하여야 한다.
② 운전, 보수 등을 위한 충분한 공간이 확보되어야 한다.
③ 리드선은 기계진동이 있을 시 쉽게 끊어질 수 있어야 한다.
④ 조작부는 작업자의 위치에서 쉽게 조작이 가능한 위치여야 한다.

53 소화 작업의 기본요소가 아닌 것은?

① 가염 물질을 제거한다.
② 산소를 차단한다.
③ 점화원을 냉각시킨다.
④ 연료를 기화시킨다.

해설
소화
가연물이 연소할 때 연소의 3요소(가연물, 산소, 점화원) 중 1가지 이상을 제거하여 연소를 중단시키는 것을 말한다.

정답 49. ② 50. ④ 51. ④ 52. ③ 53. ④

54 연 100만 근로 시간당 몇 건의 재해가 발생했는가의 재해율 산출을 무엇이라 하는가?

① 연천인율 ② 도수율
③ 강도율   ④ 천인율

> **해설**
> 도수율(빈도율)
> 안전사고 발생 빈도로써 연 근로시간 100만 (1,000,000)시간당 재해발생 건수
>
> $$도수율 = \frac{재해발생\ 건수}{연간\ 근로\ 시간수} \times 1,000,000$$

55 다음 중 안전하게 공구를 취급하는 방법 중 틀린 것은?

① 공구를 사용한 후 제자리에 정리하여 둔다.
② 예리한 공구 등을 주머니에 넣고 작업을 하여서는 안 된다.
③ 사용 전에 손잡이에 묻은 기름 등은 닦아 내어야 한다.
④ 작업 중 공구를 타인에게 숙달된 자가 던져 전달하면 작업능률이 좋아진다.

> **해설**
> 수공구 작업 시 안전사항
> • 사용 전 수공구의 이상 유무를 확인한다.
> • 올바른 취급방법을 습득하고 사용한다.
> • 작업에 맞는 수공구를 선택한다.
> • 비산물이 튀어 나올 우려가 있는 작업은 보안경이나 보호구를 착용한다.
> • 작업장 내·외부 이동 시 공구는 보관함에 담아서 가지고 다닌다.
> • 수공구 사용 후 지정된 보관함에 넣어 보관하고 작업 중에도 정리·정돈하며 사용한다.
> • 기름이 묻은 손이나 손잡이에 기름이 묻어 있으면 미끄러워 위험하므로 사용 전에 깨끗이 닦아 내고 사용한다.
> • 공구는 기계, 발판, 난간 등 떨어지기 쉬운 곳에 놓지 않도록 안전한 곳에 둔다.
> • 불량한 공구는 반납하고 함부로 수리하여 사용해서는 안 된다.

56 LPG 차량의 구조변경 시 법적 유의 사항 중 틀린 것은?

① LPG 구조변경은 행정관청(군, 구, 시)의 허가를 받아야 한다.
② 시공허가를 받은 업체에서 구조변경 후 검사를 받아야 한다.
③ 구조변경 후 즉시 보험회사에 신고하여야 사고 시 보험처리가 가능하다.
④ 불법 구조변경은 그 행위 자체에 벌금 등의 책임이 따른다.

57 보호구의 종류에는 안전과 위생보호구가 있다. 이 중 안전 보호구로 적합하지 않은 것은?

① 안전모   ② 안전화
③ 안전대   ④ 마스크

58 차체수리 교정기인 라이너를 사용하여 차체 수리작업에서 안전관리 방법이 아닌 것은?

① 라이너 작업 시에는 기계의 정면에 서지 않는다.
② 클램프, 체인, 측정기가 떨어지지 않게 주의한다.
③ 체인은 꼬인 상태로 확실히 연결되었는지 확인한다.
④ 여러 방면으로 당길 수 있는 다목적용 클램프가 효과적이다.

> **해설**
> 체인의 취급 안전
> • 작업 시 규격에 맞는 체인을 사용한다.
> • 이종품 및 변형된 체인은 사용하지 않는다.
> • 뒤틀어진 상태로 견인하지 않는다.
> • 녹이 발생되지 않도록 오일을 발라 손질한다.
> • 체인을 해머 등으로 가격하지 않는다.
> • 체인 체결 시 반드시 안전 고리나 벨트도 함께 연결한다.
> • 체인에 설치되어 있는 훅을 직접 차체에 걸어 사용하지 않는다.
> • 차체에 고정된 훅에 체인을 걸 때에는 약간의 여유가 있게 한다.

정답 54. ② 55. ④ 56. ③ 57. ④ 58. ③

59 다음 중 용접작업과 관련된 안전사항으로 틀린 것은?

① 용접 시에는 소화기를 준비한다.
② 전기용접은 옥내 작업만 한다.
③ 용접 홀더는 항상 파손되지 않은 것을 사용한다.
④ 산소-아세틸렌 용접에서 가스 누출 검사 시는 비눗물을 사용하여 검사한다.

> **해설**
> 전기용접 작업 시 주의사항
> - 용접 작업 시 보호구를 착용하여 눈과 피부를 노출시키지 않는다.(헬멧, 보안경, 용접장갑, 앞치마 등)
> - 용접 작업 전에 소화기 및 방화사를 준비한다.
> - 슬래그(Slag) 제거 시 보안경을 착용한다.
> - 가스관이나 수도관 등의 배관을 접지로 이용하지 않는다.
> - 절대로 물기가 있거나 땀에 젖은 손으로 작업해서는 안 된다.
> - 가열된 용접봉 홀더를 물에 넣어 냉각시켜서는 안 된다.
> - 우천 시 옥외작업을 하지 않는다.
> - 용접이 끝나면 용접봉을 홀더에서 빼내고 공구와 재료를 정리, 정돈한다.

60 우레탄 도료를 사용할 때 작업성과 안전을 고려한 작업 방법으로 옳지 않은 것은?

① 도장부스를 사용한다.
② 도료의 비산을 방지하기 위해 붓으로만 작업한다.
③ 방독 마스크를 착용한다.
④ 피부가 노출되지 않는 복장을 갖춘다.

정답 59. ② 60. ②

국가기술자격 필기시험문제

2010년 기능사 제5회 필기시험

자격종목	종목코드	시험시간	형별
자동차차체수리기능사	6285		A

01 강의 열처리 주요 목적이 아닌 것은?
① 조직의 거대화
② 강재의 연화
③ 강재 중의 편석제거
④ 표면만의 경화층을 형성시킴

02 자동차에서 발생하는 유해 배출가스의 기본적인 종류가 아닌 것은?
① 배기 파이프에서 나오는 배기가스
② 기관의 크랭크 케이스에서 나오는 블로바이가스
③ 연료탱크나 기화기 등에서 증발하는 연료 증발가스
④ 촉매변환기의 촉매가스

해설
자동차 배출가스의 종류
• 배기가스
• 블로바이가스
• 증발가스
촉매변환기
유해 배기가스의 성분을 낮추어 주는 장치이다.

03 자동차 현가장치에서 쇽업쇼버가 상하진동을 흡수하는데 가장 관계가 깊은 힘은?
① 감쇠력 ② 원심력
③ 구동력 ④ 전단력

해설
쇽업쇼버
스프링의 진동을 감쇠시켜 승차감을 향상시킨다.

04 차량 계기판 경고등 관련 내용을 설명한 것으로 잘못 설명한 것은?
① 유압 경고등은 유압이 규정 이하이면 점등 경고한다.
② 연료 경고등은 연료 유면이 규정 이하이면 점등 경고한다.
③ 브레이크 액 경고등은 브레이크 액면이 규정 이하이면 점등 경고한다.
④ 충전 경고등은 배터리 액이 규정 이하이면 점등 경고한다.

해설
경고등의 점등시기
• 유압 경고등 : 엔진의 유압이 $0.9kg/cm^2$ 이하로 떨어졌을 때 점등된다.
• 연료 경고등 : 연료탱크의 연료가 하한 라인 밑으로 떨어졌을 때 점등된다.
• 브레이크 오일 경고등 : 마스터 실린더 리저버 탱크의 오일이 LOW라인 밑으로 떨어졌을 때 점등된다.

05 다음 중 온도단위로 절대온도, 섭씨온도, 화씨온도, 랭킨온도 순서대로 나열된 것은?
① ℃, R, K, ℉
② K, ℃, ℉, R
③ R, K, ℃, ℉
④ ℉, K, ℃, R

해설
온도의 종류
• 섭씨온도(Celsius Temperature, ℃) : 표준 대기압(760mmHg)하에서 증류수가 어는 빙점을 0℃, 끓는 비등점을 100℃로 하여 이 두 점을

정답 1.① 2.④ 3.① 4.④ 5.②

100등분한 온도를 말한다.
- 화씨(Fahrenheit Temperature, °F) : 물의 끓는점을 212℃로 하고 얼음의 녹는점을 32℃로 정하여 그 사이를 180등분한 온도를 말한다.
- 켈빈(K) : 열역학 제2법칙에 따라 정해진 온도로 절대 온도의 기호는 K를 사용하며, 이론상 생각할 수 있는 최저 온도를 기준으로 하여 갖는 단위의 온도를 말한다.
- 랭킨 온도(R) : 분자 운동이 정지할 때의 절대온도를 0으로 하고 비등점을 671.67R, 빙점을 491.67R로 하여 비등점과 빙점 사이를 180등분한 온도를 말한다.

06 주어진 온도에서 물질의 단위체적당 질량을 무엇이라 하는가?
① 밀도 ② 비체적
③ 비열 ④ 압력

07 타이어의 골격을 이루는 중요한 부분으로 플라이와 비드 부분의 총칭이며, 하중이나 충격에 완충작용을 해야 하기 때문에 목면 또는 레이온이나 나일론코드를 여러 층으로 엇갈리게 겹쳐서 내열성 고무로 접착시킨 구조로 되어있는 것은?
① 비드 ② 브레이커
③ 트레드 ④ 카커스

🔍 해설
카커스(Carcass)
- 타이어의 뼈대부
- 일정체적 유지
- 완충작용(하중이나 충격에 따라 변형)
- 카커스 구성 코드의 층수를 플라이 수로 표시

벨트(Belt), 브레이커(Breaker Strip)
트레드와 카커스의 떨어짐 방지

비드 부(Bead Section)
림에 접촉하는 부분

트레드부(Tread)
노면과 접촉하는 부분

08 모노코크 보디에서 충격을 받았을 때 로커 패널, 루프, 사이드 프레임, 도어 등이 이를 흡수하지만 한계를 넘으면 어느 것이 변형되는가?
① 프런트 보디 ② 플로어 패널
③ 리어 보디 ④ 카울 패널

🔍 해설

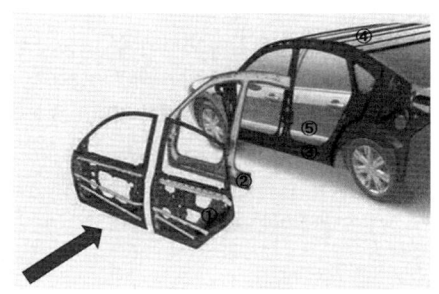

힘의 전달 경로
도어패널 ① → 사이드 레일부(로커패널 및 센터 필러) ② → 사이드실 이너 ③ → 루프 패널 ④ → 플로어 패널

09 자동차의 차체모양 또는 용도에 따른 분류로 지프형 4WD이며, 험로 주행 능력이 뛰어나 각종 스포츠 활동에 적합한 자동차는?
① 스포츠카 ② GT
③ RV ④ SUV

🔍 해설
SUV(Sport Utility Vehicle, 스포츠 실용차)
자동차의 차체모양 또는 용도에 따른 분류로 지프형 4WD이며, 험로 주행 능력이 뛰어나 각종 스포츠 활동에 적합한 자동차를 말한다.

10 승용 및 RV 차량의 차체 구조에 모노코크 보디가 많이 사용되고 있다. 모노코크 보디의 장점으로 틀린 것은?
① 보디 조립의 자동화가 가능하여 생산성이 높다.
② 차고를 낮게 하고 무게 중심을 낮출 수 있다.

정답 6. ① 7. ④ 8. ② 9. ④ 10. ③

③ 차체 중량이 무거워 강성이 높다.
④ 충돌 시 충격 에너지 흡수 효율이 좋고 안전성이 높다.

> 해설

모노코크 보디의 특징
- 장점
  - 충돌 시 충격을 흡수
  - 일부에 가해진 충격을 차체 전체로 분산시켜 객실 내의 승객을 보호
  - 중량을 경감시켜 연비 상승
  - 오픈형 프레스에 의한 대량생산 가능
  - 점용접이 많이 사용되어 정밀도가 높음
- 단점
  - 복원수리의 어려움
  - 소음에 따른 엔진룸 설계 기술 요구

11 M30×8로 표시된 나사에서 30은 무엇을 나타낸 것인가?

① 호칭지름
② 골지름
③ 인장강도
④ 나사피치

> 해설

나사의 호칭
- M : 미터나사(mm)
- 30 : 호칭지름
- 8 : 나사피치

12 볼트나 환봉 등을 강판이나 형강에 직접 용접하는 방법으로 볼트나 환봉을 피스톤형의 홀더에 끼우고 모재와 볼트 사이에 순간적으로 아크를 발생시켜 용접하는 방법은?

① 산소용접
② 서브머지드 아크 용접
③ 테르밋 용접
④ 스터드 용접

> 해설

스터드 용접
볼트나 환봉 등을 강판이나 형강에 직접 용접하는 방법으로 볼트나 환봉을 피스톤형의 홀더에 끼우고 모재와 볼트사이에 순간적으로 아크를 발생시키는 용접을 말한다.
※특징
- 0.1~2초 정도의 아크가 발생한다.
- 셀렌 정류기의 직류 용접기를 사용한다. 교류도 사용 가능하다.
- 짧은 시간에 용접되므로 변형이 극히 적다.
- 철강재 이외에 비철 금속에도 쓸 수 있다.

13 탄소강에서 탄소량이 증가하면 용해되는 온도는 어떻게 되는가?

① 같다
② 높아진다.
③ 낮아진다.
④ 탄소량과는 무관하다.

> 해설

강은 탄소의 함유량에 따라 인장강도와 경도가 변화되며, 탄소량이 증가하면 용해되는 온도는 낮아진다.

14 라디에이터 그릴에 가장 많이 사용되고 있는 재료는?

① ABS수지
② 강판
③ 아연 다이캐스팅
④ 알루미늄

> 해설

수지 부품 명칭	약칭 (기호)	내열온도 (℃)	주 사용부
아크리로 니트릴 부타디엔스틸렌수지	ABS	70~107℃	보디 외판, 오너먼트, 콘솔박스, 라디에이터 그릴

15 전기 저항 용접의 3대 요소 중 틀린 것은?

① 용접 도전율
② 용접전류
③ 가압력
④ 용접시간

> 해설

스폿 용접의 3요소
- 용접전류
- 전극의 가압력
- 통전시간

정답 11. ① 12. ④ 13. ③ 14. ① 15. ①

16 다음 중 연삭작업에서 가장 큰 숫자의 입도를 사용해야 하는 것은?

① 거친 연삭   ② 다듬질 연삭
③ 경질 연삭   ④ 광택내기

해설

숫돌 입도(Grain Size)
- 숫돌 입자의 크기를 나타내는 단위
- 입도의 호칭(KS L) : #8(8번), #220(220번)
- 거친 입자 : 체가름 시험(1인치당 체눈의 수)
- 고운 입자 : 침강 시험(수중이나 공기 중에서의 침강속도, 입도번호를 평균지름(m)과 분포로 규정)

17 자동차에 쓰이는 강판 중 제일 많이 쓰이는 강판재료의 탄소 함유량은 몇 % 정도인가?

① 0.01~0.05   ② 0.1~0.4
③ 1.0~1.6   ④ 1.8~2.2

해설

종류	탄소 함유량(%)	신장율(%)	인장강도(kg/㎜²)	용도
극연강	0.08~0.12%	30 이상	28~32	압연강판(판, 봉대), 강관, 선재
연강	0.12~0.30%	28 이상	32~40	9

18 금속이 상온가공에 의하여 강도, 경도가 커지고 연신율이 감소하는 성질을 무엇이라 하는가?

① 가공경화   ② 인성
③ 취성   ④ 전성

해설

- 가공경화 : 금속을 재결정 온도 이하(상온)에서 가공하면 연신율이 감소하고 강도, 경도가 커져 굳어지는 현상(프레스 라인부 가공 등)
- 인성 : 파괴 시까지의 에너지 흡수(저장) 능력
- 취성 : 아주 작은 변형에도 쉽게 파괴되는(부서지는) 성질
- 전성 : 하중에 의해서 넓게 펴지는 성질

19 가스 용접 팁의 구멍 크기의 선택요건이 아닌 것은?

① 용기 내의 가스의 양
② 금속의 열 전도성
③ 철판재료의 두께
④ 철판재료의 질량

해설

팁(Tip)
토치 헤드에 결합되어 불꽃을 뿜어내는 부속품으로 규격은 번호로 표시되고 독일식의 경우 팁의 번호는 용접할 수 있는 판의 두께를 의미하며, 프랑스식은 표준 불꽃으로 1시간 동안 소비되는 아세틸렌가스의 양(L/h)을 의미한다. 금속의 열 전도성, 철판두께, 철판재료의 질량에 따라 알맞은 팁을 선택하여 사용한다.

20 다음 중 스패터 발생의 원인이 아닌 것은?

① 용융 금속 내 가스 기포가 방출될 때
② 용접 전류가 높을 때
③ 아크의 길이가 짧을 때
④ 피복재 중 수분 함량이 많을 때

해설

스패터 발생 원인
- 용접 전류가 높을 때
- 용접봉의 건조가 불량할 때
- 아크의 길이가 너무 길 때
- 봉의 각도가 불량할 때
- 용융 금속 내 가스 기포가 방출될 때

21 다음 중 경금속에 속하는 것은?

① Ti   ② Fe
③ Cr   ④ Cu

해설

티탄(Ti)의 특성
- 비중이 4.51로 마그네슘 및 알루미늄보다 크지만 강의 약 60%로 가벼운 경금속에 속한다.
- 내식성이 뛰어나다.
- 전기 및 열의 전도성이 철보다 나쁘다.
- 융점이 1670℃로 높고 고온에서 산소, 질소, 탄소와 반응하기 쉬워 용해 주조가 어렵다.
- 비강도가 높고 특히 고온에서 뛰어나다.

정답 16. ④   17. ②   18. ①   19. ①   20. ③   21. ①

22 미터나사에 대한 설명 중 틀린 것은?

① 나사산의 각도는 60°이다.
② 애크미 나사보다 피치가 크다.
③ 바깥지름으로 호칭치수를 표시한다.
④ 피치는 mm로 표시한다.

23 스테인리스 강판에 관한 설명으로 맞지 않는 것은?

① 인성과 연성이 크고 가공경화가 심하며 열처리가 잘된다.
② 내식, 내열, 내한성이 우수하다.
③ 크롬 산화 피막이 표면을 보호하므로 내부를 보호한다.
④ 염산에 침식되지 않으며 강도가 좋다.

> **해설**
> 스테인리스강
> Fe에 12% 이상의 Cr을 합금시키면 강한 보호 피막이 생성되어 부동태화 되는데, 이 특징을 이용하여 녹이 발생되지 않게 한 강을 말한다.
> ※ 특징
> • 인성과 전성이 크고 가공경화가 심하여 열처리가 잘된다.
> • 내식, 내열, 내한성이 우수하다.
> • 크롬 산화 피막이 표면을 보호하므로 내부를 보호한다.
> • 염산에 침식되면 내식성이 떨어진다.

24 다음은 어떤 용접의 특징을 설명한 것인가?

> 접합하고자 하는 재료. 즉, 모재는 녹이지 않고 모재보다 용융점이 낮은 금속을 녹여 표면 장력으로 접합시키는 방법

① 퍼커션 용접
② 프로젝션 용접
③ 납땜 용접
④ 업셋 용접

> **해설**
> • 전기 저항 퍼커션 용접(Percussion Welding) : 축전기의 전기 에너지를 1000분의 1초 이내의 짧은 시간에 방출, 방전시켜 이때 발생된 열로 금속을 가열, 가압하여 접합시키는 용접법이다.
> • 전기 저항 돌기(Projection Welding, 프로젝션) 용접 : 피 용접물에 동일한 크기로 여러 개의 돌기부에 전류를 집중시켜 흐르게 하여 저항열로 용융시킴과 동시에 가압하여 접합시키는 용접법이다.
> • 업셋 용접(Upset Welding) : 용접재를 맞대어 가압하고 전류를 통하면 접촉 저항으로 발열되어 일정한 온도에 달했을 때 축방향으로 강한 압력을 가해 접합시키는 용접법이다.
> • 납땜 : 접합하고자 하는 재료. 즉, 모재는 녹이지 않고 모재보다 용융점이 낮은 금속을 녹여 표면장력으로 접합시키는 방법이다.

25 이산화탄소 아크 용접에 관한 설명으로 맞는 것은?

① 비소모 전극 방식의 용접법이며, 보호가스나 용제가 필요 없다.
② 보호 가스로는 질소가 사용된다.
③ 와이어의 굵기가 매우 적으므로 아크불꽃은 육안으로 보아도 별 문제가 없다.
④ 불활성가스 대신 탄산가스를 사용한 용극식 용접법이며, 아크불꽃이 강하여 맨눈으로 직접 보아서는 안 된다.

26 전기 저항 스폿 용접의 접합면의 일부는 녹아 바둑알 모양의 단면이 된다. 이것을 무엇이라고 하는가?

① 너깃   ② 헤밍
③ 크라운   ④ 참조점

> **해설**
> 너깃
> 용접 접합면의 일부가 녹아 형성된 바둑알 모양의 단면을 말한다.

27 다음 중 도어의 구성 부품에 해당되지 않는 것은?

① 체크   ② 힌지
③ 래치   ④ 가스 스프링

해설

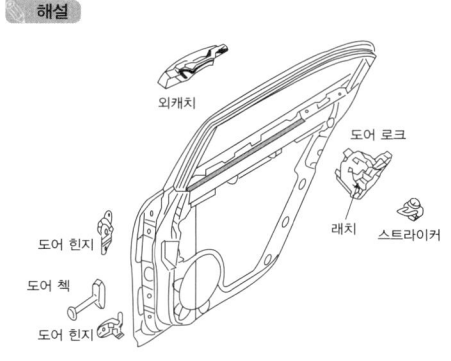

28 자동차 사고는 운행 중인 자동차가 외부적인 힘을 받아 일어나는 경우가 많기 때문에 역학적인 기초지식을 가지고 진단해야 정확성을 기할 수 있다. 그 역학적인 기초 지식으로 타당하지 않는 것은?

① 운동의 법칙
② 힘의 과학
③ 에너지
④ 미끄러짐

29 자동차 차체가 벽면에 정면으로 충돌하여 프레임이 위로 단순 굴곡변형이 이루어졌을 때 프레임을 복원 수리하는 순서로 가장 적합한 것은?

① 길이 방향을 먼저 인장시킨다.
② 측면 방향으로 먼저 인장시킨다.
③ 높이 방향으로 먼저 인장시킨다.
④ 사선 방향으로 먼저 인장시킨다.

30 도료를 도장하는 물체에 칠하고 일정한 시간을 방치해 두거나 또는 가열하면 도료가 경화하여 연속 도막을 형성케 되는데 이 도료가 도막이 되는 과정을 무엇이라 하는가?

① 경화
② 건조
③ 전착
④ 착색

해설
- 경화 : 조직 따위가 단단하게 굳어지는 성질
- 전착 : 정전기에 대전한 물체가 서로 끄는 현상
- 착색 : 안료, 염료 등에 의해 색깔을 나게 하는 것
- 건조 : 도료를 도장하는 물체에 칠하고 일정한 시간을 방치해 두거나 또는 가열하면 도료가 경화하여 연속 도막을 형성해 도막이 되는 과정

31 쿼터패널은 보디의 강도 유지상 중요한 패널이다. 측면 뒷부분의 쿼터패널과 서로 병합되지 않는 패널은?

① 리어 휠 하우스
② 백 패널
③ 루프 패널
④ 트렁크 리드

해설

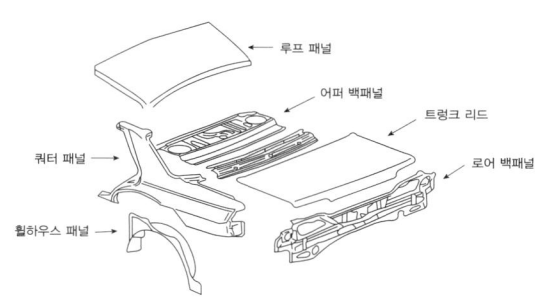

32 차체부품 제작 시 프레스 라인처럼 블록한 모양으로 만드는 작업을 무엇이라고 하는가?

① 비딩
② 와이어링
③ 코닝
④ 크립핍

해설
- 비딩(Beading) : 차체부품 제작 시 프레스 라인처럼 블록한 모양으로 만드는 작업
- 코닝(Coning, 압인 가공) : 원형의 동전이나 메달 같은 장식품의 표면에 모양을 만드는 가공법

33 승용차 손상 진단 시 자동차 객실부분 아래쪽에 외력이 가해졌을 경우 우선 1차적인 점검 부위에 해당되지 않는 것은?

① 사이드 쉘 점검
② 플로어 점검
③ 후드의 평면부위
④ 센터필러 점검

정답 28. ④ 29. ① 30. ② 31. ④ 32. ① 33. ③

34 분체도료용 수지에 요구되는 특성이 아닌 것은?

① 용해 수지의 유동성이 없어야 한다.
② 내열성이 좋아야 한다.
③ 부착성이 좋아야 한다.
④ 단시간 내에 경화할 수 있어야 한다.

35 양질의 절단면 품질에 영향을 줄 수 있는 요소가 아닌 것은?

① 절단재의 온도
② 절단 산소의 유량
③ 절단량
④ 절단 산소의 순도와 압력

해설

절단에 영향을 주는 요소
- 절단재의 온도
- 절단 산소의 유량
- 절단 산소의 순도와 압력
- 팁의 모양 및 크기
- 절단 속도
- 예열 불꽃의 세기
- 사용 가스
- 팁의 거리 및 각도
- 절단재의 재질, 두께 및 표면 상태

36 트램 트랙킹 게이지로 차량의 언더 보디를 측정하고자 한다. 이때 측정하는 곳이 아닌 것은?

① 전동장치를 비켜 프레임 깊숙한 두 곳 사이 측정
② 보디의 대각선 측정
③ 사이드 멤버의 두 곳 길이 측정
④ 프레임 하체부 서스펜션과 전동장치 측정

해설

트램 트랙킹 게이지 용도
- 프런트 사이드 멤버의 두 곳 직선 길이 측정 비교
- 보디의 대각선 길이 측정 비교
- 프런트 보디의 직선 또는 대각선 길이 측정 비교

37 트램 트랙킹 게이지의 주사용 측정범위로 가장 거리가 먼 것은?

① 폭　　　　　② 길이
③ 높이　　　　④ 대각선

해설

트램 트랙킹 게이지
트램 트랙킹 게이지는 오프 셋(Off-set) "자"이며 자동차의 길이와 폭, 대각선의 치수를 주로 측정하는 용도로 이용된다.

38 얇고 가벼운 고강도 패널의 결합체로 구성되어있으며, 충격을 받았을 때 그 충격이 보디 전체까지 미치지 않도록 된 보디는?

① X형 보디　　② 트러스형 보디
③ 모노코크 보디　④ H형 보디

해설

모노코크 보디의 특징
- 충돌 시 충격을 흡수
- 일부에 가해진 충격을 차체 전체로 분산시켜 실내의 승객을 보호
- 중량을 경감시켜 연비 상승
- 오픈형 프레스에 의한 대량생산 가능
- 차체에 구멍이나 각도, 두께변화 등을 만들어 충격을 흡수
- 복원수리의 어려움
- 소음에 따른 엔진룸 설계 기술 요구

39 다음 중 전단 가공이 아닌 것은?

① 펀칭(Punching)
② 블랭킹(Blanking)
③ 트리밍(Trimming)
④ 드로잉(Drawing)

해설

드로잉(Drawing)
연성이 풍부한 강, 니켈, 알루미늄, 구리 및 이들 합금의 얇은 판으로 원통형, 각기둥형, 원평형 등의 용기를 성형하는 성형 가공법이다.

정답　34. ①　35. ③　36. ④　37. ③　38. ③　39. ④

40 하지 작업에서 건조기를 사용하는 목적에 관한 설명으로 틀린 것은?

① 도료의 건조시간 단축과 견고한 도막형성이다.
② 자외선에 의한 도막의 문제 발생 억제를 위해서이다.
③ 도막의 밀착력을 향상시키기 위해서이다.
④ 작업성 향상을 위해서이다.

41 에어리스 도장 중 도료의 압력이 오르지 않는 원인은?

① 노즐 팁이 막혀 있다.
② 니들 패킹이 마모되어 있다.
③ 도료가 부족하다.
④ 노즐 연결 면에 이물질이 부착되었다.

42 1회 고정으로 1방향 밖에 잡아당길 수 없으며, 다른 방향으로 동시에 잡아당기는 작업이 불가능한 프레임 수정기는?

① 이동식 프레임 수정기
② 고정식 랙형 프레임 수정기
③ 바닥식 묻힘 베이스 프레임 수정기
④ 바닥식 간이형 프레임 수정기

43 다음 측정공구 중 마이크로미터의 구조에 해당되지 않은 것은?

① 앤빌과 스핀들
② 슬리브와 프레임
③ 조
④ 래칫스톱과 클램프

> 해설

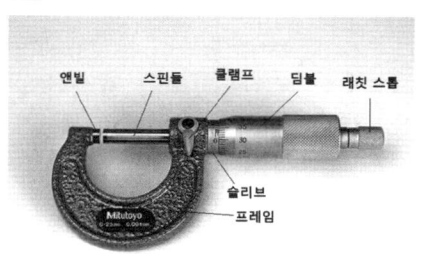

44 막의 두께는 약 0.1~0.5mm 정도이며 퍼티 면이나 프라이머 서페이서 면의 가공 및 작은 상처를 수정하는데 사용하는 퍼티는?

① 판금 퍼티
② 폴리 퍼티
③ 스프레이 퍼티
④ 래커 퍼티

> 해설

- 판금 퍼티(Metal Putty) : 최대 3~5cm까지 도포가 가능하며 판과의 부착성을 좋게 하지만 완전건조 시간이 오래 걸리며 연마성이 나쁘고 교환하는 리어펜더의 접합부나 깊이가 큰 요철 부분에 사용된다.
- 폴리에스테르 퍼티(Polyester Putty) : 주제와 경화제의 혼합은 100:1~3 정도이며 퍼티의 색상에 따라 경화 시간이 달라진다. 일반적으로 5mm 정도의 요철부나 퍼티면의 굴곡 등을 수정하는 마무리 타입으로 사용된다.
- 스프레이 퍼티(Spray Putty) : 퍼티 도포가 힘든 굴곡 부위나 작업부위가 넓은 부위에 마무리 퍼티용을 사용된다.
- 래커 퍼티(Lacquer Putty) : 막의 두께는 약 0.1~0.5mm 정도이며 퍼티면이나 프라이머 서페이서 면의 가공 및 작은 상처를 수정하는데 사용된다.

45 자동차 패널을 절단하는 주 공구로 가장 많이 쓰이는 공구는?

① 에어 파워 치즐
② 커터
③ 에어 소
④ 파워 드릴

> 해설

- 에어 파워 치즐 : 용접부의 탈거, 볼트·너트, 리

정답 40. ② 41. ③ 42. ① 43. ③ 44. ④ 45. ③

벳 탈거, 패널의 절단, 스폿 용접부의 탈거 등의 용도로 쓰인다.
- 커터 : 재료를 자르거나 깎는 용도로 사용한다.
- 에어 소 : 자동차 패널을 절단하는 용도로 사용한다.
- 파워 드릴 : 패널부의 홀 가공이나 스폿 용접된 패널의 분리 등의 용도로 사용한다.

46 센터링 게이지 사용상 주의점이 아닌 것은?

① 좌우 대칭인 것이 기본이다.
② 비대칭 개소는 측정을 못한다.
③ 차체수리 지침서를 정확히 확인하여 적용한다.
④ 홀의 변형 정도에 따라 수정해서 사용한다.

해설
센터링 게이지 작동 시 유의사항
- 센터 핀의 위치는 항상 중심으로 한다.
- 0점은 수시로 확인한다.
- 항상 청결을 유지한다.
- 마그네트 키퍼(Kipper)는 미사용 시 자석의 수명을 길게 해 준다.
- 차체수리 지침서를 정확히 확인하여 적용한다.
- 홀의 변형 정도에 따라 수정해서 사용한다.

47 루프패널을 교환하고자 한다. 순서로 적합한 것은?

① 유리탈거-각종부품탈거-래핑-루프절단-TIG용접-유리확인-스폿용접
② 루프절단-유리탈거-래핑-유리확인-스폿용접
③ 루프 절단-래핑-유리탈거-유리확인-TIG용접
④ 유리탈거-부품탈거-래핑-루프절단-유리확인-스폿용접

48 스프레이 작업 시 환경을 고려하여 비산되는 도료를 적게 하여 도착효율을 높인 스프레이 건을 무엇이라고 하는가?

① HVLP건
② 중력식건
③ 압송식건
④ 피스건

해설
- HVLP건 : 스프레이 작업 시 환경을 고려하여 비산되는 도료를 적게 하여 도착효율을 높인 방식
- 중력식건 : 도료의 컵이 스프레이 건 위에 설치되어 도료의 점도가 변하여도 토출량에는 변화가 없는 방식
- 압송식건 : 도료의 컵과 스프레이 건이 호스로 연결되어 있는 형식으로 연속도장이 가능한 방식
- 피스건(에어 브러시) : 소형 사이즈의 건으로 프리핸드나 금긋기 등에 이용되는 방식

49 페리미터형 프레임 수정 작업의 설명으로 틀린 것은?

① 견인 작업할 때 프레임의 흔들림 방지를 위해 세 곳을 고정한다.
② 파손상태에 따라 인장방향 반대쪽에 공정점을 만든다.
③ 경미한 크로스 멤버 파손이라도 안치식 프레임 수정기의 작업이 적당하다.
④ 모노코크 보디의 수정과 비슷한 요령으로 작업해도 된다.

50 리어 쿼터패널(C필러)을 절단하였다. 절단 후 복원 수리 시 용접이음 방법으로 알맞은 이음 방법은?(단, 판 두께가 6mm 이하)

① I형 이음
② V형 이음
③ X형 이음
④ H형 이음

51 다이얼 게이지 취급 시 안전사항으로 틀린 것은?

① 작동이 불량하면 스핀들에 주유 혹은 그리스를 발라서 사용한다.
② 분해 청소나 조정은 하지 않는다.
③ 다이얼 인디케이터에 충격을 가해서는 안된다.

정답 46. ② 47. ④ 48. ① 49. ① 50. ① 51. ①

④ 측정 시 측정물에 스핀들을 직각으로 설치하고 무리한 접촉은 피한다.

해설

다이얼 게이지는 정밀 측정기로 스핀들에 그리스를 바르면 정상작동이 어려울 수가 있다.

해설

기계 작업 시 유의사항
- 시동 전에 기계를 점검하여 상태를 확인한다.
- 공구나 가공물이 회전하는 경우에는 장갑 착용을 금지한다.
- 옷소매나 머리카락이 늘어지지 않도록 작업복을 단정히 입고 안전모를 착용한다.
- 동력기계의 이동장치에는 동력 차단장치를 설치한다.
- 기계를 청소하거나 급유 시에는 기계를 정지시킨 후 작업한다.
- 운전 중에 주유를 하거나 가공물을 측정하는 등 작업점에 손을 넣지 않는다.

52 산업안전 보건표지의 종류와 형태에서 그림이 나타내는 표시는?

① 접촉 금지   ② 출입 금지
③ 탑승 금지   ④ 보행 금지

해설

금지표시	출입금지	보행금지	차량통행 금지	사용금지
	탑승금지	금연	화기금지	물체이동 금지

54 작업현장에서 기계의 안전조건이 아닌 것은?

① 덮개   ② 안전장치
③ 안전교육   ④ 부전성의 개선

해설

기계의 안전 조건
- 덮개
- 안전장치
- 부전성의 개선

55 물체를 잡을 때 사용하고, 조(Jaw)에 세레이션이 설치되어 있어서 미끄러지지 않으며 물체의 크기에 따라 조를 조절할 수 있는 공구는?

① 와이어 스트립퍼   ② 알렌 렌치
③ 바이스 플라이어   ④ 복스 렌치

해설

- 와이어 스트립퍼 : 전선의 피복 제거용
- 알렌 렌치 : 육각의 L자 형태의 공구
- 복스 렌치 : 볼트류의 머리를 감싸는 원형태가 양쪽으로 구성되어 있는 공구
- 바이스 플라이어 : 물체를 잡을 때 사용하고, 조(Jaw)에 세레이션이 설치되어 있어서 미끄러지지 않으며 물체의 크기에 따라 조를 조절할 수 있는 공구

53 정비용 기계의 검사, 유지, 수리에 대한 내용으로 틀린 것은?

① 청소 및 급유 시에는 서행한다.
② 동력기계의 이동장치에는 동력 차단장치를 설치한다.
③ 동력 차단장치는 작업자 가까이에 설치한다.
④ 청소할 때는 운전을 정지한다.

56 프레임 교정 작업 전 확인해야 할 사항으로 가장 거리가 먼 것은?

① 용접기의 작동상태
② 클램프의 톱니상태
③ 보디 수정기의 유압호스 누유상태
④ 보디 수정기의 작동상태

57 자동차 도장 작업장에 안전관리상 구분한 환기방법 종류가 아닌 것은?

① 자연 환기법   ② 부분 환기법
③ 국부 배출 환기법 ④ 전체 환기법

> **해설**
> 도장 작업장 환기법의 종류
> • 자연 환기법
> • 국부 배출 환기법
> • 전체 환기법

58 자동차 안전벨트 사용에 대한 설명 중 틀린 것은?

① 허리부의 안전띠는 허리에 착용한다.
② 안전띠는 주기적으로 닳거나 손상된 곳이 없는지 점검해야 한다.
③ 안전띠를 착용한 상태로 시트를 젖혀 눕지 않도록 해야한다.
④ 사고로 안전띠에 강한 충격을 받은 경우 외관상 문제가 없으면 그대로 사용해도 된다.

59 다음 중 안전 보호구의 구비 조건에 들지 않는 것은?

① 작업에 방해가 안 되도록 착용이 간편할 것
② 유해 위험 요소에 대한 방호 성능이 충분히 있을 것
③ 보호 장구의 원재료 품질이 양호할 것
④ 겉모양과 표면이 섬세하고 튼튼하며 무게가 있을 것

60 산소용기의 취급상 주의점으로 적합하지 않은 것은?

① 용기의 온도를 65℃로 보존한다.
② 직사광선, 화기가 있는 고온의 장소를 피한다.
③ 충격을 주지 않는다.
④ 용기 및 밸브 조정기 등에 기름이 묻지 않도록 한다.

> **해설**
> 취급상 주의사항(산소 봄베)
> • 충격을 주지 말 것
> • 직사광선을 피할 것
> • 40℃ 이하를 유지할 것
> • 봄베의 밸브, 조정기 등에 기름을 묻히지 말 것
> • 밸브 개폐는 조용히 할 것
> • 누설은 비눗물을 사용할 것

정답 56. ① 57. ② 58. ④ 59. ④ 60. ①

국가기술자격 필기시험문제

2011년 기능사 제2회 필기시험				수험번호	성명
자격종목 **자동차차체수리기능사**	종목코드 **6285**	시험시간	형별 **A**		

01 자동차 전기장치에 관한 설명 중 틀린 것은?
① 자동차 전기장치에 전력을 공급하는 부품은 배터리와 발전기가 있다.
② 엔진 정지 시 전원은 배터리에 의해 공급되고 있다.
③ 엔진 시동 후 전원 공급은 발전기가 하지만 경우에 따라 배터리 전원도 사용한다.
④ 현재 대부분 승용차는 직류발전기를 주로 사용하고 있다.

해설
직류발전기는 엔진 회전수 변동에 따른 출력 전류가 불안정하여 현재 대부분 승용차는 교류 발전기를 주로 사용하고 있다.

02 다음 여러 가지 일, 열량 및 에너지 단위 중에서 kcal로 환산이 되지 않는 것은?
① Btu   ② erg
③ KJ   ④ Pa

03 자동차 엔진의 유해가스 저감 대책과 직접적으로 관련되지 않은 것은?
① 촉매 변환기
② 더블 오버헤드 밸브
③ EGR 밸브
④ 캐니스터

해설
더블 오버헤드 밸브는 흡기의 충진효율과 배기효율을 높이기 위해 실린더 당 밸브가 각각 1개씩 추가된 시스템을 말한다.

04 다음 중 차체(Body)를 구성하는 외장부품은?
① 프레임   ② 범퍼
③ 계기 패널   ④ 시트

해설
• 프레임 : 섀시를 구성하는 부품이나 보디를 설치하는 부품
• 계기 패널 : 계기를 구성하는 내장부품
• 시트 : 차 실내 운전자의 의자
• 범퍼 : 1차 충격 완화 및 외관을 고려한 외장 부품

05 엔진이 운전석 아래에 설치된 형식으로 주로 버스나 트럭에 적용되는 차체형식은?
① 보닛(Bonnet) 형
② 캡오버(Cab-over) 형
③ 코치(Coach) 형
④ 노치백(Notch Back) 형

해설
캡오버형 트럭의 특징
• 엔진의 전체 또는 대부분이 운전실 하부에 들어가 있다.
• 자동차의 높이가 높고 시야가 좋다.
• 엔진룸의 면적이 보닛형에 비해 좁다.
• 자동차 길이가 동일할 때 적재함을 크게 할 수 있다.

06 프레임(Frame)과 차체(Body)를 일체형으로 구성한 대표적인 차체 형식은?
① 모노코크(Monocoque)
② 픽업(Pick Up)
③ 사다리꼴형 프레임(Ladder Type)
④ 섀시(Chassisis)

정답 1.④ 2.④ 3.② 4.② 5.② 6.①

해설
- 픽업 : 바퀴가 4개 달리고, 짐칸에 뚜껑이 없는 소형 트럭
- 사다리꼴형 프레임 : 2개의 사이드 레일과 여러 개의 크로스 멤버가 용접 결합되어 있는 구조의 프레임
- 섀시 : 차체를 제외한 엔진 및 현가장치 등이 결합되어 주행이 가능한 기본 차대

07 4행정 기관의 회전력에 관한 설명 중 가장 거리가 먼 것은?
① 엔진의 회전력은 토크라고도 불린다.
② 수직력이 F, 수직거리가 r이면 토크 T는 수직력과 수직거리를 곱한 것과 같다.
③ 엔진의 회전속도가 N(rpm), 출력은 H(PS), 회전력이 T(kgf·m)라면 $T = \frac{716H}{N}$이 성립한다.
④ 엔진의 회전력은 힘×거리를 시간으로 나눈 값이다.

08 타이어 트레드 고무의 표면 마모 현상과 관계 없는 것은?
① 얼라이먼트(토 인, 토 아웃)에 의한 힘력
② 커브를 돌 때의 힘력
③ 공기압, 하중, 속도, 도로상태 등의 사용조건
④ 하이드로 플래닝(Hydro Planing) 현상 시

해설
하이드로 플래닝(Hydro Planing, 수막현상)
물이 고인 도로를 고속으로 주행할 때 타이어는 수상스키와 같이 물 위를 활주하는 형태로 나타나는 현상으로 차량은 제동성, 조종성, 구동성이 급격히 감소하면서 견인력이 없어져 조향력을 상실하는 상태가 된다.

09 자재이음이란 2개의 축이 어느 도를 두고 교차할 때, 자유로이 동력을 전달 할 수 있는 장치를 말한다. 다음 중 자동차에서 주로 사용하는 자재이음의 종류가 아닌 것은?
① 슬립 조인트   ② 플렉시블 조인트
③ 등속 조인트   ④ 트러니언 조인트

해설
자재 이음 종류
- 플렉시블 자재 이음 : 0~3°
- 볼 앤드 트러니언 자재 이음 : 8~12°
- 십자형 자재이음 : 12~18°
- 등속도 자재 이음(C·V 조인트) : 28~32°

10 국제단위계(SI 단위)에서 SI 단위의 접두어로 표시되는 것 중 접두어의 명칭, 읽는 방법, 단위에 급해지는 배수를 나열한 것으로 틀린 것은?
① M : 메가, 10^6 ② μ : 마이크로, 10^{-2}
③ G : 기가, 10^9 ④ n : 나노, 10^{-9}

11 가스 압접의 특징 중 맞지 않는 것은?
① 접합부에 탈탄층이 없다.
② 장치가 간단하여 시설수리비가 싸다.
③ 작업자의 숙련도에 크게 좌우되지 않는다.
④ 용접봉과 용재를 필요로 한다.

해설
용접 이음매를 산소-아세틸렌가스를 이용하여 재결정 온도 이상으로 가열하고 큰 기계적 압력을 가하여 접합시키는 용접법이다.

12 그리기 어려운 원호나 곡선을 그리는 데 사용하는 제도 용구는?
① 삼각자   ② 템플릿
③ 운형자   ④ 스케일

해설
- 삼각자 : 삼각형 모양으로 45°×45°×90°와 30°×60°×90° 2개가 1개의 세트로 구성된 자
- 템플릿 : 플라스틱이나 아크릴판에 여러 가지 모양의 기본도형이나 문자기호 등이 새겨져 있는 제도용구

정답 7. ④ 8. ④ 9. ① 10. ② 11. ④ 12. ③

- 운형자 : 그리기 어려운 원호, 곡선을 그리는데 사용하는 제도 용구
- 스케일 : 길이를 재거나 길이를 줄여 그을 때 사용하는 자

[삼각자]   [템플릿]   [운형자]   [스케일]

13 경도란 다음 중 무엇을 뜻하는가?

① 금속의 두꺼운 정도
② 금속의 굵은 정도
③ 금속의 단단한 정도
④ 금속의 무거운 정도

> 해설

경도란 조직 따위가 단단하게 굳어지는 성질을 말한다.

14 탄소강의 설명 중 맞지 않는 것은?

① 담금질에 의하여 탄소강이 경화되는 정도는 탄소 함유량, 담금질 온도, 냉각 속도에 변화한다.
② 탄소강의 탄소함유량은 0.3% 이상이어야 한다.
③ 산화방지를 위한 무산화 가열법에는 질소, 아르곤가스가 사용된다.
④ Cr, Ni, M를 함유한 합금강은 질량의 효과가 커 열처리가 잘된다.

15 전기저항 스폿 용접기를 사용하여 차체 패널의 양면접합 작업 중 스파크가 발생하면서 차체 패널에 구멍이 발생하였다. 원인과 가장 거리가 먼 것은?

① 패널에 이물질이 부착되었다.
② 모재의 두께와 비교하여 전류가 낮다.
③ 전극 팁 골에 카본이 과다 부착되었다.
④ 모재와 전극 팁의 접촉이 불량하다.

> 해설

스폿 용접 요소별 결함사항
- 용접 전류 불량에 따른 결함
  - 가압력이 일정하고 용접 전류가 클 경우 : 패널 과열로 구멍 발생
  - 가압력이 일정하고 용접 전류가 약할 경우 : 용입 불량
- 가압력 불량에 따른 결함
  - 전류는 일정하고 압력이 클 경우 : 너깃(Nugget)이 작고 팁에 눌린 흔적 발생
  - 전류는 일정하고 압력이 적을 경우 : 스파크가 발생 및 구멍 발생
- 통전시간 불량에 따른 결함
  - 통전 시간이 길 경우 : 패널이 과열 및 구멍 발생
  - 통전 시간이 짧을 경우 : 용입 불량

16 산소 봄베에 각인된 기호 T.P가 뜻하는 것은?

① 내압시험 압력
② 최고충전 압력
③ 용기 기호
④ 용기 중량

> 해설

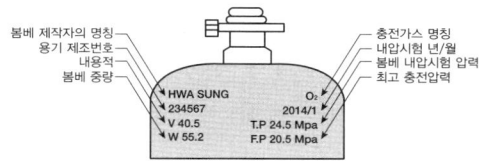

17 피복 금속 아크 용접 시 용융속도에 관한 설명 중 관련 없는 것은?

① 단위시간당 소비되는 용접봉의 길이
② 용융속도 = 아크전류 × 용접봉 전압강하
③ 아크의 전압
④ 단위시간당 소비되는 용접봉의 무게

정답 13. ③   14. ④   15. ②   16. ①   17. ③

18 보기의 정면도를 보고 다음 중 평면도로 가장 적합한 투상도는?

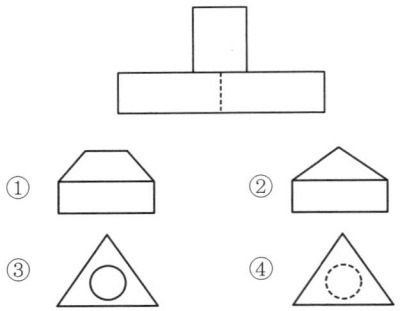

19 홈 맞대기 용접의 용접부의 명칭 중 틀린 것은?

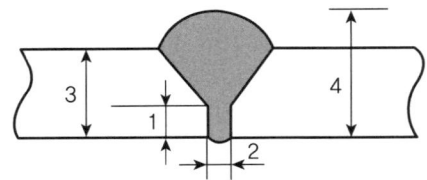

① 루트 면 – 1   ② 루트 간격 – 2
③ 판의 두께 – 3 ④ 살올림 – 4

해설

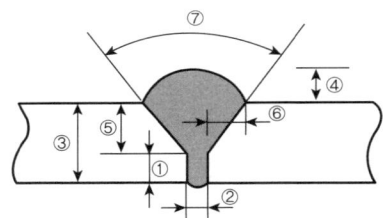

- 루트면
- 판의 두께
- 홈의 깊이
- 홈각도
- 루트 간격
- 덧살높이
- 베벨각

20 점 용접 (Spot Welding)의 특징으로 틀린 것은?

① 작업속도가 빠르다.
② 기술적인 숙련을 필요로 하지 않는다.
③ 표면을 평활하게 할 수 있다.
④ 용접 후 변형이 크다.

해설

특징
- 재료비가 절약되어 대량 생산에 적합하다.
- 표면이 편평한 바둑알 모양의 너깃이 생성되며 외관이 아름답다.
- 열 영향부가 좁고, 돌기가 없다.
- 구멍을 가공할 필요가 없으며 숙련을 요하지 않는다.
- 용융점이 높은 재료, 열전도가 큰 재료 및 전기 저항이 작은 재료는 용접이 곤란하다.

21 다음 황동의 설명 중 틀린 것은?

① 구리와 아연의 함유 비율에 따라 구분한다.
② 7-3황동은 아연 70%, 구리 30%이다.
③ 6-4황동은 주황색을 띠며 인장강도가 높다.
④ 7-3황동은 황금색을 띠며 연신율이 좋다.

해설

황동
구리와 아연의 합금을 말하며 함유 비율에 따라 분류한다.
- 7-3황동 : 구리 70%, 아연 30%이며 황금색을 띠며 연신율, 냉간 가공성이 좋다.
- 6-4황동 : 구리 60%, 아연 40%이며 주황색을 띠며 주조성, 열간 가공성이 좋으며 인장강도가 높다.
- 톰백(Tom Bac) : 구리 85%, 아연 15%의 황동을 말한다.
- 네이벌 황동 : 6-4황동에 주석 1%를 첨가한 황동을 말한다.

22 차체의 경량화와 함께 주행 시 소음을 감소시키기 위해 사용되는 강판은?

① 양면처리 강판
② 아연도금 강판
③ 제진 강판
④ 단면처리 강판

정답 18. ③   19. ④   20. ④   21. ②   22. ③

해설

적층강판(제진강판)
주행 시의 진동, 소음을 흡수하도록 샌드위치 구조의 구속형과 비구속형 형태로 제작한 강판을 말하며 라미네이트 강판이라고도 한다.

23 탄소에 의한 철강의 분류에 해당되지 않는 것은?

① 연강
② 경강
③ 고탄소강
④ 니켈

해설

탄소강
철(Fe)과 탄소(C) 0.035~1.7%를 주성분으로 하는 합금에 규소(Si), 망간(Mn), 인(P), 황(S) 등의 원소가 소량 함유되어 있는 철강재료이다.

24 착색이 용이하고, 무색 투명하며 표면이 강하고 내습성이 취약한 수지는?

① 멜라민 수지
② 페놀 수지
③ 에폭시 수지
④ 요소 수지

25 MIG용접과 거의 같은 방식으로 불활성가스 대신 CO_2 가스를 사용하며, 적당한 탈산제(Si, Mn)를 포함한 와이어를 사용하는 용접은?

① 테르밋 용접
② 서브머지드 용섭
③ MIG 용접
④ 탄산가스 아크용접

해설

탄산가스 아크용접(CO_2 용접)
연속적으로 공급되는 와이어와 보호가스(CO_2) 안에서 아크를 발생시켜 모재와 용가제를 동시에 용융시켜 접합시키는 용접법

26 자동차가 사이드 레일이나 중형 분리대 등에 고속 충돌 시 발생하는 현상으로 차체가 꼬여 있는 것처럼 보이는 변형은?

① 종 변형
② 횡 변형
③ 찌그러짐
④ 비틀림

해설

파손의 형태에 따른 분류

- 사이드 스웨이(Side Sway) 변형 : 차체를 위에서 보았을 때 센터라인을 기준으로 좌측 또는 우측으로 휘어진 변형을 말한다.
- 새그(Sag) & 킥업(Kick Up) 변형 : 새그는 차체를 옆에서 보았을 때 데이텀 라인을 기준으로 수직적으로 정렬되지 않고 휘어진 변형을 말하며, 사이드 멤버의 두 면이 위쪽으로 휘어진 변형을 킥업, 아래로 휘어진 변형을 킥 다운 변형이라고 말한다.
- 비틀림(Twist) 변형 : 차체를 앞에서 보았을 때 좌,우측 레벨이 평형 상태에 있지 않고 꼬여 있는 형태의 변형을 말한다.
- 붕괴(Collapse) 변형 : 건물이 붕괴되는 형태의 변형으로 차체의 한쪽 면 전체가 짧아진 형태의 변형을 말한다.
- 쇼트레일(Short Rail) : 프레임이 짧아진 변형을 말한다.
- 다이아몬드(Diamond) 변형 : 차체를 위에서 보았을 때 센터라인을 기준으로 좌측 또는 우측면이 다이아몬드 형태처럼 전, 후면 쪽으로 밀려 휘어진 변형을 말한다.

27 자동차 프레임 보강판의 골 부분을 가늘게 다듬질 한 다음 직각으로 해서는 안 되는 이유를 설명한 것 중 바르지 못한 것은?

① 집중중력을 피하기 위하여
② 무게의 균형을 잡기 위하여
③ 균열을 피하기 위하여
④ 절손을 방기하기 위하여

28 모노코크 보디의 장점이다. 옳지 않은 것은?

① 일체로 된 구조이기 때문에 정비하기가 쉽고 간편하다.
② 일체형이기 때문에 충격 흡수가 높고, 안정성이 크다.
③ 단독 프레임이 없기 때문에 차량 중량이 가볍다.

정답 23. ④ 24. ① 25. ④ 26. ④ 27. ② 28. ①

④ 점용접이 많이 사용되므로 정밀도가 높다.

해설

모노코크 보디의 특징
- 장점
  - 충돌 시 충격을 흡수
  - 일부에 가해진 충격을 차체 전체로 분산시켜 객실 내의 승객을 보호
  - 중량을 경감시켜 연비 상승
  - 오픈형 프레스에 의한 대량생산 가능
  - 점용접이 많이 사용되어 정밀도가 높음
- 단점
  - 복원수리의 어려움
  - 소음에 따른 엔진룸 설계 기술 요구

29 변형된 패널을 추가고정 없이 한쪽만 당기면 어떠한 현상이 발생하는가?

① 인장력이 작용한다.
② 전단력이 작용한다.
③ 모멘트가 작용한다.
④ 압축력이 작용한다.

해설

추가 고정의 효과
- 기본 고정의 보강
- 모멘트 발생 제거
- 지나친 인장 방지
- 용접부 보호
- 힘의 범위 제한

30 두꺼운 도막을 급격히 가열했을 때 발생할 수 있는 결함은?

① 크레이터링
② 핀홀
③ 흐름
④ 침전

해설

핀홀(Pin Hole)
도장 건조 후에 바늘로 찌른 듯한 구멍이 생긴 상태
※ 발생원인
- 두꺼운 도막을 세팅타임을 주지 않고 급격히 온도를 올린 경우
- 증발 속도가 빠른 시너를 사용했을 경우
- 하도나 중도에 기공 잔재가 남아 있을 경우
- 점도가 높은 도료를 두껍게 도장 시

31 차체부품 제작 시 리벳 구멍의 지름은 리벳 몸체 지름보다 어느 정도 크게 하는가?

① 1~1.2mn
② 2~2.2mn
③ 3~3.2mn
④ 4~4.2mn

32 패널의 용접 이음 방법 중 그 종류가 아닌 것은?

① 스폿 용접
② 미그(MIG) 용접
③ 납접
④ 볼트접합

해설

접합법의 분류
- 기계적인 접합 : 볼트, 너트, 코터핀, 나사, 리벳 등
- 야금적인 접합 : 각종 용접
- 화학적인 접합 : 접착제, 실리콘, 풀 등

33 펜더 탈거 작업에 속하지 않는 것은?

① 헤드램프
② 프런트 휠 가드
③ 범퍼커버 사이드 마운팅 볼트
④ 토션바

해설

토션바는 스프링 강 막대의 비틀림 탄성을 이용한 현가장치의 부속품을 말한다.

34 다음 도료 중 녹의 발생 방지 및 후속으로 칠할 도료와 밀착을 좋게 하는 성능을 가진 것은?

① 서페이서
② 프라이머
③ 퍼티
④ 실러

해설

- 서페이서(Surfacer) : 도료의 용제 침투 방지 및 내수성과 내구성을 증대시키고 층간 부착성을 향상시켜 주름현상, 리프팅현상을 방지한다.
- 프라이머(Primer) : 강판에 직접 도포하여 녹 장지 및 부착성을 증대시키는 도료이다.

정답 29.③ 30.② 31.① 32.④ 33.④ 34.②

- 퍼티(Putty) : 강판에 도포하여 요철을 메우고 후속도장에 우수한 방청성 및 부착성을 갖는 도료이다.
- 실러(Sealer) : 윈드 스크린, 부품 접합 및 누수 및 녹방지 등의 접촉부에 사용되는 플라스틱성 도포제를 말한다.

35 연성이 풍부한 강, 니켈, 알루미늄, 구리 및 이들 합금의 얇은 판으로 원통형, 각기둥형, 원평형 등의 용기를 성형하는 가공은?

① 엠보싱 ② 플랜징
③ 드로잉 ④ 벌징

해설
- 엠보싱(Embossing) : 소재의 양면에 오목 볼록한 모양을 만들어 강도를 높이는 가공법
- 플랜징(Flanging) : 판재의 가장자리를 직각으로 굽혀 강도 높은 곡선부의 플랜지를 만드는 가공법
- 드로잉(Drawing) : 연성이 풍부한 강, 니켈, 알루미늄, 구리 및 이들 합금의 얇은 판으로 원통형, 각기둥형, 원평형 등의 용기를 성형하는 가공
- 벌징(Bulging) : 원통 용기의 입구는 그대로 두고 아래 부분을 볼록하게 가공하는 방법

36 퍼티는 경화제를 섞은 후 건조 속도가 빠르기 때문에 얼마의 시간 내에 작업하는 것이 가장 적합한가?

① 1~5분
② 5~10분
③ 20~30분
④ 30~40분

해설
반죽퍼티 사용 시 주의사항
- 균일한 색상이 될 때까지 혼합하여 사용하지 않으면 결함이 발생된다.
- 주제와 경화제 혼합 시 계량기로 정확하게 계량한다.
- 사용에 필요한 양만 꺼낸다.
- 정확하고 신속하게 작업한다.
- 사용 가능 시간에 유의하며 작업한다(약 5~10분).

37 가스절단 결함 중 균열의 원인이 아닌 것은?

① 탄소 함유량이 많다.
② 합금 성분이 많다.
③ 불꽃이 너무 강하다.
④ 모재의 예열이 충분하지 못하다.

해설
가스절단 결함 중 균열의 원인
- 탄소 함유량이 많다.
- 합금 성분이 많다.
- 모재의 예열이 충분하지 못하다.

38 도막형성 주 요소가 증발한 후 고체의 도막형성요소가 도막으로 되는 건조 방법은?

① 휘발건조 ② 산화건조
③ 냉각건조 ④ 중합건조

해설
휘발건조
도막형성 주 요소가 증발한 후 고체의 도막형성요소가 도막으로 되는 건조 방법

39 포토 파워(Porto-Power)라 불리는 유압 보디 잭의 구성요소가 아닌 것은?

① 유압 펌프 ② 고압 호스
③ 체인블록 ④ 스피드 커플러

해설
유압 보디 잭(포트 파워) 구성
- 유압 펌프
- 스피드 커플러
- 램(유압 실린더)
- 어태치먼트
- 고압 호스

40 모노코크 차체에서 충돌이 일어나면 그 충돌력이 어떤 모양으로 충돌점에서 퍼져 나가는가?

① 원뿔형 ② 사각형
③ 원형   ④ 직선형

정답 35. ③ 36. ② 37. ③ 38. ① 39. ③ 40. ①

해설
콘의 원리
충돌 지점에서 힘이 퍼져나가는 형태를 말하며 원뿔 모양과 같다.

41 금속재료에 굽힘 가공을 할 때에 외력을 제거하면 원래의 상태로 되돌아가는 현상을 무엇이라 하는가?

① 소성　　　② 이방성
③ 방향성　　④ 스프링백

해설
- 소성 : 하중을 가했다가 제거하면 원래의 형태로 복원되지 않고 영구변형이 남는 성질
- 이방성 : 재료의 물리적인 성질이 방향에 따라 달라지는 성질
- 방향성 : 방향에 따라 나타나는 성질
- 스프링백 : 스프링이 다시 돌아온다는 의미로 차체 재료를 구부렸을 때 반발력에 의해 되돌아오려는 성질

42 전기 저항 스폿 용접기의 타점 간격은 1mm 판일 때 강도상 필요한 최저 간격은 얼마인가?

① 0.5~5mm　　② 1~19nn
③ 5~15mm　　④ 20~25mm

해설
피치 및 위치
피치는 1T 두께의 판에서 약 20~25mm 최대 약 40~45mm이며 모재의 끝에서 5mm 이상 안쪽으로 수리 용접은 새 차보다 10~20% 정도 많게 한다.

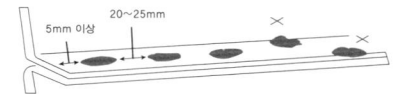

43 프레임 센터링 게이지를 설치할 때 고려해야 할 사항이 아닌 것은?

① 차체를 4개 부분으로 구분하여 설치한다.
② 센터 사이팅핀을 정확하게 설치한다.
③ 크로스 바의 설치 지점을 확인하고 설치한다.
④ 기준 참조점에 파손이 없으면 설치하지 않는다.

해설
센터링 게이지 설치 방법
- 센터링 게이지는 차량을 3~4 부분으로 구분하여 설치한다.
- 차체 베이스부에는 반드시 게이지를 설치한다.
- 기준 참조점에 걸고 다음 게이지는 파손 부위, 휨 부위에 건다.
- 조정 포인트에는 게이지를 설치할 자리가 설계되어 있다.
- 휨은 보통 기준 참조점에서 발생한다.

44 변형된 패널을 원상복구하기 위한 작업설명 중 (　) 안에 가장 적합한 것은?

| 패널 뒷면에 (　)를 대고, 앞면에서 (　)로 치는 것이다. |

① 돌리, 해머　　② 해머, 돌리
③ 해머, 해머　　④ 돌리, 돌리

해설
패널 수정 작업 시 돌리는 패널 뒷면에 대고, 앞면에서 해머로 치며 작업한다.

45 트램 게이지로 측정할 수 없는 것은?

① 로어암 니백의 점검
② 상하굽음의 점검
③ 센터라인
④ 개구부의 점검

해설
트램 트랙킹 게이지
트램 트랙킹 게이지는 오프 셋(Off-set) "자"이며 자동차의 길이와 치수를 측정하는 용도로 이용된다. 측정부위는 다음과 같다.
- 프런트 사이드 멤버의 일그러짐이나 상하로 굽은 상태 점검
- 프런트 사이드 멤버의 좌우로 굽은 상태 점검

- 로어 암과 후드 레지의 위치 점검
- 로어 암 니백(Knee Back)의 점검
- 리어 보디의 일그러진 곳과 상하의 휨 점검
- 프레임의 일그러진 상태 점검

46 프레임 기준선에 의하여 데이텀 라인 게이지로 변형상태를 점검할 때 주의할 사항이 아닌 것은?

① 보디(Body) 치수도를 활용할 것
② 계측기기의 손상이 없을 것
③ 차체를 회전시키면서 점검할 것
④ 수평으로 확실하게 고정할 것

해설
데이텀 라인 게이지 사용 시 주의사항
- 보디(Body) 치수도를 활용할 것
- 계측기기의 손상이 없을 것
- 차체는 고정 상태에서 점검할 것
- 수평으로 확실하게 고정할 것

47 도장부스의 기능이 아닌 것은?

① 유기용재로부터 작업자를 보호한다.
② 다른 곳으로의 도료 비산을 이루게 한다.
③ 먼지, 오물 등의 접촉을 차단한다.
④ 오염된 공기를 여과한다.

해설
도장부스의 기능
- 도장 작업 중에 발생되는 도료의 분진을 여과기를 통해 배출
- 오염된 공기를 여과한다.
- 먼지, 오물 등의 접촉을 차단하여 공급함으로써 도장작업 시 최적의 상태를 유지

48 스프레이건과 피도물 사이의 거리로 가장 적당한 것은?

① 1~5cm
② 5~15cm
③ 15~25cm
④ 30~50cm

해설
일반 스프레이건은 약 15~25cm, HVLP건의 경우 약 10~15cm가 적당하다.

49 자동차의 프레임 교정에서 차체 치수(규정치수)가 정확하지 않으면 일어나는 현상이 아닌 것은?

① 타이어의 편 마모
② 주행 중 핸들이 떨림
③ 휠 얼라이먼트와 무관함
④ 단차 및 간극 불량으로 소음 발생

해설
프레임 교정 불량 시 발생현상
- 타이어의 편 마모
- 주행 중 핸들이 떨림
- 휠 얼라이먼트 불량
- 단차 및 간극 불량으로 소음 발생

50 사이드 보디 패널을 구성하는 부품이 아닌 것은?

① 사이드 이너 센터 패널
② 루프 사이드 레일
③ 프런트 필러 패널
④ 루프 센터 서포트

해설
루프 센터 서포트 패널은 차실 중앙부를 구성하는 부품이다.

51 화재 발생 시 소화 작업 방법으로 틀린 것은?

① 산소의 공급을 차단한다.
② 유류 화재 시 표면에 물을 붓는다.
③ 가열물질의 공급을 차단한다.
④ 점화원을 발화점 이하의 온도로 낮춘다.

해설
소화방법
- 제거소화 : 화재현장에서 가연물을 제거하여 소화하는 방법

정답 46. ③ 47. ② 48. ③ 49. ③ 50. ④ 51. ②

- 냉각소화 : 물을 방사하여 가연물의 온도를 발화점 이하로 낮추어 소화하는 방법(유류화재 시에는 물을 사용해서는 안 되며, 질식소화법을 이용한다)
- 질식소화 : 분말, 이산화탄소, 할로겐 화합물 등과 같이 소화약제를 방사하여 산소의 농도를 낮추어 소화하는 방법
- 부촉매(억제)소화 : 분말, 할로겐 화합물 등과 같이 소화설비와 산소와의 결합을 차단하거나 연소의 연쇄반응을 억제시켜 소화하는 방법

52 선반 작업 시 주축의 변속은 기계를 어떠한 상태에서 하는 것이 가장 안전한가?

① 저속으로 회전시킨 후 한다.
② 기계를 정지시킨 후 한다.
③ 필요에 따라 운전 중에 할 수 있다.
④ 어떠한 상태든 항상 변속시킬 수 있다.

53 스패너 작업 시의 안전수칙으로 틀린 것은?

① 주위를 살펴보고 조심성 있게 밀 것
② 스패너를 밀지 말고, 몸 앞쪽으로 당길 것
③ 스패너는 조금씩 돌리며 사용할 것
④ 힘들 때는 스패너 자루에 파이프를 끼워서 작업할 것

해설

스패너 작업
- 스패너는 볼트나 너트 폭에 맞는 것을 사용한다.
- 스패너를 너트에 단단히 끼우고 앞으로 당기면서 풀고 조인다.
- 스패너에 2개의 자루를 연결하거나 자루를 파이프에 물려 돌려서는 안 된다.
- 스패너 사용 시 너무 무리한 힘을 가하지 않는다.
- 스패너를 해머 대용으로 사용하지 않는다.

54 건설기계 및 자동차 정비 작업장에 산업안전보건 상 준비해야 될 것과 거리가 먼 것은?

① 응급용 의약품   ② 소화용구
③ 소화기   ④ 방청용 오일

55 전격방지기를 부착한 용접기의 적합한 설치 장소로 거리가 먼 것은?

① 습기가 많지 않은 장소
② 분진, 유해가스 또는 폭발성 가스가 없는 장소
③ 주위 온도가 항상 영상 이상의 온도가 유지되는 장소
④ 비나 강풍에 노출되지 않는 장소

56 올바른 브레이크 사용 방법 중 틀린 것은?

① 브레이크 계통에 수분이 묻으면 일시적으로 제동 효율은 떨어진다.
② 비탈길을 내려올 경우에는 엔진 브레이크를 사용한다.
③ 주차 브레이크를 당긴 채 운행을 하면, 브레이크 과열 및 고장의 원인이 된다.
④ 젖은 도로 및 빙결된 도로에서 엔진 브레이크를 사용할 수 없다.

해설

엔진 브레이크
주행 속도보다 낮게 한 단계씩 기어를 서서히 낮게 선택하여 각 운동부에 마찰 저항을 높임으로써 동력 손실을 주어 제동력을 얻는 것

57 안전모의 내면과 윗부분과의 안전간격은?

① 10mn 이상   ② 15mn 이상
③ 18mn 이상   ④ 25mn 이상

해설

안전모의 일반기준
- 안전모는 모체, 착장체 및 턱끈을 가질 것
- 착장체의 머리고정대는 착용자의 머리부위에 적합하도록 조절할 수 있을 것
- 착장체의 구조는 착용자의 머리에 균등한 힘이 분배되도록 할 것
- 모체, 착장체 등 안전모의 부품은 착용자에게 상해를 줄 수 있는 날카로운 모서리 등이 없을 것
- 턱끈은 사용 중 탈락되지 않도록 확실히 고정되는 구조일 것

정답 52. ② 53. ④ 54. ④ 55. ③ 56. ④ 57. ④

- 모체에 구멍이 없을 것
- 안전모의 내부 수직거리는 25mm 이상, 50mm 미만일 것
- 턱끈의 폭은 10mm 이상일 것
- 안전모의 모체, 착장체 및 충격흡수재를 포함한 질량은 440g을 초과하지 않을 것

58 차체 패널을 교환할 때 주의사항으로 틀린 것은?

① 보강판이 없는 위치를 선택한다.
② 응력이 집중되지 않는 장소를 선택한다.
③ 교환되는 부위의 마무리 작업이 쉬운 장소를 선택한다.
④ 교환작업에 필요한 부품이 비교적 많은 장소를 선택한다.

59 가스용접에서 가스 분출구에 묻은 카본을 제거할 때 무엇을 이용하여 제거하는 것이 가장 적합한가?

① 동선이나 놋쇠선   ② 줄(File)
③ 칠선이나 동선   ④ 시멘트 바닥

60 분진에 의해 발생될 수 있는 직업병과 관련이 없는 것은?

① 규폐증
② 피부염
③ 호흡기질환
④ 디스크

> **해설**
> - 규폐증 : 공기 중의 유리규산 분말을 흡입하여 생기는 병이다.
> - 피부염 : 피부에 생긴 염증을 말한다.
> - 호흡기질환 : 폐기질환을 말하며 주로 폐결핵, 폐열, 기관지염, 기침, 감기, 기관지천식 등을 발병하게 된다.
> - 디스크 : 척추에서 척추뼈와 척추뼈 사이에 이어주는 연골 구조물이 탈출된 증상을 이르는 말이다.

정답 58. ④ 59. ① 60. ④

국가기술자격 필기시험문제

2011년 기능사 제5회 필기시험

자격종목	종목코드	시험시간	형별	수험번호	성명
자동차차체수리기능사	6285		A		

01 앞 엔진 뒷바퀴 구동식 자동차에 비하여 앞 엔진 앞바퀴 구동식 자동차의 장점이 아닌 것은?

① 연료 소비율이 향상된다.
② 차실 바닥이 편평하므로 거주성이 좋다.
③ 차량 중량이 감소된다.
④ 자동차 앞뒤 중량 배분이 균일하다.

해설
FF방식(앞 엔진, 앞바퀴 구동식)의 장점
- 차실 유효 공간을 넓게 활용할 수 있다.
- 차량 중량이 감소하여 연료 소비율이 향상된다.
- 차실 바닥이 편평하므로 거주성이 좋다.
- 앞 바퀴로 구동하기 때문에 직진성 및 조향 안전성이 양호하다.
- 무게 중심이 앞에 있기 때문에 제동 및 횡풍 안전성이 양호하다.

02 국제 단위계(SI)에서 회전력(Torque)의 단위로 맞는 것은?

① N·m
② m/s²
③ m²/s
④ Pa

해설
SI단위계
- N·m : 회전력
- m/s² : 가속도
- m²/s : 동점도
- Pa : 압력

03 다음 중 차체(Body)가 갖추어야 할 일반적인 조건이 아닌 것은?

① 방청 성능이 우수할 것
② 진동이나 소음이 작을 것
③ 강도와 강성이 우수할 것
④ 프레임과 차체가 반드시 일체로 된 구조일 것

04 자동차 휠 얼라이먼트에 대한 설명 중 틀린 것은?

① 뒷바퀴의 캠버는 뒷바퀴 토(Toe)와 더불어 타이어 마모에 영향력이 있다.
② 마이너스 캠버와 토 아웃이 조합되면 타이어 트레드의 한쪽이 마모되기 쉽다.
③ 독립현가식 뒷바퀴 현가에서는 뒷바퀴의 캠버와 토는 차 높이에 따라 변화한다.
④ 주행 중 뒷바퀴 캠버가 크게 변해도 주행 중 안정성과는 상관없다.

해설
캠버의 필요성
- 수직 하중에 의한 차축의 휨 방지
- 조향핸들의 조작력을 가볍게
- 수직 하중시 부 캠버를 방지
- 요철 노면에서 바퀴의 평형 유지

05 긴 내리막길 주행 시 계속 브레이크를 사용하여 드럼과 슈가 과열되어 브레이크 성능이 현저히 저하되는 현상은?

① 페이드 현상
② 노즈 다운 현상
③ 퍼컬레이션 현상
④ 베이퍼록 현상

해설
- 노즈 다운 : 제동 시 바퀴는 정지하고 차체는 관성운동에 의해서 이동하려는 성질로 인해 앞 범퍼 부분이 내려가는 현상이다.
- 퍼컬레이션 : 기화기 뜨개실의 연료가 엔진룸의

정답 1.④ 2.① 3.④ 4.④ 5.①

비정상적인 온도 상승 등의 원인으로 흡기다기관에 유출되어 혼합기가 농후해지는 현상이다.
• 베이퍼록 : 브레이크 오일이 열에 의하여 비등, 기화하여 오일의 압력 전달 기능이 상실되는 현상이다.

06 빙점(Ice Point)을 0°로 하고, 증기점(Steam Point)을 100°로 하여 이 두 쟁점의 사이를 100등분한 온도를 무엇이라 하는가?

① 섭씨온도 ② 화씨온도
③ 절대온도 ④ 켈빈온도

해설
온도의 종류
• 섭씨온도(Celsius Temperature, ℃) : 표준 대기압(760mmHg)하에서 증류수가 어는 빙점을 0℃, 끓는 비등점을 100℃로 하여 이 두 점을 100등분한 온도를 말한다.
• 화씨(Fahrenheit Temperature, ℉) : 물의 끓는점을 212℃로 하고 얼음의 녹는점을 32℃로 정하여 그 사이를 180등분한 온도를 말한다.
• 켈빈(K) : 열역학 제2법칙에 따라 정해진 온도로 절대 온도의 기호는 K를 사용하며, 이론상 생각할 수 있는 최저 온도를 기준으로 하여 갖는 단위의 온도를 말한다.
• 랭킨 온도(R) : 분자 운동이 정지할 때의 절대온도를 0으로 하고 비등점을 671.67R, 빙점을 491.67R로 하여 비등점과 빙점 사이를 180등분한 온도를 말한다.

07 프런트 사이드 멤버로부터 리어 사이드 멤버에 이르는 보디 전체에 해당되는 것은?

① 리어 보디 ② 펜더 보디
③ 사이드 보디 ④ 언더 보디

해설

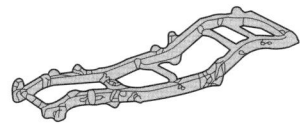

언더 보디는 사이드 멤버와 크로스 멤버로 구성되어 있다.

08 차체(Body)에서 측면 충돌 시 안전성을 증가시키기 위해 도어(Door) 내부에 설치한 보강재는?

① 스트라이커(Striker)
② 힌지(Hinge)
③ 도어 레귤레이터(Regulator)
④ 임팩트 바(Impact Bar)

해설
도어 부품
• 도어 로크 스트라이커(Door Lock Striker) : 도어 로크(Door Lock)의 래치부(Ratch)와 맞물리는 핀이나 훅 형태의 부품이다.
• 도어 힌지(Door Hinge) : 도어 개폐 시 지지점이 되는 경첩류의 부품이다.
• 도어 레귤레이터(Door Regulator) : 윈도우 글래스의 개폐를 조절하는 부품이다.

09 전조등에서 실드 빔형이란?

① 렌즈, 반사경 및 전구를 분리하여 만든 것
② 렌즈, 반사경 및 전구를 일체로 만든 것
③ 렌즈와 반사경을 분리하여 만든 것
④ 반사경과 필라멘트를 분리하여 만든 것

해설
전조등
• 실드 빔형 : 렌즈, 반사경 및 필라멘트(전구)가 일체로 제작된 형식으로 내부에는 불활성가스(아르곤 가스)를 봉입하고 있다.
• 세미 실드 빔형 : 렌즈와 반사경이 일체로 제작한 형식이다.
• 조립식 : 렌즈, 반사경, 전구가 독립적으로 결합된 형식이다.

10 피스톤 링의 3대 작용이 아닌 것은?

① 기밀유지 작용(밀봉작용)
② 오일 제어 작용(오일 긁어내리기 작용)
③ 열전도 작용(냉각작용)
④ 피스톤 오일 보급 작용

정답 6. ① 7. ④ 8. ④ 9. ② 10. ④

> **해설**
>
> 피스톤 링의 3대 작용
> - 기밀유지
> - 냉각작용
> - 오일 제어 작용

11 탄소강에 함유하여 기계적 성질에 큰 영향을 주는 원소는?

① 규소 ② 탄소
③ 망간 ④ 인

> **해설**
>
> 탄소강에 함유된 성분과 영향
> - 망간(Mn) : 강도, 경도, 인성을 증가시키고, 고온 가공을 용이하게 한다. 고온에서 결정입자의 성장을 방해하고 소성을 증가시켜 주조성을 좋게 하며, 담금질 효과를 크게 한다.
> - 규소(Si) : 강의 경도, 탄성한계, 인장강도가 증가되며 연신률 및 충격값을 감소시킨다. 상온에서 가단성, 전성을 감소시키며, 결정입자가 거칠어진다.
> - 인(P) : 강의 결정입자를 거칠게 하며, 상온 취성을 일으킨다. 경도와 강도는 증가시키지만 가공시에 균열을 일으키는 특징이 있으며 기공이 없는 주물을 만들 수 있다.
> - 황(S) : 적열(고온)취성을 일으키며, 인장강도, 연신율, 충격값이 저하된다. 강의 유동성을 방해하여 용접성이 나쁘다.
> - 구리(Cu) : 인장강도, 탄성한도를 높이고 내식성을 증가시키며, 압연 시에 균열을 일으킨다.
> - 가스 : 산소, 질소, 수소 등이 있으며, 산소는 적열 취성을 일으키고 질소는 경도와 강도를 증가시키며, 수소는 헤어 크랙의 원인이 된다.

12 용접하려는 2개의 용접물 사이에 전류를 통하여 열을 발생시켜, 그 열로 용접할 면은 녹이고 위에서 가압시켜 압착 용접시키는 용접을 무엇이라고 하는가?

① 전기 아크 스폿 용접
② 전압 변환 스폿 용접
③ 전류 접촉 스폿 용접
④ 전기 저항 스폿 용접

> **해설**
>
> 전기 저항 용접의 종류
> - 겹치기 용접
>   - 점 용점(스폿 용접)
>   - 심 용접
>   - 돌기 용접(프로젝션 용접)
> - 맞대기 용접
> - 고주파 용접

13 다음 철광석 중 철분이 가장 많은 것은?

① 자철광 ② 적철광
③ 강철광 ④ 농철광

> **해설**
>
> 자철광과 적철광
> - 자철광 : 강자성을 지닌 철광석으로 흑색이며 광물 중에서 자성이 가장 강하다.
> - 적철광 : 주성분은 산화철(Fe_2O_3)로 주상 또는 입상의 덩어리로 산출된다. 비중은 4.9~5.3, 경도는 5.5~6.5이다.

14 가스용접 장치의 취급상 주의사항 중 틀린 것은?

① 산소용기 연결부에 기름이나 그리스가 묻지 않도록 주의한다.
② 새 호스를 장착할 경우는 미리 호스 내부에 공기를 통과시켜 내부의 먼지 등을 제거한다.
③ 산소의 연결부 나사의 방향은 다른 가스와 혼동되지 않도록 왼나사로 되어있다.
④ 작업 종료 후 레귤레이터의 조정 나사를 풀어놓는다.

> **해설**
>
> 아세틸렌의 연결부 나사의 방향은 다른 가스와 혼동되지 않도록 왼나사로 되어 있다.

정답 11. ② 12. ④ 13. ① 14. ③

15 맞대기 용접 이음에서 "Ⅰ"형 이음에 해당되는 것은?

① [그림] ② [그림]
③ [그림] ④ [그림]

> **해설**
> ①의 기호는 H형, ②의 기호는 U형, ③의 기호는 Ⅰ형, ④의 기호는 V형 이음이다.

16 5마일 범퍼에서의 충격흡수 기구로 적당하지 않은 것은?

① 스릴 방식
② 숔업쇼버 방식
③ 에너지 흡수 폼 내장 방식
④ 허니컴 방식

> **해설**
> 5마일 범퍼
> 충격 흡수력이 좋은 폴리우레탄 재질을 내장한 범퍼로, 시속 5마일(약 8km/h) 이내의 속도로 충돌 시에 즉시 원상 복원되어 차체 및 기능 부품의 손상을 방지할 수 있는 범퍼를 말하며, 2005년 이후 제작되는 국내 승용차는 의무적으로 장착하고 있다.

17 주조용 알루미늄 합금 중에서 Al-Si계 합금은?

① 실루민   ② Y합금
③ 로엑스 합금 ④ 라우탈

> **해설**
> 알루미늄 합금의 종류
> • 주조용 Al합금
>   – 실루민 : Al-Si계
>   – 라우탈 : Al-Cu-Si계
>   – Y합금(내열합금) : Al-Cu-Mg-Ni
>   – 로·엑스 합금 : Al-Si-Mg계
>   – 하이드로날륨 : Al-Mg계
> • 단련용(가공용) 합금
>   – 두랄루민 : Al-Cu-Mg-Mn계
>   – 초두랄루민 : 두랄루민에 마그네슘을 0.5~1.5% 정도를 첨가한 합금

18 용접 중에 용융 금속에서 녹은 금속 입자나 슬래그가 아크 힘으로 비산되어 나오는 현상을 무엇이라 하는가?

① 기공   ② 슬래그
③ 드롬플릿   ④ 스패터

> **해설**
> • 기공 : 용융금속 속에 발생한 구멍
> • 슬래그 : 용접부 표면에 피복재가 떠 있는 찌꺼기
> • 스패터 : 용접 중에 용융 금속에서 녹은 금속 입자나 슬래그가 아크 힘으로 비산되어 나오는 현상

19 용접법의 분류 중 융접(Fusion Welding)의 설명으로 틀린 것은?

① 용접하려는 두 금속을 국부 가열 용융시킨다.
② 용가재를 용융시켜 용접이 이루어진다.
③ 용접금속 표면에 산화막이 형성되어 접합을 촉진시킨다.
④ 용제(Flux)를 사용하므로 슬래그(Slag)가 형성된다.

20 전기저항 용접법의 일종으로 피용접물에 동일한 크기로 여러 개의 돌기부에 전류를 집중시켜 흐르게 하여 저항 열로 용융시킴과 동시에 가압하여 접합시키는 방식을 무엇이라 하는가?

① 점(Spot) 용접   ② 심(Seam) 용접
③ 프로젝션 용접   ④ 버트 용접

> **해설**
> • 점 용접 : 양 전극 사이에 2개 이상의 부재를 겹쳐 넣고 대전류를 공급하여 접촉면에 발생되는 저항열로 녹이고 가압력을 가하여 접합시키는 용접법이다.
> • 심 용접 : 회전하는 롤러 전극 사이에 재료를 끼우고 가압력과 대전류 통전시켜 선 모양으로 용융 접합시키는 용접법이다.
> • 버트 용접 : 2개의 모재를 맞대게 설치하고 전류를 통전시켜 접촉부를 용융시켜 접합하는 용접법이다.

정답 15. ③ 16. ① 17. ① 18. ④ 19. ③ 20. ③

21 용접 결함에 속하는 것은?

① 언더컷과 오버랩
② 플럭스와 메탈론
③ 물턴 풀과 아크메탈
④ 블로홀과 너깃

해설

No	명칭	상태	
1	오버랩	두 모재보다 위로 올라온 상태	
2	기공	용착금속 속에 구멍이 발생된 상태	
3	슬래그	용접부 표면에 피복재가 떠 있는 상태	
4	언더컷	두 모재보다 밑으로 내려온 상태로 용전선 끝에 생기는 작은 홈	

22 알루미늄 합금 중에서 열팽창계수가 가장 작은 것은?

① 실루민
② 두랄루민
③ Y합금
④ 로-엑스(Lo-Ex)

해설

실루민
실루민은 기계적 성질이 우수하고 수축 여유가 적으며, 유동성 및 주조성이 좋아서 복잡한 주물에 많이 이용되며 비중이 작고, 열팽창 계수는 알루미늄 합금 중에서 가장 작다.

23 링 끝이 절개된 부분을 도면에 표시할 때 그 부분이 어느 쪽에 나타나도록 그리는 것이 옳은가?

 ① 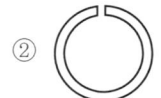 ②
 ③ 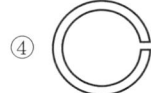 ④

24 아공석강은 탄소가 몇% 함유된 강을 말하는가?

① 0.025~0.77%
② 0.25~0.77%
③ 0.77~2.0%
④ 2.0~4.3%

해설

탄소함량에 따른 분류
- 공석강 : 0.86%(펄라이트)
- 아공석강 : 0.025~0.77%(페라이트+펄라이트)
- 과공석강 : 0.77~2.0%(펄라이트+시멘타이트)
- 공정주철 : 4.3%(레데뷰라이트)
- 아공정주철 : 2.0~4.3%(오스테나이트+레데뷰라이트)
- 과공정주철 : 4.3~6.67%(레데뷰라이트+시멘타이트)

25 해칭의 원칙 중 잘못된 것은?

① 가는 선을 원칙으로 한다.
② 기본 중심선이나 기선에 대하여 60° 기울기로 한다.
③ 2개 이상의 부품이 가까이 있을 경우에는 해칭 방향이나 기울기를 다르게 한다.
④ 해칭을 간단하게 하기 위하여 단면 가장자리를 연필 등으로 얇게 칠한다.

26 에어 컴프레서 운행 시 점검해야 할 때의 현상과 관계없는 것은?

① 소정의 압력으로 상승되지 않을 때
② 운전 중 이상한 소리가 날 때
③ 운전 중 급정지 한 경우
④ 드레인 밸브 상단에 수분이 고일 때

27 판금용 수공구 접합용 공구는?

① 펀치
② 스패너
③ 에어소
④ 꺾음대

정답 21.① 22.① 23.② 24.① 25.② 26.④ 27.②

28 패널을 부착 조정하는 방법이 옳은 것은?

① 후드와 도어는 원활한 개폐보다 간격과 단차가 맞으면 된다.
② 부착 조정 순서는 펜더, 프런트 도어, 리어 도어의 순서로 맞춘다.
③ 전장 부품을 탈거 할 때 배터리 케이블을 떼어내면 안 된다.
④ 범퍼, 그릴, 전장 부품은 부착 위치가 정해져 있다.

29 전단 가공의 종류 중 틀린 것은?

① 블랭킹　　② 스피닝
③ 펀칭　　　④ 전단

> **해설**
> 전단 가공
> 철판을 2개 이상으로 나누는 작업을 말한다.
> • 블랭킹(Blacking)　• 펀칭(Punching)
> • 전단(Shearing)　• 트리밍(Triming)
> • 셰이빙(Shaving)

30 도료의 구성 성분이 아닌 것은?

① 수지　　② 유지
③ 안료　　④ 용제

> **해설**
> 도료조성 성분
> • 용제 : 물질을 용해할 수 있는 성능을 가진 요소
> • 안료 : 색체가 있고 수지에 의해 용해되는 분말 형태의 가루
> • 수지 : 투명하고 내구성이 있는 아크릴을 주로 사용하여 도막을 형성하고 도료의 성질이나 능력을 결정하는 요소
> • 첨가제 : 도료의 특정한 성능을 향상 시키는 요소

31 자동차 차체에 충격력을 받았을 경우 파손 및 변형되기 쉬운 곳, 즉 응력 집중이 많은 곳을 나열하였다. 이에 속하지 않는 곳은?

① 코너부　　② 패널 평면부
③ 두께가 변화된 곳　④ 구멍 뚫린 주변

> **해설**
> 응력 집중 많은 곳
> • 곡면이 있는 부위
> • 단면적이 적은 부위
> • 구멍이 있는 부위
> • 패널과 패널이 겹쳐져 있는 부위

32 외부 패널의 수리 방법의 설명 중에서 잘못된 것은?

① 소성 변형과 탄성 변형이 같이 있으면 소성 변형부를 먼저 수리한다.
② 변형부가 넓은 경우에는 급하게 힘을 가하지 않고 슬라이딩 해머 전체를 손으로 당기며 수정 작업하는 것이 쉽다.
③ 아우터 패널의 가늘고 긴 변형은 압축작업을 하여 복원한다.
④ 프레스 선이나 각진 부분은 정을 이용하여 선에 비스듬히 기울여서 수정을 한다.

33 센터링 게이지로 차체의 손상 정도를 점검하였더니 높이는 일정하고, 첫 번째와 두 번째 센터 핀이 우측으로 기울었다. 이 사고 차의 상태는?(단, 차체를 기준으로 판단)

① 상, 하 굽은 상태
② 비틀린 상태
③ 우측 굽은 상태
④ 길이 방향으로 변형

> **해설**
>
> 우측(RH) 방향으로 굽은 상태를 나타내고 있다.

정답 28. ④　29. ②　30. ②　31. ②　32. ④　33. ③

34 차체부품 제작 시 강판을 선택할 때 제일 먼저 고려해야 될 것은?

① 강판의 크기
② 강판의 두께
③ 강판의 모양
④ 강판의 재질

35 차체 수정 장비의 인장 작업에서 보디에 고정하여 인장을 하는 공구는?

① 앵커　　　② 체인
③ 클램프　　④ 프레임

> **해설**
> • 앵커 : 구조물로부터의 하중을 지반에 전하는 구조의 부품을 말한다.
> • 체인 : 보디에 걸어서 결속시키는 용도를 사용된다.
> • 프레임 : 새시를 구성하는 부품이나 보디를 설치하는 부품을 말한다.

36 전기저항 스폿 용접기의 시험 용접된 시편(3mm)을 탈거 후 너깃의 구멍 직경으로 가장 적합한 것은?

① 3mm 이상
② 7mm 이상
③ 10mm 이상
④ 15mm 이상

37 자동차 보수 도장에 필요한 스프레이 건의 종류가 아닌 것은?

① 흡상식　　② 압송식
③ 중력식　　④ 분사식

> **해설**
> 스프레이 건의 종류
> • 중력식
> • 흡상식
> • 압송식

38 그림에서 플랜지 가공 패널의 접합 방법으로 맞는 것은?

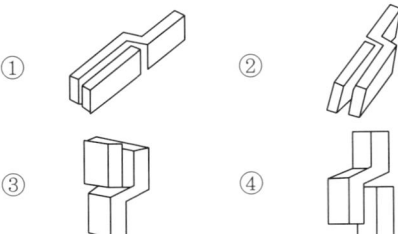

39 도어 장착 후 단차를 조정하려 한다. 이때 조정해야 할 주된 부품은?

① 체크 링크　　② 도어 래치
③ 도어 스트라이커　④ 도어 트림

> **해설**
> • 체크 링크 : 도어의 개폐 상태를 조절한다.
> • 도어 래치 : 도어 락(고정장치) 내의 구성품이다.
> • 도어 스트라이커 : 필러부에 탈,부착이 가능하도록 설치되어 도어 락을 잡아주는 역할을 한다.
> • 도어 트림 : 도어 안쪽을 덮고 있는 커버로 각종 스위치와 거치대가 부착되어 있다.

40 차체 치수도에 포함되지 않는 것은?

① 언더 보디　　② 윈도우
③ 사이드 보디　④ 엔진룸

> **해설**
> 윈도우는 자동차의 창문 유리를 말하며 도어를 구성하는 부품에 포함된다.

41 다음 중 모노코크 보디를 틀리게 설명한 것은?

① 충격 흡수 구조이다.
② 트럭에 많이 사용하는 프레임 구조이다.
③ 라멘 구조이다.
④ 차체를 일체형으로 용접한 구조이다.

> **해설**
> 일체형 구조 명칭
> • 모노코크 보디

정답　34.④　35.③　36.①　37.④　38.①　39.③　40.②　41.②

- 단일체 구조 보디
- 단체형 구조 보디
- 라멘형 구조 보디
- 유닛 콘스트렉션형 보디
- 프레임 리스형 보디
- 충격 흡수 구조 보디 등

42 래커계 도료의 건조방법 중 수지분자의 결합이 일어나지 않는 도료의 건조 방법은 무엇인가?

① 산화 중합건조 ② 2액 중합건조
③ 용제 증발형 건조 ④ 열중합건조

43 포토 파워의 기능이 아닌 것은?

① 누르기
② 당기기
③ 늘리기 및 분해탈착
④ 자르기

> **해설**
> 포토 파워 기능
> • 누르기 작업   • 당기기 작업
> • 늘리기 작업   • 오므리기 작업

44 새 부품의 준비에서 패널의 절단에 대한 설명 중 맞지 않는 것은?

① 차체 측의 절단면은 용접선을 최소화 되도록 한다.
② 겹치는 부분을 충분히 넓게 해서 조립할 때 위치 확인이 용이하게 한다.
③ 새 부품이 변형되지 않게 무리한 힘을 주지 않는다.
④ 절단은 쇠톱이나 에어 톱을 사용한다.

> **해설**
> 신품 패널 교환 작업 시 부품과의 겹치는 부분을 넓게 하면 조립할 때 치수 정밀도가 떨어진다.

45 판금 가공용 재료의 구비조건이 될 수 없는 것은?

① 전연성이 풍부한 것
② 탄성이 풍부한 것
③ 항복점이 낮을 것
④ 소성이 풍부할 것

> **해설**
> 탄성
> 하중을 가했다가 제거하면 원래의 형태로 복원되려는 성질

46 보디 프레임 수정용 기기에서 고정 장치의 조건이 아닌 것은?

① 어떤 차종이라도 고정할 수 있을 것
② 힘을 가해도 비뚤어지거나 풀어지지 않을 것
③ 수직으로 고정할 수 있을 것
④ 고정점을 연결하여 일체화할 수 있을 것

47 자동차 사고 시 차체의 손상에 대한 진단을 할 때 착안해야 할 사항과 거리가 먼 것은?

① 충돌 속도 ② 충돌 각도
③ 충돌 부위 ④ 충돌 거리

> **해설**
> 손상 진단 시 착안 사항
> • 최초의 충돌지점(충돌 부위) 확인
> • 힘의 전달 경로(충돌 각도, 속도, 크기) 확인
> • 최종 발생 요철부위 확인

48 승용차에서 로어암과 후드레지의 관계 위치를 점검할 때 사용하는 게이지는?

① 센터링 게이지
② 트램 트랙킹 게이지
③ 드럼 게이지
④ 데이텀 라인 게이지

> **해설**
> • 센터링 게이지 : 언더 보디의 레벨 점검 시 사용
> • 데이텀 라인 게이지 : 차체의 높이를 점검 시 사용
> • 드럼 게이지 : 브레이크 드럼의 사이즈 점검 시 사용

정답 42. ③ 43. ④ 44. ② 45. ② 46. ③ 47. ④ 48. ②

49 자동차 판금 퍼티에 대한 설명 중 틀린 것은?

① 사용 전 주제에 1~3%의 경화제를 잘 섞는다.
② 5~10mm 정도의 깊이를 메우는데 쓴다.
③ 주제와 경화제를 혼합하면 10~30분 내에 굳는다.
④ 경화제는 굳이 혼합하지 않아도 된다.

해설
판금 퍼티는 주제(폴리에스터 수지)와 경화제(퍼록사이드)를 사용하는 2액형을 주로 사용하는데 주제인 폴리에스터 수지는 공기(산소)와 접촉해도 마르지 않는 성질이 있다.

50 생산 라인에서 신차량 도장의 일반적인 작업 방법을 바르게 나타낸 것은?

① 표면처리–표면수정–초벌도장–끝도장
② 표면가공–중간도장–초벌도장–끝도장
③ 표면가공–초벌도장–중간도장–마지막 도장
④ 표면가공–중간도장–표면수정–마지막 도장

해설
신차 도장은 표면처리(방청, 밀착력)를 한 다음, 하도도장(방청, 내수), 중도도장(두께, 평활성), 상도도장(광택, 미관, 내후성)의 3층 구조로 되어 있다.

51 재해사고 발생원인 중 직접 원인에 해당되는 것은?

① 사회적 환경
② 유전적 요소
③ 안전교육의 불충분
④ 불안전한 행동

해설
직접적인 원인
• 인적 원인에 의한 경우(불안전한 행동)
  – 안전장치의 기능을 제거한 경우
  – 보호구 미착용 및 잘못된 착용 등 복장이 불량한 경우
  – 잘못된 방법으로 기계장치를 조작 및 운전하는 경우
  – 운전 중인 기계를 청소, 주유, 점검, 수리를 하는 경우
  – 기계를 부적당한 속도로 운전하는 경우
  – 결함이 있는 기계를 사용하거나 허가 없이 운전하는 경우
  – 추락, 전도, 협착 등이 발생할 수 있는 위험한 장소에 접근하는 경우
  – 기계나 자재의 부적당한 적재관리 및 정리 정돈이 안 된 불안전한 상태로 방치한 경우
  – 불안전한 자세나 동작으로 작업하는 경우
• 물적 원인에 의한 경우(불안전 상태)
  – 안전장치 및 보호장치에 결함이 있거나 미설치의 경우
  – 부적합한 공구나 장치를 사용한 경우
  – 작업환경에 결함이 있는 경우(소음, 조명, 환기, 화재, 폭발성 위험물 등)
  – 작업장소가 너무 협소할 경우
  – 경계표시 및 시건 장치가 없는 경우
  – 보호구가 필요 수량만큼 구비되지 않았을 경우

52 안전 보건표지의 종류에서 담배를 피워서는 안 될 장소에 맞는 금지표지는?

① 바탕은 노란색, 모형은 검정색, 그림은 빨간색
② 바탕은 파란색, 모형은 흰색, 그림은 빨간색
③ 바탕은 흰색, 모형은 빨간색, 그림은 검정색
④ 바탕은 녹색, 모형은 흰색, 그림은 빨간색

해설
금지표지
• 출입금지, 보행금지, 차량통행금지, 사용금지, 화기금지, 물체이동금지, 금연
• 흰색 바탕에 기본 모형은 빨강

53 운반 작업 시의 안전수칙으로 틀린 것은?

① 화물 적재 시 될 수 있는 대로 중심고를 높게 한다.

② 길이가 긴 물건은 앞쪽을 높여서 운반한다.
③ 인력으로 운반 시 어깨보다 높이 들지 않는다.
④ 무거운 짐을 운반할 때는 보조구들을 사용한다.

해설

운반 작업 시 안전사항
- 드럼통, 봄베 등을 굴려서 운반해서는 안 된다.
- 공동 운반에서는 서로 협조를 하여 작업한다.
- 길이가 긴 물건은 앞쪽을 높여서 운반한다.
- 무거운 짐을 운반할 때는 보조구들을 사용한다.
- 인력으로 운반 시 몸의 평형을 유지하기 위해서 발을 어깨 너비만큼 벌리고 어깨보다 높이 들지 않는다.

54 탭 작업상의 주의사항으로 틀린 것은?

① 손 다듬질용 탭 작업 시 3번 탭부터 작업할 것
② 탭 구멍은 드릴로 나사의 골 지름보다 조금 크게 뚫을 것
③ 공작물을 수평으로 놓을 것
④ 조절 탭 렌치는 양손으로 돌릴 것

해설

탭 작업에서의 주의사항
- 공작물을 수평으로 놓을 것
- 절삭제를 충분히 사용할 것
- 조절 탭 렌치는 양손으로 돌릴 것
- 탭 구멍은 드릴로 나사의 골 지름보다 조금 크게 뚫을 것
- 작업이 완료되면 피치 게이지로 점검할 것
- 탭이 구멍에 들어가도록 압력을 가하지 말 것

55 도장 작업장의 안전수칙이 아닌 것은?

① 알맞은 방진, 방독면을 착용한다.
② 작업장 내에서 음식물 섭취를 금지한다.
③ 전기 기기는 수리를 필요로 할 경우 스위치를 꺼놓는다.
④ 희석제나 도료 등을 취급할 때는 면장갑을 꼭 착용한다.

해설

희석제나 도료 등을 취급할 때는 내용제성 장갑과 유기용제용 마스크를 반드시 착용한다.

56 차체수정 작업 시 해머 잡는 방법에 있어 주의사항이다. 틀린 것은?

① 손잡이와 어깨의 각도는 120°가 바람직하다.
② 해머의 손잡이를 새끼 손가락에 힘을 주어 쥔다.
③ 중지와 약지는 보조적인 역할로 가볍게 원을 그리는 것 같이 쥔다.
④ 첫 번째와 두 번째의 손가락은 해머의 흔들림을 막는 역할로 손잡이의 측면에 가볍게 밀어 맞춘다.

해설

해머 잡는 방법
- 해머의 손잡이를 새끼손가락에 힘을 주어 쥔다.
- 중지와 약지는 보조적인 역할로 가볍게 원을 그리는 것 같이 쥔다.
- 첫째와 둘째 손가락은 해머의 흔들림을 막는 역할로 손잡이의 측면에 가볍게 밀어 맞춘다.
- 바른 자세는 좌우의 손 모양이 八자가 되는 상태로 한다.

57 가스 용접장치 정비 시 안전 유의사항으로 옳지 않은 것은?

① 공구를 다룰 때는 규정에 맞게 안전하게 작업하도록 주의한다.
② 공구는 항상 정리 정돈된 상태에서 사용하고, 깨끗이 닦고 충격을 가해서 푼다.
③ 압력용기는 튼튼하므로 용기의 나사가 풀리지 않을 때는 충격을 가해서 푼다.
④ 부품 교환 및 보수를 할 때는 동일한 부품 및 규격품으로 교환 및 보수를 하여야 한다.

정답 54. ① 55. ④ 56. ① 57. ③

> **해설**

가스 용접장치 정비 시 유의사항
- 공구를 다룰 때는 규정에 맞게 안전하게 작업하도록 주의한다.
- 공구는 항상 정리 정돈된 상태에서 사용하고, 깨끗이 닦고 충격을 가해서 푼다.
- 압력용기는 튼튼하므로 용기의 나사가 풀리지 않을 때는 충격을 가해서 풀지 않는다.
- 부품 교환 및 보수를 할 때는 동일한 부품 및 규격품으로 교환 및 보수를 하여야 한다.

58 정비공장에서 차체수리작업 할 때의 설명 중 잘못된 것은?

① 보디 프레임 수정기를 사용하여 인장 작업을 할 때에는 체인의 인장력 방향에서 작업을 한다.
② 용접 작업을 할 때에는 유리, 시트, 매트 등을 불연 내열성 커버로 보호한다.
③ 산소용접을 할 때에는 불꽃 점화를 위하여 이그나이터를 사용한다.
④ 연료탱크의 근처에서 용접작업을 하거나 화기를 사용할 때에는 반드시 탱크와 파이프를 분리하고 한다.

> **해설**

보디 프레임 수정기를 사용하여 인장 작업을 할 때에는 체인이나 클램프 이탈을 방지하기 위하여 안전 고리를 체결하고 인장 방향에서 되도록 떨어진 안전한 위치에서 작업을 실시해야 한다.

59 차체가 부식 및 변색 될 우려가 있는 지역을 운행한 후에는 조속히 세차를 하여야 한다. 이에 해당 되지 않는 것은?

① 바닷물에 접했을 때
② 눈이나 결빙으로 인한 도로 빙결 방지제 도포 구간 운행 후
③ 공장매연, 콜타르 지역 통과 후
④ 비포장 도로 운행 후

60 다음 중 가죽 안전화의 구비 조건 중 설명이 틀린 것은?

① 사이즈가 맞고 안전화 앞쪽 끝에 발가락이 닿지 않을 것
② 발이 편하고 기분이 좋으며 작업이 쉬울 것
③ 잘 구부러지지 않고 튼튼하여야 할 것
④ 기능이 편하고 가벼울 것

> **해설**

안전화의 일반기준
- 착용감이 좋으며 작업 및 활동하기가 편리해야 한다.
- 가볍고 견고하게 제조되어야 하며 착용하기에 편안해야 한다.
- 가죽제 안전화는 발 끝부분에 선심을 넣어 압박 및 충격으로부터 착용자의 발가락을 보호할 수 있어야 한다.
- 고무제 안전화는 물, 산 또는 알칼리 등이 안전화 내부로 쉽게 들어가지 않도록 되어 있어야 한다.
- 정전기 안전화는 인체에 대전된 정전기를 겉창을 통하여 대지로 누설시키는 전기회로가 형성될 수 있는 재료와 구조이어야 한다.

정답 58. ① 59. ④ 60. ③

국가기술자격 필기시험문제

2012년 기능사 제5회 필기시험

자격종목	종목코드	시험시간	형별
자동차차체수리기능사	6285		A

---

01 발전기가 충전되지 않을 때 점등되는 것은?

① 유압 경고등
② 충전 경고등
③ 연료 경고등
④ 브레이크 오일 경고등

해설

경고등의 점등시기
- 유압 경고등 : 엔진의 유압이 0.9kg/㎠ 이하로 떨어졌을 때 점등된다.
- 연료 경고등 : 연료탱크의 연료가 하한 라인 밑으로 떨어졌을 때 점등된다.
- 브레이크 오일 경고등 : 마스터 실린더 리저버 탱크의 오일이 LOW라인 밑으로 떨어졌을 때 점등된다.

02 바퀴 정렬장치에서 캠버에 대한 설명으로 틀린 것은?

① 캠버는 앞뒤 네 바퀴에 모두 존재하며 호칭도 동일하다.
② 캠버는 타이어의 마모에 관계있는 각도이다.
③ 바퀴가 수직일 때의 캠버를 10°라고 한다.
④ 크기는 수직선에 대한 바퀴중심선의 각도로서 표시한다.

해설

캠버는 차량을 앞에서 보았을 때 타이어 가상의 수직선과 실제 중심선이 이루는 각을 말하며 타이어(바퀴)가 수직일 때의 캠버를 제로(0)캠버라 한다.

03 중소형 승용차에서 주로 사용하며 프레임과 차체를 확실히 구별하지 않고 일체구조로 된 차체의 명칭을 나타내는 용어가 아닌 것은?

① 언더 보디
② 모노코크형 보디
③ 프레임리스형 보디
④ 유닛 콘스트렉션형 보디

해설

일체형 구조 명칭
- 모노코크 보디
- 단일체 구조 보디
- 단체형 구조 보디
- 라멘형 구조 보디
- 유닛 콘스트렉션형 보디
- 프레임 리스형 보디
- 충격 흡수 구조 보디 등

04 다음 중에서 승수 기호와 그 뜻의 결합이 틀린 것은?

① T(테라) : 10^{12}
② G(기가) : 10^9
③ M(메가) : 10^6
④ h(헥토) : 10^3

해설

h(헥토)는 10^2이다.

05 국제단위계(SI단위)에서 가속도의 단위로 맞는 것은?

① m/s
② N
③ m/s^2
④ kgf/cm^2

해설

단위
- m/s : 속도
- m/s^2 : 가속도
- N : 힘
- kg/cm^2 : 압력

정답 1.② 2.③ 3.① 4.④ 5.③

06 내연기관의 냉각장치에서 냉각수가 순환하는 경로를 나타낸 것으로 맞는 것은?

① 방열기 – 출구호스 – 물펌프 – 워터재킷 – 수온조절기 – 방열기
② 방열기 – 물펌프 – 출구호스 – 워터재킷 – 수온조절기 – 방열기
③ 방열기 – 출구호스 – 물펌프 – 수온조절기 – 워터재킷 – 방열기
④ 방열기 – 수온조절기 – 물펌프 – 워터재킷 – 출구호스 – 방열기

07 고속 주행 중 타이어의 접지부가 후방에서 발생되는 물결모양으로 떠는 현상을 무엇이라고 하는가?

① 스탠딩 웨이브 현상
② 하이드로 플래닝 현상
③ 페이드 현상
④ 벤투리 효과

해설

용어 정의
- 스탠딩 웨이브 현상(Standing Wave, 정지파 현상) : 고속 주행 시 임계속도 이상에서 타이어 접지부 직후의 외주면에서 찌그러지는 변형파가 발생되는 현상이다.
- 하이드로 플래닝(Hydro Planing, 수막현상) : 물이 고인 도로를 고속으로 주행할 때 타이어는 수상스키와 같이 물 위를 활주하는 형태로 나타나는 현상이다.
- 페이드 현상 : 브레이크의 오버 히트 현상으로, 긴 내리막길이나 고속에서 빈번한 브레이크 사용으로 마찰계수가 저하되어 제동력이 낮아지는 현상이다.

08 공기가 압축될 경우 실린더 내에서 일어나는 현상으로 맞는 것은?

① 체적이 증가한다.
② 온도가 상승한다.
③ 압력이 낮아진다.
④ 아무런 변화가 없다.

해설

압축과정 시 단면적이 줄어들면 압력, 온도는 상승한다.

$$P = \frac{F}{A}$$

P : 압력, F : 힘, A : 단면적

09 캡오버형 트럭의 특징이 아닌 것은?

① 엔진의 전체 또는 대부분이 운전실 하부에 들어가 있다.
② 자동차의 높이가 높고 시야가 좋다.
③ 엔진룸의 면적이 보닛 형에 비해 넓다.
④ 자동차 길이가 동일할 때 적재함을 크게 할 수 있다.

해설

캡오버형 트럭의 특징
- 엔진의 전체 또는 대부분이 운전실 하부에 들어가 있다.
- 자동차의 높이가 높고 시야가 좋다.
- 엔진룸의 면적이 보닛형에 비해 좁다.
- 자동차 길이가 동일할 때 적재함을 크게 할 수 있다.

10 자동차 차체에서 후드부의 구조명칭으로 틀린 것은?

① 클립   ② 인슐레이터
③ 후드힌지   ④ 도어패널

해설

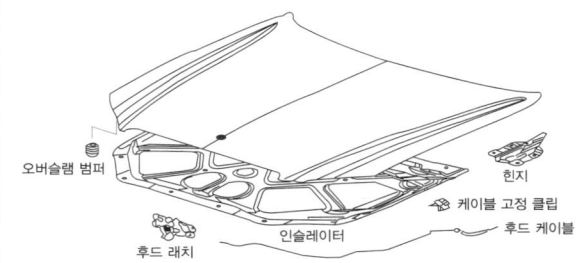

11 Fe에 12% 이상의 Cr을 합금시키면 강한 보호 피막이 생성되어 부동태화 되는데, 이 특징을 이용하여 녹이 발생되지 않게 한 강은?

① 스테인리스강 ② 고속도강
③ 합금공구강 ④ 탄소공구강

해설

스테인리스강
Fe에 12% 이상의 Cr을 합금시키면 강한 보호 피막이 생성되어 부동태화 되는데, 이 특징을 이용하여 녹이 발생되지 않게 한 강을 말한다.
※ 특징
- 인성과 전성이 크고 가공경화가 심하여 열처리가 잘 된다.
- 내식, 내열, 내한성이 우수하다.
- 크롬 산화 피막이 표면을 보호하므로 내부를 보호한다.
- 염산에 침식되면 내식성이 떨어진다.

12 다음 보기는 원도를 그리는 방법을 나열한 것이다. 그 순서가 맞는 것은?

> ㉠ 도형을 그린다.
> ㉡ 도면의 크기, 도면의 배치 및 척도를 결정한다.
> ㉢ 기호 및 기타 설명 사항을 기입한다.
> ㉣ 치수선을 기입한다.

① ㉠ - ㉡ - ㉢ - ㉣
② ㉡ - ㉠ - ㉢ - ㉣
③ ㉠ - ㉡ - ㉣ - ㉢
④ ㉡ - ㉠ - ㉣ - ㉢

13 일반적인 금속의 특징 중 맞지 않는 것은?

① 최저 용융 온도의 금속은 Hg(-38.4℃), 최고 용융 온도는 W(3410℃)이다.
② 최소의 비중은 Li(0.53), 최대 비중은 Ir(22.5)이다.
③ 일반적으로 용융 온도가 높으면 금속의 비중이 크다.
④ 내열성과 경량성을 동시에 만족하는 재료를 얻기 쉽다.

14 비금속 공구재료 중 맞지 않는 것은?

① 서밋(Cermet)은 세라믹스 + 메탈이다.
② 연삭 숫돌의 무기질 결합재로 비트리파이드(Vitrified) 결합재와 실리케이트(Silicate) 결합재가 있다.
③ 금속 결합재료는 다이아몬드 숫돌이 대표적이다.
④ 인조연삭, 연마재로는 다이아몬드, 에머리(Emery) 등이 있으며 버핑할 때 연마재로 쓴다.

15 알루미늄의 물리적 성질 중 설명이 잘못된 것은?

① 비중이 약 2.7로서 가볍다.
② 용융점이 낮아 용해가 용이하다.
③ 전연성이 우수하다.
④ 격자 상수는 체심입방격자이다.

해설

알루미늄의 특징
- 비중 : 철의 1/3인 약 2.7 정도로 가볍다.
- 열전도성 : 철의 약 1.75배 정도로 빠르다.
- 특성 : 용융점이 낮고, 전연성 및 유동성이 좋으며, 내식성과 표면이 아름답다.
- 용도 : 라디에이터, 실린더헤드, 피스톤, 일부 차종의 프레임과 외판, 휠 등에 사용되고 있다.

16 용접 및 가스 절단 시 산화물이나 기타 유해물을 분리 제거하기 위해 사용하는 것은?

① 자동역류 방지장치
② 호스 체크밸브
③ 봉 트롤리
④ 플럭스

해설

가스 용접 작업 시 금속의 산화물이나 기타 유해물을 제거하기 위하여 플럭스를 사용한다.

정답 11. ① 12. ④ 13. ④ 14. ④ 15. ④ 16. ④

17 자동차 보디(Body) 수리용 저항 점용접기의 종류가 아닌 것은?

① 핀셔(Pincer)형 용접건
② 트인 스폿건(Twin Spot Gun)
③ 프로드(Prod)형 용접건
④ 호크(Hoke)형 용접건

> 해설

스폿(점) 용접건의 종류
- 핀셔(Pincer)형 용접건
- 트인 스폿건(Twin Spot Gun)
- 프로드(Prod)형 용접건
- 레시프형 용접건
- 휠 아치형 용접건

18 다음 보기의 용접법 중에서 열원의 온도와 열의 집중도가 가장 낮고 변형이 가장 큰 용접법은?

① 플라즈마 젯트 용접
② TIG 용접
③ MIG 용접
④ 산소 아세틸렌가스 용접

> 해설

산소 아세틸렌가스 용접 특징
- 가열 열량의 조절이 쉽고 설비 비용이 저렴하며 운반이 편리하다.
- 용접 및 절단이 가능하며 응용 범위가 넓다.
- 아크 용접에 비해 유해 광선이 적다.
- 열효율이 낮고 폭발 위험성이 있다.
- 금속이 탄화나 산화하기 쉽다.
- 가열범위가 넓고, 가열 시간이 길어 용접 응력이 크다.

19 제도에서 도면을 표시할 때 실물과 같은 크기로 그릴 경우의 척도이며, 읽지 않더라도 치수나 모양에 착오가 적은 특징을 가진 것은?

① 배척   ② NS
③ 축척   ④ 현척

> 해설

척도
- 배척은 실물 크기보다 확대하여 그린 것이다.
- 축척은 실물 크기보다 축소하여 그린 것이다.
- 현척은 실물 크기와 같게 그린 것으로 치수나 모양에 착오가 적기 때문에 많이 사용된다.
- NS는 None Scale의 약어로 비례척이 아닌 것을 의미한다.

20 연강 및 고장력 강용 솔리드 와이어 YGW11에서 GW의 의미는 무엇인가?

① 용접 와이어
② 보호 가스
③ 매그(MAG) 용접
④ 주요 적용 강종

> 해설

YGW11
- Y : 용접와이어
- GW : Gas matal arc Welding의 약어로 MAG(Metal Active Gas, 활성가스 용접) / MIG(Metal Inert Gas, 불활성가스 용접)의 총칭
- 11 : 보호가스, 주요 적응 강의 종류, 와이어의 화학 성분

21 구리의 특성 중 설명이 틀린 것은?

① 전기 및 열의 양도체이다.
② 전성 연성이 좋아 가공이 용이하다.
③ 화학적 저항력이 커서 부식이 쉽다.
④ 아름다운 광택과 귀금속적 성질이 우수하다.

22 피복 금속 직류 아크 용접의 정극성에 관한 사항으로 틀린 것은?

① 용접 홀더를 + 극, 모재는 − 극을 사용한다.
② 모재의 용입이 깊다.
③ 용접봉의 용융이 느리다.
④ 비드 폭이 좁다.

해설
정극성(DC.SP)
모재를 (+)극에, 용접봉을 (−)극에 연결하는 방식으로 용융 속도는 늦고 모재쪽의 용융 속도가 빠르기 때문에 모재의 용입이 깊어 두꺼운 판재의 용접에 널리 사용된다.

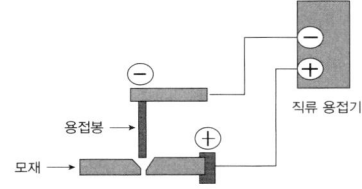

23 전기 용접 시 용접부의 결함이 아닌 것은?
① 오버랩 ② 언더컷
③ 슬래그 혼입 ④ 피복

해설

No	명칭	상태	
1	오버랩	두 모재보다 위로 올라온 상태	오버랩
2	기공	용착금속 속에 구멍이 발생된 상태	기공
3	슬래그	용접부 표면에 피복재가 떠 있는 상태	슬래그
4	언더컷	두 모재보다 밑으로 내려온 상태로 용접선 끝에 생기는 작은 홈	언더컷

24 금속의 성질을 결정하는 가장 큰 요인은?
① 성분의 함량 ② 결정 입자
③ 담금질 정도 ④ 탄소 함유량

해설
철강재료
- 순철(탄소 0.035% 이하의 철)
- 강
  - 탄소강(탄소 0.035~1.7%를 함유한 철(Fe)과 탄소(C)의 합금)
  - 합금강 or 특수강(탄소강에 1종 이상의 금속을 합금 시킨 것)
- 주철 or 선철(탄소 1.7~6.67%를 포함한 철과 탄소의 합금)

25 표면경화 열처리 방법에 해당하지 않는 것은?
① 침탄법 ② 질화법
③ 고주파경화법 ④ 항온열처리법

해설
표면 경화법
- 질화법 : 암모니아(NH_3)가스를 이용하여 520℃에서 50~100시간 가열하여 Al, Cr, Mo 등에 질화층이 생겨 경화시키는 화학법이다.
- 침탄법 : 침탄강을 침탄제 속에 넣고 850~900의 온도에서 8~10시간 가열하면 표면에 2mm가량의 침탄층을 만들어 경화시키는 화학법이다.
- 화염 경화법 : 산소−아세틸렌 불꽃으로 강의 표면만을 가열하여 열이 중심부에 전달되기 전에 급랭시키는 것이다.
- 고주파 경화법 : 고주파 열로 표면을 열처리하는 방법이다.

26 다음 중 리벳 크기를 나타낸 것은?
① 길이 × 면적 ② 길이 × 무게
③ 지름 × 무게 ④ 지름 × 길이

해설
리벳의 호칭
규격ⱽ 번호ⱽ 종류ⱽ 크기(호칭지름×길이)ⱽ 재료
예) KSB 1102 열간머리 리벳 12 × 30 SBV 34
    규격   번호   종류 호칭지름 길이 재료

27 자동차 프레임 손상 진단에서 프레임의 변형 부위 중 균열부분을 확인하고자 한다. 이때 일반적으로 가장 먼저 확인할 부분은 어느 부분인가?
① 프레임의 수평부분 ② 프레임의 밑부분
③ 프레임의 굴곡부 ④ 프레임의 옆부분

해설

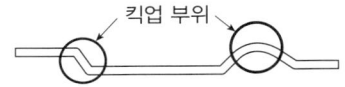

킥업
전, 후 충돌 등의 충격을 받았을 경우에 멤버 자체가 변형하여 차실에 영향을 미치는데 영향이 적게 미치도록 부분적으로 굴곡을 말한다.

정답 23.④ 24.④ 25.④ 26.④ 27.③

28 다음 작업 중 성형에 속하지 않는 것은?

① 접기 ② 굽히기
③ 펀칭 ④ 오므리기

해설
펀칭
판재에서 구멍을 만드는 작업으로 뽑힌 부분이 스크랩(Scrap)이 되고 남은 부분이 제품이 되는 전단 가공법이다.

29 다음 가스절단 작업의 결함의 종류가 아닌 것은?

① 기공 ② 드래그
③ 슬래그 ④ 균열

해설
기공은 용접작업 시 용착금속 속에 구멍이 발생되는 결함 현상을 말한다.

30 자동차 보수도장에 있어서 도료의 건조장치 중 가장 바람직한 것은?

① 복사 대류에 의한 열풍 건조장치
② 복사에 의한 고온 다습한 열풍 건조장치
③ 습도가 많은 상온에서의 자연 건조장치
④ 고온 다습한 실내에서의 자연 건조장치

31 판금 공구의 특성 중 틀린 것은?

① 판금용 해머는 패널 수정 이외의 용도로 사용해서는 안 된다.
② 돌리는 패널모양에 맞추어 맞는 것을 골라 사용한다.
③ 해머, 돌리, 스푼 모두 다 접촉면이 매끄럽게 유지되어야 한다.
④ 스푼은 넓은 면을 수정하는 손잡이가 달린 돌리이다.

해설
스푼은 손이 들어가지 않는 좁은 곳에 돌리 대용으로 사용된다.

32 각 차종의 조립에서 부품의 장착 방식이 다른 것은?

① 라디에이터 코어 서포트 어퍼
② 프런트 펜더 에이프런
③ 엔진 후드
④ 대시패널

해설
엔진 후드는 볼트 온 패널로 탈,부착이 가능하다.

33 차체 손상 진단 시 다음 보기와 같은 손상의 형태를 무엇이라 하는가?

> 일반적인 접촉사고일 때 발생하기 쉬운 손상으로 피해 차와 가해 차는 평행으로 움직이고 있어, 피해 차와 가해 차를 구분하기 힘들다. 1차 충격에 의한 손상이 대부분이고, 2차손상에 의한 손상이 적기 때문에 강판의 찌그러진 손상이 많은 것이 특징이다.

① 사이드 데미지 또는 브로드 사이드 데미지
② 사이드 스위핑
③ 리어 엔드 데미지
④ 룰 오버

해설

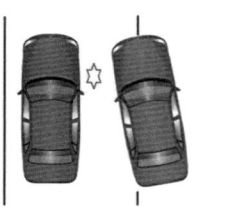

사이드 스위핑(Side Sweeping)
차량의 옆 부분을 쓸고 가는 평행상태에서의 접촉사고를 말하며 2차 손상에 의한 손상이 적기 때문에 강판의 찌그러진 손상이 많은 것이 특징이다.

34 자동차, 냉장고, 가전제품 등 도막의 보호미화에 쓰이는 것은?

① 메타릭 에나멜 ② 헤어톤 에나멜
③ 축문 에나멜 ④ 멜라민 에나멜

35 실링 건을 사용하여 충진 작업할 때 유의사항 중 옳지 않은 것은?

① 기포나 빈틈이 없어야 한다.
② 실러가 접합부 속으로 충진되게 한다.
③ 모서리 부분은 멈추지 말고 빠르게 방향을 전환한다.
④ 방아쇠를 작동하며 건을 작업자 앞쪽으로 당기며 작업한다.

36 2차원 파손을 조절하고 승객의 안전성을 고려하여 모노코크 보디에 특별한 영역을 만들었다. 이를 무엇이라고 하는가?

① 전면부 ② 중앙부
③ 크러쉬 존 ④ 후면부

> **해설**
> 크러쉬 존이란 2차원 파손을 조절하고 승객의 안전성을 고려하여 설계한 영역으로 모노코크 보디 전면 엔진룸과 후면 트렁크실 등에 많이 적용되며 방법으로는 구멍, 두께변화, 급격한 각도변화가 있다.

37 자동차보수도장에서 가장 보편적인 도장 방법은?

① 에어 스프레이 도장
② 에어 레스 스프레이 도장
③ 정전 스프레이 도장
④ 가열 에어 스프레이 도장

38 모노코크 보디에는 전, 후 충돌 등의 충격을 받았을 경우에 사이드 멤버 자체가 변형하여 객실에 영향을 덜 미치도록 부분적으로 굴곡을 주는데 이것을 무엇이라고 하는가?

① 쿠션 ② 킥업
③ 댐퍼 ④ 스토퍼

> **해설**
> • 쿠션 : 충격 흡수 장치(완충 장치)
> • 킥업 : 전, 후 충돌 등의 충격을 받았을 경우에 사이드 멤버 자체가 변형하여 객실에 영향을 덜 미치도록 부분적으로 주는 굴곡
> • 댐퍼 : 진동 감쇠 장치
> • 스토퍼 : 전달을 막아주는 장치

39 가스용접기의 역화 원인이 아닌 것은?

① 팁의 끝이 과열되지 않았을 때
② 작업물이 팁의 끝에 닿았을 때
③ 가스 압력이 적당하지 않을 때
④ 팁의 조임이 완전하지 않았을 때

> **해설**
> 역화(Back Fire)
> 폭음이 나면서 불꽃이 꺼졌다 다시 나타나는 현상이다.
> ※ 원인
> • 팁 끝의 막힘
> • 팁 끝의 가열 및 조임 불량
> • 가스 압력 불량

40 자동차에서 도어의 구성요소가 아닌 것은?

① 후드 ② 힌지
③ 체커 ④ 로크

> **해설**
>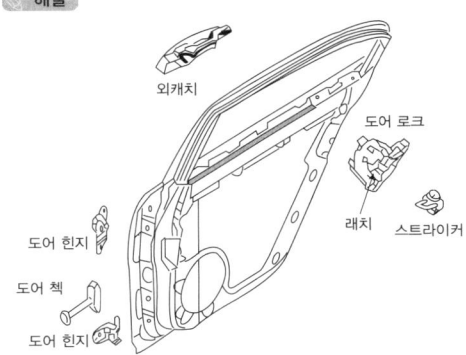

41 프레임 변형 교정기로 프레임 변형, 수정의 실제작업 3요소에 해당되지 않는 것은?

① 고정 ② 패널 수정
③ 인장 ④ 계측

> **해설**
> 보디 수정의 3요소
> • 고정 • 계측 • 인장

42 차체 치수도 설명 중 맞지 않는 것은?
① 언더 보디는 측면도와 평면도로 구성
② 표시의 각 치수는 길이, 높이, 폭, 대각의 4종류
③ 계측개소는 우측이 대문자, 좌측이 소문자의 로마자로 계측 기준점 설정
④ 평면도에서 좌우의 멤버 관계는 높이의 정렬 치수

43 줄 작업의 종류가 아닌 것은?
① 직진법   ② 우진법
③ 범진법(횡진법) ④ 사진법

> **해설**
> 줄 작업법
> • 직진법 : 줄을 앞으로 밀면서 다듬는 방법으로 다듬질 최후에 이용
> • 사진법 : 줄을 오른쪽으로 기울인 상태에서 앞으로 밀면서 다듬는 방법으로 다듬질 또는 면 깎기 작업에 이용
> • 횡진법 : 공작물의 길이 방향과 직각 방향으로 밀면서 다듬는 방법으로 좁은 곳의 최종 다듬질에 이용

44 센터링 게이지를 사용하여 계측할 때 기준이 되는 항목이라 할 수 없는 것은?
① 센터 라인   ② 데이텀 라인
③ 레벨   ④ 아우터 라인

> **해설**
> 손상 분석의 4요소
> • 센터 라인 : 차량의 중심을 가르는 선
> • 데이텀 라인 : 높이에 대한 차체의 기준선
> • 레벨 : 차체의 평행 상태를 나타내는 지표
> • 치수 : 지점과 지점간의 거리

45 효과적인 견인 작업에 있어 수정 작업의 순서와 견인 방향의 원칙과 거리가 먼 것은?
① 앞에서부터 견인할 때에는 똑바르게 앞에서부터 견인작업을 한다.
② 옆에서 견인할 때에는 보디에 대응하여 직각 방향으로 견인작업을 한다.
③ 경사지게 견인하면 힘이 분산되어 충분한 효과가 없다.
④ 힘이 가해진 장소에서 제일 가까운 거리에서부터 복원한다.

46 차체부품을 제작할 때 판재를 작은 굽힘 반지름으로 굽힘선이 2개 이상 만나는 곳에서는 특히 주의를 해야한다. 이때 무엇이 일어나기 쉬운가?
① 치수변형   ② 균열
③ 두께감소   ④ 재질변화

47 프레임의 하체부 서스펜션과 프레임의 깊숙한 두 곳 사이의 측정, 보디의 대각선 측정 또는 프레임 사이드 레일 길이 및 높이를 측정하는데 사용하는 측정기는?
① 프레임 센터링 게이지
② 트램 트랙킹 게이지
③ 하이트 게이지
④ 서피스 게이지

> **해설**
> 트램 트랙킹 게이지
> 트램 트랙킹 게이지는 오프 셋(Off-set) "자"이며 프레임의 하체부 서스펜션과 프레임의 깊숙한 두 곳 사이의 측정, 보디의 대각선 측정 또는 프레임 사이드 레일 길이 및 높이를 측정하는 용도로 이용된다.

48 벤치식 수정기와 바닥식 수정기의 설명 중 잘못된 것은?
① 바닥식 수정기는 바닥 공간 활용도가 높고 설치 시 바닥의 수평을 맞추어야 한다.
② 벤치식은 기종에 따라서 리프트 사용이 가능하다.
③ 벤치식은 벤치의 플랫폼이 계측의 기본이 된다.

정답 42. ④ 43. ② 44. ④ 45. ④ 46. ② 47. ② 48. ④

④ 벤치식은 바닥의 레일이나 앵커에 의해 각종 도구를 이용하여 보디를 고정한다.

해설
벤치식은 캐스터가 장치되어 있으며 메인 프레임과 잡아당기기 위한 지주가 있어 지주 사이에 유압잭과 언더 클램프를 사용하여 보디 프레임을 수정한다.

49 판금 퍼티는 다음 중 어느 것이 주성분인가?
① 불포화 아크릴 수지와 안료
② 불포화 폴리에스텔 수지와 안료
③ 불포화 에폭시 수지와 안료
④ 불포화 알키드 수지와 안료

해설
판금 퍼티는 주제(폴리에스터 수지)와 경화제(퍼록사이드)를 사용하는 2액형을 주로 사용하는데 주제인 폴리에스터 수지는 공기(산소)와 접촉해도 마르지 않는 성질이 있다.

50 계량 조색을 하기 위한 조색기기와 관계가 없는 것은?
① 전자저울   ② 에지데이터커버
③ 믹싱머신   ④ 버프

51 연삭기를 사용하여 작업할 시 맞지 않는 것은?
① 숫돌 보호덮개는 튼튼한 것을 사용한다.
② 정상적인 플렌지를 사용한다.
③ 단단한 지석(砥石)을 사용한다.
④ 공작물을 연삭숫돌의 측면에서 연삭한다.

해설
연삭 작업
- 작업시작 전에 결함 유무를 확인한 후에 사용한다.
- 숫돌바퀴의 균열 여부를 나무해머로 가볍게 두드려 확인한다.
- 연삭작업 시작하기 전에 1분, 연삭숫돌을 교체한 후에 3분 이상 공회전을 한 후 사용한다.
- 안전덮개는 반드시 부착하고 작업한다.
- 연삭숫돌은 가능한 한 측면을 사용하지 않고 전면을 사용한다.
- 숫돌과 받침대의 간격은 3mm 이내로 한다.
- 플랜지 직경은 숫돌 직경의 1/3 이상 되는 것을 사용한다.
- 부시의 구멍은 숫돌바퀴의 바깥둘레와 동심원이어야 한다.
- 숫돌차의 편심이 생기거나 원주면의 메짐이 심하면 드레싱하여 숫돌면을 다듬는다.

52 기계가공 작업 중 갑자기 정전이 되었을 때의 조치 사항으로 틀린 것은?
① 전기가 들어오는 것을 알기 위해 스위치를 넣어둔다.
② 퓨즈를 점검한다.
③ 공작물과 공구를 떼어 놓는다.
④ 즉시 스위치를 끈다.

53 작업현장에서 재해의 원인으로 가장 높은 것은?
① 작업환경
② 장비의 결함
③ 작업순서
④ 불안전한 행동

해설
사고가 발생하는 순서
사고는 작업자의 실수(불안전한 행동과 불안전한 상태)에 의해 가장 많이 발생하는데 순서는 다음과 같다.
- 불안전한 행동
- 불안전 상태
- 불가항력

54 렌치 사용 시 주의 사항으로 틀린 것은?
① 렌치를 너트가 손상이 안 되도록 가급적 얕게 물린다.
② 해머 대용으로 사용해서는 안 된다.
③ 렌치를 몸 안쪽으로 잡아당겨 움직이게 한다.
④ 렌치에 파이프 등의 연장대를 끼우고 사용해서는 안 된다.

정답 49. ② 50. ④ 51. ④ 52. ① 53. ④ 54. ①

해설
렌치 작업
- 대용품으로 렌치를 사용하지 않는다.
- 미끄러지지 않도록 조를 확실히 조여서 사용한다.
- 렌치의 조정 조를 앞으로 향하게 한다.
- 렌치를 돌려서 힘이 영구턱과 반대가 되게 한다.
- 렌치 또는 플라이어는 몸 안쪽으로 끌어당기는 상태로 작업한다.
- 더 많은 힘을 얻기 위해 망치 등으로 렌치를 두드리지 않는다.
- 공구에 파이프 등을 끼워 사용하지 않는다.

55 다음 중 안전표지 색채의 연결이 맞는 것은?
① 주황색 – 화재의 방지에 관계되는 물건에 표시
② 흑색 – 방사능 표시
③ 노란색 – 충돌, 추락 주의 표시
④ 청색 – 위험, 수습 장소 표시

해설
안전표지 색채
- 적색 : 위험, 방화, 방향
- 흑색 및 백색 : 통로표시, 방향지시 및 안내표지
- 청색 : 조심, 금지
- 보라색(자색) : 방사능(방사능의 위험을 경고하기 위해 표시)
- 녹색 : 안전, 구급
- 노란색(황색) : 충돌, 추락 주의
- 오렌지색 : 기계의 위험 경고

56 차체수리 작업장에서 작업을 하다 다른 작업자가 감전되었을 때 최초 조치 사항으로 맞는 것은?
① 신속하게 감전자를 떼어 놓는다
② 병원에 가서 담당 의사를 부른다.
③ 감독자를 급히 부르고 응급치료 한다.
④ 전원을 끊고 감전자를 안전하게 응급 조치 한다.

해설
감전사고 발생 시 조치사항
- 감전자 구출 : 전원을 끊고 접촉된 충전부에서 감전자를 분리하고 안전지역으로 대피
- 감전자 상태 확인
- 응급조치 실시
- 감전자 구출 후 구급대에 지원요청하고, 주변 안전 확보하여 2차 재해를 예방

57 다음 중 인화성 물질로만 짝지어진 것은?
① 이산화탄소 가스, 황산
② 인, 유황, 아세틸렌, 산소
③ 가솔린, 알코올, 시너
④ 과산화물, 가솔린, 시너

해설
인화성 물질이란 휘발유와 같이 낮은 온도에도 쉽게 불이 붙거나 폭발하는 물질을 말한다.

58 차체수리 작업을 할 때 안전보호구 착용 중 잘못 설명한 것은?
① 드릴 작업할 때 손을 보호하기 위하여 장갑을 끼고 작업한다.
② 그라인더 작업할 때 반드시 보안경을 착용한다.
③ 해머 작업할 때 귀마개를 착용한다
④ 퍼티를 연마할 때 방진 마스크를 착용한다.

해설
드릴 작업은 장갑을 끼고 작업해서는 안 된다.

59 차체수정 작업 시 센터링 게이지의 조작과 정비 시 주의 사항이다. 틀린 것은?
① 센터링 게이지는 센터 유닛(센터핀)을 중심으로 하여 서로 좌·우측으로 움직이는 두 개의 수직바에 의해서 작동된다.
② 센터 유닛의 조준 핀은 항상 게이지의 정확한 중심에 위치해 있어야 한다.

③ 게이지의 관리는 항상 청결을 유지하고 주기적으로 점검해 주어야 한다.
④ 게이지의 중심에 자리가 잡히지 않을 때는 먼지의 축적이나 나무 베어링의 손상 가능성에 대해서 점검한다.

해설

센터링 게이지 작동 시 유의사항
- 센터 핀의 위치는 항상 중심으로 한다.
- 0점은 수시로 확인한다.
- 항상 청결을 유지한다.
- 마그네트 키퍼(Kipper)는 미사용 시 자석의 수명을 길게 해 준다.

60 아크 용접 작업 중의 안전 사항으로 틀린 것은?

① 슬래그 제거는 빨리 하여야 하므로 집게나 용접 홀더로 제거한다.
② 보호구를 착용하여 스패터에 의한 화상을 방지한다.
③ 슬래그는 작업자 반대쪽으로 향하여 제거하여 준다.
④ 안전 홀더를 사용하고 안전 보호구를 착용한다.

해설

슬래그(Slag) 제거 안전
- 보호안경을 착용하여 재해를 예방한다.
- 슬래그는 작업자 반대쪽으로 향하여 제거한다.
- 슬래그 해머를 사용한다.
- 와이어 브러시를 사용한다.

정답 60. ①

국가기술자격 필기시험문제

2013년 기능사 제2회 필기시험

자격종목	종목코드	시험시간	형별	수험번호	성명
자동차차체수리기능사	6285		A		

01 자동차를 용도 및 형상에 따라 분류할 때 상자형에 속하지 않는 것은?

① 세단 ② 쿠페
③ 리무진 ④ 컨버터블

해설
- 세단(Sedan) : 가장 일반적인 모양으로 앞, 뒤로 2열의 좌석을 갖춘 4~6인승의 4도어 승용차
- 쿠페(Coupe) : 앞좌석 또는 1열의 승객을 중시한 2도어의 박스형 승용차로 지붕이 짧고 차고가 낮은 형태의 자동차
- 리무진(Limousine) : 외관은 세단과 같으나 운전석과 객석 사이에 칸막이를 설치하고 보조 좌석을 설치한 7~8인승의 고급 차량
- 컨버터블(Convertible) : 자동이나 수동으로 승용차의 지붕을 임의대로 펴거나 접을 수 있는 형태의 자동차

[세단] [쿠페] [리무진] [컨버터블]

02 엔진에서 발생하는 밸브의 서징현상을 방지하기 위한 방법이 아닌 것은?

① 스프링의 고유 진동수를 높인다.
② 피치가 서로 다른 2중 스프링을 사용한다.
③ 원추형 스프링의 사용을 피한다.
④ 부등 피치 스프링을 사용한다.

해설
스프링 서징현상 방지책
- 부등피치 S/P 사용
- 원추 스프링 사용
- 2중 스프링 사용

03 다음 중 자동차의 차륜 정렬 요소와 관계가 없는 것은?

① 토 인 ② 캐스터
③ 터빈 ④ 캠버

해설
전차륜 정렬의 요소
- 캠버 : 차량을 앞에서 보았을 때 타이어 가상의 수직선과 실제 중심선이 이루는 각
- 캐스터 : 차량을 옆에서 보았을 때 타이어 가상의 수직선과 킹핀(쇽업쇼버)의 중심선이 이루는 각
- 킹핀 : 차량을 앞에서 보았을 때 타이어의 실제 중심선과 킹핀(쇽업쇼버)의 중심선이 이루는 각
- 토 : 차량을 위에서 보았을 때 타이어 앞쪽과 뒤쪽 중심 거리차

04 자동차 현가장치에서 쇽업쇼버가 상하 진동을 흡수하는데 가장 관계가 깊은 힘은?

① 감쇠력 ② 원심력
③ 구동력 ④ 전단력

해설
쇽업쇼버
스프링의 진동을 감쇠시켜 승차감을 향상시킨다.

05 판 스프링에서 스프링의 진동을 빠르게 감쇠시킬 수 있게 하는 것은?

① 닙(Nip)
② 스팬(Span)
③ 판간 마찰(Interleaf Friction)
④ 스프링 아이(Spring Eye)

정답 1. ④ 2. ③ 3. ③ 4. ① 5. ③

해설
- 스팬 : 지점(아이중심)과 지점(아이중심)간의 거리
- 스프링 아이 : 스프링이 프레임이나 차체에 설치될 수 있는 구멍
- 닙 : 스프링 끝의 구부림

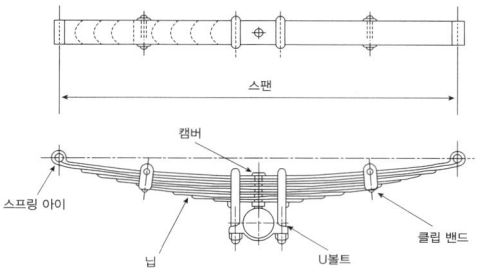

06 다음 중 차체 밑 부분에 설치된 플로어 패널(Floor Panel)의 기능과 가장 거리가 먼 것은?

① 소물류의 수납기능
② 차량 외부로부터의 물, 먼지 등의 유입 차단
③ 하체부에 설치된 연료장치계의 보호
④ 충돌 등 외력으로부터의 승객보호

해설
플로어 패널 (Floor Panel)
언더 보디의 구성품으로 차량 외부로부터의 물, 먼지 등의 유입을 차단하고 하체부에 설치된 연료장치계의 보호 및 충돌 시 승객을 보호하는 기능을 한다.

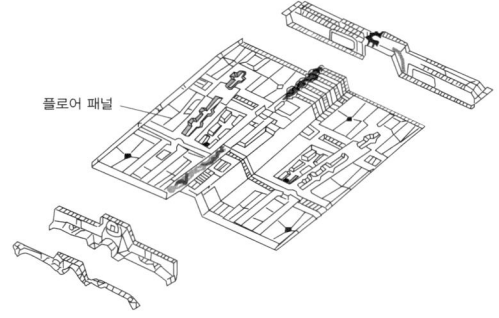

07 다음 중 자동차용 축전지에 대해서 바르게 설명된 것은?

① 축전지 내의 각 셀은 병렬로 접속되어 있다.
② 축전지 내의 극판수가 많을수록 축전지 용량은 크게 할 수 있다.
③ 격리판은 도체이며 전해액이 이동될 수 없도록 격리할 수 있어야 한다.
④ 표준 충전 전류는 보편적으로 축전지 용량의 20% 정도가 적당하다.

해설
- 축전지 내부 단전지의 셀당 기전력은 2.1~2.3V로 6개의 셀이 직렬로 접속된 12V용을 사용
- 격리판은 전해액 확산이 잘될 것(다공성일 것)
- 표준 충전 전류는 축전지 용량의 10%

08 단체구조(Unit Construction)또는 모노코크 보디(Monocoque Body)의 특징이 아닌 것은?

① 차체의 경량화에 유리하다.
② 외력을 차체 전체에 분산시키는 구조이다.
③ 트럭 등 주로 중차량에 적용되고 있다.
④ 박판 구조이므로 점용접이 가능하다.

해설
모노코크 보디의 특징
- 충돌 시 충격을 흡수
- 일부에 가해진 충격을 차체 전체로 분산시켜 실내의 승객을 보호
- 중량을 경감시켜 연비 상승
- 오픈형 프레스에 의한 대량생산 가능
- 차체에 구멍이나 각도, 두께변화 등을 만들어 충격을 흡수
- 복원수리의 어려움
- 소음에 따른 엔진룸 설계 기술 요구

09 다음 중 물체의 부피를 표시하는 단위가 아닌 것은?

① ℓ ② cm³
③ cc ④ Ω

해설
Ω은 저항을 나타내는 단위이다.

10 시스템 내의 동작물질이 한 상태에서 다른 상태로 변화하는 것은?

① 상태변화 ② 경로
③ 가역과정 ④ 이상과정

해설
상태변화
시스템 내의 동작물질이 한 상태에서 다른 상태로 변화하는 것을 말하며 원래의 상태로 돌아올 수 있는 가역변화와 원래의 상태로 돌아올 수 없는 비가역 변화로 구분된다.

11 도면에서 NS로 표시되는 것은 무엇을 뜻하는가?

① 도면의 나이
② 배척
③ 비례척이 아닌 것을 표시
④ 축척

해설
NS는 None Scale의 약어로 비례척이 아닌 것을 의미한다.

12 열처리 방법 중에서 저온 뜨임을 할 때의 적정온도는?

① 상온 ② 150℃
③ 500℃ ④ 600℃

해설
뜨임
담금질한 강에서 인성이 필요할 때 A1변태점(723℃) 이하의 온도로 가열한 후 서랭시켜서 내부응력제거 및 인성을 개선하는 열처리 방법
- 저온 뜨임 : 150~200℃ 범위에서 실시
- 고온 뜨임 : 400~600℃ 범위에서 실시

13 탄산가스 아크용접에 사용하는 솔리드 와이어의 지름 1.2[mm]에 알맞은 전류 범위는?

① 30~80[A] ② 50~120[A]
③ 70~180[A] ④ 80~350[A]

해설

와이어의 종류		와이어 지름(mm)	적정 전류범위(A)	사용가능 전류범위(A)
솔리드 와이어 (Solid wire)		0.6	40~90	30~180
		0.8	50~120	40~200
		0.9	60~150	50~250
		1.0	70~200	60~300
		1.2	80~350	70~400
		1.6	300~500	150~600
플럭스 코어 와이어 (Flux cored wire)	소	1.2	80~300	70~350
		1.6	200~400	150~500
	대	2.4	150~350	120~400
		3.2	200~500	150~600

14 열경화성 수지에 해당되지 않는 것은?

① 폴리에틸렌 수지 ② 페놀 수지
③ 멜라닌 수지 ④ 규소 수지

해설
합성수지의 분류
- 열가소성 수지 : 열을 가하면 부드러워지고 가소성이 나타나 수정과 용접이 가능하고 냉각이 되면 본래 상태로 굳어지는 성질의 수지(염화비닐, 아크릴 수지)
- 열경화성 수지 : 열을 가하면 경화되고 성형 후에는 가열하여도 연해지거나 용융되지 않는 성질의 수지(페놀 수지, 멜라닌 수지, 폴리에르테르 수지, 규소 수지)

15 알루미늄 + 구리 + 마그네슘 + 망간의 합금으로, 비중에 비하여 강도가 크므로 무게를 가볍게 해야 하는 항공기나 자동차 재료로 활용되는 것은?

① 주철합금 ② 황동
③ 두랄루민 ④ 알루미늄

해설
두랄루민
뒤렌(Düren) 금속회사의 이름과 알루미늄의 합성어로, 알루미늄, 구리, 마그네슘, 망간계의 합금으로 비중에 비하여 강도가 커서 항공기나 자동차 재료로 활용

16 용접전압의 설명으로 맞지 않는 것은?

① 아크 길이를 결정하는 변수이다.
② 적정 아크 길이는 심선 지름과 대략 같은 정도가 좋다.
③ 아크 길이가 길면 용융금속의 산화, 질화가 쉽다.
④ 철분계 용접봉은 아크길이 조정이 필요하다.

17 전기 용접할 때 발생 열량으로 알맞은 식은? [단, H(cal) ,I(A), R(Ω), t(sea)]

① $H = (0.24)^2 IRt$
② $H = (0.24)I^2 Rt$
③ $H = (0.24)I^2 Rt$
④ $H = (0.24)IRt^2$

> **해설**
> 줄의 법칙
> $H = 0.238 I^2 Rt ≒ 0.24 I^2 Rt$
> [H : 발열량(cal), I : 전류(A), R : 저항(Ω), t : 통전시간(sec)]

18 M30×8로 표시된 나사에서 30은 무엇을 나타낸 것인가?

① 호칭지름   ② 골지름
③ 인장강도   ④ 나사 피치

> **해설**
> 나사의 호칭
> M : 미터나사(mm), 30 : 호칭지름, 8 : 나사 피치

19 연삭숫돌의 외형을 수정하여 규격에 맞도록 하는 것은?

① 트루잉(Truing)
② 드레싱(Dressing)
③ 글레이징(Glazing)
④ 자생작용

> **해설**
> • 드레싱(Dressing) : 눈 메움이나 무딤에 의한 숫돌입자 제거
> • 트루잉(Truing) : 변형된 연삭 숫돌바퀴를 정확한 모양으로 수정
> • 무딤(Glazing) : 자생작용의 부족으로 입자의 표면이 평탄해지는 상태
> • 자생작용(Self Dressing or Sharpening) : 마멸된 숫돌입자가 탈락해 새 날이 생기는 현상

20 납의 성질을 잘못 설명한 것은?

① 전성이 크고 연하다.
② 인체에 유독한 금속이다.
③ 공기나 물에는 거의 부식되지 않는다.
④ 내알칼리성이다.

21 금속은 온도차에 따라 조직의 (①)가 일어나며 또한 그 (②)이 변하게 되는데 일반적으로 온도가 높으면 당기는 힘은 (③) 잘 (④) 부드러운 형태가 된다. ( ) 속에 들어갈 단어를 바르게 나열한 것은?

① 변화 – 성질 – 적으나 – 늘어나서
② 파괴 – 조직 – 크나 – 부풀어
③ 융화 – 모양 – 올라가나 – 늘어나서
④ 괴리 – 조직 – 상승되나 – 일어나

22 주철을 설명한 내용으로 가장 거리가 먼 것은?

① 유동성이 좋다.
② 압축강도는 크나 인장 강도가 부족하다.
③ 녹이 잘 생기고, 내마모성이 작다.
④ 마찰저항이 크고, 값이 싸다.

> **해설**
> 주철
> 탄소가 2.0~6.68% 이하를 함유한 강을 말하며, 주로 4.5% 이하를 많이 사용한다.
> • 용융점이 낮고 유동성이 좋다.
> • 압축강도는 크나 인장 강도가 부족하다.
> • 마찰저항이 높아 절삭성이 좋고, 값이 싸다.

정답 16. ④ 17. ② 18. ① 19. ① 20. ④ 21. ① 22. ③

- 가단성, 전연성이 적고, 취성이 크다.
- 녹이 잘 생기지 않고 내마모성이 크다.
- 가공은 가능하나 용접이 불량하다.

23 아르곤(Ar) 또는 헬륨(He) 등의 가스로 아크 및 용접부를 둘러싸게 하여 용접부를 대기 중의 산소, 질소의 차단하면서 용접하는 용접은?

① 플라즈마 용접
② 탄산가스 아크용접
③ 인버터 용접
④ 불활성가스 아크용접

해설
MIG(Metal Inert Gas, 불활성가스 용접)의 총칭
불활성가스는 18족의 가스로 다른 기체와 반응하지 않아 비활성가스라고 한다. 헬륨(He), 아르곤(Ar), 크립톤(Kr), 크세논(Xe), 라돈(RN) 등이 있다.

24 자동차용 차체 재료로 사용되는 알루미늄 재료의 특성과 관계없는 것은?

① 비중이 작고 용융점이 낮다.
② 전연성이 좋다.
③ 열전도성, 전기전도성이 좋다.
④ 표면에 산화막이 형성되지 않아 내식성이 떨어진다.

해설
알루미늄의 특징
- 비중 : 철의 1/3인 약 2.7 정도로 가볍다.
- 열전도성 : 철의 약 1.75배 정도로 빠르다.
- 특성 : 용융점이 낮고, 전연성 및 유동성이 좋으며, 내식성과 표면이 아름답다.
- 용도 : 라디에이터, 실린더헤드, 피스톤, 일부 차종의 프레임과 외판, 휠 등에 사용되고 있다.

25 리어 스포일러 재료의 특징으로 거리가 먼 것은?

① 경질의 재료로서 PVC, PUR 등이 사용된다.
② 경질의 재료로서 두께, 형 빼기 방향에 주의한다.
③ 경질 재료의 강성 확보를 위해 인서트재를 삽입하고 한다.
④ 방수성이 확보되어야 하며 인서트재의 방청에 주의하여야 한다.

26 패널에 구멍을 뚫고 구멍 주위를 계속 용접하여 용접살이 찰 때까지 용접을 하는 방법은?

① 플라즈마 용접 ② 플러그 용접
③ 프로젝션 용접 ④ 스폿 용접

해설
용접이음의 종류
- 맞대기 용접(Butt Joint, 버트 이음)
- 수직 용접(Fillet Joint, 필렛 이음)
- 겹치기 용접(Lap Joint, 랩 이음)
- 모서리 용접(Coner Joint, 코너 이음)
- 변두리 용접(Side Joint, 사이드 이음)
- 마개 용접(Plug Joint, 플러그 이음)

[맞대기 이음] [필렛 이음] [겹치기 이음] [모서리 이음] [변두리 이음] [마개 이음]

27 모노코크 보디의 프레임 센터링 게이지 부착 방법이 아닌 것은?

① 안쪽에 거는 방법
② 바깥쪽 아랫부분에 거는 방법
③ 바깥쪽 윗부분에 거는 방법
④ 아래쪽 부착방법(마그네트 사용)

28 프레임을 바닥면에 묻고 유압잭과 체인, 앵커 등을 조합하여 사용할 수 있는 형식의 프레임 수정기는?

① 이동식 프레임 수정기
② 고정식 랙형 프레임 수정기
③ 바닥식 묻힘 베이스 프레임 수정기
④ 바닥식 간이형 프레임 수정기

정답 23. ④ 24. ④ 25. ① 26. ② 27. ② 28. ③

29 도료를 도장하는 물체에 칠하고, 건조시킬 때의 건조방법이 아닌 것은?
① 냉간건조 ② 휘발건조
③ 산화건조 ④ 중합건조

30 분체도장법 중에서 일반적으로 가장 많이 사용하는 방법은?
① 용사법 ② 데스파존법
③ 유동 침적법 ④ 정전 분무도장법

31 에어공구 중 용접된 철판을 두 개로 분리하는데 사용하는 공구로 가장 적합한 것은?
① 에어 가위(쉐어) ② 에어 정(치즐)
③ 에어 톱(쏘우) ④ 에어 그라인더

> **해설**
> 에어 파워 치즐
> 용접부의 탈거, 볼트·너트, 리벳 탈거, 패널의 절단, 스폿 용접부의 탈거 등의 용도로 쓰인다.

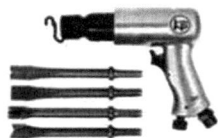

32 충돌사고로 파손된 프레임 교정 작업에 대한 설명으로 맞는 것은?
① 충격력에 반대로 복원력을 가하지 않는다.
② 힘을 받는 곳부터 먼저 수정 복원을 한다.
③ 인장작업은 보디구조에 대해 수평, 직각 방향으로 행한다.
④ 수정 인장작업은 두 곳 이상의 힘을 합쳐 수정작업을 하면 안 된다.

33 패널교환을 할 때 열 변형 없이 정확한 절단을 하고자 한다. 가장 옳은 것은?
① 산소. 아세틸렌가스
② 가스 가우징
③ 에어 톱
④ 플라즈마 절단기

> **해설**
> 에어톱의 기능
> 자동차 패널을 절단하는 용도

34 트램 트랙킹 게이지로 측정하는 곳이 아닌 것은?
① 보디의 대각선 측정
② 프레임의 일그러진 상태 점검
③ 프런트 사이드 멤버의 좌우로 휨 상태 점검
④ 프레임의 센터라인 측정

> **해설**
> 트램 트랙킹 게이지
> 트램 트랙킹 게이지는 오프 셋(Off-set) "자"이며 자동차의 길이와 치수를 측정하는 용도로 이용된다. 측정부위는 다음과 같다.
> • 프런트 사이드 멤버의 일그러짐이나 상하로 굽은 상태 점검
> • 프런트 사이드 멤버의 좌우로 굽은 상태 점검
> • 로어 암과 후드 레지의 위치 점검
> • 로어 암 니백(Knee Back)의 점검
> • 리어 보디의 일그러진 곳과 상하의 휨 점검
> • 프레임의 일그러진 상태 점검

35 프레임 기준선에 의해 프레임 각부 높이의 이상 상태를 점검 및 측정하는데 기준이 되는 것은?
① 데이텀 라인 ② 레벨
③ 센터라인 ④ 단차

> **해설**
> • 데이텀 라인 : 높이에 대한 차체의 기준선
> • 레벨 : 언더 보디의 평행상태를 나타내는 지표
> • 센터라인 : 차체의 중심을 가르는 기하학적 중심선
> • 단차 : 면과 면의 높이차

정답 29.① 30.④ 31.② 32.③ 33.③ 34.④ 35.①

36 유압 보디 잭 사용 시 주의사항으로 틀린 것은?

① 램에 무리한 힘을 가하지 말 것
② 램 플런저가 늘어나면 유압을 상승시킬 것
③ 나사부분을 보호할 것
④ 호스 취급에 유의할 것

> **해설**
> 유압 보디 잭(포토파워)의 주의사항
> • 램의 커플러는 위로 오게 할 것
> • 설치 각도는 30~90°의 범위로 할 것(45~60°가 효율적)
> • 램의 연장은 최소의 수로 할 것
> • 유압 계통에 먼지가 들어가지 않도록 할 것
> • 램 플런저가 늘어나면 유압을 올리지 말 것
> • 호스의 취급에 주의할 것
> • 고열에 의한 펌프 실린더의 패킹 등의 변질에 주의할 것
> • 나사 부분을 보호할 것
> • 30° 이하에서는 앵커부와 램의 접속부가 벗겨지기 쉽고, 90° 이상에서는 체인이 앵커에서 벗겨질 위험이 있음

37 프레임의 파손 및 변형의 원인으로 옳지 않은 것은?

① 극단적인 휨 모멘트의 발생
② 충돌이나 전복사고발생
③ 자연으로 인한 부식발생
④ 부분적인 집중하중으로 인한 발생

38 판금가공에 관한 것 중 성형가공에 속하는 것은?

① 전단   ② 펀칭
③ 블랭킹   ④ 벌징

> **해설**
> 펀칭(Punching), 블랭킹(Blanking)은 전단 가공법이다.

39 다음 중 승용차 프런트 보디의 구성품이 아닌 것은?

① 플로어 패널
② 앞 펜더 에이프런
③ 앞 사이드 프레임
④ 라디에이터 서포트 패널

> **해설**
> 프런트 보디부는 사이드 멤버, 크로스 멤버, 라디에이터 서포트 패널, 후드레지 어퍼 패널, 휠 하우스 패널, 스티어링 서포트 패널, 대시 패널, 카울 패널 등이 결합 구성되어 있고 외판은 범퍼와 후드 패널, 펜더 에이프런 패널이 조립되어 있다.

40 퍼티면에 작은 요철이나 변형을 연마하는데 적합하며 특히 라인 만들기에 적합한 연마기는?

① 기어액션 샌더
② 더블액션 샌더
③ 오비탈 샌더
④ 스트레이트 라인 샌더

> **해설**
> • 기어 액션 샌더 : 거친 연마용으로 면 만들기에 효과적이며 작업 능률이 높다. 연삭력은 오비털 샌더나 더블 액션 샌더에 비해 우수하다.
> • 더블 액션 샌더 : 단 낮추기 등 도장작업에 가장 광범위하게 사용되며 회전운동을 하는 연마기이다.
> • 사각 오비털 샌더 : 거친 연마용으로 퍼티면 연마 시 가장 많이 사용된다. 연삭력은 더블 액션 샌더보다 떨어지나 접촉부의 힘이 평균적으로 작용해 균일한 연마를 할 수 있다.
> • 스트레이트 라인 샌더 : 선(라인) 만들기용으로 퍼티면에 작은 요철이나 변형 연마에 적합하다.

41 차체 부품을 제작하고자 할 때의 설명으로 틀린 것은?

① 차체부품 제작할 부위의 치수를 먼저 확보한다.
② 작업대 위에 놓고 절단된 연강판을 올려놓고 굽힘선을 긋는다.
③ 구부림 성형작업 시 중앙부터 구부리고 양 끝을 나중에 한다.
④ 한 번에 완전히 성형하지 말고 여러 번 나누어서 성형하여 완성한다.

정답 36. ② 37. ③ 38. ④ 39. ① 40. ④ 41. ③

42 보디 수리에 사용되는 용제의 설명 중에서 잘못된 것은?

① 교환하는 패널의 접촉부위는 반드시 재실링을 한다.
② 실러는 방수와 불순물, 배기가스의 실내 진입을 차단한다.
③ 수리하는 패널에 틈새가 발생하면 언더코팅을 많이 도포한다.
④ 패널의 내부 표면에는 부식 방지 컴파운드를 도포한다.

43 자동차 구조에 대한 설명 중 잘못된 것은?

① 자동차는 엔진, 섀시, 보디, 전장품 등에 의해 구성된다.
② 섀시는 보디와 주행에 필요한 모든 장치를 포함한다.
③ 독립된 프레임이 없는 자동차의 무게와 힘은 보디가 지지한다.
④ 자동차 골격이라 할 수 있는 기본 틀을 프레임이라 한다.

해설
섀시는 보디를 제외한 주행에 필요한 장치를 포함한다.

44 도료의 성분에 들지 않는 것은?

① 도막 ② 수지
③ 안료 ④ 용제

해설
도료조성 성분
• 용제 : 물질을 용해할 수 있는 성능을 가진 요소
• 안료 : 색체가 있고 수지에 의해 용해되는 분말 형태의 가루
• 수지 : 투명하고 내구성이 있는 아크릴을 주로 사용하여 도막을 형성하고 도료의 성질이나 능력을 결정하는 요소
• 첨가제 : 도료의 특정한 성능을 향상시키는 요소

45 승용차 보디 중앙부분의 손상진단을 하고자 할 때 중앙보디 점검에 속하지 않는 것은?

① 프런트 필러 상하가 붙어 있는 부분의 근처 점검
② 센터 필러 상하 부착부분의 점검부분
③ 사이드실의 변형 유무 점검
④ 프런트 사이드 멤버와 좌우 사이드 멤버가 붙어 있는 부근의 점검

해설
보디 중앙부의 손상 진단
• 도어 부위에 외력이 가해진 경우
 - 프런트 패널의 상, 하가 설치된 부위의 점검
 - 센터 필러의 상, 하 설치 부위 근처의 점검
 - 사이드 실의 변형 유무 점검
 - 루프 및 루프 사이드 패널의 점검
 - 대시 인스트루먼트 패널 및 시트의 점검
• 사이드 실 부위에 외력이 가해진 경우
 - 사이드 실 이너(Side Seal Inner) 점검
 - 플로어 점검

46 스프링 백의 현상 중 틀린 것은?

① 경도가 높을수록 커진다.
② 같은 판재에서 구부림 반지름이 같을 때에는 두께가 얇을수록 커진다.
③ 같은 두께의 판재에서는 구부림 반지름이 작을수록 크다.
④ 같은 두께의 판재에서는 구부림 각도가 예리할수록 크다.

해설
스프링 백(Spring Back) 현상
스프링이 다시 돌아온다는 의미로 차체 재료를 구부렸을 때 반발력에 의해 되돌아오려는 성질을 말한다.

47 트럭의 보강판 부착에 대한 일반적 주의사항에서 주로 사용되지 않는 보강재의 판 두께는?

① 3mm ② 4.5mm
③ 6mm ④ 7mm

정답 42. ③ 43. ② 44. ① 45. ④ 46. ③ 47. ④

48 보디프레임 수정기를 사용하여 수리를 할 때 차체를 붙잡을 수 있는 부속기기를 무엇이라 하는가?

① 클램프　　② 잭
③ 훅　　　　④ 유압 램

> **해설**
> - 잭 : 차체를 수직으로 들어 올릴 수 있는 장비
> - 훅 : 갈고리 형태로 걸어서 사용할 수 있는 도구
> - 유압 램 : 실린더와 피스톤으로 구성되어 상 · 하 왕복이 가능한 형태의 장비

49 최종 상도 도막을 연마하여 광택을 내는 연마기는?

① 싱글액션샌더　　② 오비털샌더
③ 더블액션샌더　　④ 폴리셔

50 움푹 패인 부분을 메우는 능력으로 차례대로 나열한 것은?

① 판금퍼티 - 중간타입 - 래커퍼티 - 폴리퍼티
② 판금퍼티 - 중간타입 - 폴리퍼티 - 래커퍼티
③ 래커퍼티 - 판금퍼티 - 중간타입 - 폴리퍼티
④ 폴리퍼티 - 판금퍼티 - 중간타입 - 래커퍼티

51 이동식 및 휴대용 전동기기의 안전한 작업방법으로 틀린 것은?

① 전동기의 코드선은 접지선이 설치된 것을 사용한다.
② 회로시험기로 절연상태를 점검한다.
③ 감전방지용 누전차단기를 접속하고 동작 상태를 점검한다.
④ 감전사고 위험이 높은 곳에서는 1중 절연구조의 전기기기를 사용한다.

52 산업재해는 생산 활동을 행하는 중에 에너지와 충돌하여 생명의 기능이나 (　　)을 상실하는 현상을 말한다. (　　)에 알맞은 말은?

① 작업상 업무
② 작업조건
③ 노동능력
④ 노동환경

53 기관 분해조립 시 스패너 사용 자세 중 옳지 않은 것은?

① 몸의 중심을 유지하게 한손은 작업물을 지지한다.
② 스패너 자루에 파이프를 끼우고 발로 민다.
③ 너트에 스패너를 깊이 물리고 조금씩 앞으로 당기는 식으로 풀고, 조인다.
④ 몸은 항상 균형을 잡아 넘어지는 것을 방지한다.

> **해설**
> 스패너 작업
> - 스패너는 볼트나 너트 폭에 맞는 것을 사용한다.
> - 스패너를 너트에 단단히 끼우고 앞으로 당기면서 풀고 조인다.
> - 스패너에 2개의 자루를 연결하거나 자루를 파이프에 물려 돌려서는 안 된다.
> - 스패너 사용 시 너무 무리한 힘을 가하지 않는다.
> - 스패너를 해머 대용으로 사용하지 않는다.

54 연삭 작업 시 안전사항 중 틀린 것은?

① 나무 해머로 연삭 숫돌을 가볍게 두들겨 맑은음이 나면 정상이다.
② 연삭 숫돌의 표면이 심하게 변형된 것은 반드시 수정한다.
③ 받침대는 숫돌차의 중심선보다 낮게 한다.
④ 연삭 숫돌과 받침대와의 간격은 3mm 이내로 유지한다.

정답 48. ① 49. ④ 50. ② 51. ④ 52. ③ 53. ② 54. ③

해설
연삭 작업
- 작업시작 전에 결함 유무를 확인한 후에 사용한다.
- 숫돌바퀴의 균열 여부를 나무해머로 가볍게 두드려 확인한다.
- 연삭작업 시작하기 전에 1분, 연삭숫돌을 교체한 후에 3분 이상 공회전을 한 후 사용한다.
- 안전덮개는 반드시 부착하고 작업한다.
- 연삭숫돌은 가능한 한 측면을 사용하지 않고 전면을 사용한다.
- 숫돌과 받침대의 간격은 3mm 이내로 한다.
- 플랜지 직경은 숫돌 직경의 1/3 이상 되는 것을 사용한다.
- 부시의 구멍은 숫돌바퀴의 바깥둘레와 동심원이어야 한다.
- 숫돌차의 편심이 생기거나 원주면의 메짐이 심하면 드레싱 하여 숫돌면을 다듬는다.

55 화재의 분류 중 B급 화재 물질로 옳은 것은?
① 종이 ② 휘발유
③ 목재 ④ 석탄

해설
B급 화재
휘발유, 벤젠 등의 유류 화재(분말 소화기, 할론 소화기, 질소나 이산화탄소 소화기로 소화)

56 차체에 장착된 부품을 취급할 때의 사항으로 적절하지 않은 것은?
① 내장트림이나 시트류는 고정위치를 확인해 가면서 조심스럽게 떼어낸다.
② 필요범위보다 조금 넓게 해주면 나중 작업이 편리하다.
③ 인스트루먼트 패널은 부분 부품으로 하나하나 탈착한다.
④ 접착식 몰딩은 열을 가하면 깨끗하게 붙여지고 떼어지기도 한다.

57 차체수리에 필요한 안전 보호구와 가장 관련이 없는 것은?
① 헬멧 ② 귀마개
③ 페이스 커버 ④ 내용제성 장갑

해설
내용제성 장갑
유기용제 등에 우수한 내화학성이 있으며 도장 작업 시 손을 보호하기 위하여 착용한다.

58 다음 전기 저항용접 중 맞대기 용접에 해당하는 것은?
① 점 용접 ② 심 용접
③ 프로젝션 용접 ④ 플래시 용접

해설
전기 저항 용접의 종류
- 겹치기 용접
  - 점 용접
  - 심 용접
  - 돌기 용접(프로젝션 용접)
- 맞대기 용접
- 고주파 용접

59 차체수정 작업에 앞서 계측 작업을 정밀하게 하기 위해서는 다음의 사항들을 주의해야 한다. 관련이 적은 것은?
① 게이지를 수평으로 확실히 고정한다.
② 게이지를 수직으로 확실히 고정한다.
③ 계측기기의 손상이 없어야 한다.
④ 객관적인 기준이 되는 차체 치수도를 활용한다.

60 작업 중 정전되었을 때 해야 할 일과 관계가 없는 것은?
① 절삭 공구는 가공물에서 떼어 낸다.
② 경우에 따라서는 메인 스위치도 내린다.
③ 주위의 공구를 정리한다.
④ 기계의 스위치를 내린다.

정답 55. ② 56. ③ 57. ④ 58. ④ 59. ② 60. ③

국가기술자격 필기시험문제

2013년 기능사 제5회 필기시험

자격종목	종목코드	시험시간	형별	수험번호	성명
자동차차체수리기능사	6285		A		

01 자동차 전기장치에 관한 설명 중 틀린 것은?
① 자동차 전기장치에 전력을 공급하는 부품은 배터리와 발전기가 있다.
② 엔진 정지 시 전원은 배터리에 의해 공급되고 있다.
③ 엔진 시동 후 전원 공급은 발전기가 하지만 경우에 따라 배터리 전원도 사용한다.
④ 현재 대부분의 승용차는 직류 발전기를 주로 사용하고 있다.

> **해설**
> 직류 발전기는 엔진회전수 변화에 따른 출력전류 변화가 커서 현재 대부분의 승용차는 교류 발전기를 사용하고 있다.

02 카고 트럭형식의 화물자동차에 사용하고 있는 구동방식은?
① 앞 엔진 앞바퀴 구동방식
② 앞 엔진 뒷바퀴 구동방식
③ 뒤 엔진 뒷바퀴 구동방식
④ 뒤 엔진 앞바퀴 구동방식

03 물의 끓는점을 212℃로 하고 얼음의 녹는점을 32℃로 정하여 그 사이를 180등분한 온도를 무엇이라 하는가?
① 섭씨온도 ② 화씨온도
③ 절대온도 ④ 랭킨온도

> **해설**
> 온도의 종류
> • 섭씨온도(Celsius Temperature, ℃) : 표준 대기압(760mmHg)하에서 증류수가 어는 빙점을 0℃, 끓는 비등점을 100℃로 하여 이 두 점을 100등분한 온도를 말한다.
> • 화씨(Fahrenheit Temperature, ℉) : 물의 끓는점을 212℃로 하고 얼음의 녹는점을 32℃로 정하여 그 사이를 180등분한 온도를 말한다.
> • 켈빈(K) : 열역학 제2법칙에 따라 정해진 온도로 절대 온도의 기호는 K를 사용하며, 이론상 생각할 수 있는 최저 온도를 기준으로 하여 갖는 단위의 온도를 말한다.
> • 랭킨 온도(R) : 분자 운동이 정지할 때의 절대온도를 0으로 하고 비등점을 671.67R, 빙점을 491.67R로 하여 비등점과 빙점 사이를 180등분한 온도를 말한다.

04 차체의 각종 강판 패널에 일정한 곡률을 주어 성형하는 것을 무엇이라 하는가?
① 크라운 ② 보디 필러
③ 탬퍼링 ④ 백 홀더

> **해설**
> • 보디 필러 : 보디의 사이드 부를 구성하는 요소로써 루프를 지지하고 차체의 형상을 유지하는 역할을 담당한다.
> • 크라운 : 원호를 붙이는 작업을 말한다.
> • 탬퍼링 : 열처리의 종류(뜨임)이다.

05 일반적으로 자동차의 승차감이 가장 좋은 진동수 범위는?
① 분당 10~30 사이클
② 분당 30~50 사이클
③ 분당 60~120 사이클
④ 분당 150~180 사이클

정답 1. ④ 2. ② 3. ② 4. ① 5. ③

06 차량이 일정거리를 움직였다고 볼 경우, 이때 적용될 수 있는 원리와 가장 관계가 깊은 것은?

① 힘 = 질량 × 가속도
② 일 = 중량 × 거리
③ 힘 = 질량 × (속도)^2
④ 일 = 가속도 × 거리

07 고장진단 후 기관 해체 정비시기의 판단기준으로 틀린 것은?

① 냉각수 누수 : 규정값의 40% 이상일 때
② 압축압력 : 규정값의 70% 이하일 때
③ 연료 소비율 : 규정값의 60% 이상일 때
④ 윤활유 소비율 : 규정값의 50% 이상일 때

🔍 해설
엔진 해체 정비 기준
- 윤활유 소비율이 표준 소비율의 50% 이상일 때
- 연료 소비율이 표준 소비율의 60% 이상일 때
- 압축압력이 규정값의 70% 이내일 때

08 국제단위계(SI단위)에서 토크의 단위는?

① m/s
② N · m
③ rad/s
④ Pa

🔍 해설
단위
- m/s : 속도
- N · m : 토크
- rad/s : 각도의 변화율
- kg/cm^2 : 압력

09 자동차 차체(Body)의 틈새막이로 비바람이나 먼지 등이 차실로 들어오는 것을 방지하기 위해 도어나 창유리 등의 가장자리에 설치하는 것은?

① 선루프(Sun Roof)
② 스포일러(Spoiler)
③ 웨더스트립(Weather strip)
④ 카울(Cowl)

🔍 해설
- 선루프(Sun Roof) : 외부 공기나 빛을 차실 안으로 들어올 수 있도록 조절할 수 있는 지붕 장치이다.
- 스포일러(Spoiler) : 자동차 후미에서 발생되는 공기 와류현상을 억제하는 장치로 주로 루프 끝이나 트렁크 위에 설치한다.
- 카울(Cowl) : 자동차의 앞창과 계기판을 포함하는 부분을 말한다.
- 웨더스트립(Weather strip) : 자동차 차체(Body)의 틈새 막이로 비바람이나 먼지 등이 차실로 들어오는 것을 방지하기 위해 도어나 창유리 등의 가장자리에 설치하는 것을 말한다.

10 자재이음이란 2개의 축이 어느 각도를 두고 교차할 때, 자유로이 동력을 전달할 수 있는 장치를 말한다. 다음 중 자동차에서 주로 사용하는 자재이음의 종류가 아닌 것은?

① 슬립 조인트
② 플렉시블 조인트
③ 등속 조인트
④ 트러니언 조인트

🔍 해설
자재 이음 종류
- 플렉시블 자재 이음 : 0~3°
- 볼 앤드 트러니언 자재 이음 : 8~12°
- 십자형 자재이음 : 12~18°
- 등속도 자재 이음(C · V 조인트) : 28~32°

11 홈의 각도가 좁고, 용접 전류가 적으며, 용접 속도가 적당치 않은 경우에 나타나는 용접 결함은?

① 스패터
② 용입 부족
③ 언더컷
④ 기공

🔍 해설
- 스패터 : 용접 중에 녹은 금속이 튀어서 알갱이 모양으로 굳어진 것
※ 발생원인
 - 전류가 높을 때
 - 용접봉 건조불량(습기)
 - 아크 길이가 너무 길 때
 - 용접봉 각도 불량

정답 6. ② 7. ① 8. ② 9. ③ 10. ① 11. ②

- 언더컷 : 두 모재보다 밑으로 내려온 상태로 용전선 끝에 생기는 작은 홈
※ 발생원인
  - 용전 전류 과대
  - 빠른 운봉속도
  - 가는 용접봉 사용

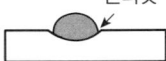

- 기공 : 용착금속 속에 구멍이 발생된 상태
※ 발생원인
  - 용접 전류 과대
  - 용접봉 건조불량(습기)
  - 용접 시의 과열
  - 불순물 부착

12 금속재료에 외력을 가하면 넓게 펴지는 성질은?
① 점성 ② 전성
③ 인성 ④ 연성

해설
- 점성 : 유체의 흐름을 방해하는 성질, 즉 유체흐름저항
- 인성 : 파괴 시까지의 에너지 흡수(저장) 능력
- 연성 : 큰 변형 후에도 또 다른 변형에 저항하는 성질

13 금속이나 합금이 고체 상태에서 어떤 온도가 되면 각종 성질이 급격히 변화하는가?
① 공정점 ② 변태점
③ 공석점 ④ 용융점

해설
변태점
특정 온도가 되면 고체 상태의 금속이나 합금의 각종 성질이 급격히 변화하는 지점이다.

14 제도 용지에 직접 작성되거나 컴퓨터로 작성된 최초의 도면으로 트레이스도의 원본이 되는 도면은 무엇인가?
① 배치도 ② 스케치도
③ 원도   ④ 기초도

15 용접기 내부에 설치된 철심의 재료로 적당한 것은?
① 고속도강 ② 주강
③ 규소강   ④ 니켈강

16 피복 금속 아크용접의 용접 특징에 대한 설명으로 옳은 것은?
① 용접봉의 이송속도가 너무 느리면, 비드는 지나치게 좁아진다.
② 용접 전류값이 높으면 용접봉의 용해가 빠르고, 큰 용융지가 생기고, 스패터가 많이 발생된다.
③ 용접전류가 너무 낮으면 비드 폭이 넓어진다.
④ 용접봉의 이송속도가 너무 빠르면 비드 폭이 넓어진다.

17 티그 용접에서 모든 금속에 사용되며 아크 안정성과 낮은 전류(200A)에서 청정작용이 있고 Al, Cu합금, Ti와 활성금속 용접에 좋은 보호가스는?
① Ar
② Ar(95%)−H^2(5%)
③ He
④ He−Ar

18 용접케이블의 단면적이 22mm^2, 정격 용접전류(125A), 사용 용접봉 지름이(1.6~3.2 mm)인 경우 규정된 용접홀더는?
① 125호 ② 160호
③ 200호 ④ 400호

해설

종류	정격용접 전류(A)	사용 용접봉 지름(mm)	접속 홀더용 케이블(mm^2)
100호	100	1.2~3.2	22
125호	125	1.6~3.2	22
200호	200	3.2~5.0	38
300호	300	4.0~6.0	50

정답 12. ② 13. ② 14. ③ 15. ③ 16. ② 17. ① 18. ①

19 철에 얼마의 탄소가 함유된 것을 탄소강이라고 하는가?

① 0.01%~0.03%
② 0.035%~1.7%
③ 2.3%~3.5%
④ 25~35%

해설

탄소강

철(Fe)과 탄소(C) 0.035~1.7%를 주성분으로 하는 합금에 규소(Si), 망간(Mn), 인(P), 황(S) 등의 원소가 소량 함유되어 있는 철강재료이다.

20 산화물 Al_2O_3를 1600℃ 이상에서 소결 성형하여 만드는 재료는?

① 합금공구강 ② 고속도강
③ 초경합금   ④ 세라믹

21 인스트루먼트 패널의 기재용 재료에 해당하지 않는 것은?

① 변성 PPE ② PP
③ ABS   ④ TPO

해설

약칭 (기호)	내열온도(℃)	주 사용부
PVC	55~75℃	도어트림, 시트의 표피, 매트, 휠하우징 커버
PP	55~110℃	범퍼, 방열기팬, 팬 시라우드, 조향 휠 인스트루먼트 패널
PC	138~143℃	범퍼, 그릴, 램프렌즈, 인스트루먼트 패널
PPO	55~100℃	인스트루먼트 패널, 휠 캡
PMMA	150~200℃	램프렌즈, 메터기 커버
PA	126~182℃	방열기 탱크, 리저버 탱크, 냉각팬
PUR	60~80℃	범퍼, 시트 쿠션제, 트림류, 단열재
TPUR		범퍼, 조향 휠
ABS	70~107℃	보디 외판, 오너먼트, 콘솔박스, 라디에이터 그릴, 인스트루먼트 패널
FRP	60~205℃	보디 외판, 스포일러, 머드가드

22 다음 보기와 같은 투상도를 보고 틀린 부분을 바르게 수정한 것은?

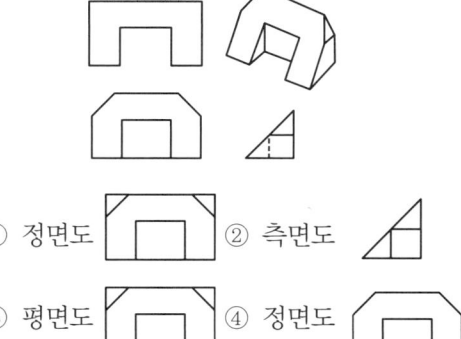

① 정면도 ② 측면도
③ 평면도 ④ 정면도

23 스테인리스 강판에 관한 설명으로 맞지 않는 것은?

① 인성과 연성이 크고 가공경화가 심하여 열처리가 잘된다.
② 내식, 내열, 내한성이 우수하다.
③ 크롬산화 피막이 표면을 보호하므로 내부를 보호한다.
④ 염산에 침식되지 않으며 강도가 좋다.

해설

스테인리스강

Fe에 12% 이상의 Cr을 합금시키면 강한 보호 피막이 생성되어 부동태화 되는데, 이 특징을 이용하여 녹이 발생되지 않게 한 강을 말한다.

※ 특징
• 인성과 전성이 크고 가공경화가 심하여 열처리가 잘 된다.
• 내식, 내열, 내한성이 우수하다.
• 크롬 산화 피막이 표면을 보호하므로 내부를 보호한다.
• 염산에 침식되면 내식성이 떨어진다.

24 CO_2용접 작업 시 이산화탄소의 농도가 최소 몇 %일 때 두통이나 뇌빈혈을 일으키는가?

① 0.1~0.2 ② 3~4
③ 10~15   ④ 20~30

정답 19. ② 20. ④ 21. ④ 22. ③ 23. ④ 24. ②

25 석출 강화형 강판의 재료가 아닌 것은?
① 티탄(Ti) ② 니오브(Nb)
③ 바나듐(V) ④ 인(P)

26 차체 손상 진단 시 착안 사항으로 잘못된 것은?
① 가해진 외력의 모양
② 가해진 외력의 크기
③ 가해진 외력의 방향
④ 가해진 외력의 접촉부위

> **해설**
> 손상 진단 시 착안 사항
> • 최초의 충돌지점(충돌 부위) 확인
> • 힘의 전달 경로(충돌 각도, 속도, 크기) 확인
> • 최종 발생 요철부위 확인

27 자동차 도어(Door) 손상의 원인과 가장 관계가 적은 것은?
① 수분에 의한 부식
② 급격한 충격에 의한 뒤틀림
③ 충돌에 의한 찌그러짐
④ 계속적인 사용에 의한 개폐

> **해설**
> 도어(Door)의 손상 원인
> • 수분에 의한 녹 부식
> • 급격한 충격에 의한 뒤틀림
> • 충돌에 의한 찌그러짐
> • 외부 요인(돌, 문콕 등)에 의한 손상

28 자동차 도어(Door)에서 가장 부식되기 쉬운 부분은 주로 어느 부분인가?
① 상부 ② 하부
③ 중앙부 ④ 전면 다 같다.

> **해설**
> 도어패널 하부에는 빗물 등이 빠져 나갈 수 있도록 바링 가공이 되어 있으나 외부 이물질(낙엽, 전단지 등)의 영향으로 막혀 기능을 상실할 수 있다.

29 프레임 수정 작업 시 유의할 사항이 아닌 것은?
① 힘을 받은 먼 곳부터 수정해 나간다.
② 당기는 작업은 체인의 상태가 직각, 또는 수평으로 되게 한다.
③ 한 번에 큰 힘을 가하여 신속하게 당긴다.
④ 클램프는 안전고리를 연결하여 사고를 방지한다.

> **해설**
> 프레임 수정 장비 안전
> • 안전모, 안전화, 장갑은 반드시 착용하고 작업한다.
> • 소매가 긴 옷이나 헐렁한 작업복은 입지 않는다.
> • 개러지 잭만으로 지지되어 있는 자동차 아래로 들어가지 않는다.
> • 견인작업 시 클램프 이탈 범위에는 사람의 접근을 하지 않도록 한다.
> • 클램프가 이탈되지 않도록 안전고리나 벨트를 설치하여 작업한다.
> • 인장 작업은 체인의 상태가 직각, 또는 수평으로 되게 한다.
> • 급격한 인장작업은 지양한다.
> • 응력집중부에서 먼 곳부터 수정해 나간다.

30 자동차보수도장 시 연마방법의 설명 중 틀린 것은?
① 건식방법이 습식방법보다 연마속도가 빠르다.
② 건식방법이 습식방법보다 연마지 사용량이 적다.
③ 연마된 상태가 습식방법이 건식방법보다 곱다.
④ 먼지발생은 습식방법이 매우 적다.

31 자동차보디 수리 시 손상부분을 가스용접기로 절단할 때의 특징에 대한 설명으로 옳은 것은?
① 절단이 불가능하다.

정답 25. ④ 26. ① 27. ④ 28. ② 29. ③ 30. ② 31. ④

② 매우 정밀하게 절단할 수 있다.
③ 절단된 면이 깨끗하게 된다.
④ 복잡한 손상부도 빠르게 절단할 수 있다.

32 차체 치수도의 표시법에서 직선거리치수가 아닌 것은?

① 엔진 룸
② 평면치수
③ 언더 보디
④ 보디 사이드

해설
차체치수도의 표시법
- 직선거리 치수 : 측정하려는 2개의 측정 지점을 직선으로 연결하는 치수로 프런트 보디, 사이드 보디, 언더 보디에 사용
- 평면 투영 치수 : 투영된 물체 지점간의 수평선 길이를 나타내는 치수로 높이차가 무시된 평면상의 치수법

33 텅스텐 전극과 모재 사이에 아크를 발생 시키고, 아르곤 가스를 공급하여 절단하는 방법은?

① TIG 아크 절단
② MIG 아크 절단
③ 서브 머지드 아크 절단
④ 플라즈마 아크 절단

34 차체 부품을 제작하고자 한다. 이때 판재의 절단 작업은 주로 무엇으로 하는가?

① 에어톱
② 판금가위
③ 에어치즐
④ 가스절단기

해설
- 에어톱 : 자동차 패널을 절단하는 용도로 사용한다.
- 에어치즐 : 용접부의 탈거, 볼트·너트, 리벳 탈거, 패널의 절단, 스폿 용접부의 탈거 등의 용도로 쓰인다.
- 가스절단기 : 자동차보디 수리 시 손상부분을 절단하는 용도로 사용한다.

35 차체 센터마크가 차체수리 지침서에 기재되어 있지 않은 것은?

① 라디에이터 코어 서포트 어퍼
② 카울 탑
③ 프런트 사이드 멤버
④ 세컨 크로스 멤버

36 연삭숫돌 선택에서 조직이 치밀한 연삭숫돌의 선택 기준이 아닌 것은?

① 굳고 메진 재료
② 거친 연삭
③ 총형연삭
④ 접촉 면적이 작을 때

해설
조직이 치밀한 연삭숫돌의 선택 기준
- 굳고 메진 재료
- 총형연삭
- 접촉 면적이 적을 때

37 적외선 건조장치에 대한 설명으로 틀린 것은?

① 복사선과 전자파로 열전달을 한다.
② 근적외선 장치는 전구를 사용한다.
③ 원적외선 장치는 반사소자를 사용한다.
④ 먼지를 많이 발생시키게 된다.

38 자동차 차체에 사용되는 고장력강의 장점을 설명하였다. 장점으로 틀린 것은?

① 소석 등에 부딪쳐도 국부적인 손상이나 패임이 없는 저항력을 가지고 있다.
② 충돌 시 변형저항에 의한 에너지 흡수성이 우수하다.
③ 성형성이나 용접성을 저하시킨다.
④ 가공경화 특성이 높다.

해설
고장력강판의 특징
차체의 중량 경감을 목적으로 개발된 강판으로 인

정답 32.② 33.① 34.② 35.③ 36.② 37.④ 38.③

장강도와 항복점이 높고 저항력 및 충돌 시 에너지 흡수성이 뛰어나며 성형 후 가공경화가 큰 특징이 있다.

39 다음 중 연마용 에어공구가 아닌 것은?
① 그라인더 ② 디스크샌더
③ 벨트샌더 ④ 샌더블록

해설

에어공구의 용도에 따른 분류
- 탈착용 : 임팩트 렌치, 라쳇 렌치 등
- 패널 교환용 : 에어 펀치, 에어 드릴, 스폿 드릴, 에어 정, 에어 톱, 에어 가위, 에어 니블러, 에어 드라이버 등
- 연마용 : 원형 샌더, 디스크 그라인더, 밸트 샌더, 사각 샌더 등
※ 샌더 블록은 퍼티를 연마할 때 연마지를 붙이고 작업할 수 있는 수공구이다.

40 스프레이 건을 이용한 도장 방법이다. 옳지 않은 사항은?
① 도료를 피도물의 재질이나 형상에 관계없이 도장할 수 있다.
② 도료를 피도물의 크기에 상관없이 도장할 수 있다.
③ 효율적으로 도장할 수 있다.
④ 분무시켜 도장하기 때문에 도료의 손실이 적다.

해설

스프레이 건의 장점
- 도료를 피도물의 재질이나 형상에 관계없이 도장할 수 있다.
- 도료를 피도물의 크기에 상관없이 도장할 수 있다.
- 효율적으로 도장할 수 있다.

41 캐스터가 장치되어 있으며 메인 프레임과 잡아당기기 위한 지주가 있어 지주 사이에 유압잭과 언더 클램프를 사용하여 보디 프레임을 수정하는 것은?

① 이동식 보디프레임 수정기
② 고정식 보디프레임 수정기
③ 바닥식 보디프레임 수정기
④ 폴식 보디프레임 수정기

해설

- 플로어 시스템(Floor System, 바닥식 시스템) : 바닥에 레일을 설치하고 실 클램프(Sill Clamp) 및 유압 견인 장치를 사용하여 프레임을 수정하는 방식
- 고정식 시스템(Anchoring Hook System) : 작업자에 박힌 고리나 앵커에 체인을 걸어서 차체를 지지하고 고정된 상태에서 체인 블록(Chain BLock) 등을 사용하여 프레임을 수정하는 방식
- 폴식 시스템(Pole System) : 바닥에 폴 기둥을 설치하고 체인 및 클램프를 연결하여 잡아 당겨 프레임을 수정하는 방식
- 벤치식 시스템(Bench System, 이동식 시스템) : 캐스터가 장치되어 있으며 메인 프레임과 잡아 당기기 위한 지주가 있어 지주 사이에 유압잭과 언더 클램프를 사용하여 보디 프레임을 수정

42 투명하고 내구성이 있는 아크릴을 주로 사용하여 도막을 형성하고 도료의 성질이나 능력을 결정하는 것은?

① 용제 ② 수지
③ 프라이머 ④ 안료

해설

- 용제 : 물질을 용해할 수 있는 성능을 가진 요소
- 프라이머 : 철판 표면의 부식이나 물리적인 충격으로부터 보호하고 후속 도장을 위해 최초로 도포하는 도장재료
- 안료 : 색채가 있고 수지에 의해 용해되는 분말 형태의 가루
- 수지 : 투명하고 내구성이 있는 아크릴을 주로 사용하여 도막을 형성하고 도료의 성질이나 능력을 결정하는 요소

43 퍼티를 설명한 것 중 틀린 것은?
① 퍼티는 얇게 여러번에 나누어 칠한 장소일수록 경화 속도가 빠르다.

정답 39.④ 40.④ 41.① 42.② 43.④

② 퍼티 주걱의 재료는 나무, 고무, 플라스틱을 사용한다.
③ 퍼티가 일정하게 희석되도록 반죽할 때에는 공기가 들어가지 않도록 주의한다.
④ 퍼티는 많은 양을 혼합하여 두껍게 한번에 칠하는 것이 원칙이다.

해설

반죽퍼티 사용 시 주의사항
- 균일한 색상이 될 때까지 혼합하여 사용하지 않으면 결함이 생긴다.
- 주제와 경화제 혼합비는 계량기로 정확하게 계량한다.
- 사용에 필요한 양만 꺼낸다.
- 정확하고 신속하게 작업한다.
- 사용가능 시간에 유의하며 작업한다(약 5~10분).

44 트램 트랙킹 게이지로 네 바퀴의 정렬을 점검할 수 있는 방법에 해당되지 않는 것은?

① 우측 프런트 서스펜션의 굽음
② 토 인과 캠버의 변화
③ 리어 액슬의 흔들림
④ 옆으로 굽은 프레임의 앞부위

해설

트램 트랙킹 게이지의 네 바퀴 정렬 점검 부
- 우측 프런트 서스펜션의 굽음
- 리어 액슬의 흔들림
- 옆으로 굽은 프레임의 앞 부위

45 도장실의 설치 목적에 대한 설명이 틀린 것은?

① 작업자의 건강유지를 위한 환경개선
② 도료 및 용제의 인화에 의한 재해방지
③ 안개 현상 방지
④ 도료의 사용량 절감

해설

도장부스의 설치 목적
- 작업자의 건강유지를 위한 환경개선
- 도료 및 용제의 인화에 의한 재해방지
- 안개 현상 방지

46 차체의 중심 센터라인을 중심으로 좌측 혹은 우측으로 휘어진 파손형태는?

① 사이드 웨이   ② 새그
③ 쇼트레일   ④ 트위스트

해설

파손의 형태에 따른 분류
- 사이드 스웨이(Side Sway) 변형 : 차체를 위에서 보았을 때 센터라인을 기준으로 좌측 또는 우측으로 휘어진 변형을 말한다.
- 새그(Sag) & 킥업(Kick Up) 변형 : 차체를 옆에서 보았을 때 데이텀 라인을 기준으로 높이가 아래로 휘어진 변형을 새그, 위쪽으로 휘어진 변형을 킥업이라 말한다.
- 비틀림(Twist) 변형 : 차체를 앞에서 보았을 때 좌, 우측 레벨이 평형 상태에 있지 않고 꼬여 있는 형태의 변형을 말한다.
- 붕괴(Collapse) 변형 : 건물이 붕괴되는 형태의 변형으로 차체의 한쪽 면 전체가 짧아진 형태의 변형을 말한다.
- 쇼트레일(Short Rail) : 프레임이 짧아진 변형을 말한다.
- 다이아몬드(Diamond) 변형 : 차체를 위에서 보았을 때 센터라인을 기준으로 좌측 또는 우측면이 다이아몬드 형태처럼 전, 후면 쪽으로 밀려 휘어진 변형을 말한다.

47 프레임 센터링 게이지로 차체의 변형을 알 수 없는 것은?

① 프레임의 상하 굽은 변형
② 언더 보디의 비틀림 변형
③ 서스펜션의 밀림 변형
④ 휠 얼라이먼트의 정렬 변형

해설

프레임 센터링 게이지
센터링 게이지는 행거로드, 센터링 핀(또는 타겟), 게이지, 수평수포로 구성되어 있으며 차체 하부 3~4곳에 설치하여 언더 보디의 상태(새그, 트위스트, 킥 업, 사이드 스웨이 등)를 파악하는 용도로 이용된다.
- 프레임의 상하 굽은 변형(새그&킥업 변형)
- 언더 보디의 비틀림 변형(트위스트 변형)
- 서스펜션의 밀림 변형(새그&킥업 변형)

정답 44. ②   45. ④   46. ①   47. ④

48 견인용 클램프에 관한 사항으로 틀린 것은?

① 클램프의 견인방향은 클램프가 보디로 파고 들어가는 범위의 중심과 일치시킨다.
② 클램프의 볼트를 필요 이상의 힘으로 조이지 않는다.
③ 클램프의 볼트는 수시로 점검하고 엔진오일 등을 도포하지 말아야 한다.
④ 견인작업 중 체인을 꼬이게 하면 체인의 강도가 저하된다.

해설

클램프 취급안전
• 클램프의 견인방향은 클램프가 보디로 파고 들어가는 범위의 중심과 일치시킨다(반드시 조의 톱니 중심을 통하도록 견인 도구를 세팅할 것).
• 도막이나 금속의 분말이 톱니에 축적되어 톱니의 효과가 상실되지 않도록 청결을 유지한다.
• 톱니를 교축시키는 볼트 부위에 이상이 없도록 수시로 점검하고 엔진오일 등을 도포하여 녹이 발생되지 않도록 한다.
• 클램프의 볼트를 필요 이상의 힘으로 조이지 않는다.
• 클램프와 패널의 연결은 확실히 하고 견인작업 중 체인이 꼬이지 않도록 주의 한다.

49 판금제품을 보강하거나 장식을 목적으로, 옆벽의 일부를 볼록하게 나오게 하거나, 오목하게 들어가도록 띠를 만드는 가공방법은?

① 비딩
② 벌징
③ 플랜징
④ 엠보싱

해설

판금 가공법
• 엠보싱(Embossing) : 소재의 양면에 오목 볼록한 모양을 만들어 강도를 높이는 가공법
• 플랜징(Flanging) : 판재의 가장자리를 직각으로 굽혀 강도 높은 곡선부의 플랜지를 만드는 가공법
• 벌징(Bulging) : 원통 용기의 입구는 그대로 두고 아래 부분을 볼록하게 가공하는 방법
• 비딩(Beading) : 차체부품 제작 시 프레스 라인처럼 볼록한 모양으로 만드는 작업

50 유압 램의 구성 부품에서 작업 중의 각종 램을 교환할 경우 오일이 누출되거나, 에어가 혼입되는 것을 방지하는 역할을 하는 것은 무엇인가?

① 유압 펌프
② 고압 호스
③ 스피드 커플러
④ 어태치 먼트

해설

유압 보디 잭(Porto Power, 포토파워) 구성
• 유압 펌프 : 유압을 상승시킬 수 있도록 설치된 구성품
• 스피드 커플러 : 작업 중의 각종 램을 교환할 경우 오일이 누출되거나, 에어가 혼입되는 것을 방지하는 역할
• 램(유압 실린더) : 유체에너지를 기계적인 일로 전환시키는 장치
• 어태치먼트 : 몸체에 설치하여 여러 가지 작용(누르기, 당기기, 늘리기, 조르기, 구부리기 등)을 할 수 있게 하는 장치
• 고압 호스 : 유압을 전달하는 통로역할을 하는 구성품

51 작업장의 환경을 개선하면 나타나는 현상으로 틀린 것은?

① 좋은 품질의 생산품을 얻을 수 있다.
② 피로를 경감시킬 수 있다.
③ 작업 능률을 향상시킬 수 있다.
④ 기계소모가 많고 동력 손실이 크다.

해설

작업장 환경 개선 효과
• 좋은 품질의 생산품을 얻을 수 있다.
• 작업 능률을 향상시킬 수 있다.
• 피로를 경감시킬 수 있다.

52 스패너 작업 시 유의할 점이다. 틀린 것은?

① 스패너의 입이 너트의 치수에 맞는 것을 사용해야 한다.
② 스패너의 자루에 파이프를 이어서 사용해서는 안 된다.

③ 스패너와 너트 사이에는 쐐기를 넣고 사용하는 것이 편리하다.
④ 너트에 스패너를 깊이 물리고 조금씩 앞으로 당기는 식으로 풀고 조인다.

해설

스패너 작업
- 스패너는 볼트나 너트 폭에 맞는 것을 사용한다.
- 스패너를 너트에 단단히 끼우고 앞으로 당기면서 풀고 조인다.
- 스패너에 2개의 자루를 연결하거나 자루를 파이프에 물려 돌려서는 안 된다.
- 스패너 사용 시 너무 무리한 힘을 가하지 않는다.
- 스패너를 해머 대용으로 사용하지 않는다.

53 연소의 3요소에 해당 되지 않는 것은?

① 물   ② 공기(산소)
③ 점화원   ④ 가연물

해설

소화
가연물이 연소할 때 연소의 3요소(가연물, 산소, 점화원) 중 1가지 이상을 제거하여 연소를 중단시키는 것을 말한다.

54 큰 구멍을 가공할 때 가장 먼저 하여야 할 작업은?

① 스핀들의 속도를 증가시킨다.
② 금속을 연하게 한다.
③ 강한 힘으로 작업한다.
④ 작은 치수의 구멍으로 먼저 작업한다.

55 드릴링 머신 작업을 할 때 주의사항으로 틀린 것은?

① 드릴의 날이 무디어 이상한 소리가 날 때는 회전을 멈추고 드릴을 교환하거나 연마한다.
② 공작물을 제거할 때는 회전을 완전히 멈추고 한다.
③ 가공 중에 드릴이 관통했는지를 손으로 확인한 후 기계를 멈춘다.
④ 드릴은 주축에 튼튼하게 장치하여 사용한다.

해설

드릴 작업
- 드릴 날은 사용 전에 균열이 있는가를 점검한다.
- 드릴 날의 탈·부착은 회전이 멈춘 다음 행한다.
- 드릴 작업은 장갑을 끼고 작업해서는 안 된다.
- 작업복을 입고 머리가 긴 사람은 안전모를 착용하여 작업한다.
- 공작물은 테이블 위에 정확히 고정시켜서 따라 돌지 않게 작업한다.
- 가공물이 관통될 즈음에는 알맞게 힘을 가하여야 한다.
- 드릴 작업 때 칩의 제거는 회전을 중지시킨 후 솔로 제거하고 작업 중 쇳가루를 입으로 불어서는 안 된다.
- 드릴 끝 가공물의 관통여부는 손으로 확인하지 않는다.
- 드릴 작업에서 둥근 공작물에 구멍을 뚫을 때는 공작물을 V블록과 클램프로 잡는다.
- 드릴 작업 시 재료 밑의 받침은 나무판이 적당하다.

56 다음 중 보호안경을 착용하는 작업은 어느 것인가?

① 줄 작업   ② 드릴 작업
③ 리벳 작업   ④ 해머 작업

해설

드릴작업 중 재해발생 이유
- 면장갑을 착용하고 작업 중, 회전 드릴 날에 감겨 말린다.
- 보안경을 착용하지 않은 상태에서 작업 중 칩이 작업자의 눈으로 비산된다.
- 쇳가루를 걸레로 제거 중 손가락을 벤다.
- 균열이 심한 드릴 또는 무디어진 날이 파괴되어 그 파편에 맞는다.
- 피공작물을 견고히 고정하지 않아 피공작물이 복부를 강타한다.

정답 53. ① 54. ④ 55. ③ 56. ②

57 차체수정 작업 시 사용되는 유압 보디 잭의 사용상 주의점이다. 틀린 것은?

① 램에 과부하가 걸리도록 할 것
② 나사부를 보호할 것
③ 램 플런저가 완전히 늘어나면 유압을 상승시키지 말 것
④ 호스 취급에 항상 주의할 것

> **해설**
> 유압 보디 잭(포토파워)의 주의사항
> • 램의 커플러는 위로 오게 한다.
> • 설치 각도는 30~90°의 범위로 한다(45~60°가 효율적).
> • 30° 이하에서는 앵커부와 램의 접속부가 벗겨지기 쉽고, 90° 이상에서는 체인이 앵커에서 벗겨질 위험이 있다.
> • 유압 계통에 먼지가 들어가지 않도록 한다.
> • 램 플런저가 늘어나면 유압을 올리지 않는다.
> • 호스의 취급에 주의한다.
> • 고열에 의한 펌프 실린더의 패킹 등의 변질에 주의한다.
> • 나사 부분을 보호한다.
> • 램의 연장은 최소의 수로 한다.

58 가스 용접기에서 아세틸렌의 사용 압력으로 적당한 것은?

① $0.1 \sim 0.2 kg/cm^2$
② $0.3 \sim 0.5 kg/cm^2$
③ $0.7 \sim 1.0 kg/cm^2$
④ $1.5 \sim 2.0 kg/cm^2$

> **해설**
> 가스 용접기에서 산소와 아세틸렌의 압력비는 10:1 이고 사용압력은 산소 $3 \sim 5 kg/cm^2$, 아세틸렌은 $0.3 \sim 0.5 kg/cm^2$가 적당하다.

59 패널 용접 플랜지 면의 밀착이 불완전할 경우 발생되는 문제점은?

① 공기 저항이 크다.
② 소음의 원인이 된다.
③ 배수가 잘 안 된다.
④ 실링을 할 수 없다.

60 분진은 육안으로 식별할 수 없을 정도의 작은 입자이다. 입자의 크기는?

① $1 \sim 100 \mu m$
② $100 \sim 200 \mu m$
③ $200 \sim 300 \mu m$
④ $300 \sim 400 \mu m$

> **해설**
> 분진(Dust)은 연마나 연삭, 분쇄, 폭발 등에 의해서 발생하는 $0.1 \sim 100 \mu m$, $1 \mu m$는 1mm의 1/1000의 육안으로 식별할 수 없을 정도의 작은 고체입자를 말한다.

정답 57. ① 58. ② 59. ② 60. ①

국가기술자격 필기시험문제

자격종목	종목코드	시험시간	형별
자동차차체수리기능사	6285		A

2014년 기능사 제2회 필기시험

01 차체 각종 패널에서 강판 표면에 크라운 성형을 부여하는 이유로 가장 거리가 먼 것은?

① 보디 전체에 강성이 향상된다.
② 보디 스타일을 아름답게 한다.
③ 각 패널의 강도를 높인다.
④ 패널의 부식발생을 억제한다.

해설
크라운
곡률의 의미로 패널 등의 완만한 경사면이나 급격한 경사면의 곡면을 만들어 강성을 유지하도록 하는 가공법이다.

02 브레이크가 작동되었음을 알리는 등은?

① 브레이크 오일 경고등(Brake Oil Warning Lamp)
② 계기등(Instrument Lamp)
③ 후진등(Back Up Lamp)
④ 제동등(Stop Lamp)

해설
• 브레이크 오일 경고등 : 마스터 실린더 리저버 탱크의 오일이 LOW라인 밑으로 떨어졌을 때 점등된다.
• 계기등 : 계기의 글자판을 비추어 주는 등
• 후진등 : 후진기어 작동시 차량후면을 비추어 주는 등
• 브레이크등 : 브레이크가 작동되었음을 알리는 등

03 자동차의 차체 모양에 따른 분류로 노치백 세단(Notch Back Sedan)의 형상은?

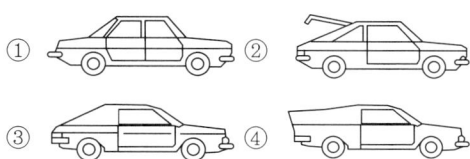

해설
노치백(Notch Back)
노치백은 객실과 트렁크 실이 구분되어 트렁크 실이 돌출된 형태의 승용차를 말한다.

[노치백]

04 내연기관 작동 시 실린더 내의 압력과 체적의 관계를 나타내는 선도는?

① 밸브개폐시기 선도
② 지압선도
③ 변속선도
④ 연소선도

해설
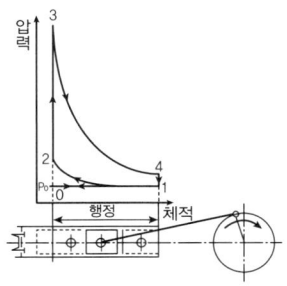
[오토 사이클 지압선도]
4사이클 엔진의 실린더 내에서의 체적과 압력의 변화 관계를 나타내는 것을 말한다.

정답 1. ④ 2. ④ 3. ① 4. ②

05 긴 내리막길 주행 시 브레이크의 연속 사용으로 인해 드럼과 슈가 과열되어 브레이크 성능이 현저히 저하되는 현상은?

① 페이드 현상　② 노스 다운 현상
③ 퍼컬레이션 현상　④ 베이퍼록 현상

> **해설**
> - 페이드 현상 : 브레이크의 오버 히트 현상으로, 긴 내리막길이나 고속에서 빈번한 브레이크 사용으로 마찰계수가 저하되어 제동력이 낮아지는 현상
> - 노스 다운 : 자동차를 제동할 때 바퀴는 정지하고 차체는 관성에 의해 이동하려는 성질 때문에 앞 범퍼 부분이 내려가는 현상
> - 퍼컬레이션 : 기화기 뜨개실의 가솔린이 엔진룸의 온도가 비정상적으로 상승하는 등의 원인으로 흡기다기관에 유출되어 혼합기가 농후해지는 현상
> - 베이퍼록 : 액체를 사용하는 계통에서 열에 의하여 액체가 증기(베이퍼)로 변하여 어떤 부분이 폐쇄(Lock)되므로 2계통의 기능을 상실하는 것

06 그림은 자동차를 앞에서 보았을 때 앞바퀴와 현가장치의 그림으로 화살표의 휠 얼라인먼트 요소는?

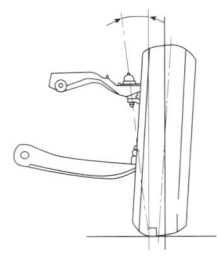

① 셋 백　② 캐스터
③ 킹핀 경사각　④ 스러스트 각

> **해설**
> 킹핀 경사각
> 차량을 앞에서 보았을 때 가상의 수직선과 킹핀(쇽업쇼버)의 중심선이 이루는 각을 말한다.

07 국제단위계(SI단위)에서 동점도의 단위는?

① rad/s　② m/s²
③ m²/s　④ Gal

08 배압(Back Pressure)의 설명으로 가장 거리가 먼 것은?

① 배압은 일종의 피스톤 운동에 저항하는 압력이다.
② 배압의 증가는 곧 출력의 증가를 초래한다.
③ 소음기와 같은 배기계통의 막힘이 배압 증가의 원인이 될 수 있다.
④ 크랭크 케이스 내의 압력 증가는 배압 상승의 원인이 될 수 있다.

> **해설**
> 배압이란 배기가스의 배출저항을 말하는데 연소실에서 배출되는 가스의 부피가 크게 늘어나면서 배기밸브, 배기 포트, 배기 매니폴드, 배기관, 머플러 등의 저항을 받게 되어 압력이 발생하게 되므로 배압이 증가하면 출력은 감소한다.

09 자동차의 프레임 높이(Height of Chassis Above Ground)에 대한 설명으로 옳은 것은?

① 축거의 중앙에서 측정한 접지면과 프레임 윗면까지의 높이
② 축거의 가장 낮은 부위에서 측정한 프레임 하단부까지의 높이
③ 축거의 가장 낮은 부위에서 측정한 프레임 윗면까지의 높이
④ 축거의 중앙에서 측정한 접지면과 프레임 하단부까지의 높이

10 자동차 공학에서 사용하는 일(Work)의 단위에 대한 설명으로 옳은 것은?

① 물체에 가해진 힘과 이동거리의 곱
② 시간의 흐름에 따라 증가하는 속도
③ 단위면적 당 받는 힘의 크기
④ 순수한 물 1그램을 1℃ 올리는데 필요한 열량

정답　5. ①　6. ③　7. ③　8. ②　9. ①　10. ①

해설

일의 정의

어떤 물체에 힘[N]을 가했을 때 이동한 거리[m]

W = F × S [kgf · m, N · m, J]

여기서, W : 일[N · m], F : 힘[N], S : 이동한 거리[m]

11 뜨임(Tempering)의 목적으로 틀린 것은?

① 경도는 낮아지나 인성이 좋아진다.
② 조직 및 기계적 성질을 안정화한다.
③ 잔류 응력을 적게 하거나 제거한다.
④ 탄성한도를 감소시킨다.

해설

뜨임(Tempering)

담금질한 강의 내부응력 제거와 인성을 높이고, 경도를 감소시키기 위해서 변태점 이하의 적당한 온도로 가열한 후에 냉각시키는 열처리 방법이다.

12 일반적으로 고장력 강판이 고장력의 특성을 잃어버리는 온도는?

① 300℃ 이상부터 ② 600℃ 이상부터
③ 900℃ 이상부터 ④ 1100℃ 이상부터

해설

고장력강판

차체의 중량 경감을 목적으로 개발된 강판으로 인장강도($52 \sim 70 kg/mm^2$)와 항복점($32 \sim 38 kg/mm^2$)이 높고 저항력 및 충돌 시 에너지 흡수성이 뛰어나고 성형 후 가공경화가 큰 특징이 있으며 일반적으로 600℃ 이상이 되면 고장력의 특성을 잃어버린다.

13 CO_2 용접에서 용입 부족의 원인으로 틀린 것은?

① 루트 간격이 너무 좁다.
② 용접전류가 낮다.
③ 와이어 공급이 너무 빠르다.
④ CO_2 가스의 순도가 높다.

14 시트패드를 만드는 재료이며 야자섬유 대신에 폴리에스테르계의 화학 섬유를 우레탄계의 접착제로 굳힌 재료는?

① PUR   ② 탄성우레탄
③ 팜록   ④ ABS

해설

수지 부품 명칭	약칭 (기호)	주 사용부
폴리 메틸 메타 아크릴 레드	PMMA	램프렌즈, 메터기 커버
열경화성 우레탄	PUR	범퍼, 시트 쿠션제, 트림류, 단열재
열가소성 우레탄	TPUR	범퍼, 조향 휠
아크리로 니트릴 부타디엔스틸렌수지	ABS	보디 외판, 오너먼트, 콘솔박스, 라디에이터 그릴, 인스트루먼트 패널

15 합성수지 중 열경화성 수지로 옳은 것은?

① 폴리스티렌   ② 폴리에틸렌
③ 아크릴 수지 ④ 페놀 수지

해설

합성수지의 분류

• 열가소성 수지 : 열을 가하면 부드러워지고 가소성이 나타나 수정과 용접이 가능하고 냉각이 되면 본래 상태로 굳어지는 성질의 수지(염화비닐, 아크릴 수지)
• 열경화성 수지 : 열을 가하면 경화되고 성형 후에는 가열하여도 연해지거나 용융되지 않는 성질의 수지(페놀 수지, 멜라닌수지, 폴리에르테르 수지)

16 연삭작업에서 연삭 깊이가 가장 깊은 것은?

① 거친 연삭   ② 다듬질 연삭
③ 경질 연삭   ④ 광택 내기

17 차체패널 중 플랜지 부위의 플러그 용접 후 덧살 부분을 제거할 때 가장 적당한 공구는?

① 디스크 샌더페이퍼
② 디스크 와이어 브러쉬

정답 11. ④ 12. ② 13. ④ 14. ① 15. ④ 16. ① 17. ③

③ 디스크 그라인더
④ 페이퍼 그라인더

해설
디스크 그라인더
도막 제거용 싱글 회전의 샌더로서 일반적인 그라인더를 말한다.

18 금속이 상온가공에 의하여 강도, 경도가 커지고 연신율이 감소하는 성질은?

① 가공경화　　② 시효경화
③ 취성　　　　④ 전성

해설
• 가공경화 : 금속을 재결정 온도 이하(상온)에서 가공하면 연신율이 감소하고 강도, 경도가 커져 재질이 단단해지는 현상(프레스 라인부 가공 등)
• 시효경화 : 금속재료를 일정한 시간 적당한 온도 하에 놓아두면 단단해지는 현상
• 취성 : 아주 작은 변형에도 쉽게 파괴되는(부서지는) 성질
• 전성 : 하중에 의해서 넓게 펴지는 성질

19 금속의 용해 잠열(Melting Latent Heat)이 가장 높은 것은?

① Al　　　　② Mg
③ Pt　　　　④ Pb

20 다음 비철금속재료 중에서 비중이 가장 낮은 것은?

① 알루미늄(Al)　　② 니켈(Ni)
③ 구리(Cu)　　　　④ 마그네슘(Mg)

해설
• 알루미늄(Al)의 비중 2.7
• 니켈(Ni)의 비중 8.85
• 구리(Cu)의 비중 8.96
• 마그네슘(Mg)의 비중 1.8

21 순철의 결정 구조(동소체)로 틀린 것은?

① α철　　　　② β철
③ γ철　　　　④ δ철

해설
순철의 동소체
α철, γ철, δ철

22 45°로 자른 원뿔의 전개도는 어떤 방법을 이용하여 그리는 것이 편리한가?

① 평행선법　　② 삼각형법
③ 방사선법　　④ 혼합법

해설
전개도의 종류
• 평행선 전개법 : 능선이나 직선 면소에 직각 방향으로 전개하는 방법
• 방사선 전개법 : 각뿔이나 뿔면의 꼭지점을 중심으로 방사상으로 전개하는 방법
• 삼각형 전개법 : 입체의 표면을 몇개의 삼각형으로 분할하여 전개하는 방법

23 내마멸성이 좋고, 내연 기관의 실린더, 피스톤 링 재료로 사용되는 주철은?

① 고력 합금 주철
② 내열 주철
③ 내마멸성 합금 주철
④ 내식 내열 주철

24 기계제도의 단면 표시법 중 얇은 판의 단면 표시법으로 옳은 것은?

① 물체 전체를 나타내기가 복잡하므로 부분적으로만 나타낸다.
② 물체의 기본중심선을 기준으로 하여 1/2을 절단한다.
③ 물체를 나타내기 힘들기 때문에 90도 회전시켜 나타낸다.
④ 물체를 하나의 굵은 실선으로만 나타낸다.

해설
얇은 판을 단면으로 작게 그릴 때에는 외형선보다 약간 굵은 하나의 실선으로 나타내며 다른 재료가 인접해 있는 경우에는 단면선 사이에 약간의 틈을 주어 나타낸다.

정답 18. ① 19. ① 20. ④ 21. ② 22. ③ 23. ③ 24. ④

25 피복 금속 아크 용접의 직류 역극성에 대한 내용으로 틀린 것은?

① 용접봉에 −극, 모재에 +극
② 모재의 용입이 얕다.
③ 용접봉의 용융이 빠르다.
④ 비드의 폭이 넓다.

해설
역극성(DC RP)
모재에 음극(−)을 연결하고 용접봉(전극)에 양극(+)를 연결하는 방식을 말하며 용접봉의 용융속도가 빠르고 비드 폭이 넓고 모재의 용입이 얕아서 박판(얇은 판), 주철, 합금강, 비철금속에 사용된다.

26 프레임의 일반 기준선으로 틀린 것은?

① 타이어 중심 면
② 앞 뒤 차축의 중심선
③ 프레임의 중앙 수평부분의 윗면
④ 리어 스프링 브래킷 중심을 통한 선

해설
프레임의 기준선
- 타이어가 지면에 닿는 바닥면
- 프레임 중앙 수평부분의 위면
- 프레임 중앙 하부 수평부분의 밑바닥
- 앞뒤 차축의 중심선
- 리어스프링 브래킷 중심을 통한 선 등이다.

27 스포트 용접부의 도막제거와 좁은 홈의 도막 연마에 사용되는 샌더는?

① 에어 샌더
② 벨트 샌더
③ 디스크 샌더
④ 스트레이트 라인 샌더

해설
- 에어 샌더 : 구도막 제거와 철판 면 녹 제거에 이용된다.
- 벨트 샌더 : 보디 패널의 면과 골이 파진 면의 좁은 곳을 작업하는데 적합한 샌더
- 디스크 샌더 : 도막 제거용 싱글 회전의 샌더로서 일반적인 그라인더를 말한다.
- 스트레이트 라인 샌더 : 선(라인) 만들기용으로 퍼티면에 작은 요철이나 변형 연마에 적합

28 전기저항 스포트 용접 시 접합면의 일부가 녹아 바둑 알 모양의 단면으로 변화된 것을 무엇이라 하는가?

① 너깃   ② 헤밍
③ 크라운   ④ 홀

해설
- 너깃 : 용접 접합면의 일부가 녹아 형성된 바둑알 모양의 단면
- 헤밍(Heming) : 도어 또는 후드 등의 아우터 패널과 이너 패널을 조립하기 위한 프레스 가공법
- 크라운 : 곡률의 의미로 패널 등의 완만한 경사면이나 급격한 경사면의 곡면을 만들어 강성을 유지하도록 하는 가공법
- 홀(Hole) : 구멍

29 판금 가공의 특징에 속하지 않는 것은?

① 복잡하고 어려운 형상을 쉽게 제작할 수 있다.
② 주로 철을 녹여 사용하기 때문에 무게가 무겁다.
③ 제품의 표면이 아름답고, 표면 처리가 쉽다.
④ 대량 생산이 가능하다.

해설
판금 가공의 특징
- 외관이 깨끗하고 제품의 손실이 적다.
- 제품이 가볍고 내구력이 강하다.
- 복잡한 형상을 쉽게 만들 수 있으며 수리 및 개조가 쉽고 조립 및 분해가 가능하다.
- 제조원가가 싸고 대량생산이 가능하다.

30 차체부품 제작 시 리벳 구멍의 지름은 리벳 몸체 지름보다 어느 정도 크게 하는가?

① 1~1.2mm   ② 2~2.2mm
③ 3~3.3mm   ④ 4~4.4mm

정답 25. ① 26. ① 27. ② 28. ① 29. ② 30. ①

31 차량의 충돌과 접촉 사고 시 충격을 흡수 및 완화하여 차체를 보호하는 것으로 외형의 미적 부분을 완성하는 부품은?

① 펜더 ② 범퍼
③ 도어 ④ 후드

32 트램 트래킹 게이지의 작업상 주의사항으로 틀린 것은?

① 측정자는 가급적 길게 한다.
② 홀 중심, 끝 부분을 이용한다.
③ 계측할 홀에 확실하게 고정한다.
④ 측정점의 높이 차가 있으면 오차가 생기기 쉽다.

> **해설**
> 트램 트래킹 게이지의 작업상 주의사항
> • 측정자는 가급적 짧게 한다.
> • 홀 중심, 끝 부분을 이용한다.
> • 계측할 홀에 확실하게 고정한다.
> • 측정점의 높이 차가 있으면 오차가 생기기 쉽다.

33 차체 계측의 조건 및 방법에 대한 내용으로 틀린 것은?

① 차체를 수평으로 인장
② 차체를 수평으로 고정
③ 차체 계측기기 사용
④ 차체 치수도 활용

> **해설**
> 계측작업 시 주의사항
> • 차체는 수평으로 확실히 고정할 것
> • 계측기기는 손상이 없는 것을 사용할 것
> • 차체 치수도를 활용할 것

34 자동차 차체 패널 제거부분의 마무리 작업으로 틀린 것은?

① 용접부위는 샌더 등으로 연마
② 접합면의 부식 및 이물질 제거
③ 패널 접합면의 정형 및 변형수정
④ 도막 제거 후 접합면을 실러 도포로 방청 처리

> **해설**
> 도막 제거 후 아연방청제를 사용하여 방청처리한다.

35 도장물을 가열하여 도막의 산화 중합을 촉진시키는 방법으로 단시간에 굳어지며 부착력이 좋은 도막이 형성되는 건조 방법은?

① 휘발 건조법 ② 산화 건조법
③ 열 건조법   ④ 중합 건조법

> **해설**
> • 휘발 건조 : 도장작업 후 도막에 칠이 되어진 도료에 용제가 휘발되면서 건조되는 방식
> • 산화 건조 : 공기 중의 산소와 결합하며 건조되는 방식
> • 중합 건조 : 도료의 수지 성분이 열과 빛에 의해 반응하거나 경화제의 첨가 등으로 인하여 반응한 후 경화되어 도막을 형성하여 건조되는 방식

36 평면으로 된 판재를 사용하여 이음매 없는 원통이나 각통모양의 그릇을 만드는 작업은?

① 컬링   ② 드로잉
③ 트리밍 ④ 브로칭

> **해설**
> • 컬링(Culing) : 드로잉 가공으로 성형한 용기의 테두리를 프레스나 선반 등으로 둥그스름하게 굽히는 가공법
> • 드로잉(Drawing) : 연성이 풍부한 강, 니켈, 알루미늄, 구리 및 이들 합금의 얇은 판으로 원통형, 각기둥형, 원평형 등의 용기를 성형하는 가공
> • 트리밍(Triming) : 판재를 드로잉 가공으로 만든 다음 둥글게 자르는 작업
> • 브로칭 : 비교적 복잡한 모양을 하고 있는 가공물의 내면 또는 표면을 절삭하는 작업

37 보디 프레임 수정기 중 바퀴가 달려있어 차체 정비를 하는 차량까지 자유로이 이동시켜 작업장 바닥이나 기둥 등에 고정하지 않아도 되는 것은?

정답 31. ② 32. ① 33. ① 34. ④ 35. ③ 36. ② 37. ②

① 폴식 보디 프레임 수정기
② 이동식 보디 프레임 수정기
③ 정치식 보디 프레임 수정기
④ 바닥식 보디 프레임 수정기

해설
이동식 프레임 수정기
1회 고정으로 1방향 밖에 잡아당길 수 없으며, 다른 방향으로 동시에 잡아당기는 작업이 불가능한 프레임 수정기로 메인 프레임과 잡아당기기 위한 지주가 있어 지주 사이에 유압잭과 언더 클램프를 사용하여 프레임을 수정할 수 있고 캐스터가 장착되어 있다.

38 자동차 차체 앞면 중앙부에 외력이 가해졌을 때 손상 점검 부위로 거리가 먼 것은?

① 라디에이터 코어 서포트와 좌우 후드레지 패널부근 점검
② 좌우 펜더 에이프런 패널 안쪽 부분의 변형 유무점검
③ 프런트 크로스 멤버와 좌우 사이드 멤버가 붙어 있는 부근 점검
④ 뒤 트렁크 부위의 리어 크로스 멤버의 뒤틀림 점검

해설

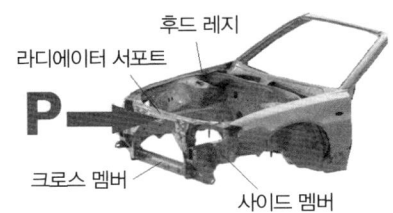

앞면 중앙부에 외력이 가해진 경우
• 라이에이터 코어 서포트와 좌우 후드 레지 패널 부근의 점검
• 좌우 후드 레지 패널은 안쪽(엔진룸 쪽)으로 끌리는 경향이므로 그 부분의 변형 유무 점검
• 프런트 크로스 멤버와 좌우 사이드 멤버가 붙어있는 부근의 점검
• 좌, 우 사이드 멤버는 안쪽으로 밀리는 경향이 있으므로 텐션 로드 브래킷이나 서스펜션 멤버가 설치된 부위 점검

39 프레임 기준선 중 높이 치수의 기준이 되는 것은?

① 트램 라인
② 하이트 라인
③ 데이텀 라인
④ 게이지 라인

해설
데이텀 라인은 높이에 대한 차체의 기준선을 말한다.

40 자동차 보수도장 시 필요한 래커퍼티의 설명으로 옳은 것은?

① 프라이머 서페이서 적용 후, 남아있는 금이나 불안전한 부분을 메우는데 사용된다.
② 2액형 퍼티로 주제와 경화제를 섞어 사용한다.
③ 넓은 부위를 사용하는데 적당하다.
④ 건조를 60℃에서 약 30분 정도 강제 건조시킨 후 샌딩을 해야 한다.

해설
래커 퍼티(Lacquer Putty)
막의 두께는 약 0.1~0.5mm 정도이며 퍼티면이나 프라이머 서페이서 면의 가공 및 작은 상처를 수정하는데 사용된다.

41 차체 수리용 포토 파워(Porto-Power)의 기능으로 틀린 것은?

① 누르기 작업
② 인장 작업
③ 굽힘 작업
④ 절단 작업

해설
판금 잭(포토 파워)의 기능
• 누르기 작업
• 당기기 작업
• 늘리기 작업
• 조르기 작업
• 구부리기 작업

42 도장 부스의 조건으로 틀린 것은?

① 강제 급기, 강제 배기의 상하로 피트를 가져야 한다.
② 내화구조로 밀폐할 수 있어야 한다.
③ 내부를 점검하는 점검창이 1개소 이상이어야 한다.
④ 도막의 건조를 위해 내부 공기 유속은 10m/s 이상이어야 한다.

해설
도장부스의 구비조건
- 강제 급기, 강제 배기의 상하로 피트를 가져야 한다.
- 내화구조로 화재방지 기능을 가지고 있어야 한다.
- 내부를 점검하는 점검창이 1개소 이상이어야 하며 각종 필터의 교환이 용이하여야 한다.
- 도막의 건조를 위해 내부 공기 유속은 0.3~0.5 m/s가 되도록 설계한다.
- 조명은 최하 600~800Lux, 30~50W/m² 이상 되어야 한다.
- 외부의 먼지나 도막이 붙지 않도록 밀폐할 수 있어야 한다.
- 도료의 부착성을 높이기 위해 일정한 온도를 유지할 수 있어야 한다.

43 스프레이건에도 소형 사이즈가 있으나 (   )은 특별히 작은 스프레이건으로 트리거를 당기는 대신 버튼을 누르면 도료가 분무되는 타입이 일반적이다. (   )에 들어갈 건의 이름은?

① 피스건   ② 흡상식건
③ 중력식건   ④ 압송식건

해설

[피스건]
피스건(에어 브러시)
소형 사이즈의 건으로 프리핸드나 금 긋기 등에 이용되는 방식이다.

44 도료의 성분 가운데 그 자신은 도막이 되지 못하나 도막을 형성시키는 역할을 하는 성분은?

① 안료   ② 수지
③ 첨가제   ④ 용제

해설
도료조성 성분
- 용제 : 물질을 용해할 수 있는 성능을 가진 요소
- 안료 : 색채가 있고 수지에 의해 용해되는 분말 형태의 가루
- 수지 : 투명하고 내구성이 있는 아크릴을 주로 사용하여 도막을 형성하고 도료의 성질이나 능력을 결정하는 요소
- 첨가제 : 도료의 특정한 성능을 향상시키는 요소

45 사고차량의 프레임 수정작업 시 기본적 고정 부분으로 옳은 것은?

① 크로스 멤버 부분
② 현가 장치의 가장 튼튼한 부분
③ 프레임에 부착된 견인 고리 부분
④ 사이드실 하단 좌·우측의 전·후 플랜지 부분

해설

기본고정은 사이드실 좌, 우측의 앞, 뒤 플랜지 4부분에 실시한다.

46 차체손상 분석을 할 때 주의 깊게 보아야 할 위치와 관련이 없는 곳은?

① 응력이 완화되는 부위
② 충격이 직접 가해진 부위
③ 충격이 가해진 곳의 내측 부위
④ 플라스틱 등 파손이 되기 쉬운 부품

해설
파손분석
- 외부파손 분석

- 직접충돌에 의한 파손 분석 : 1차적으로 파손되기 쉬운 범퍼(플라스틱 부품), 후드 등의 손상 분석
- 직, 간접충돌에 의한 변형 및 파손 분석 : 충격이 직접 가해진 부위 및 충격이 가해진 곳의 내측 부위 파손
- 간접충돌에 의한 파손 분석 : 기계적 작동품의 오작동 및 인테리어 소품, 외부 페인트 등의 손상 분석
• 내부파손 분석
  - 프레임의 변형상태 분석
• 계측기에 의한 분석
  - 차체치수도의 측정 포인트 확인 분석

47 금속도장에 관한 설명으로 틀린 것은?

① 물체 보호는 도장 최대의 목적이다.
② 아크릴 수지는 천연 수지를 용제에 용해시켜 만든 것으로 도막이 약하다.
③ 프라이머의 주목적은 부착 및 방청이다.
④ 실러는 찌그러지거나 오므라드는 것을 방지하며 흡입 방지를 하는데 사용된다.

48 자동차 차체조립 공정에서 가장 많이 사용하는 용접은?

① 탄산가스 아크용접
② 전기저항 스포트 용접
③ 가스용접
④ 가스 실드 아크용접

해설

전기 저항 스포트 용접의 특징
• 재료비가 절약되어 대량 생산에 적합하고 차체조립 공정에서 가장 많이 사용된다.
• 표면이 편평한 바둑알 모양의 너깃이 생성되며 외관이 아름답다.
• 열 영향부가 좁고, 돌기가 없다.
• 구멍을 가공할 필요가 없으며 숙련을 요하지 않는다.
• 용융점이 높은 재료, 열전도가 큰 재료 및 전기 저항이 작은 재료는 용접이 곤란하다.

49 자동차 유리 부착방법의 종류가 아닌 것은?

① 접착식
② 글로뷸러식
③ 리머 마운트식
④ 플래시 마운트식

50 일체형 차체(모노코크 보디)의 특징을 설명한 것 중 틀린 것은?

① 단독 프레임이 없어 차량 중량이 가볍다.
② 서스펜션을 보디가 직접 지지하지 않기 때문에 소음 및 진동을 낮출 수 있다.
③ 구조상으로 바닥면이 낮아서 실내공간이 넓다.
④ 휘고, 굽고, 비틀림에 강하고 충격흡수 효과가 높다.

해설

모노코크 보디의 특징
• 일체식 보디로써 충격을 흡수하고, 차체 전체로 분산시키는 구조로 되어 있다.
• 중량이 가볍고 강성이 높다.
• 정밀도가 높고 생산성이 좋다.
• 차고를 낮게 하고 차량의 무게 중심을 낮출 수 있어 승차감을 향상시킨다.
• 차실 바닥면을 넓고 낮게 할수 있어 객실공간을 효과적으로 설계할 수 있다.
• 사고, 수리 시 복원의 어려움이 있다.
• 소음, 진동의 영향을 받기 쉬워 엔진룸 설계 시 기술력이 요구된다.

51 줄 작업에서 줄에 손잡이를 꼭 끼우고 사용하는 이유는?

① 평형을 유지하기 위해
② 중량을 높이기 위해
③ 보관에 편리하도록 하기 위해
④ 사용자에게 상처를 입히지 않기 위해

52 산소용접에서 안전한 작업수칙으로 옳은 것은?

① 기름이 묻은 복장으로 작업한다.
② 산소밸브를 먼저 연다.
③ 아세틸렌 밸브를 먼저 연다.
④ 역화하였을 때는 아세틸렌 밸브를 빨리 잠근다.

정답 47. ② 48. ② 49. ② 50. ② 51. ④ 52. ③

해설
사용방법
- 점화 시 : 아세틸렌 밸브를 먼저 열고 점화 후 산소 밸브를 개방한다.
- 소화 시 : 아세틸렌 밸브를 먼저 잠그고 산소 밸브를 잠근다.
- 역화, 역류 시 : 산소 밸브를 먼저 잠그고 아세틸렌 밸브를 잠근다.

53 기계 부품에 작용하는 하중에서 안전율을 가장 크게 하여야 할 하중은?
① 정하중
② 교번하중
③ 충격하중
④ 반복하중

해설
정하중의 종류

No	종류	하중의 특징
1	인장하중	재료를 축 방향으로 잡아 당겨서 늘어나도록 작용하는 하중
2	압축하중	재료를 축 방향으로 압축시켜서 수축되도록 작용하는 하중
3	전단하중	재료를 가로로 자르듯이 단면에 평행하게 작용하는 하중
4	굽힘하중	재료를 구부러지도록 작용하는 하중
5	비틀림하중	재료를 비틀어지게 하여 파괴 시키려는 하중
6	좌굴하중	단면적에 비해 길이가 긴 기둥의 경우 탄성도 내에서 압축하중이 작용 되는데 이때 기둥이 휘어지도록 작용하는 하중

동하중의 종류

No	종류	하중의 특징
1	반복하중	일 방향으로 연속적인 힘이 주기적으로 반복되며 가해지는 하중
2	교번하중	양 방향으로 크기와 방향을 변화시켜서 교대로 움직이는 하중
3	충격하중	짧은 시간에 순간적으로 급격히 작용하여 움직이는 하중

54 일반 가연성 물질의 화재로서 물이나 소화기를 이용하여 소화하는 화재의 종류는?
① A급 화재
② B급 화재
③ C급 화재
④ D급 화재

해설
화재의 분류
- A급 화재 : 목재, 종이, 섬유 등의 화재
  (물이나 강화액 소화기를 이용하여 소화)
- B급 화재 : 휘발유, 벤젠 등의 유류 화재
  (분말 소화기, 할론 소화기, 질소나 이산화탄소 소화기로 소화)
- C급 화재 : 전기 화재
  (유기성 소화액, 분말 소화기, 이산화탄소 소화기로 소화)
- D급 화재 : 금속칼륨, 금속나트륨 등의 금속 화재
  (모래나 팽창질석, 팽창 진주암을 이용하여 소화)
- E급 화재 : LPG, LNG 등의 가스화재

55 공기압축기 및 압축공기 취급에 대한 안전수칙으로 틀린 것은?
① 전기배선, 터미널 및 전선 등에 접촉될 경우 전기쇼크의 위험이 있으므로 주의하여야 한다.
② 분해 시 공기압축기, 공기탱크 및 관로 안의 압축공기를 완전히 배출한 뒤에 실시한다.
③ 하루에 한 번씩 공기탱크에 고여 있는 응축수를 제거한다.
④ 작업 중 작업자의 땀이나 열을 식히기 위해 압축공기를 호흡하면 작업효율이 좋아진다.

해설
공기압축기 취급 유의사항
- 공기압축기는 항시 청결하여야 하고, 담당자 외에는 운전을 금한다.
- 전기배선, 터미널 및 전선 등에 접촉 될 경우 전기쇼크의 위험이 있으므로 주의하여야 한다.
- 분해 시 공기압축기, 공기탱크 및 관로 안의 압축공기를 완전히 배출한 뒤에 실시한다.
- 하루에 한 번씩 공기탱크에 고여 있는 응축수를 제거한다.
- 회전부에는 안전 덮개를 견고히 설치하여 말려 들어가지 않도록 한다.
- 압력계를 제한압력 이상으로 올리지 않는다.
- 안전밸브의 압력조정 너트를 작업자 임의로 조작하지 않는다.

정답 53. ③ 54. ① 55. ④

56 전기용접기가 누전이 되었을 때 가장 옳은 행동은?

① 전압이 낮기 때문에 계속 용접하여도 된다.
② 스위치는 손대지 않고 누전된 부분을 절연시킨다.
③ 용접기만 만지지 않으면 된다.
④ 스위치를 끄고 누전된 부분을 찾아 절연시킨다.

해설

전기(ARC, 아크) 용접기 안전사항
- 정비공장에서 아크(ARC) 용접기의 감전 방지를 위해 전격방지기를 설치하고 가급적 개로전압이 낮은 교류용접기를 사용한다.
- 전기용접기가 누전이 되었을 때 스위치를 끄고 누전 된 부분을 찾아 절연시킨다.
- 용접기의 외함은 접지를 하고 누전차단기를 설치한다.
- 2차측 단자의 한쪽과 기계의 외부 상자는 반드시 접지를 한다.
- 피용접물은 코드로 완전히 접지시킨다.

57 차체 수정작업에서 클램프의 취급 시 안전에 유의할 사항으로 틀린 것은?

① 정기적으로 점검, 청소를 해 주어야 한다.
② 미끄러지는 원인이 되기 때문에 볼트를 힘껏 조여 주어야 한다.
③ 오일 등을 주유하면 오래 사용할 수 있다.
④ 견인 방향과 톱니의 중심은 연장선상에서 어긋나야 안전하다.

해설

클램프 취급안전
- 클램프의 견인방향은 클램프가 보디로 파고 들어가는 범위의 중심과 일치시킨다(반드시 조의 톱니 중심을 통하도록 견인 도구를 세팅할 것).
- 도막이나 금속의 분말이 톱니에 축척되어 톱니의 효과가 상실되지 않도록 청결을 유지한다.
- 톱니를 교축시키는 볼트 부위에 이상이 없도록 수시로 점검하고 엔진오일 등을 도포하여 녹이 발생되지 않도록 한다.
- 클램프의 볼트를 필요 이상의 힘으로 조이지 않는다.
- 클램프와 패널의 연결은 확실히 하고 견인작업 중 체인이 꼬이지 않도록 주의한다.

58 작업 중 장갑을 착용해도 되는 작업은?

① 목공기계 작업
② 해머 작업
③ 선반 작업
④ 중량물 운반 작업

59 작업장 작업환경에 대한 안전대책으로 옳은 것은?

① 퍼티 연마 시 흡진기를 사용하면 번거로운 흡진 마스크 착용을 하지 않아도 된다.
② 도장실 내부 천정의 필터는 점성이 없는 것을 사용해야 한다.
③ 좁은 장소에서 여러 사람이 용접 시 다른 사람에게 영향을 줄 수 있으므로 차광막을 사용한다.
④ 차체수리 작업장은 분진이 없으므로 환기 장치가 불필요하다.

60 다음 중 가죽 안전화의 구비 조건 중 설명이 틀린 것은?

① 사이즈가 맞고 안전화 앞쪽 끝에 발가락이 닿지 않을 것
② 발이 편하고 기분이 좋으며 작업이 쉬울 것
③ 잘 구부러지지 않고 튼튼하여야 할 것
④ 기능이 편하고 가벼울 것

해설

안전화의 일반기준
- 착용감이 좋으며 작업 및 활동하기가 편리해야 한다.
- 가볍고 견고하게 제조되어야 하며 착용하기에 편안해야 한다.
- 가죽제 안전화는 발 끝부분에 선심을 넣어 압박 및 충격으로부터 착용자의 발가락을 보호할 수 있어야 한다.
- 고무제 안전화는 물, 산 또는 알칼리 등이 안전화 내부로 쉽게 들어가지 않도록 되어 있어야 한다.
- 정전기 안전화는 인체에 대전된 정전기를 겉창을 통하여 대지로 누설시키는 전기회로가 형성될 수 있는 재료와 구조이어야 한다.

정답 56. ④ 57. ④ 58. ④ 59. ③ 60. ③

국가기술자격 필기시험문제

2014년 기능사 제5회 필기시험

자격종목	종목코드	시험시간	형별
자동차차체수리기능사	6285		A

01 운전 중 파워 윈도우 스위치 작동으로 인해 발생되는 위험성(어린이의 장난 등)을 방지하기 위해서 사용되는 스위치는?

① 파워 윈도우 메인 스위치
② 운전석 뒤 파워 윈도우 스위치
③ 승객석 뒤 파워 윈도우 스위치
④ 파워 윈도우 록 스위치

02 공작물의 표면부를 경화시키는 방법이 아닌 것은?

① 침탄법
② 청화법
③ 표면 웅칭
④ 어닐링

해설
풀림(Annealing, 어닐링)
강을 적당한 온도로 가열 후 온도를 유지하며 서랭하는 열처리 방법이다. 강의 결정 조직을 조정하거나 가공 또는 담금질에 의해 생긴 내부 응력을 제거하고, 연화, 절삭성, 냉간 가공성을 개선한다.

03 높은 곳에서 유리컵을 떨어뜨리면 시멘트 바닥에서는 깨지지만 솜 위에서는 잘 깨지지 않는다. 이러한 현상과 같은 원리로 설명이 가능한 것을 보기에서 모두 고르면?

[보기]
㉠ 에어백이 터지면서 사람을 보호한다.
㉡ 축구공을 몸을 뒤로 조금 빼면서 받는다.
㉢ 자전거를 타면서 중심을 잘 잡을 수 있다.

① ㉠, ㉡
② ㉠, ㉢
③ ㉡, ㉢
④ ㉠, ㉡, ㉢

해설
충격량은 가해진 힘의 크기 즉, 충격력(F)에 충돌한 시간(t)을 곱한 값으로, 물체에 실질적으로 가해지는 힘의 크기이다. 에어백이나 축구공을 받을 때 몸을 뒤로 빼는 이유도 이러한 충격량을 줄이기 위함이다.

04 기관의 크랭크축 베어링에서 오일 간극이 작을 경우 나타나는 현상으로 옳은 것은?

① 오일 간극으로 인해 유압이 저하된다.
② 마찰이 적어 기관의 연비가 좋아진다.
③ 유압이 낮아지고 축의 회전소음이 적어진다.
④ 유막이 파괴되어 베어링이 소결 된다.

해설
윤활간극(오일간극)
크랭크축 회전 시에 베어링과의 마찰이 발생하므로 중간에 윤활층을 두어 마찰을 감소시킨다. 일반적인 윤활간극은 0.02~0.07mm을 두고 있다.

윤활간극	현상
크다	소음발생, 유압저하, 윤활유 소모발생
작다	동력손실, 소결현상

05 일반적인 프레임(Frame)의 종류로 틀린 것은?

① X형 프레임
② 회전(Rotary)형 프레임
③ 페리미터(Perimeter)형 프레임
④ 플랫폼(Platform)형 프레임

해설
프레임의 종류
- 사다리형 프레임
- 플레이트 폼 프레임

정답 1.④ 2.④ 3.① 4.④ 5.②

- 페리미터형 프레임
- X형 프레임
- 백본형 프레임

06 자동차 기관의 회전수를 표시하는 단위는?

① rpm　　② kgf-m
③ kg/s　　④ km/h

07 차체(Body) 측면부에서 가장 큰 강성이 요구되는 부분은?

① 후드(Hood)　　② 패널(Panel)
③ 필러(Pillar)　　④ 트렁크(Trunk)

해설

필러는 도어와 루프 중간에 위치한 기둥형태의 구성품을 말하며 차체의 강성을 크게 한다.

08 자동차의 차체모양, 또는 용도에 따른 분류로 지프형 4WD이며, 험로 주행 능력이 뛰어나 각종 스포츠 활동에 적합한 자동차는?

① 스포츠(Sports)카
② GT(Grand Touring)카
③ 쿠페(Coupe)카
④ SUV(Sports Utility Vehicle)

09 자동차를 운전하다가 위험을 느끼고 브레이크 작동 시 정지거리로 옳은 것은?

① 공주거리 + 초기거리
② 제동거리 + 최종거리
③ 초기거리 + 제동거리
④ 공주거리 + 제동거리

해설
정지거리
공주거리 + 제동거리를 말한다.

- 공주거리 : 운전자가 물체를 발견하고 브레이크 페달을 작동시키기 전까지 차량이 이동한 거리이다.
- 제동거리 : 브레이크가 작동되기 시작하여 차량이 정지되기까지 차량이 이동한 거리이다.

10 자동변속기에서 토크 컨버터의 주요 구성부품으로 틀린 것은?

① 펌프　　② 터빈
③ 스테이터　　④ 축압기

해설

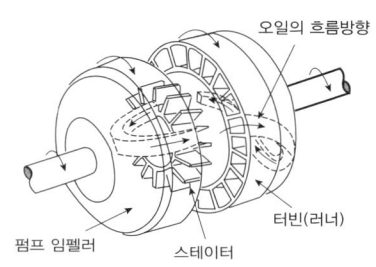

[토크 컨버터 구조]

11 용접의 특징을 설명한 것으로 틀린 것은?

① 리벳 이음에 비해 기밀 및 수밀성이 우수하다.
② 용접부의 이음 강도는 주조물에 비해 신뢰도가 낮다.
③ 이음 형상을 임의대로 선택할 수 있다.
④ 재료의 두께에 거의 영향을 받지 않는다.

해설

장점	단점
모재와 유사 강도로 성능과 수명이 향상된다.	유해 물질이 발생된다.
다양한 용접법을 구사할 수 있다.	용접 후 해체가 어렵다.
동종 및 이종 재질의 접합이 가능하다.	용접열에 의한 재료 특성 변화가 나타난다.
자동화가 용이하여 재료와 경비를 절감시킬 수 있다.	변형 및 잔류응력이 발생한다.
용접장비의 휴대성과 비교적 가격이 저렴하다.	작업자의 숙련기술이 요구된다.
이음부의 기밀성이 우수하다.	조립 시 많은 비용이 소모된다(치구류 등).
구조물 설계가 용이하고 공정수가 감소된다.	고가장비(레이저, 전자빔)도 있다.

12 Fe(철)에 12% 이상의 Cr(크롬)을 합금시켜 강한 보호피막을 생성시킴으로써 부동태화 되어 녹이 발생하지 않게 한 강(鋼)은?

① 스테인리스강 ② 고속도강
③ 합금공구강 ④ 탄소공구강

🔍 해설
스테인리스강
Fe에 12% 이상의 Cr을 합금시키면 강한 보호 피막이 생성되어 부동태화 되는데, 이 특징을 이용하여 녹이 발생되지 않게 한 강을 말한다.

13 재료가 타격이나 압연에 의해 얇고, 넓게 펴지는 성질은?

① 전성 ② 인성
③ 취성 ④ 연성

🔍 해설
• 전성 : 하중에 의해서 넓게 펴지는 성질
• 인성 : 파괴 시까지의 에너지 흡수(저장) 능력
• 취성 : 아주 작은 변형에도 쉽게 파괴되는(부서지는) 성질
• 연성 : 큰 변형 후에도 또 다른 변형에 저항하는 성질

14 담금질 할 때 냉각속도를 가장 빠르게 하는 냉각제는?

① 소금물 ② 물(18℃)
③ 기름 ④ 글리세린

15 한국산업표준(KS)에서 정투상도법은 원칙적으로 무엇을 사용함을 원칙으로 하는가?

① 제1각법 ② 제2각법
③ 제3각법 ④ 표고 투상법

16 피복, 금속, 아크, 용접의 설명으로 틀린 것은?

① 용접장비가 간단하여 이동이 용이하다.
② 전자세 용접이 가능하다.
③ 탄소 강제에 적용할 수 있다.
④ 단위시간당 용적량이 크기 때문에 생산성이 향상된다.

17 그림과 같은 3편 L형 원통에서 B부분의 전개도로 가장 적합한 형상은?

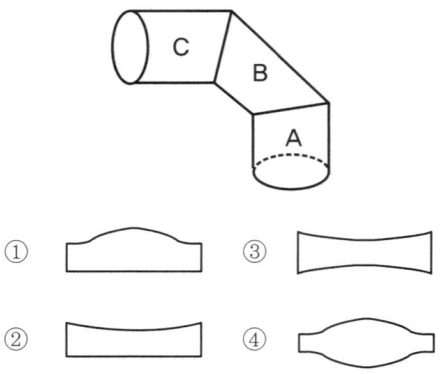

18 가스 절단에서 양호한 절단면을 얻기 위한 조건으로 틀린 것은?

① 드래그 길이가 작을 것
② 절단면 표면의 각이 예리할 것
③ 드래그의 홈이 높고 노치가 클 것
④ 슬래그 이탈이 양호 할 것

19 가스 용접팁에 관한 설명으로 틀린 것은?

① A형 팁은 가변압식 토치에 사용된다.
② A형 팁의 번호는 판의 두께를 표시한다.
③ B형 팁은 프랑스 식이다.
④ B100호는 표준불꽃으로 1시간 동안 소비되는 아세탈렌의 양이 100ℓ이다.

🔍 해설
토치구조에 따른 분류
• 독일식(불변압식, A형 팁 사용) : 1개의 팁에 1개의 인젝터가 있는 타입
• 프랑스식(가변압식, B형 팁 사용) : 인젝터에 니들밸브가 있어 유량, 압력을 조절하는 타입

용접팁(Tip)
토치 헤드에 결합되어 불꽃을 뿜어내는 부속품으로 규격은 번호로 표시되고 독일식의 경우 팁의 번호는 용접할 수 있는 판의 두께를 의미하며, 프랑스식은 표준 불꽃으로 1시간 동안 소비되는 아세틸렌가

정답 12.① 13.① 14.① 15.③ 16.④ 17.④ 18.③ 19.①

스의 양(L/h)을 의미하고, 금속의 열 전도성, 철판 두께, 철판재료의 질량에 따라 알맞은 팁을 선택하여 사용한다.

20 불활성가스 아크용접 와이어의 선택에 있어 고려할 사항으로 틀린 것은?

① 모재의 화학적 성질
② 모재의 기계적 성질
③ 사용할 보호 가스
④ 용접부의 이음 형상

21 승용차의 패널을 만드는데 주로 쓰이는 냉간 압연강판의 특징으로 틀린 것은?

① 표면이 매끄럽다.
② 기계적 성질이 좋다.
③ 얇은 판도 만들 수 있다.
④ 900℃ 이상 고온으로 가열하여 늘린 강판이다.

> **해설**
> 냉간압연강판
> 열간압연강판을 상온 상태에서 산으로 세정하여 롤러 압연하는 조질압연으로 경도 조정 및 판 표면의 평활도를 높인 강판이다. 일반적으로 3.2mm 이하의 것이 많이 적용된다.
> • 판 표면이 매끄럽다.
> • 가공성, 용접성이 우수하다.
> • 자동차용으로 주로 사용된다.

22 순동의 성질로 틀린 것은?

① 전기 및 열의 전도성이 우수하다.
② 가공성이 우수하다.
③ 잘 부식하지 않는다.
④ 비중은 2.7이다.

> **해설**
> 특징
> • 열, 전기의 양도체이며 색채가 아름답다.
> • 유연하고, 전연성이 커서 가공성이 좋다.
> • 기계적 강도가 낮다.
> • 비중은 8.96이고 용융점은 1083℃이다.

23 가격이 싸고 제진성능도 좋기 때문에 가장 많이 사용되고 있는 제진재료는?

① 우레탄계 제진재료
② 수지 고무계 제진재료
③ 수지 구속형 제진재료
④ 아스팔트계 제진재료

24 이산화탄소 아크 용접에 사용되는 탄산가스(CO_2 gas)의 순도로 옳은 것은?

① 90.5% 이상
② 95.5% 이상
③ 98.5% 이상
④ 99.5% 이상

25 다음 중 불변강에 속하지 않는 것은?

① 인바(Invar)
② 고속도강(High Speed Steel)
③ 엘린바(Elinbar)
④ 플라티나이트(Platinite)

> **해설**
> 불변강
> 철(Fe)에 니켈(Ni)을 첨가시켜서 가열하여도 열팽창계수가 적으며 탄성계수가 온도에 대하여 거의 변하지 않는 강으로 인바, 슈퍼 인바, 엘린바, 플라티나이트 등이 있다.

26 클램프 사용에 대한 설명으로 옳은 것은?

① 볼트를 강하게 체결한 경우 견인 방향에 제약을 받지 않는다.
② 클램프에 힘을 가하는 경우 힘의 방향은 톱니 부분의 중심을 통과하는 연장선상에 위치하여야 한다.
③ 견인작업으로 힘이 가해지면 톱니가 패널에서 미끄러지는 구조로 되어 있다.
④ 클램프는 안전을 위해 가급적 자신의 체형과 체력에 맞고 사용에 익숙한 것 하나만을 지정하여 사용한다.

정답 20. ① 21. ④ 22. ④ 23. ④ 24. ④ 25. ② 26. ②

> 해설

클램프 취급안전
- 클램프의 견인방향은 클램프가 보디로 파고 들어가는 범위의 중심과 일치시킨다(반드시 죠의 톱니 중심을 통하도록 견인 도구를 세팅할 것).
- 도막이나 금속의 분말이 톱니에 축척되어 톱니의 효과가 상실되지 않도록 청결을 유지한다.
- 톱니를 교축시키는 볼트 부위에 이상이 없도록 수시로 점검하고 엔진오일 등을 도포하여 녹이 발생되지 않도록 한다.
- 클램프의 볼트를 필요 이상의 힘으로 조이지 않는다.
- 클램프와 패널의 연결은 확실히 하고 견인작업 중 체인이 꼬이지 않도록 주의한다.

27 차체 데이텀의 정의로 옳은 것은?
① 차체의 수직적 높이의 측정을 위해 만든 기본 가상축
② 차체의 수평적 길이의 측정을 위해 만든 기본 가상축
③ 차체의 수평적 넓이의 측정을 위해 만든 기본 가상축
④ 차체의 수직적 대각선의 측정을 위해 만든 기본 가상축

> 해설

데이텀 라인은 높이에 대한 차체의 기준선을 말한다.

28 리어범퍼 탈착 과정에 대한 내용으로 틀린 것은?
① 화물실 리어 트림 및 콤비네이션 펌프 탈거
② 리어 범퍼 로어 마운팅 리테이너 탈거
③ 리어 범퍼 어퍼 마운팅 스크류 및 리테이너 탈거
④ 센터 필러 트림 탈거

29 두꺼운 도막을 급격히 가열했을 때 발생할 수 있는 결함은?
① 크레이터링   ② 핀홀
③ 흐름   ④ 침전

> 해설

도장 결함
- 크레이터링 : 도장작업 부위에 분화구 모양의 작은 구멍이 발생된 현상
- 핀홀 : 두꺼운 도막을 급격히 가열했을 때 바늘로 찌른 듯한 구멍이 발생할 수 있는 결함
- 흐름 : 한번에 너무 두껍게 도장되어 편평하지 못하고 흘러 내려간 상태의 현상
- 침전 : 안료가 바닥에 가라 앉아 굳어버린 현상

30 프런트 도어의 구성품으로 틀린 것은?
① 인사이드 핸들
② 암 레스트 고정 스크류
③ 트림 패스너
④ 디플렉터

31 측정 장비에 의한 손상분석 4가지 기본요소가 아닌 것은?
① 센터라인
② 레벨
③ 데이텀
④ 맥퍼슨 스트럿 타워

> 해설

손상분석의 4요소
센터라인, 레벨, 데이텀 라인, 치수

32 다음 중 자동차 차체패널 교환 작업 비율이 가장 낮은 패널은?
① 리어 범퍼
② 쿼터 패널
③ 라디에이터 서포트 패널
④ 사이드 멤버

33 자동차 안료에 대한 설명으로 가장 거리가 먼 것은?
① 착색도막의 두께, 도막의 강인성과 내구성을 준다.
② 무기안료는 유기안료보다 색상이 아름답고 선명하다.

정답 27. ① 28. ④ 29. ② 30. ④ 31. ④ 32. ④ 33. ②

③ 착색 및 은폐력, 내약품성, 내열성, 내광성, 내후성 등을 부여한다.
④ 도료용 안료는 그 조성에 따라 무기안료와 유기안료로 나뉜다.

34 자동차의 화물실과 객실이 한 공간으로 된 승용차는?

① 노치백　　② 리어백
③ 해치백　　④ 컨버터블

해설
세단의 트렁크 형상에 따른 분류
- 해치백(Hatch Back) : 차량에서 객실과 트렁크실의 구분이 없으며 트렁크로 끌어 올리는 형태의 문을 단 승용차를 말한다.
- 노치백(Notch Back) : 노치백은 객실과 트렁크실이 구분되어 트렁크 실이 돌출된 형태의 승용차를 말한다.
- 컨버터블(Convertible) : 자동이나 수동으로 승용차의 지붕을 임의대로 펴거나 접을 수 있는 형태의 자동차를 말한다.

[해치백]　　[노치백]　　[컨버터블]

35 일반적인 프레임 기준선이 아닌 것은?

① 타이어가 땅에 닿는 면
② 앞뒤 차축의 중심선
③ 프레임 중앙 아래쪽 수평부분의 밑바닥
④ 프레임 중앙 수직부분의 옆면

해설 프레임의 기준선
- 타이어가 지면에 닿는 바닥면
- 프레임 중앙 수평부분의 위면
- 프레임 중앙 하부 수평부분의 밑바닥
- 앞뒤 차축의 중심선
- 리어스프링 브래킷 중심을 통한 선 등이다.

36 프레임 수정기에 관한 설명으로 가장 옳은 것은?

① 프레임의 상하 굽음은 도저로 당기기만 하면 된다.
② 프레임의 변형이 심하더라도 가급적 열을 가하지 않는다.
③ 프레임 수정기를 설치하는데 시간이 많이 소모되므로 대파 차량에만 사용한다.
④ 프레임 수정기는 당기는 작업만 할 수 있고 미는 작업은 할 수 없다.

37 스프레이건의 종류로 틀린 것은?

① 흡상식건　　② 중력식건
③ 피스건　　　④ 에어 더스트건

해설
스프레이건의 종류

[흡상식]　　[중력식]　　[피스건]　　[압송식]

38 프레임의 수정 작업에서 전체적인 작업 공정을 고려할 때 계측기를 사용하면 좋은 점으로 가장 거리가 먼 것은?

① 정확한 작업 공정을 세울 수 있다.
② 정확한 교정을 할 수 있다.
③ 정확한 작업을 할 수 있다.
④ 작업을 편리하게 할 수 있다.

39 차체부품으로 센터필러 신품패널의 플랜지부 위에 구멍을 뚫어 플러그용접을 하기 위한 펀칭가공의 지름으로 적당한 것은?(단, 2겹 패널이다)

① 1~2mm　　② 3~5mm
③ 6~8mm　　④ 10~13mm

40 트램 트랙킹 게이지의 용도 중 틀린 것은?

① 대각 비교나 포인트 간의 거리를 측정한다.
② 차체 하부의 중심선을 판독한다.
③ 장애물이 있는 부위의 거리를 측정한다.
④ 트램 길이를 측정할 수 있다.

정답 34.③　35.④　36.②　37.④　38.④　39.③　40.②

> 해설

트램 트랙킹 게이지

트램 트랙킹 게이지는 오프 셋(Off-set) "자"이며 프레임의 하체부 서스펜션과 프레임의 깊숙한 두 곳 사이의 측정, 보디의 대각선 측정 또는 프레임 사이 드레일 길이 및 높이를 측정하는 용도로 이용된다.

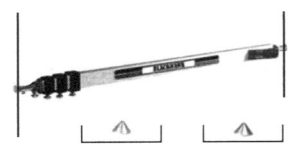

41 판재를 구부리거나 절단하여 여러 가지 모양을 만드는 가공 작업은?

① 주조가공 ② 단조가공
③ 판금가공 ④ 전조가공

42 해머의 종류 중 해머의 모양이 길게 휘어진 모양이며, 머리가 둥글게 되어 있어 거친 부분 작업용으로 깊은 부분의 작업에 적합한 해머는?

① 고르기 해머 ② 딘킹 해머
③ 크로스 페인 해머 ④ 펜더 범핑 해머

> 해설

펜더 범핑 해머

얇게 커브진 특수해머이며, 머리가 둥글게 되어 있고 거친 부분 깊은 곳까지 작업하는 해머이다.

43 전단 가공의 종류가 아닌 것은?

① 블랭킹 ② 트리밍
③ 셰이빙 ④ 드로잉

> 해설

전단 가공

철판을 2개 이상으로 나누는 작업을 말한다.
- 블랭킹(Blacking) · 펀칭(Punching)
- 전단(Shearing) · 트리밍(Triming)
- 셰이빙(Shaving)

44 도장부스의 사용 시 준수 사항으로 틀린 것은?

① 바닥은 물청소 실시와 적정 습도를 유지한다.
② 컨트롤 박스의 계기판 작동 시 순서에 의해 작동시킨다.
③ 도장 부스실은 완전 개방된 상태로 유지한다.
④ 도장 작업 완료 후 페인트 분진이 완전 제거 되도록 환풍기를 2~3분 정도 연장가동 한다.

45 프레임의 상하 굽음을 수정하는 방법으로 틀린 것은?

① 체인과 플랜지 훅을 사용하여 사이드 멤버를 고정시킨다.
② 굽은 부분은 잭으로 밀어 올린다.
③ 굴곡의 수정과 동시에 가압상태로 사이드 멤버의 위쪽 또는 아래쪽 주름을 수정한다.
④ 굽은 부분은 900~1200℃ 이하로 가열한다.

46 자동차의 프레임교정에서 차체 치수(규정치수)가 정확하지 않았을 때 관련된 내용으로 틀린 것은?

① 타이어의 편마모 발생
② 주행 중 핸들 떨림
③ 휠 얼라이먼트와는 무관함
④ 단차 및 간극 불량으로 소음 발생

47 프라이머의 요구조건으로 틀린 것은?

① 층간의 밀착성이 좋을 것
② 내열성이 뛰어날 것
③ 침전물이 없을 것
④ 광택이 뛰어날 것

> 해설

프라이머(Primer)

강판에 직접 도포하여 녹 방지 및 부착성을 증대시키는 도료 요구 조건
- 층간의 밀착성이 좋을 것
- 내열성이 뛰어날 것 · 침전물이 없을 것

48 패널 절단용 에어공구로 틀린 것은?

① 에어치즐   ② 에어쉐어
③ 라쳇   ④ 에어소우

해설
- 탈착용 : 임팩트 렌치, 라쳇 렌치 등
- 패널 교환용 : 에어 펀치, 에어 드릴, 스포트 드릴, 에어 정, 에어 톱, 에어 가위, 에어 니블러 등

49 퍼티 연마 시 샌드페이퍼의 선택이 틀린 것은?

① 거친연삭 시 : #80
② 면 만들기 시 : #120~180
③ 페이퍼의 자국 제거 시 : #240
④ 표면조성 시 : #600

해설
퍼티 연마의 3단계
- 거친 연마 : 샌드페이퍼 #60~80 정도로 요철 제거
- 표면 조성 연마(면내기) : #120~180 정도로 표면 조성
- 마무리 연마(발붙임) : #320~400 정도로 섬세하게 연마

50 리어 쿼터 패널(C필러)을 절단 후 복원 수리 시 용접이음 방법으로 알맞은 것은?

① I형 이음   ② V형 이음
③ X형 이음   ④ H형 이음

51 산업안전보건법 상 작업현장 안전보건표지 색채에서 화학물질 취급장소에서의 유해위험 경고 용도로 사용되는 색채는?

① 빨간색   ② 노란색
③ 녹색   ④ 검은색

해설
안전표지 색채
- 적색 : 위험, 방화, 방향
- 흑색 및 백색 : 통로표시, 방향지시 및 안내표지
- 청색 : 조심, 금지
- 보라색(자색) : 방사능(방사능의 위험을 경고하기 위해 표시)
- 녹색 : 안전, 구급
- 노란색(황색) : 주의
- 오렌지색 : 기계의 위험 경고

52 정 작업 시 주의할 사항으로 틀린 것은?

① 정 작업 시에는 보호안경을 사용할 것
② 철재를 절단할 때는 철편이 튀는 방향에 주의할 것
③ 자르기 시작할 때와 끝날 무렵에는 세게 칠 것
④ 담금질 된 재료는 깎아내지 말 것

해설
펀치 및 정 작업
- 펀치 작업을 할 경우에는 타격하는 지점에 시선을 두고 작업한다.
- 정 작업 시 얼굴이나 눈 등에 칩이 튈 우려가 있으므로 서로 마주 보고 작업하지 않는다.
- 열처리 한(담금질 한) 금속을 해머로 때리면 튀기 쉽고 잘 부러지므로 작업하지 않는다.
- 정 작업 시 시작과 끝은 조심스럽게 때린다.
- 칩이 끊어져 나갈 무렵에는 비산물이 튈 수 있으므로 조심스럽게 때린다.
- 정의 날을 몸 바깥쪽으로 하고 해머로 타격하며 작업한다.
- 정이나 해머에 오일이 묻지 않게 작업한다.
- 정 작업에서 버섯머리 나사는 그라인더로 갈아서 사용한다.
- 보관을 할 때에는 날이 부딪쳐서 무디어지지 않도록 한다.
- 금속 깎기, 쪼아내기 작업을 할 때는 보안경을 착용한다.

53 정비용 기계의 검사, 유지, 수리에 대한 내용으로 틀린 것은?

① 동력기계의 급유 시에는 서행한다.
② 동력기계의 이동장치에는 동력 차단장치를 설치한다.
③ 동력 차단장치는 작업자 가까이에 설치한다.
④ 청소할 때는 운전을 정지한다.

정답 48. ③   49. ④   50. ①   51. ①   52. ③   53. ①

54 공기압축기에서 공기필터의 교환 작업 시 주의사항으로 틀린 것은?

① 공기압축기를 정지시킨 후 작업한다.
② 고정된 볼트를 풀고 뚜껑을 열어 먼지를 제거한다.
③ 필터는 깨끗이 닦거나 압축공기로 이물질을 제거한다.
④ 필터에 약간의 기름칠을 하여 조립한다.

55 안전사고율 중 도수율(빈도율)을 나타내는 표현식은?

① (연간 사상자수/평균 근로자 수)×1000
② (사고 건수/연근로 시간 수)×1000000
③ (노동 손실일수/노동 총시간 수)×1000
④ (사고 건수/노동 총시간 수)×1000

> **해설**
> 도수율(빈도율)
> 안전사고 발생 빈도로써 연 근로시간 100만(1,000,000)시간당 재해발생 건수
>
> $$도수율 = \frac{재해발생\ 건수}{연간\ 근로\ 시간\ 수} \times 1{,}000{,}000$$

56 보호구 선택 시 요구사항으로 틀린 것은?

① 사용목적에 적합하여야 한다.
② 한국산업표준에 적합해야 한다.
③ 작업행동에 방해되지 않아야 한다.
④ 착용이 빨라야하므로 약간 헐거워야 한다.

> **해설**
> 보호구는 사용자에게 적합하고 사용목적에 적합한 것을 선택하여야 한다.

57 가스 용접 시 가장 적합한 보안경의 차광번호는?

① #0~2
② #4~5
③ #9~10
④ #11~12

58 사람이 평면상에서 넘어지는 재해 사고는?

① 협착
② 전도
③ 낙하
④ 비래

> **해설**
> 재해사고 유형
> • 낙하 : 높은 데서 낮은 데로 떨어져 발생하는 재해
> • 충돌 : 서로 부딪쳐서 발생하는 재해
> • 전도 : 엎어지거나 넘어져서 발생하는 재해
> • 접착 : 중량물을 들어 올리거나 내릴 때 손이나 발이 중량물과 지면 등에 끼어 발생하는 재해

59 고장력 강판의 장점으로 틀린 것은?

① 소형화
② 높은 견고성
③ 소음진동의 개선
④ 내구성

> **해설**
> 고장력강판
> 차체의 중량 경감을 목적으로 개발된 강판으로 인장강도(52~70kg/mm²)와 항복점(32~38kg/mm²)이 높고 저항력 및 충돌 시 에너지 흡수성이 뛰어나고 성형 후 가공경화가 큰 특징이 있으며 일반적으로 600℃ 이상이 되면 고장력의 특성을 잃어버린다.

60 계측작업에서 센터링 게이지에 대한 내용으로 틀린 것은?

① 전면 부위에서 후면 부위까지 4~5조의 게이지를 설치하여 바라본다.
② 간단하게 취급할 수 있으며 계측 방법도 간단하다.
③ 어느 부분이 어느 정도 손상이 있는 가는 정확하게 판단할 수 없다.
④ 관측하는 분의 위치에 따라 손상 상태가 동일하게 나타난다.

> **해설**
> 센터링 게이지
> 센터링 게이지는 행거로드, 센터링 핀(또는 타켓), 게이지, 수평수포로 구성되어 있으며 차체 하부 3~5곳에 설치하여 프레임의 상하 휨, 프레임의 좌우 휨, 프레임의 비틀림 등 언더 보디의 상태를 파악하는 용도로 이용된다.

정답 54. ④ 55. ② 56. ④ 57. ② 58. ② 59. ① 60. ④

국가기술자격 필기시험문제

2015년 기능사 제2회 필기시험

자격종목	종목코드	시험시간	형별
자동차차체수리기능사	6285		A

01 다음 중 국제단위계(SI단위)로 틀린 것은?
① m/s ② Pa
③ m/s² ④ mile/h

02 모노코크 보디의 각부 구조에서 프런트 보디로 구분하기 어려운 패널은?
① 후드 패널
② 라디에이터 서포트 패널
③ 쿼터 패널
④ 에이프런 패널

> **해설**
> 쿼터 아웃 패널은 사이드 후면부를 구성하는 부품이다.

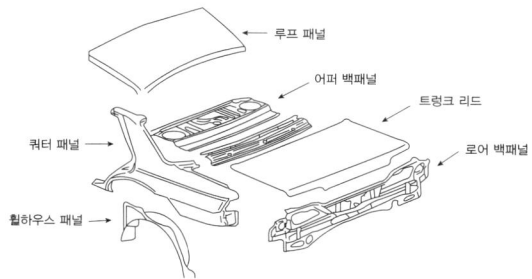

03 물질이 고체로부터 직접 기체로 변화하는 과정을 무엇이라 하는가?
① 발열 ② 용융
③ 융해 ④ 승화

04 기관에서 윤활유 소비가 과다한 직접적인 원인으로 가장 거리가 먼 것은?
① 피스톤 링의 마모
② 실린더의 마모
③ 밸브 스템 실(Seal)의 손상
④ 수온조절기(서모스탯)의 열림 유지

> **해설**
> 수온조절기는 일정온도 이상에서 작동하며 라디에이터의 냉각수를 엔진으로 보내주는 중간 밸브의 역할을 한다.

05 그림과 같이 자동차를 측면에서 보았을 때, 킹핀의 중심선이 노면에 수직인 직선에 대하여 어느 한 쪽으로 기울어져 있는 상태를 무엇이라 하는가?

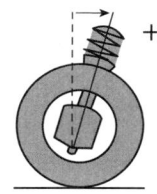

① 캠버
② 캐스터
③ 토 인
④ 스러스트 각

> **해설**
> • 캠버 : 차량을 앞에서 보았을 때 타이어 가상의 중심 수직선과 실제 중심선이 이루는 각
> • 캐스터 : 차량을 옆에서 보았을 때 타이어의 가상의 수직선과 조향축이 이루는 각
> • 토(Toe) : 차량을 위에서 보았을 때 타이어의 앞부분의 중심거리와 뒷부분 중심거리 차
> • 스러스트 각 : 차체의 센터라인과 뒷바퀴 추진선이 이루는 각도

정답 1. ④ 2. ③ 3. ④ 4. ④ 5. ②

06 자동차의 차체 모양에 따른 분류로 고정된 지붕이 있고 트렁크 부분이 튀어 나와 있는 일반적인 승용차를 통칭하는 자동차는?

① 세단(Sedan)
② 쿠페(Coupe)
③ 컨버터블(Convertible)
④ 웨건(Wagon)

해설
- 세단(Sedan) : 가장 일반적인 모양으로 앞, 뒤로 2열의 좌석을 갖춘 4~6인승의 4도어 승용차를 말한다.
- 쿠페(Coupe) : 앞좌석 또는 1열의 승객을 중시한 2도어의 박스형 승용차로 지붕이 짧고 차고가 낮은 형태의 자동차를 말한다.
- 컨버터블(Convertible) : 자동이나 수동으로 승용차의 지붕을 임의대로 펴거나 접을 수 있는 형태의 자동차를 말한다.
- 웨건(Wagon) : 승용과 화물을 함께하는 다용도 형태의 자동차를 말한다.

07 각 온도의 단위 중 틀린 것은?

① 섭씨온도 : ℃
② 화씨온도 : ℉
③ 절대온도 : K
④ 랭킨온도 : D

해설
온도의 종류
- 섭씨온도(Celsius Temperature, ℃) : 표준 대기압(760mmHg) 이하에서 증류수가 어는 빙점을 0℃, 끓는 비등점을 100℃로 하여 이 두 점을 100등분한 온도를 말한다.
- 화씨(Fahrenheit Temperature, ℉) : 물의 끓는점을 212℃로 하고 얼음의 녹는점을 32℃로 정하여 그 사이를 180등분한 온도를 말한다.
- 켈빈(K) : 열역학 제2법칙에 따라 정해진 온도로 절대 온도의 기호는 K를 사용하며, 이론상 생각할 수 있는 최저 온도를 기준으로 하여 갖는 단위의 온도를 말한다.
- 랭킨 온도(R) : 분자 운동이 정지할 때의 절대온도를 0으로 하고 비등점을 671.67R, 빙점을 491.67R로 하여 비등점과 빙점 사이를 180등분한 온도를 말한다.

08 타이어의 골격을 이루는 플라이와 비드 부분의 총칭으로, 타이어에서 트레드, 사이드월, 벨트를 제거한 부분은?

① 비드
② 브레이커
③ 트레드
④ 카커스

해설
- 비드 부(Bead Section) : 림에 접촉하는 부분이다.
  - 공기 주입 시 타이어를 림에 고정시킨다.
  - 카커스에 걸리는 인장력을 비드 와이어가 받아준다.
  - 튜브 리스 타이어의 경우 기밀성을 유지해 준다.
- 벨트(Belt), 브레이커(Breaker Strip) : 트레드와 카커스의 떨어짐 방지한다.
- 트레드부(Tread) : 노면과 접촉하는 부분이다.
- 카커스(Carcass)
  - 타이어의 뼈대부이다.
  - 일정체적을 유지한다.
  - 완충작용(하중이나 충격에 따라 변형)을 한다.
  - 카커스 구성 코드의 층수를 플라이 수로 표시한다.

09 전압에 대한 설명으로 맞는 것은?

① 한 개 보다 두 개의 전지를 직렬로 연결하였을 때 전구의 불빛이 더 밝아진다.
② 전압의 표시는 A로 표시한다.
③ 전압은 전자의 이동을 방해한다.
④ 전압은 전기의 양을 말한다.

10 모노코크 보디가 앞 또는 뒤쪽에 충격을 받았을 때 충돌에너지를 흡수하여 찌그러지게 만든 부위는?

① 사이드 실
② 템퍼링
③ 크러시 포인트
④ 레인포스트먼트

해설

정답 6. ① 7. ④ 8. ④ 9. ① 10. ③

모노코크 보다는 엔진룸이나 트렁크실의 사이드 멤버나 패널 등에 구멍이나 각도, 단면적, 두께 변화 등의 방법으로 크러시 포인트를 두어 충돌 시 충격력을 좌, 우 또는 상, 하로 분산시켜 충돌에너지를 흡수하여 승객을 보호한다.

11 표면경화 열처리 방법에 해당하지 않는 것은?
① 침탄법   ② 질화법
③ 고주파경화법   ④ 항온열처리법

> 해설
> - 질화법 : 암모니아(NH_3)가스를 이용하여 520℃에서 50~100시간 가열하여 Al, Cr, Mo 등에 질화층이 생겨 경화시키는 화학법
> - 침탄법 : 침탄강을 침탄제 속에 넣고 850~900의 온도에서 8~10시간 가열하면 표면에 2mm가량의 침탄층을 만들어 경화시키는 화학법
> - 화염 경화법 : 산소-아세틸렌 불꽃으로 강의 표면만을 가열하여 열이 중심부에 전달되기 전에 급랭시키는 것
> - 고주파 경화법 : 고주파 열로 표면을 열처리하는 방법

12 용접 시 열영향부의 균열이 아닌 것은?
① 비드밑 균열   ② 토(Toe) 균열
③ 비드 균열   ④ 크레이터 균열

> 해설
> 열 영향부의 균열
> - 유황 균열(설퍼 균열) : 강중에 황이 층상으로 존재하는 고온 균열을 말한다.
> - 토 균열 : 맞대기 용접 및 필릿 용접의 경우나 비드 표면과 모재와의 경계부에 생기는 균열
> - 비드 아래 균열 : 비드 아래 균열은 용접부위에 수소가 있을 때 잘 발생되는 균열
> - 루트 균열 : 저온 균열에서 가장 주의해야할 균열로 루트 간격이 너무 넓은 경우, 용접부에 응력이 집중되는 경우 루트 근방에 발생하는 균열
> - Micro 균열 : 용접금속 내부에 발생하며, 너무 작아 육안으로 확인이 곤란한 미세한 균열
> - 크레이터 균열 : 용접이 끝난 직후 크레이터 부분에 생기는 균열

13 금속재료의 결정입자로 된 조직을 바꿔서 필요한 성질의 금속을 얻을 때 취하는 방법이 아닌 것은?
① 합금 방법
② 열처리 방법
③ 냉간 및 열간 가공법
④ 절단 가공 방법

14 황동계 합금에 관한 설명 중 가장 거리가 먼 것은?
① Zn 40%에서 인장 강도가 최대이다.
② 7 : 3 황동은 주로 냉간 가공의 프레스 성형에 사용된다.
③ 6 : 4 황동은 열간 가공 혹은 주조용으로 사용된다.
④ Zn 40%에서 연신률이 최대이다.

15 KS규격 중 기계 부분은 어디에 해당하는가?
① KS B   ② KS D
③ KS C   ④ KS A

> 해설
> KS규격
> - KS A : 기본   · KS B : 기계
> - KS C : 전기   · KS D : 금속
> - KS E : 광산   · KS F : 건설
> - KS G : 일용품   · KS H : 식료품
> - KS I : 환경   · KS J : 생물
> - KS K : 섬유   · KS L : 요업
> - KS M : 화학   · KS P : 의료
> - KS Q : 품질경영 · KS R : 수송기계
> - KS S : 서비스   · KS T : 물류
> - KS V : 조선   · KS W : 항공우주
> - KS X : 정보

16 열가소성 플라스틱은?
① PP   ② UR
③ TPUR   ④ PC

정답 11. ④ 12. ④ 13. ④ 14. ④ 15. ① 16. ③

해설

No	수지 부품 명칭	약칭(기호)	내열 온도(℃)	주 사용부
1	폴리염화비닐	PVC	55~75	도어트림, 시트의 표피, 매트, 휠하우징 커버
2	폴리프로필렌	PP	55~110	범퍼, 방열기 팬, 팬 시라우드, 조향 휠
3	폴리카보네이트	PC	138~143	범퍼, 그릴, 램프렌즈, 인스트루먼트 패널
4	폴리페닐렌 옥사이드	PPO	55~100	인스트루먼트 패널, 휠 캡
5	폴리메틸 메타 아크릴 레드	PMMA	150~200	램프렌즈, 메터기 커버
6	폴리아미드 (= 나일론)	PA	126~182	방열기 탱크, 리저버 탱크, 냉각팬
7	열경화성 우레탄	PUR	60~80	범퍼, 시트 쿠션제, 트림류, 단열재
8	열가소성 우레탄	TPUR		범퍼, 조향 휠
9	아크리로 니트릴 부타디엔스틸렌수지	ABS	70~107	보디 외판, 오너먼트, 콘솔박스
10	유리섬유 복합 강화 플라스틱	FRP	60~205	보디 외판, 스포일러, 머드가드

17 용접선 시작부와 종단부의 결함을 줄이기 위하여 시작부와 종단부에 모재와 같은 재질의 보조판을 붙여서 용접하는 경우가 있는데 이 보조판을 무엇이라 하는가?

① 엔드탭 ② 가우징
③ 스캘럽 ④ 스트롱백

18 철의 5대 원소에 해당하지 않는 것은?

① 구리(Cu) ② 망간(Mn)
③ 규소(Si) ④ 인(p)

해설
탄소강
철(Fe)과 탄소(C) 0.035~1.7%를 주성분으로 하는 합금에 규소(Si), 망간(Mn), 인(P), 황(S) 등의 원소가 소량 함유 되어 있는 철강재료이다.

19 피복 금속 아크 용접기의 용접 전원의 특성 중 관계없는 것은?

① 아크의 발생이 용이하고 안정하게 유지할 수 있을 것
② 아크의 길이가 변화하여도, 전류의 변화가 적을 것
③ 단락전류가 클 것
④ 부하전류가 변화하여도 단자 전압이 변화하지 않을 것

해설
아크용접 전원의 요건
• 아크 기동에 충분한 무부하 전압
• 안정된 아크를 유지할 수 있을 것
• 아크의 재점화 특성이 좋을 것

20 고장력 강판이 일반 강판에 비해 가장 우수한 점은?

① 인장강도와 항복점
② 내열성과 내식성
③ 탄성과 소성
④ 용접성과 도장성

해설
고장력 강판의 특징
차체의 중량 경감을 목적으로 개발된 강판으로 인장 강도와 항복점이 높고 저항력 및 충돌 시 에너지 흡수성이 뛰어나며 성형 후 가공경화가 큰 특징이다.

21 링 끝이 절개된 부분을 도면에 표시할 때 그 부분이 어느 쪽에 나타나도록 그리는 것이 옳은가?

① 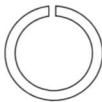   ③

②    ④

22 도어와 보디 사이에 부착되어 비, 바람, 물 및 먼지의 침입을 방지함과 동시에 도어 개폐 시의 충격완화와 진동방지의 역할을 하는 것은?

① 도어 프레임 ② 도어 웨더스트립
③ 스폰지 ④ 글래스

> **해설**
> 도어 웨더스트립은 도어가 닫혔을 때 공기나 소음, 이물질(비, 눈, 물, 먼지) 등이 차실로 들어오지 않도록 필러부 가장자리에 설치되어 있는 고무 패킹으로 도어 개폐 시 발생되는 충격을 흡수, 완화하고 주행 중 도어의 진동을 감소시키는 역할도 한다.

23 미그 아크(Mig Arc)용접 토치 케이블의 구조 중 용접 와이어를 콘택트 팁 끝까지 운반하기 위한 접속선은?

① 가스 호스 ② 파워 메인 케이블
③ 플렉시블 라이너 ④ 제어 회로 리드

24 체심 입방격자의 원자 수는 모두 몇 개인가?

① 8 ② 9
③ 14 ④ 17

> **해설**
> 체심 입방격자의 원자 수는 9개, 면심 입방격자의 원자 수는 14개, 조밀육방격자의 원자 수는 17개이다.

25 차체 박판 용접 시 CO_2 아크용접 요령에서 거리가 가장 먼 것은?

① 토치의 기울기는 10~15도 정도이다.
② 토치 이동속도는 1분당 1m정도이다.
③ 맞대기 용접은 연속적으로 용접한다.
④ 모재와 팁의 거리는 10mm 전 후이다.

26 프레임의 한쪽 사이드 멤버를 단순한 빔으로 생각할 경우 사이드 멤버와 휠 베이스 사이에서는 사이드 멤버 아래쪽은 잡아 당겨지고, 위쪽은 압축력이 작용하게 된다. 그 결과는 어떻게 되는가?

① 아래쪽 – 만곡, 위 부분 – 균열
② 아래쪽 – 균열, 위 부분 – 만곡
③ 아래쪽 – 절손, 위 부분 – 균열
④ 아래쪽 – 만곡, 위 부분 – 절손

> **해설**

27 전기저항 스포트 용접기의 용접 암과 전극의 선택에서 주의 사항으로 틀린 것은?

① 상하의 암은 평행하게 장착한다.
② 전극을 바르게 상하 정렬시킨다.
③ 전극 팁의 접촉면을 완전히 평행하게 다듬질한다.
④ 용접하려고 하는 부분에 적합하고 가능한 것을 사용한다.

28 프레임 센터링 게이지의 용도 중 틀린 것은?

① 차체 하부의 중심선을 측정한다.
② 사이드 스웨이를 측정한다.
③ 대각선을 측정한다.
④ 카울부를 측정한다.

> **해설** 센터링 게이지
> 센터링 게이지는 행거로드, 센터링 핀(또는 타깃), 게이지, 수평수포로 구성되어 있으며 차체 하부 3~4곳에 설치하여 언더 보디의 상태(새그, 사이드 스웨이, 트위스트, 킥 업, 사이드 웨이 등)를 파악하는 용도로 이용된다. 센터링 게이지란 프레임의 중심부를 측정함으로써 프레임의 이상 상태를 진단하는 게이지이다.

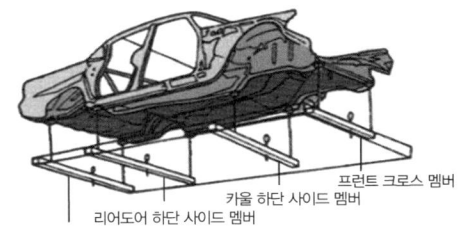

29 정면으로 충격을 받은 자동차 프레임에는 응력이 집중될 우려가 있다. 이때 프레임의 어느 부분을 우선 살펴야 하는가?

① 평면부위 ② 천공부위
③ 고정부위 ④ 천장부위

해설
응력 집중이 많은 곳
- 곡면이 있는 부위
- 단면적이 적은 부위
- 구멍이 있는 부위(천공부위)
- 패널과 패널이 겹쳐져 있는 부위

30 퍼티를 경화제와 혼합할 때 사용하며 규정된 규격은 없고 용도에 알맞게 만들어 사용하는 것은?

① 스크레이퍼 ② 주걱
③ 이김판(정반) ④ 와이어 브러시

해설
- 스크레이퍼 : 패널 등에 부착되어 있는 실리콘, 이물질 등을 깎거나 정밀하게 긁어낼 때 사용한다.
- 퍼티 주걱 : 퍼티를 도포할 때 사용한다.
- 이김판(정반, 퍼티 배합판) : 퍼티를 혼합할 때 사용한다.
- 와이어 브러시 : 강철의 철사로 만든 솔로서 녹이나 특정부위를 긁어내는 데에 사용한다.

31 차체 파손을 판독하기 위해서 센터링 게이지를 설치하는 방법으로 잘못된 것은?

① 게이지는 반드시 차량을 네 부분으로 구분하여 설치한다.
② 베이스는 반드시 게이지 설치를 해야 한다.
③ 게이지는 반드시 파손부위에 집중적으로 건다.
④ 기준 참조점에 걸고, 다음 게이지는 파손부위에 건다.

해설
센터링 게이지 설치 방법
- 센터링 게이지는 차량을 3~4 부분으로 구분하여 설치한다.
- 차체 베이스부에는 반드시 게이지를 설치한다.
- 기준 참조점에 걸고 다음 게이지는 파손 부위, 휨 부위에 건다.
- 조정 포인트에는 게이지를 설치할 자리가 설계되어 있다.
- 휨은 보통 기준 참조점에서 발생한다.

32 스포트 제거 드릴의 구성부품이 아닌 것은?

① 나사 ② 스프링
③ 센터 파이로트 ④ 치즐

해설

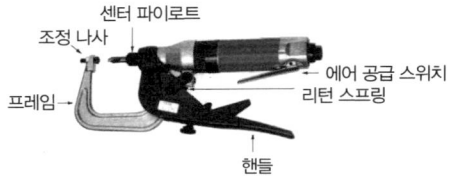

[스포트 제거 드릴 구조 명칭]

33 도료를 구성하는 사항 중 도료의 목적을 결정하는 재료는?

① 수지 ② 용제
③ 첨가제 ④ 안료

해설
도료조성 성분
- 용제 : 물질을 용해할 수 있는 성능을 가진 요소
- 안료 : 색채가 있고 수지에 의해 용해되는 분말형태의 가루
- 수지 : 투명하고 내구성이 있는 아크릴을 주로 사용하여 도막을 형성하고 도료의 성질이나 능력을 결정하는 요소
- 첨가제 : 도료의 특정한 성능을 향상시키는 요소

34 프레임 교정용 장비 선택 시 사용자의 자세 중 가장 바람직한 것은?

① 사전에 장비에 대한 지식을 파악한다.
② 고가의 장비를 선택한다.
③ 안전에 대한 교육이 필요 없다.
④ 장비 선택 시 시간 단축을 중점적으로 고려한다.

정답 29. ② 30. ③ 31. ③ 32. ④ 33. ④ 34. ①

35 판금퍼티의 특성 중 거리가 먼 것은?

① 강판면에 부착력이 강하다.
② 두껍게 도포할 수 있다.
③ 입자가 미세하다.
④ 내충격성, 내수축성이 우수하다.

> **해설**
> 판금 퍼티(Metal Putty)
> 최대 3~5cm까지 도포가 가능하며 판과의 부착성 및 내충격성, 내수축성을 좋게 하지만 완전건조 시간이 걸리며 입자가 커서 연마성이 나쁘고 교환하는 리어펜더의 접합부나 깊이가 큰 요철 부분에 사용된다.

36 차체판금 퍼티작업 방법으로 가장 옳은 것은?

① 한번 퍼티 도포량 높이는 5mm 정도가 적당하다.
② 혼합용 정반이 없다면 판재나 두꺼운 종이를 써도 무방하다.
③ 한번 도포량 만큼씩 사용하는 것보다 많은 양을 혼합해서 두고 쓰는 것이 좋다.
④ 공기의 거품이 남아 있으면 도막 파열의 원인이 되므로 제거한다.

> **해설**
> 퍼티 작업 요령
> • 퍼티를 경화제와 혼합할 때에는 공기가 들어가지 않도록 주의한다.
> • 퍼티 주걱의 재료는 나무, 고무, 플라스틱을 사용한다.
> • 퍼티는 얇게 여러 번에 나누어 칠한 장소일수록 경화 속도가 빠르므로 퍼티를 두껍게 도포할 시에는 2~3회 나누어서 칠하고 페더에지 부분의 단차가 없도록 한다.

37 차체 치수도에 대한 설명으로 옳은 것은?

① 차체수리에 필요한 대각선 길이만 기록되어 있다.
② 차체복원 작업의 기준이 되는 수치가 기록되어 있다.
③ 차체수리에 필요한 작업의 기준 위치를 표시한 것이다.
④ 용접작업에 필요한 접합의 기준 지점을 표시한 것이다.

38 지촉 건조된 상태를 가장 잘 표현한 것은?

① 도막을 손가락 끝으로 약간의 압력으로 눌렀을 때 지문이 남지 않는 상태
② 엄지를 도막 위에 눌러 회전하여 가장 센 압력을 주었을 때 스친 흠이 없는 상태
③ 도막을 손가락으로 가볍게 눌렀을 때 점착은 있으나 도료가 손가락에 묻지 않는 상태
④ 손톱으로 도막을 벗기기가 곤란하고 칼로 자르더라도 충분히 저항을 나타내는 상태

> **해설**
> • 지촉건조 : 도막을 손가락으로 가볍게 눌렀을 때 접착성은 있으나 도료가 손가락에 묻지 않는 상태
> • 경화건조 : 도막을 손가락 끝으로 약간의 압력으로 눌렀을 때 지문이 남지 않는 상태
> • 완전건조 : 손톱으로 도막을 벗기기가 곤란하고 칼로 자르더라도 충분히 저항을 나타내는 상태

39 트램 트랙킹 게이지의 비틀림 측정에 들지 않는 것은?

① 프레임의 마름모꼴 휨
② 앞 부분의 옆으로 휨
③ 리어 액슬의 흔들림
④ 휠 베이스의 흔들림

> **해설**
> 트램 트랙킹 게이지의 네 바퀴 정렬 점검 부
> • 우측 프런트 서스펜션의 굽음
> • 리어 액슬의 흔들림
> • 옆으로 굽은 프레임의 앞 부위

40 프런트 펜더를 장착하기 전에 무엇을 먼저 작업해야 하는가?

① 부식방지를 위해 코팅 처리한다.
② 샌더처리 후 조립한다.
③ 엠보싱 처리를 한다.
④ 조립될 부위에 종이를 끼워 조립한다.

정답 35. ③ 36. ④ 37. ② 38. ③ 39. ④ 40. ①

해설

차체의 수정작업이 완료되면 볼트 온 패널(프런트 펜더, 도어, 본네트, 트렁크 리드 등)을 장착하기 전에 부식방지를 위해 용접 프라이머, 실런트, 이너왁스 도포 및 방음재 장착유무, 도장상태 등을 확인한 후에 볼트 온 패널을 장착한다.

41 충돌 및 접촉 사고 시 차체를 보호하는 것이 목적이지만 자동차 외관상의 아름다움도 함께 부여하는 것은?

① 범퍼　　② 프런트 펜더
③ 도어　　④ 그릴

42 차체부품 제작 시 리벳구멍 뚫기 작업 후 균열 방지를 위해 다듬질을 한다. 이때 가공하는 작업 방법을 무엇이라고 하는가?

① 탭 작업　　② 다이스 작업
③ 리밍 작업　　④ 코킹 작업

해설
- 탭 작업 : 암나사를 만드는 작업을 말한다.
- 다이스 작업 : 수나사 홈을 만드는 작업을 말한다.
- 코킹 작업 : 압력 용기 등에 리벳 체결 후, 기밀을 유지하기 위해 끝이 뭉뚝한 정을 사용하여 리벳 머리, 판의 이음부, 가장자리 등을 쪼아서 틈새를 없애는 작업을 말한다.
- 리밍 작업 : 차체부품 제작 시 리벳 구멍을 뚫기 작업 후 균열방지를 위해 하는 다듬질 작업을 말한다.

43 컴프레서 취급 방법 중 옳지 않은 것은?

① V벨트의 상태는 공기 압축기와 전동기의 중간을 눌러 15~25mm 정도 여유간극이 좋다.
② 흡기구의 필터는 2주 간격으로 청소하고, 불결해지면 교환한다.
③ 실린더 헤드의 방열부는 자주 청소하여 먼지 등을 제거시킨다.
④ 에어탱크는 1주 간격으로 배출구를 열어 수분, 유분을 배출시킨다.

44 차체패널 중 용접이음 방식으로 결합된 패널은?

① 엔진 후드
② 앞 펜더
③ 리어 쿼터 패널
④ 트렁크 리드

해설
엔진후드, 앞 펜더, 트렁크 리드는 탈부착이 가능한 볼트 온 패널이다.

45 자동차 판금 공구 중 끝이 평평하게 되어 있으면 긴 손잡이가 있는 것이 특징으로, 구부러진 곳이나 지렛대로 쓰이는 공구는?

① 돌리　　② 해머
③ 스푼　　④ 훅

해설
- 돌리 : 돌리는 패널의 요철부위를 수정할 때에 패널의 뒷면 부위를 지지하는 역할을 한다.
- 해머 : 타격용 수공구로 판금용으로는 드로잉 해머, 범핑 해머, 딘킹 해머, 픽 해머, 크로스 페인 해머, 조르기 해머 등이 있다.
- 스푼 : 손이 들어가지 않는 패널 부위에 돌리 대신에 좁은 틈 사이로 집어넣어 지렛대의 원리를 이용하여 패널 수정에 사용한다.
- 훅 : 갈고리 형태의 도구로써 체인이나 벨트를 걸고 인장에 의한 수정 작업 시에 이용된다.

46 전면 충돌 시에 멤버 자체가 변형되도록 하여 객실에 영향을 최소화하기 위하여 굴곡을 두는 것을 무엇이라 하는가?

① 비딩
② 스토퍼
③ 마운트
④ 킥업

해설
킥업
전, 후 충돌 등의 충격을 받았을 경우에 멤버 자체가 변형하여 차실에 영향을 미치는데 영향이 적게 미치도록 부분적으로 된 굴곡을 말한다.

정답 41. ① 42. ③ 43. ④ 44. ③ 45. ③ 46. ④

47 강판을 소성가공 할 때 열간가공과 냉간가공을 구분하는 온도는?

① 피니싱 온도
② 용해 온도
③ 변태 온도
④ 재결정 온도

> **해설**
> 냉간 가공
> 재결정 온도보다 낮은 온도에서 가공하는 것으로 금속 판재를 냉간 가공하면 금속 판재는 내부 변형과 입자의 미세화로 인하여 결정입자가 섬유조직으로 변형되어 가공경화를 일으켜 강도나 경도가 증가되지만 인성은 줄어든다.

48 보수도장을 하기 위한 차체 표면검사 중 틀린 것은?

① 적당한 조명을 이용한다.
② 차체표면에 손바닥의 감각을 이용한다.
③ 차체 측면에서 15~45도 각도는 목측으로 검사한다.
④ 밝은 곳에서 어두운 곳으로 검사한다.

49 쿼터 패널은 보디의 강도 유지상 중요한 패널이다. 측면 뒷부분의 쿼터 패널과 서로 병합되지 않는 패널은?

① 리어 휠 하우스
② 백 패널
③ 루프 패널
④ 트렁크 리드

> **해설**
> 트렁크 리드는 볼트 온 패널로써 탈부착이 가능한 패널이며 휠 하우스 패널, 백 패널, 루프 패널은 쿼터 패널과 용접 결합되어 있다.

50 변형된 사이드 패널을 교환하고자 한다. 직접적으로 필요하지 않은 공구 및 기기는?

① 패널 수정기   ② 커터기
③ 스폿 용접기   ④ 에어 압축기

> **해설**
> 에어 압축기(컴프레서)는 각종 공압 기기에 에어를 공급하는 역할을 담당한다.

51 렌치를 사용한 작업에 대한 설명으로 틀린 것은?

① 스패너의 자루가 짧다고 느낄 때는 긴 파이프를 연결하여 사용한다.
② 스패너를 사용할 때는 앞으로 당긴다.
③ 스패너는 조금씩 돌리며 사용한다.
④ 파이프 렌치의 주용도는 둥근 물체 조립용이다.

> **해설**
> 렌치 작업
> • 대용품으로 렌치를 사용하지 않는다.
> • 미끄러지지 않도록 조를 확실히 조여서 사용한다.
> • 렌치의 조정 조를 앞으로 향하게 한다.
> • 렌치를 돌려서 힘이 영구턱과 반대가 되게 한다.
> • 렌치 또는 플라이어는 몸 안쪽으로 끌어당기는 상태로 작업한다.
> • 더 많은 힘을 얻기 위해 망치 등으로 렌치를 두드리지 않는다.
> • 공구에 파이프 등을 끼워 공구 사용하지 않는다.

52 관리감독자의 점검대상 및 업무내용으로 가장 거리가 먼 것은?

① 보호구의 착용 및 관리실태 적절 여부
② 산업재해 발생 시 보고 및 응급조치
③ 안전수칙 준수 여부
④ 안전 관리자 선임여부

53 드릴 작업 때 칩의 제거 방법으로 가장 좋은 것은?

① 회전시키면서 솔로 제거
② 회전시키면서 커플 제거
③ 회전을 중지시킨 후 손으로 제거
④ 회전을 중지시킨 후 솔로 제거

> **해설**
> 드릴 작업
> • 드릴 날은 사용 전에 균열이 있는가를 점검한다.

정답   47. ④   48. ④   49. ④   50. ④   51. ①   52. ④   53. ④

- 드릴 날의 탈·부착은 회전이 멈춘 다음 행한다.
- 드릴 작업은 장갑을 끼고 작업해서는 안 된다.
- 작업복을 입고 머리가 긴 사람은 안전모를 착용하여 작업한다.
- 공작물은 테이블 위에 정확히 고정시켜서 따라 돌지 않게 작업한다.
- 가공물이 관통될 즈음에는 알맞게 힘을 가하여야 한다.
- 드릴 작업 때 칩의 제거는 회전을 중지시킨 후 솔로 제거하고 작업 중 쇳가루를 입으로 불어서는 안 된다.
- 드릴 끝 가공물의 관통여부는 손으로 확인하지 않는다.
- 드릴 작업에서 둥근 공작물에 구멍을 뚫을 때는 공작물을 V블록과 클램프로 잡는다.
- 드릴 작업 시 재료 밑의 받침은 나무판이 적당하다.

54 다이얼 게이지 취급 시 안전사항으로 틀린 것은?

① 작동이 불량하면 스핀들에 주유 혹은 그리스를 도포해서 사용한다.
② 분해 청소나 조정은 하지 않는다.
③ 다이얼 인디게이터에 충격을 가해서는 안 된다.
④ 측정 시에는 측정물에 스핀들을 직각으로 설치하고 무리한 접촉은 피한다.

해설
다이얼 게이지는 정밀 측정기로 스핀들에 그리스를 바르면 정상작동이 어려울 수가 있다.

55 제3종 유기용제 취급 장소의 색표시는?

① 빨강
② 노랑
③ 파랑
④ 녹색

56 보호구를 사용하지 않아도 좋은 작업은?

① 용접 작업
② 용해 작업
③ 단조 작업
④ 측정 작업

57 가스용접 시 가연성 가스 탱크의 저장위치는 최소한 얼마 이상의 거리를 유지하여야 하는가?

① 5m 이상
② 12m 이상
③ 20m 이상
④ 30m 이상

58 충격 가열 등의 자극으로 폭발할 수 있는 아세틸렌의 압력은?

① 0.2kgf/cm²
② 0.6kgf/cm²
③ 0.8kgf/cm²
④ 1.5kgf/cm²

해설
아세틸렌의 성질
- 505~515℃ 정도에서 폭발위험이 있다.
- 산소 85%, 아세틸렌 15% 정도에서 폭발성이 가장 크다.
- 1.5기압(약 1.5kgf/cm²) 이상 시에 폭발하기 쉽고, 2기압(약 2kgf/cm²) 이상이면 자연 폭발한다.
- ※ 1기압(atm) = 1.033227kgf/cm²
- 구리, 은, 수은 등과 접촉하여 120℃ 부근에서 폭발성 화합물이 생성된다.

59 전동공구 안전수칙으로 옳지 않은 것은?

① ON, OFF를 확실히 확인한다.
② 전동공구는 사용 후 전원을 끄지 않고 플러그를 뽑는다.
③ 보안경, 장갑, 안전화 등이 완벽한지 확인한다.
④ 전기톱으로 패널을 자를 때는 톱의 작동 방향을 확실히 알고 작동시킨다.

정답 54. ① 55. ③ 56. ④ 57. ① 58. ④ 59. ②

> **해설**

전동 공구 안전수칙
- 전원의 ON, OFF가 확실히 되는지 확인한다.
- 디스크가 단단히 부착 되었는지 확인한다.
- 보안경, 장갑, 안전화, 작업복 등이 완벽한지 확인한다.
- 샌딩 기계를 사용할 때는 진공 흡입장치가 작동하는지 확인한다.
- 먼지 발생 시는 즉시 마스크를 착용한다.
- 디스크 해체 시에는 디스크 고정 스패너로 고정하여 접시를 뽑고, 끼울 때는 고정 스패너로 고정하여 접시를 단단히 조여 주고 시운전 해 본다.
- 전기톱으로 패널을 자를 때는 톱의 작동 방향을 확실히 알고 작동시킨다. 톱날이 부러질 때 얼굴, 손, 팔 등이 상하기 쉽다.
- 핸드 그라인딩 기계는 고속 회전(10000rpm)하기 때문에 위험성이 높아 사용법을 완전히 숙지하고 안전관리를 충분히 이해한 다음에 작업한다.
- 전동 공구는 사용 시 무리하게 코드를 잡아당기지 않으며, 사용 후 즉시 전원을 끄고 플러그를 빼어 놓는다.

60 소음방지제가 파손에 의해 망가지거나 새 패널을 교환할 때 소음 방지제를 재처리하는 방법에서 주의사항으로 틀린 것은?

① 쿼터 패널에 뿌리지 않는다.
② 배수구는 닫은 상태로 둔다.
③ 현가장치에 뿌리지 않는다.
④ 정확히 측정해서 해당 부위만 뿌린다.

정답 60. ②

국가기술자격 필기시험문제

2015년 기능사 제5회 필기시험

자격종목	종목코드	시험시간	형별
자동차차체수리기능사	6285		B

01 충격량의 크기와 물체의 운동량 변화에 대한 설명으로 틀린 것은?
① 충격량과 운동량은 모두 벡터량이다.
② 시간을 길게 해도 충격량의 크기는 항상 같다.
③ 충격량은 운동량의 변화와 같다.
④ 충격량의 방향은 운동량 변화의 방향과 같다.

02 편평 타이어의 특성으로 틀린 것은?
① 눈길에서 체인을 사용하지 않는다.
② 숄더부까지 트레드 패턴이 배열되어 있다.
③ 타이어 폭이 넓어 접지성이 좋다.
④ 코너링 성능이 향상되어 일반타이어보다 안전하다.

03 배기관의 배압이 상승하는 원인으로 맞는 것은?
① 배기관의 막힘
② 오버사이즈 소음기
③ 2개로 설치된 테일 파이프
④ 새로 장착한 정품의 머플러

> **해설**
> 배압이란 배기가스의 배출저항을 말하는데 연소실에서 배출되는 가스의 부피가 크게 늘어나면서 배기 밸브, 배기 포트, 배기 매니폴드, 배기관, 머플러 등의 저항을 받게 되어 압력이 발생하게 된다.

04 자동차 방향지시등에 대한 설명으로 옳은 것은?
① 작동상태를 운전석에서 확인하지 못하는 구조로 되어 있다.
② 방향지시등은 옆면에 설치되면 안 된다.
③ 방향지시등은 자동차의 진로 변경을 다른 자동차나 보행자에게 알려주기 위한 것이다.
④ 등색은 녹색이어야만 한다.

> **해설**
> 방향 지시등
> • 방향지시등은 자동차의 진로 변경을 다른 자동차나 보행자에게 알려주는 것이다.
> • 작동은 확실히 하여야 하며, 확인하기 쉬워야 한다.
> • 작동의 결함을 운전석에서 확인할 수 있어야 한다.
> • 방향지시등의 색깔은 황색 또는 호박색이다.

05 에너지 보존 법칙이라고도 하며 에너지는 형태가 변할 수 있을 뿐 새로 만들어지거나 없어질 수 없다고 정의한 법칙을 무엇이라고 하는가?
① 열역학 제1법칙
② 옴의 법칙
③ 키르히호프의 법칙
④ 보일-샤를의 법칙

> **해설**
> • 옴의 법칙 : 도체에 흐르는 전류(I)는 전압(E)에는 정비례하고, 그 도체의 저항(R)에는 반비례한다.
> • 키르히호프의 제1법칙 : 전류의 법칙으로 회로 내의 어떤 한 점에서 유입한 전류의 총합과 유출된 전류 총합은 같다.
> • 키르히호프의 제2법칙 : 전압의 법칙으로 임의의 폐회로에서 기전력의 총합과 저항에 의한 전압강하의 총합은 같다.
> • 보일-샤를의 법칙 : 기체의 압력은 온도가 일정할 때 부피에 반비례하고 압력이 일정할 때 기체의 부피는 온도의 증가에 따라 비례한다.

정답 1. ② 2. ① 3. ① 4. ③ 5. ①

06 바퀴 정렬에서 토 인 조정은 무엇으로 하는가?

① 타이로드 ② 스트러트 바
③ 컨트롤 암 ④ 스태빌라이저 바

> **해설**
> 토(Toe)
> 차량을 위에서 보았을 때 타이어 앞쪽과 뒤쪽 중심 거리차를 말하며 타이로드의 길이로 조정한다.
> ※ 토 인 : 타이어 앞쪽 중심거리가 뒤쪽 중심거리보다 짧은 상태를 말한다.

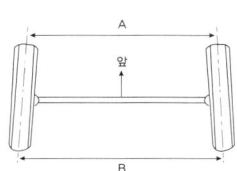

07 자동차의 차체 모양에 따른 분류로 해치백 세단(Hatch Back Sedan)의 형상은 어떤 것인가?

①  ②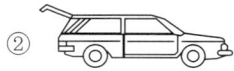
③  ④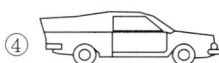

> **해설**
> 해치백(Hatch Back)
> 차량에서 객실과 트렁크실의 구분이 없으며 트렁크 위로 끌어 올리는 형태의 문을 단 승용차를 말한다.
> 노치백(Notch Back)
> 노치백은 객실과 트렁크 실이 구분되어 트렁크 실이 돌출된 형태의 승용차를 말한다.
>
>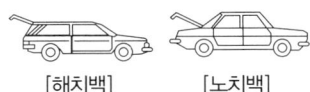
> [해치백]   [노치백]

08 차체 재료에서 인장강도를 허용응력으로 나눈 비를 무엇이라 하는가?

① 변형률 ② 반력
③ 안전율 ④ 전단력

> **해설**
> 안전율$(S) = \dfrac{\text{인장강도}(\sigma_u)}{\text{허용응력}(\sigma_a)}$

09 다음 중 온도단위가 절대온도, 섭씨온도, 화씨온도, 랭킨온도 순서대로 나열된 것은?

① ℃, R, K, °F
② K, ℃, °F, R
③ R, ℃, °F, K
④ °F, K, ℃, R

> **해설**
> 온도의 종류
> • 섭씨온도(Celsius Temperature, ℃) : 표준 대기압(760mmHg) 이하에서 증류수가 어는 빙점을 0℃, 끓는 비등점을 100℃로 하여 이 두 점을 100등분한 온도를 말한다.
> • 화씨(Fahrenheit Temperature, °F) : 물의 끓는점을 212℃로 하고 얼음의 녹는점을 32℃로 정하여 그 사이를 180등분한 온도를 말한다.
> • 켈빈(K) : 열역학 제2법칙에 따라 정해진 온도로 절대 온도의 기호는 K를 사용하며, 이론상 생각할 수 있는 최저 온도를 기준으로 하여 갖는 단위의 온도를 말한다.
> • 랭킨 온도(R) : 분자 운동이 정지할 때의 절대온도를 0으로 하고 비등점을 671.67R, 빙점을 491.67R로 하여 비등점과 빙점 사이를 180등분한 온도를 말한다.

10 모노코크 보디(Monocoque Body)의 각 부 구조 중 리어 보디(Rear Body)에 속하는 것은?

① 라디에이터 서포트(Radiator Support)
② 프런트 펜더(Front Fender)
③ 펜더 에이프런(Fender Apron)
④ 트렁크 리드(Trunk Lid)

> **해설** 리어 보디의 구조 명칭
>
>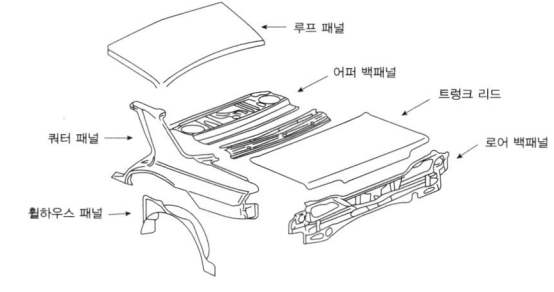

11 도면에서 치수를 표기할 때 사용되는 보조 기호를 설명한 것으로 잘못된 것은?

① φ : 지름　　② t : 작업시간
③ (12) : 참고치수　④ SR : 구의 반지름

>해설

보조기호의 종류

No	기호	구분
1	Φ	지름
2	□	정사각형
3	R	반지름
4	C	45°모따기
5	t	두께
6	p	피치
7	SR	구면의 반지름

12 아연에 대한 설명 중 틀린 것은?

① 산, 알칼리에서 부식을 촉진한다.
② 재결정은 가공도가 크면 실온에서 일어난다.
③ 격자 상수는 조밀육방격자이다.
④ 비중은 9.8이며 용융점은 320℃이다.

>해설

아연의 비중은 7.133이며 용융점은 419℃이다.

13 인장강도가 낮은 재료인 주철, 석재 등을 연삭할 때 사용하는 연삭 숫돌의 입자 기호는?

① A　　② WA
③ C　　④ GC

>해설

기호	KS	상품명	용도
A	1A 2A	– Alundum – Alexide	일반강재 보통탄소강
WA	3A 4A	– 38Aludum – AA Aloxide	담금질강, 내열강 고속도강, 합금강
C	1C 2C	– 37Crystlon – Carborundum	주철, 석재, 유리, 비철, 비금속
GC	3C 4C	– 39Cryslon – Carborundum	초경합금, 다이스 강, 특수강, 세라믹

14 열경화성 수지의 종류가 아닌 것은?

① 페놀　　② 멜라닌
③ 폴리에스테르　④ 아크릴

>해설

합성수지의 분류

- 열가소성 수지 : 열을 가하면 부드러워지고 가소성이 나타나 수정과 용접이 가능하며 냉각이 되면 본래 상태로 굳어지는 성질의 수지(염화비닐, 아크릴 수지)
- 열경화성 수지 : 열을 가하면 경화되고 성형 후에는 가열하여도 연해지거나 용융되지 않는 성질의 수지(페놀 수지, 멜라닌 수지, 폴리에르테르 수지)

15 가스 용접 시 모재의 두께가 얼마 이하이면 용접이음에 개선면(Beveling)이 필요 없는가?

① 1.2mm　　② 2.2mm
③ 3.2mm　　④ 4.2mm

16 피복 아크 용접에서 용접 속도에 영향을 주는 요소가 아닌 것은?

① 용접봉의 종류　② 모재의 재질
③ 용접 전압 값　④ 이음의 모양

17 자동차 타이어에 사용되지 않는 고무는?

① 합성고무　　② 연질고무
③ 천연고무　　④ 경질고무

>해설

경질고무
신축성이 적고 단단한 고무로 자동차의 조향 핸들, 축전지 케이스, 자동차에 사용되는 플렉시블 조인트, 전기의 절연물, 절연관, 개폐기 등에 사용된다.

18 다음 설명 중 틀린 것은?

① 취성 : 와이어가 같이 늘어나기 쉬운 성질
② 인성 : 질기고 강인한 성질
③ 전성 : 얇은 판으로 넓게 퍼지는 성질
④ 연성 : 가늘게 늘어나기 쉬운 성질

정답 11. ② 12. ④ 13. ③ 14. ④ 15. ③ 16. ③ 17. ④ 18. ①

해설
- 취성 : 아주 작은 변형에도 쉽게 파괴되는(부서지는) 성질
- 인성 : 파괴 시까지의 에너지 흡수(저장) 능력
- 전성 : 하중에 의해서 넓게 펴지는 성질
- 연성 : 가늘게 늘어나기 쉬운 성질

19 탄소강에서 냉간압연강판 표시기호는?
① SCP ② SHP
③ SS   ④ SBB

해설
강판의 표시 기호
- SCP : 냉간압연강판
- SHP : 열간압연강판
- SS : 구조용 압연강재

20 용접의 단점이 아닌 것은?
① 기계적인 성질이 변화하기 쉽다.
② 내부 응력이 발생되어 균열이 발생되기 쉽다.
③ 리벳이음에 비해 기밀성과 수밀성이 우수하다.
④ 작업자의 기능에 의해 영향을 받기 쉽다.

해설
용접의 단점
- 유해 물질이 발생된다.
- 용접 후 해체가 어렵다.
- 용접열에 의한 재료 특성 변화가 나타난다.
- 변형 및 잔류응력이 발생한다.
- 작업자의 숙련기술이 요구된다.
- 조립 시 많은 비용이 소모된다(치구류 등).
- 고가장비(레이저, 전자빔)도 있다.

21 일반적인 금속의 특징 중 맞지 않는 것은?
① 최저 용융 온도의 금속은 Hg(-38.4℃), 최고 용융 온도의 금속은 W(3410℃)이다.
② 최소의 비중은 Li(0.53), 최대 비중은 Ir(22.5)이다.
③ 일반적으로 용융 온도가 높으면 금속의 비중이 크다.

④ 내열성과 경량성을 동시에 만족하는 재료를 얻기 쉽다.

해설
금속재료의 일반적인 성질
- 상온에서는 고체상태의 결정체(단, 수은은 제외)이며, 산화작용에 의하여 부식이 발생되는 성질 즉, 부식성이 있다.
- 용융점이 높으며, 용해 후 적당한 형상으로 성형이 가능한 가용성이 있다.
- 전성과 연성이 풍부하여 고온으로 가열한 후에 단련성형이 가능한 가단성이 있으며, 경도와 비중이 크다.
- 상온에서 절삭, 성형이 가능한 가공성을 가지고 있다.
- 금속 특유의 불투명한 색을 지닌다.

22 자동차에 사용하는 몰드의 역할로 적당하지 않은 것은?
① 차체 이음새 부분의 숨김
② 차체의 손상방지
③ 물의 안내
④ 차체 강도 증가

23 도면에서 $\overset{\frown}{20}$, $\overset{\frown}{40}$이 나타내는 것은?

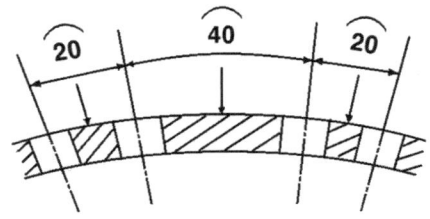

① 현의 길이   ② 원호의 길이
③ 기울기   ④ 대칭

24 탄산가스 아크용접은 바람으로 인해 작업에 영향을 받는다. 바람의 속도가 얼마 이내 일 때 방풍장치 없이 작업이 가능한가?
① 1~2m/sec   ② 3~4m/sec
③ 5~6m/sec   ④ 7~8m/sec

해설
탄산가스 아크용접의 특징은 아래와 같다.

장점	단점
고전류 밀도로 용입이 깊고, 용접 속도가 빠르다.	풍속 2m/sec 이상 시 방풍이 필요
용착 금속의 결함이 적고, 기계적 성질 우수하다.	비드 외관이 다소 거칠다.
박판 용접, 전자세 용접이 가능하다.	적용 재질이 철계통(연강용)으로 한정되어 있다.
스패터 발생이 적고, 아크가 안정적이다.	
슬래그 혼입이 없어 용접 후 처리가 간단하다.	
가시 아크이므로 시공이 용이하다.	

25 주조용 알루미늄 합금 중에서 Al-Si계 합금은?
① 실루민   ② Y합금
③ 로엑스 합금   ④ 라우탈

해설
알루미늄 합금의 종류
- 주조용 Al합금
  - 실루민 : Al-Si계
  - 라우탈 : Al-Cu-Si계
  - Y합금(내열합금) : Al-Cu-Mg-Ni
  - 로우·엑스 합금 : Al-Si-Mg계
  - 하이드로날륨 : Al-Mg계
- 단련용(가공용) 합금
  - 두랄루민 : Al-Cu-Mg-Mn계
  - 초두랄루민 : 두랄루민에 마그네슘을 0.5~1.5% 정도를 첨가한 합금

26 차체 수정 장비를 사용하는 인장 작업에서 차체를 고정하는데 사용되는 공구는?
① 앵커   ② 체인
③ 클램프   ④ 프레임

해설

사이드실 좌,우측의 앞뒤 플랜지 4부분에 클램프를 기본 설치하여 고정하고 변형된 차체의 수정작업을 실시한다.

27 스프레이 부스의 설명 중 틀린 것은?
① 도막의 연마 분진을 필터로 여과하여 대기오염을 방지
② 도장작업 시 작업자의 안전을 위한 환기 시설 설치
③ 도장작업 시 비산된 도료를 필터로 여과하여 대기오염을 방지
④ 도장작업에 적합한 온도 조절

해설
스프레이 부스(Spray Booth)는 도장 작업 중에 발생되는 도료의 분진을 여과기를 통해 배출하고 오염된 공기를 여과하여 먼지나 오물 등의 접촉을 차단, 공급함으로써 도장 작업 시 작업자의 건강 및 환경개선 등 최적의 상태를 유지하는 기능을 담당한다.

28 차체수리에서 보디 수정의 3요소에 해당되지 않는 것은?
① 고정   ② 패널 수정
③ 인장   ④ 계측

해설
보디 수정의 3요소 : 고정, 계측, 인장

29 전면 충돌 사고로 사이드 멤버(Side Member), 펜더 에이프런(Fender Apron) 및 프런트 필러(Front Pillar)까지 손상된 승용자동차를 수리하기 위한 방법으로 올바른 것은?
① 보디 프레임 수정기로 프런트 필러 변형부터 우선 수정 한 다음, 사이드 멤버를 수정한다.
② 차체를 고정하고 산소 용접기로 손상 부위를 가열한 후 타출 및 인장 작업을 하여 수정한다.
③ 손상된 사이드 멤버와 펜더 에이프런을 절단한 후 프런트 필러를 당긴다.

④ 보디프레임 수정기의 견인 장치로 펜더 에이프런과 사이드 멤버를 동시에 당긴다.

30 프레임 기준선에 의하여 센터링 게이지로 변형 상태를 점검할 때 주의할 사항이 아닌 것은?

① 보디(Body) 치수도를 활용할 것
② 계측기기의 손상이 없을 것
③ 차체를 회전시키면서 점검할 것
④ 수평으로 확실하게 고정할 것

> 해설
> 센터링 게이지 사용 시 주의사항
> • 보디(Body) 치수도를 활용할 것
> • 계측기기의 손상이 없을 것
> • 차체는 고정 상태에서 점검할 것
> • 수평으로 확실하게 고정할 것

31 점용접의 3대 요소에 해당하지 않는 것은?

① 통전시간
② 전극의 가압력
③ 용접전류
④ 모재의 두께

> 해설
> Spot(점) 용접의 원리
> 양 전극 사이에 2개 이상의 부재를 겹쳐 넣고 대전류를 공급하여 접촉면에 발생되는 저항열로 녹이고 가압력을 가하여 접합시키는 용접법이다.
> ※ 스폿 용접의 3요소 : 용접전류, 전극의 가압력, 통전시간

32 해머 머리에 까칠한 이가 붙어 있으며, 늘어난 철판을 수축시키는데 사용하는 해머는?

① 조르기 해머
② 고르기 해머
③ 딘킹(Dinking) 해머
④ 리버스 커브(Reverse Curve) 해머

33 판금가위 중 비틀림 가위의 사용 용도는?

① 직선으로 자를 때
② 둥글게 자를 때
③ 지그재그로 자를 때
④ 직각으로 자를 때

34 보디 프레임(Body Frame) 수정기의 종류에 속하지 않는 것은?

① 바닥형
② 이동식 벤치형
③ 고정식 벤치형
④ 슬라이드 해머식

> 해설
> 프레임 수정기의 분류
> • 이동식 보디 프레임 수정기
> • 바닥식 보디 프레임 수정기
> • 고정식(정치식) 보디 프레임 수정기

[이동식 프레임 수정기]   [바닥식 프레임 수정기]
[고정식 보디 프레임 수정기]   [바닥식 폴형 프레임 수정기]

35 외부 패널의 변형을 확인하는 방법 중 틀린 것은?

① 육안으로 확인한다.
② 가스 용접기로 예열해 본다.
③ 손으로 직접 만져본다.
④ 줄로 연마해 표면 상태를 본다.

> 해설
> 외부 패널을 가스 용접기로 예열하면 열에 의한 변형 및 성질이 변화될 수 있다.

정답 30. ③ 31. ④ 32. ① 33. ② 34. ④ 35. ②

36 트램 트래킹 게이지의 용도와 거리가 먼 것은?

① 대각선이나 특정 부위의 길이 측정
② 엔진 룸, 윈도우 부분의 개구부 변형 측정
③ 좌우 비대칭 보디의 변형 측정
④ 사이드 멤버의 길이 측정

해설
트램 트래킹 게이지의 용도
- 차의 길이 측정
- 프런트 사이드 멤버의 직선 길이 측정 비교
- 프레임의 대각선 길이 측정 비교
- 프런트 보디의 직선 또는 대각선 길이 측정 비교

37 판금의 전단가공 중에서 블랭킹(Blanking) 작업과 반대되는 것은?

① 파팅(Parting)
② 노칭(Notching)
③ 펀칭(Punching)
④ 트리밍(Trimming)

해설
- 블랭킹 : 판재에서 펀치와 다이를 이용하여 여러 가지 형태로 뽑아내는 전단가공법을 말한다.
- 펀칭 : 판재에서 구멍을 만드는 작업으로 뽑힌 부분이 스크랩(Scrap)이 되고 남은 부분이 제품이 된다.
- 트리밍 : 판재를 드로잉 가공으로 만든 다음 둥글게 자르는 작업이다.

38 용제의 용해력에 따른 분류에 해당하지 않는 것은?

① 진용제
② 조용제
③ 복합제
④ 희석제

해설
용해력에 따른 분류
- 진용제 : 단독으로 수지류를 용해하는 성질의 물질
- 조용제 : 단독으로는 용질을 용해하지는 못하지만, 타성분과 혼합하면 용해력이 나타나는 물질
- 희석제 : 용질에 대하여 용해력은 없으나, 용액에 가하여도 어느 정도의 양까지는 용질의 분리, 침전도를 떨어뜨리는 작용을 하는 물질

39 모노코크 보디(Monocoque Body) 차량이 충격을 받았을 경우, 차실에 영향을 적게 미치도록 프레임에 부분적으로 굴곡을 두는 것은?

① 쿠션(Cushion)
② 킥업(Kick up)
③ 댐퍼(Damper)
④ 스토퍼(Stopper)

해설
킥업
전, 후 충돌 등의 충격을 받았을 경우에 멤버 자체가 변형하여 차실에 영향을 미치는데 영향이 적게 미치도록 부분적으로 굴곡을 말한다.

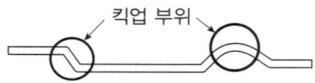

40 자동차에서 도어의 구성요소가 아닌 것은?

① 후드
② 힌지
③ 첵
④ 로크

해설

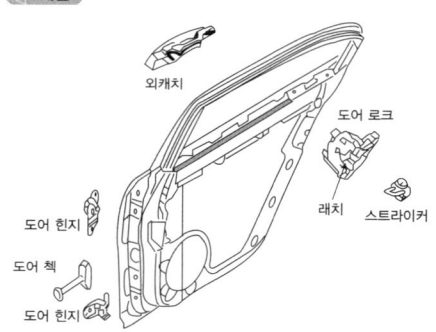

41 차체 각부 높이의 이상상태를 점검하기 위한 기준면을 무엇이라고 하는가?

① 데이텀라인
② 레벨
③ 센터라인
④ 프레임

해설
- 데이텀 라인 : 높이에 대한 차체의 기준선
- 레벨 : 언더 보디의 평행상태를 나타내는 지표
- 센터라인 : 차체의 중심을 가르는 기하학적 중심선
- 프레임 : 차체의 뼈대부

42 차체 박판의 맞대기 용접 방법으로 옳은 것은?

① 단속적으로 용접한다.
② 스폿 용접으로 작업한다.
③ 플러그 용접으로 작업한다.
④ 패널 앞·뒤 모두 용접한다.

해설

용접이음의 종류
- 맞대기 용접(Butt Joint, 버트 이음)
- 수직 용접(Fillet Joint, 필렛 이음)
- 겹치기 용접(Lap Joint, 랩 이음)
- 모서리 용접(Coner Joint, 코너 이음)
- 변두리 용접(Side Joint, 사이드 이음)
- 마개 용접(Plug Joint, 플러그 이음)

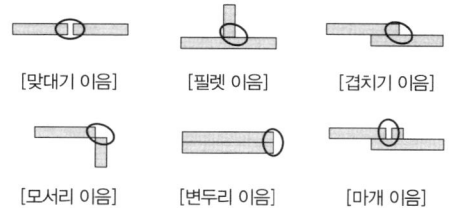

43 프레임의 중심부를 측정함으로써 프레임 상하, 좌우, 비틀림 변형 등의 이상 상태를 진단하는 게이지는?

① 프레임 체킹 게이지
② 프레밍 프로 게이지
③ 프레임 밴딩 게이지
④ 프레임 센터링 게이지

해설 센터링 게이지

센터링 게이지란 데이텀라인, 센터라인, 레벨을 기준으로 프레임의 중심부를 측정함으로써 프레임의 이상 상태를 진단하는 게이지이다.

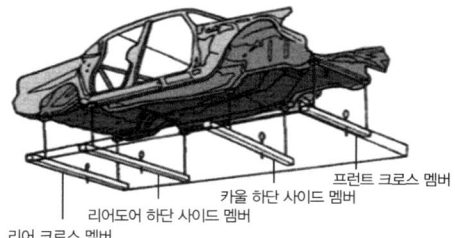

44 퍼티의 두께를 약 0.1~0.5mm 정도로 사용할 수 있으며 퍼티나 프라이머 서페이서 면의 기공 및 작은 상처를 수정하는 데 사용하는 퍼티는?

① 판금퍼티
② 폴리퍼터
③ 아연퍼티
④ 래커퍼티

해설

- 판금 퍼티(Metal Putty) : 최대 3~5cm까지 도포가 가능하며 판과의 부착성을 좋게 하지만 완전건조 시간이 오래 걸리며 연마성이 나쁘며 교환하는 리어펜더의 접합부나 깊이가 큰 요철 부분에 사용된다.
- 폴리에스테르 퍼티(Polyester Putty) : 주제와 경화제의 혼합은 100 : 1~3 정도이며 퍼티의 색상에 따라 경화 시간이 달라진다. 일반적으로 5mm 정도의 요철부나 퍼티면의 굴곡 등을 수정하는 마무리 타입으로 사용된다.
- 스프레이 퍼티(Spray Putty) : 퍼티 도포가 힘든 굴곡 부위나 작업부위가 넓은 부위에 마무리 퍼티용이 사용된다.
- 래커 퍼티(Lacquer Putty) : 막의 두께는 약 0.1~0.5mm 정도이며 퍼티면이나 프라이머 서페이서 면의 가공 및 작은 상처를 수정하는 데 사용된다.

45 가스 절단 작업을 할 때 산소의 순도가 미치는 영향이 아닌 것은?

① 순도가 저하되면 절단 개시 시간이 짧아진다.
② 순도가 저하되면 절단 속도가 저하된다.
③ 순도가 저하되면 산소 소비량이 많아진다.
④ 순도가 높아지면 토치가 쉽게 막힌다.

해설

산소 가스 절단은 산소 순도에 따라 절단 속도가 크게 영향을 받는다. 현재 시판되고 있는 산소는 99.5%의 순도를 갖고 있기 때문에, 절단 작업상 충분한 순도라고 볼 수 있으나, 순도가 저하되면 절단 개시 시간이 짧아져 속도가 저하되고, 소비량은 증가하게 된다.

46 엔진 룸 사고수리 마무리 단계에서 외형 패널의 단차를 수정하기 위해 조절해야 할 부품이 아닌 것은?

① 프런트 펜더　② 후드 패널
③ 범퍼　　　　　④ 휠 하우스

해설
프런트 펜더, 후드 패널, 범퍼, 도어 패널, 트렁크 리드 등은 볼트 온 패널로써 탈부착이 가능하여 사고수리 마무리 단계에서 외형의 단차나 간격 등을 조절한다.

47 해머(Hammer)와 돌리(Dolly)로 늘이기, 굽히기, 두드리기 작업을 하여 차량의 손상된 패널을 수정하는 것을 무엇이라 하는가?

① 성형 작업(Forming)
② 타출 작업(Beating)
③ 벤딩 작업(Bending)
④ 시밍 작업(Seaming)

해설
타출(Penned Beating)
해머 타격에 의한 제작방식으로 금속판을 문양이 조각된 틀에 넣고 안팎으로 두들겨서 가공하는 방법이다.

48 스프레이건과 피도물 사이의 거리로 가장 적당한 것은?

① 1~5cm　　② 5~15cm
③ 15~25cm　④ 25~50cm

해설
일반 스프레이건은 약 15~25cm, HVLP건의 경우 약 10~15cm가 적당하다.

49 광택 작업 시 유의사항 중 옳지 않은 것은?

① 각진 부위 및 모서리 부위를 작업할 때 다른 부위에 비해 힘을 더 가해야 한다.
② 광택제와 왁스의 흔적이 없도록 처리한다.
③ 도막에 상처가 나지 않도록 주의한다.
④ 요철이나 굴곡 부위에 도막의 벗겨짐이 없도록 한다.

50 압축된 공기의 수분을 제거시키는 방법이 아닌 것은?

① 볼트를 조이는 방법
② 충돌판을 이용하는 방법
③ 원심력을 이용하는 방법
④ 필터 또는 약제를 사용하는 방법

51 적외선 전구에 의한 화재 및 폭발할 위험성이 있는 경우와 거리가 먼 것은?

① 용제가 묻은 헝겊이나 마스킹 용지가 접촉한 경우
② 적외선 전구와 도장면이 필요 이상으로 가까운 경우
③ 상당한 고온으로 열량이 커진 경우
④ 상온의 온도가 유지되는 장소에서 사용하는 경우

해설
용제는 물질을 용해할 수 있는 성능을 가진 요소를 말하며 도장작업에서는 주로 시너, 리무버 등을 사용한다. 시너나 리무버는 인화성 물질로 적외선 전구와 접촉하게 되면 화재가 발생될 수 있다.

52 탁상그라인더에서 공작물은 숫돌바퀴의 어느 곳을 이용하여 연삭작업을 하는 것이 안전한가?

① 숫돌바퀴 측면
② 숫돌바퀴의 원주면
③ 어느 면이나 연삭작업은 상관없다.
④ 경우에 따라서 측면과 원주면을 사용한다.

해설
연삭 작업
- 작업 전 이상 유무를 확인하고 사용한다.
- 숫돌바퀴의 균열 여부를 나무해머로 가볍게 두드려 확인한다.
- 연삭작업 전에 1분, 연삭숫돌 교체 후에 3분 이상 공회전한 후 정상 회전 속도에서 시작한다.
- 반드시 안전덮개는 부착하고 작업한다.
- 연삭숫돌은 가능한 한 측면을 사용하지 않는다.
- 숫돌차와 받침대 간격은 3mm 이내로 한다.

정답　46. ④　47. ②　48. ③　49. ①　50. ①　51. ④　52. ②

53 정 작업 시 주의 할 사항으로 틀린 것은?

① 금속 깎기를 할 때는 보안경을 착용한다.
② 정의 날을 몸 안쪽으로 하고 해머로 타격한다.
③ 정의 생크나 해머에 오일이 묻지 않도록 한다.
④ 보관 시는 날이 부딪쳐서 무디어지지 않도록 한다.

해설
펀치 및 정 작업
- 펀치 작업을 할 경우에는 타격하는 지점에 시선을 두고 작업한다.
- 정 작업 시 얼굴이나 눈 등에 칩이 튈 우려가 있으므로 서로 마주 보고 작업하지 않는다.
- 열처리한(담금질한) 금속을 해머로 때리면 튀기 쉽고 잘 부러지므로 작업하지 않는다.
- 정 작업 시 시작과 끝은 조심스럽게 때린다.
- 칩이 끊어져 나갈 무렵에는 비산물이 튈 수 있으므로 조심스럽게 때린다.
- 정의 날을 몸 바깥쪽으로 하고 해머로 타격하며 작업한다.
- 정이나 해머에 오일이 묻지 않게 작업한다.
- 정 작업에서 버섯머리 나사는 그라인더로 갈아서 사용한다.
- 보관을 할 때에는 날이 부딪쳐서 무디어지지 않도록 한다.
- 금속 깎기, 쪼아내기 작업을 할 때는 보안경을 착용한다.

54 절삭기계 테이블의 T홈 위에 있는 칩 제거 시 가장 적합한 것은?

① 걸레   ② 맨손
③ 솔   ④ 장갑 낀 손

해설
기계설비 작업 시 안전사항
- 가동 전에 기계를 점검하고 상태를 확인한다.
- 공구나 가공물이 회전 시 장갑 착용을 금지한다.
- 작업복 및 안전모를 바르게 착용한다.
- 가공물 부착 및 공구 분리 시 반드시 기계를 정지시킨 후 작업한다.
- 기계 청소시나 칩 제거 시는 기계를 정지시킨 후 작업 솔이나 걸레를 사용한다.
- 운전 중에는 주유를 하거나 가공물 측정 등 작업점에 손을 넣지 않는다.

55 재해 발생 원인으로 가장 높은 비율을 차지하는 것은?

① 작업자의 불안전한 행동
② 불안전한 작업환경
③ 작업자의 성격적 결함
④ 사회적 환경

해설
사고가 발생하는 순서
사고는 작업자의 실수(인적요인)에 의해 가장 많이 발생하는데 순서는 다음과 같다(불안전한 행동 → 불안전 상태 → 불가항력).

56 차체 작업 시 필요한 안전장비로 가장 거리가 먼 것은?

① 용접모, 용접장갑   ② 페이스커버
③ 라텍스 장갑   ④ 방진마스크

해설
라텍스 장갑
도장작업 중 스프레이 작업 시에 사용한다.

57 차체에서 용접을 할 때 차광도가 없는 보안경을 사용하여도 되는 용접작업은?

① 가스 절단   ② 가스 용접
③ CO_2 용접   ④ 저항 용접

해설
전기 저항 용접은 접합하는 모재의 접촉부를 통해서 전류를 흘려보내고 이때 발생하는 저항열을 이용해서 가열한 다음 압력을 가해서 용접하는 방법을 말하며 접촉부위가 좁고 빛의 발생이 적어서 차광도가 없는 보안경을 착용하고 작업한다.

[작업 사진]

58 자동차에서 액체연료 주입 시 유의사항으로 틀린 것은?

① 연료 주입구가 얼어서 열리지 않을 때는 주변의 얼음을 제거하고 빙점이 낮은 브레이크액을 부어 녹인다.
② 자동차의 외부 표면에 연료가 떨어지면 도장이 손상될 수 있으니 주의한다.
③ 연료 주입구 캡을 닫을 때는 항상 안전하게 잠겼는지 확인해야 한다.
④ 연료 주입구 주변에 화기를 가까이 하지 않는다.

해설
연료 주입 안전관리
- 연료 주입구가 얼어서 열리지 않을 때는 주변을 가볍게 두드린 후 연다.
- 차량의 외부 표면에 연료가 떨어지면 도장이 손상될 수 있다.
- 연료 주입구 캡을 닫을 때는 항상 안전하게 잠겼는지 확인해야 한다.
- 연료를 주입하기 전에 항상 시동을 끄고 연료 주입구 주변에 화기를 가까이 하면 안 된다.

59 공구의 취급에 관한 설명 중 틀린 것은?

① 해머 작업 : 타격하는 곳을 보며 처음에는 빠르게 타격
② 스패너 작업 : 너트와 맞는 것을 사용하며 파이프를 장착하여 사용 금지
③ 줄, 드라이버 작업 : 용도 이외의 곳에 사용금지
④ 정 작업 : 보호안경을 착용하여 작업

해설
수공구 취급 안전(해머 작업)
- 좁은 곳에서는 작업 하지 않는다.
- 기름 묻은 손이나 장갑을 끼고 작업하지 않는다.
- 타격 시 처음부터 힘을 주어 치지 않는다.
- 해머 대용품은 사용하지 않는다.
- 타격면은 평탄한 것을 사용한다.
- 손잡이는 튼튼한 것을 사용하고 사용 중에 자주 확인한다.
- 타격 부위를 주시하면서 작업한다.
- 해머를 휘두르기 전에 반드시 주위를 살핀다.
- 장갑을 끼고 작업하지 않는다.
- 녹슨 재료는 타격에 주의한다(반드시 보안경 착용).

60 재해발생의 물리적 요인으로 작업환경의 부적합 요인과 관계없는 것은?

① 온도 ② 조명
③ 소음 ④ 피로

해설
물리적 원인에 의한 경우(불안전 상태)
- 안전장치 및 보호장치에 결함이 있거나 미설치의 경우
- 부적합한 공구나 장치를 사용한 경우
- 작업환경에 결함이 있는 경우(소음, 조명, 환기, 화재, 폭발성 위험물 등)
- 작업장소가 너무 협소할 경우
- 경계표시 및 시건 장치가 없는 경우
- 보호구가 필요 수량만큼 구비되지 않았을 경우

정답 58. ① 59. ① 60. ④

국가기술자격 필기시험문제

2016년 기능사 제2회 필기시험			수험번호	성명
자격종목 **자동차차체수리기능사**	종목코드 **6285**	시험시간	형별 **A**	

01 주행 중 타이어에서 발생할 수 있는 현상과 가장 거리가 먼 것은?

① 스탠딩 웨이브 현상
② 하이드로플래닝 현상
③ 타이어 터짐
④ 베이퍼 록

해설 용어 정의
- 스탠딩 웨이브 현상(Standing wave, 정지파 현상)
  - 고속 주행시 임계속도 이상에서 타이어 접지부 직후의 외주면에서 찌그러지는 변형파가 발생되는 현상
- 하이드로 플래닝(Hydro planing, 수막현상)
  - 물이 고인 도로를 고속으로 주행할 때 타이어는 수상스키와 같이 물 위를 활주하는 형태로 나타나는 현상
- 베이퍼 록(Vapor lock) 현상
  - 브레이크 회로 내의 오일이 비등, 기화하여 오일의 압력 전달 작용을 방해하는 현상

02 전조등에서 실드 빔형이란?

① 렌즈, 반사경 및 전구를 분리하여 만든 것
② 렌즈, 반사경 및 전구를 일체로 만든 것
③ 렌즈와 반사경을 분리하여 만든 것
④ 반사경과 필라멘트를 분리하여 만든 것

해설 실드 빔식(Sealed beam type)
렌즈, 반사경, 필라멘트가 일체로 되어있으며, 내부에 불활성 가스가 봉입되어 있다.

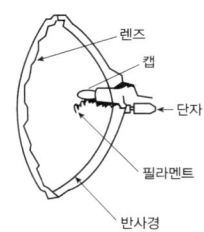

03 가장 일반적인 승용차 형식으로 4도어에 실내2열의 4~5인승 좌석이 있고 트렁크가 있는 형식은?

① 웨건(Wagon)
② 라이트 밴(Light van)
③ 트레일러(Trailer)
④ 세단(Sedan)

해설
- 웨건(Wagon): 승용과 화물을 함께하는 다용도 형태의 자동차이다.
- 라이트 밴(Light van): 밴은 지붕을 고정해 상자꼴의 화물실을 갖춘 트럭 말하며, 라이트 밴은 소형 패널 밴으로 딜리버리 밴(Deliveryvan)이라고도 한다.
- 트레일러(Trailer): 동력 없이 견인차에 연결하여 짐 등을 실어 나르는 차량을 말한다.
- 세단(Sedan): 가장 일반적인 모양으로 앞, 뒤로 2열의 좌석을 갖춘 4~6인승의 4도어 승용차를 말한다.

04 모노코크 보디의 각부 구조 중 리어 보디에 속하지 않는 것은?

① 트렁크 리드 로크 ② 에이프런
③ 테일 게이트 ④ 백 패널

해설 리어 보디의 구조

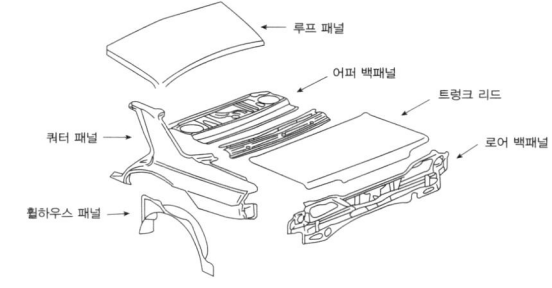

정답 1. ④ 2. ② 3. ④ 4. ②

- 트렁크 리드 로크는 트렁크를 고정하는 장치를 말한다.
- 에이프런은 프런트 펜더 안쪽에 들어가는 보조 패널을 말한다.
- 테일 게이트는 트럭의 뒷문을 말한다.
- 백 패널은 어퍼 백패널과 로어 백패널로 구분된다.

05 캐스터 설명 중 틀린 것은?

① 캐스터는 수직선을 기준으로 해서 조향축이 앞으로나 뒤로 기울어진 것이다.
② 플러스 캐스터는 조향축 상단이 뒤로 기울어질 때이다.
③ 마이너스 캐스터는 조향축 상단이 앞쪽으로 기울어질 때이다.
④ 캐스터 각이 0°일 때의 바퀴를 조향할 때 스핀들은 수직면 상의 궤도에서 움직인다.

해설 캐스터

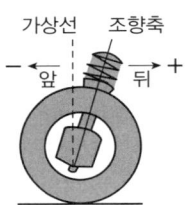

차량을 옆에서 보았을 때 타이어의 가상의 수직선과 조향축이 이루는 각을 말한다.

06 자동차 공학에 쓰이는 단위 환산으로 틀린 것은?

① 1PS = 75kgf · m/s
② 1kW = 102kgf · m/s
③ 1kcal = 1/427kgf · m/s
④ 1J = 1N · m

해설
- 1PS = 75kgf m/s = 735.5W
- 1kW = 1000W = 102 kgf · m/s = 102,000 kgf · mm/s
- 1 kcal = 427Kgf · m
- 1J = 1N · m = 1kg · m²/s²

07 자동차 기관의 연비를 향상시키기 위한 대책이 아닌 것은?

① 동력전달장치의 마찰 감소
② 차체의 공기저항 감소
③ 차량 중량 저감
④ 기관 냉각수 온도 저감

해설
- 자동차 제작사에서는 연비를 향상시키기 위해 열효율 50%대의 기관을 제작하려고 노력하고 있다.
- 기관의 열효율을 떨어트리는 주요소에는 냉각손실이 약30%, 배기가스에 의한 손실이 약30%, 마찰손실이 약5%정도를 차지하고 있다.

08 승용 및 RV 차량의 차체 구조에 많이 적용되고 있는 모노코크 보디의 장점으로 틀린 것은?

① 보디 조립의 자동화가 가능하여 생산성이 높다.
② 차고를 낮게 하고 무게 중심을 낮출 수 있다.
③ 차체 중량이 무거워 강성이 높다.
④ 충돌 시 충격 에너지 흡수 효율이 좋고 안전성이 높다.

해설
모노코크 보디의 특징
- 일체식 보디로써 여러 장의 균일한 패널이 용접 및 조립 결합되어 하나의 형상을 구성하여 충격을 흡수하고, 차체 전체로 분산시키는 구조로 되어 있다.
- 중량이 가볍고 강성이 높다.
- 정밀도가 높고 생산성이 좋다.
- 차고를 낮게 하고 차량의 무게 중심을 낮출 수 있어 승차감을 향상시킨다.
- 차실 바닥면을 넓고 낮게 할수 있어 객실공간을 효과적으로 설계할 수 있다.
- 사고, 수리 시 복원의 어려움이 있다.
- 소음, 진동의 영향을 받기 쉬워 엔진룸 설계 시 기술력이 요구된다.

정답 5. ④ 6. ③ 7. ④ 8. ③

09 모노코크 보디에서 프런트 보디 부분에 속하는 패널은?

① 라디에이터 서포트 패널
② 센터 플로어 패널
③ 사이드 실 아웃 패널
④ 쿼터 아웃 패널

해설

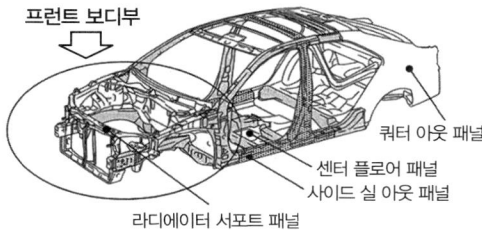

10 국제단위계(SI단위)에서 속도의 단위로 맞는 것은?

① m²/s
② m/s²
③ ft²/s
④ m/s

11 미터나사에 대한 설명 중 틀린 것은?

① 동력전달용 나사이다.
② 나사산의 각도는 60°이다.
③ 바깥지름으로 호칭치수를 표시한다.
④ 피치는 mm로 표시한다.

해설

미터나사는 나사산의 각도가 60°인 삼각나사를 말하며 일반적으로 가장 많이 쓰인다. 나사의 지름과 피치의 크기는 mm 단위를 사용하며 미터보통나사와 미터가는나사로 분류된다. 미터보통나사의 호칭지름은 M, 미터가는나사는 M호칭지름×피치로 표기한다.

12 탄소강의 설명 중 맞지 않는 것은?

① 탄소함유량은 약 0.05~1.7% 정도가 일반적이다.
② 탄소함유량이 많아질수록 연신율 및 충격값이 감소한다.
③ 탄소함유량이 많아질수록 경도 및 항복점이 증가한다.
④ 탄소함유량이 많아질수록 비중 및 열전도율이 증가한다.

해설

탄소량이 증가할수록 인장강도는 커지고, 연신율과 용해되는 온도는 낮아진다.

13 탄소에 의한 철강의 분류에 해당되지 않는 것은?

① 연강
② 경강
③ 고탄소강
④ 니켈

해설 철강재료

- 순철(탄소 0.035%이하의 철)
- 강
  - 탄소강(탄소 0.035 ~ 1.7%를 함유한 철(Fe)과 탄소(C)의 합금)
  - 합금강 or 특수강(탄소강에 1종 이상의 금속을 합금 시킨 것)
- 주철 or 선철(탄소 1.7 ~ 6.67%를 포함한 철과 탄소의 합금)

14 차체의 사이드 머드가드에 사용되는 재료와 거리가 먼 것은?

① FRP
② PP
③ 고장력 강판
④ RIM 우레탄

해설

사이드 머드가드란 주행 시 노면의 흙이나 돌 등으로 인한 차체의 손상을 방지하기 위한 플라스틱 커버를 말한다.

15 Cu(구리)-Zn(아연) 합금을 무엇이라 하는가?

① 황동
② 청동
③ 베어링강
④ 스프링강

해설 황동

구리와 아연의 합금을 말하며 함유 비율에 따라 분류한다.

- 7-3황동: 구리 70%, 아연 30%이며 황금색을 띠며 연신율, 냉간 가공성이 좋다.

- 6-4황동 : 구리 60%, 아연 40%이며 주황색을 띠며 주조성, 열간 가공성이 좋으며 인장강도가 높다.
- 톰백(Tom bac): 구리 85%, 아연 15%의 황동을 말한다.
- 네이벌 황동: 6-4황동에 주석 1%를 첨가한 황동을 말한다.

16 용해 아세틸렌은 몇 기압 이하에서 사용하여야 하는가?

① 약 1.3기압　② 약 1.5기압
③ 약 2기압　　④ 약 2.5기압

해설 아세틸렌의 성질
- 505~515℃정도에서 폭발위험이 있다.
- 산소 85%, 아세틸렌 15%정도에서 폭발성이 가장 크다.
- 1.5기압 이상 시에 폭발하기 쉽고, 2기압 이상이면 자연 폭발한다.
- 구리, 은, 수은 등과 접촉하여 120℃ 부근에서 폭발성 화합물이 생성된다.

17 모재는 녹이지 않고 모재보다 용융점이 낮은 금속을 녹여 표면장력으로 접합시키는 용접은?

① 퍼커션 용접　② 프로젝션 용접
③ 납땜 용접　　④ 업셋 용접

해설
납땜은 접합하고자 하는 재료 즉, 모재는 녹이지 않고 모재보다 용융점이 낮은 금속을 녹여 표면장력으로 접합시키는 용접법을 말한다.

18 공구강의 구비조건 중 틀린 것은?

① 열처리가 쉽고 단단할 것
② 고온에서 경도를 유지할 것
③ 내식성이 클 것
④ 강인성과 내충격성이 약할 것

해설 공구강의 구비조건
- 열처리가 쉽고 단단할 것
- 고온에서 강도를 유지할 것
- 내식성이 클 것
- 강인성과 내충격성이 클 것

19 금속의 슬립에 대하여 설명한 것 중 틀린 것은?

① 슬립(Slip)이 일어나기 쉬운 면은 원자밀도가 제일 큰 격자면이다.
② 슬립방향은 원자밀도가 제일 큰 방향이다.
③ 슬립에 대한 저항이 차차 증가하면 가공경화가 생긴다.
④ 슬립선은 변형이 진행됨에 따라 그 수가 적어진다.

20 보기와 같은 도면의 설명으로 올바른 것은?

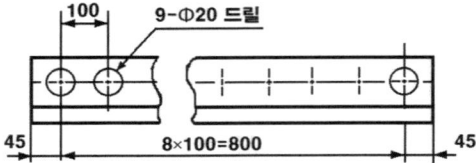

① L형강 양단 45mm 띄워서 100mm의 피치로 지름이 20mm, 깊이 9mm의 구멍을 8개 드릴로 뚫는다.
② L형강에 양단 45mm 띄워서 800mm의 사이에 100mm의 피치로 지름 20mm의 구멍을 9개 뚫는다.
③ L형강에 양단 45mm 뛰우고 좌단은 또 다시 100mm 띄워서 8mm의 피치로 800mm의 사이에 지름 20mm 깊이 9mm의 구멍을 100개 드릴로 뚫는다.
④ L형강에 양단 45mm 띄어서 8mm의 피치로 지름 20mm 깊이 9mm의 구멍을 100개 드릴로 뚫는다.

21 알루미늄 합금 패널의 용접작업에 관한 설명으로 틀린 것은?

① 알루미늄 합금은 가열온도를 확인하기가 어렵다.
② 알루미늄 합금 패널은 열 전도성이 우수하여 국부 가열이 어렵다.
③ 알루미늄 합금 패널의 산화막은 손상되지 않도록 용접해야 한다.

④ 알루미늄 합금의 용접부위에 기공이 발생하기가 쉽다.

22 피복금속 아크용접용 기구에 속하지 않는 것은?
① 접지 클램프 ② 홀더
③ 이송 롤러 ④ 케이블

해설
송급 롤러는 특수용접(MIG, MAG)에 이용되는 용접기구를 말한다.

23 전기아크 용접기의 장점이 아닌 것은?
① 이동과 운반이 용이하다.
② 높은 전력 효과를 얻을 수 있다.
③ 화재 위험이 없어 소화장비가 불필요하다.
④ 장치 구조가 간단하여 고장 발생률이 낮다.

24 알루미늄 합금의 성분이 잘못 된 것은?
① 실루민(Silumin) : Al + Si
② 두랄루민(Duralumin) :
  Al+Cu+Ni+Fe
③ Y합금(Y alloy) : Al+Cu+Ni+Mg
④ 로-엑스 합금(Lo-Ex alloy) :
  Al+Si+Ni+Cu+Mg

해설
- 실루민 : 알루미늄(Al)에 규소(Si)를 첨가시킨 것이며 주조성, 내식성, 기계적 성질이 우수하다.
- 두랄루민 : 알루미늄(Al), 구리(Cu), 마그네슘(Mg)의 합금이며, 인장강도가 크고 시효경화를 일으킨다.
- Y합금 : 알루미늄(Al), 구리(Cu), 마그네슘(Mg), 니켈(Ni)의 합금이며 내열성이 커 강인한 주물에 적합하다.
- 로-엑스 : 알루미늄(Al), 규소(Si), 니켈(Ni), 구리(Cu), 마그네슘(Mg)의 합금이며 내열성이 크고, 열팽창 계수가 적다.

25 탄산가스 아크용접에 대한 설명 중 틀린 것은?
① 비철금속 용접에는 사용할 수 없다.
② 비드 외관이 타 용접에 비해 양호하다.
③ 전자세 용접이 가능하고 조작이 간단하다.
④ 보호가스가 저렴한 탄산가스라서 다른 특수용접에 비해 비용이 적게 든다.

해설
탄산가스 아크용접의 특징

장점	단점
고전류 밀도로 용입이 깊고, 용접 속도가 빠르다.	풍속 2m/sec 이상 시 방풍이 필요하다.
용착 금속의 결함이 적고, 기계적 성질 우수하다.	비드 외관이 다소 거칠다.
박판 용접, 전자세 용접이 가능하다.	적용 재질이 철 계통(연강용)으로 한정되어 있다.
스패터 발생이 적고, 아크가 안정적이다.	
슬래그 혼입이 없어 용접 후 처리가 간단하다.	
가시 아크이므로 시공이 용이하다.	

26 신품 패널과 차체 패널을 겹쳐서 절단할 때 유의해야 할 사항으로 틀린 것은?
① 차체 측의 절단면은 용접선을 최소화 되도록 한다.
② 겹치는 부분을 충분히 넓게 해서 조립할 때 위치 확인이 용이하게 한다.
③ 새 부품이 변형되지 않게 무리한 힘을 주지 않는다.
④ 절단은 쇠톱이나 에어톱을 사용한다.

해설
겹치는 부분은 확인이 용이한 부위로 선택하여 작업성은 높이고 최대한 좁은 부위를 선택하여 용접변형 및 차체의 변형 등에 유의하며 작업한다.

정답 22. ③ 23. ② 24. ② 25. ② 26. ②

27 보디의 패널교환 부품의 절단위치 설정 조건으로 틀린 것은?
① 다른 부품의 변형을 유발시키지 않는 곳
② 탈착 부품이 많아도 용접이 쉬운 곳
③ 용접 길이가 짧고, 도장 보수가 쉬운 곳
④ 탈착 부품의 조립에 지장이 없는 곳

28 센터링 게이지 수평바의 관측에 의하여 파악할 수 있는 것으로 차체의 각 부분들이 수평한 상태에 있는가를 고려하는 파손분석의 요소는?
① 치수
② 데이텀 라인
③ 레벨
④ 센터 라인

> **해설**
> • 치수란 지점과 지점 간의 거리를 수치로 나타낸 것이다.
> • 데이텀 라인이란 차체의 높이에 대한 기준선을 말한다.
> • 레벨이란 언더 보디의 평행상태를 나타내는 척도를 말한다.
> • 센터라인이란 차체를 가로지르는 중심선을 말한다. 차체의 넓이에 대한 기준선을 말한다.

29 가반식 유압 보디 잭의 구성장치를 나열하였다 이 때 해당되지 않는 것은?
① 펌프
② 스피드 커플러
③ 그래플
④ 유압실린더

> **해설**
> 가반식 유압 보디 잭의 구성
> • 유압 펌프: 유압을 발생시킬 수 있도록 설치된 구성품
> • 스피드 커플러: 작업 중의 각종 램을 교환할 경우 오일이 누출되거나, 에어가 혼입되는 것을 방지하는 역할
> • 램(유압 실린더): 유체에너지를 기계적인 일로 전환시키는 장치
> • 어태치먼트: 몸체에 설치하여 여러 가지 작용을 할 수 있게 하는 장치
> • 고압호스: 유압을 전달하는 통로역할을 하는 구성품

30 트램 트랙킹 게이지로 측정 가능한 항목이 아닌 것은?
① 우측 프런트 서스펜션의 굽음
② 토인과 캠버의 변화
③ 리어 액슬의 흔들림
④ 옆으로 굽은 프레임의 앞 부위

> **해설**
> 트램 트랙킹 게이지의 네 바퀴 정렬 점검 부
> • 우측 프런트 서스펜션의 굽음
> • 리어 액슬의 흔들림
> • 옆으로 굽은 프레임의 앞 부위

31 차량의 외부 패널 수정에 사용되는 공구가 아닌 것은?
① 해머와 돌리
② 슬라이드 해머
③ 풀링 시스템
④ 스푼

> **해설**
> 풀링 시스템은 프레임 변형 등의 수정에 주로 사용되는 장비를 말한다.

32 에어컴프레서 사용을 중단하고 점검 받아야 하는 이상 현상이 아닌 것은?
① 압력으로 상승되지 않을 때
② 운전 중 이상한 소리가 날 때
③ 운전 중 급정지 한 경우
④ 드레인밸브 상단에 수분이 고일 때

33 도어의 아우터 패널과 이너 패널을 조립하기 위한 프레스 가공법은?
① 플랜징
② 비딩
③ 헤밍
④ 전성

> **해설** 헤밍(Heming)
>
>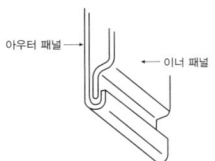
>
> 도어 또는 후드 등의 아우터 패널과 이너 패널을 조립하기 위한 프레스 가공법이다.

34 연마용 공구가 아닌 것은?

① 에어치즐 ② 디스크 샌더
③ 그라인더 ④ 벨트 샌더

해설
기능에 따른 분류
- 탈착용 : 임팩트 렌치, 라쳇 렌치 등
- 패널 교환용 : 에어 펀치, 에어 드릴, 스포트드릴, 에어 치즐, 에어 톱, 에어 니블러 등
- 연마용 : 원형 샌더, 디스크 샌더, 벨트 샌더, 사각 샌더 등

35 구멍 뚫기를 한 제품의 가장자리에 붙어 있는 파단면 등이 평평하지 못하므로 제품의 끝을 약간 깎아 다듬질하는 작업인 것은?

① 블랭킹 ② 트리밍
③ 드로잉 ④ 셰이빙

해설
- 블랭킹은 판재에서 펀치와 다이를 이용하여 여러 가지 형태로 뽑아내는 전단가공법을 말한다.
- 트리밍은 판재를 드로잉 가공으로 만든 다음 둥글게 자르는 작업을 말한다.
- 드로잉은 평판의 재료에 이음매가 없는 중공용기를 주름살이나 균열이 생기지 않게 다이안에 펀치를 눌러 넣어서 성형시키는 작업을 말한다.

36 차체의 손상진단에 착안해야 할 점과 관계가 깊지 않는 것은?

① 육안 판단을 우선한다.
② 계측기를 사용한다.
③ 내부파손 영역을 확인한다.
④ 차체치수도의 측정지점을 확인한다.

해설
손상 진단 시 착안 사항
- 최초의 충돌지점(충돌 부위) 확인
- 힘의 전달 경로(충돌 각도, 속도, 크기) 확인
- 최종 발생 요철부위 확인

위 사항을 착안하고 육안 판단에 의한 오류를 방지하기 위해서 계측기와 차체치수도를 활용하여 진단한다.

37 보디의 접합 시 전기저항 스폿(Spot) 용접을 사용하는 이유로 틀린 것은?

① 변형 발생이 거의 일어나지 않는다.
② 기계적 성질을 변화시키지 않는다.
③ 용접부의 균열, 내부응력 발생이 없다.
④ 육안점검으로 용접부 상태를 쉽게 파악할 수 있다.

해설
전기 저항 용접의 장점
- 용접공의 기능에 대한 영향이 적다(큰 숙련을 요하지 않는다).
- 용접 시간이 짧고 대량 생산에 적합하다.
- 산화 및 용접 변형이 적다.
- 가압 효과로 조직이 치밀하고 용접부가 깨끗하다.

38 다음 그림의 자동차 패널에서 ④번의 명칭은?

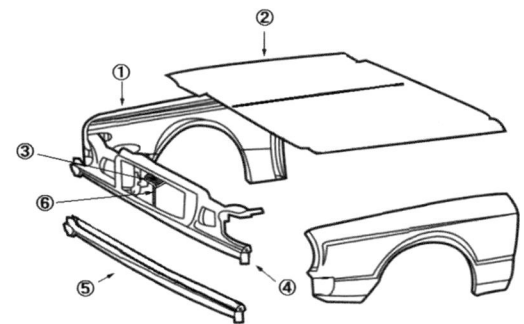

① 프런트 펜더
② 후드 록웰
③ 라디에이터 서포트
④ 범퍼스토운 디플렉터

해설
① 프런트 펜더
② 후드(보닛)
③ 후드 록
④ 라디에이터 서포트 패널
⑤ 프런트 크로스 멤버
⑥ 라디에이터 센터 서포트

정답 34. ① 35. ④ 36. ① 37. ④ 38. ③

39 자동차 도료의 퍼티에 대한 설명으로 맞는 것은?
① 주제를 충분히 저어서 혼합한다.
② 한번에 두껍게 바른다.
③ 패널 수정 후 패널 면에 바로 바른다.
④ 주제와 경화제의 혼합비는 일반적으로 10:2정도이다.

해설
퍼티 교반작업은 일반적으로 주제(100) : 경화제(1~3)의 혼합비로 충분히 저어서 혼합하고, 도포작업은 패널 수정작업이 완료된 작업면을 탈지한 후, 한번에 너무 많은 양을 도포하지 않도록 주의하며 작업한다.

40 판금가공의 종류에 들지 않는 것은?
① 전단가공   ② 오므리기 가공
③ 전조가공   ④ 굽힘가공

해설
전조가공은 소재나 공구(롤) 또는 그 양쪽을 회전시켜서 밀어붙여 공구의 모양과 같은 형상을 소재에 각인하는 가공법을 말한다.

41 도장공정 중 마지막 상도공정은 무엇인가?
① 파이널 실러   ② 엔드 스프레이
③ 파이널 프라이머   ④ 탑 코트

42 도료의 구성성분에 들지 않는 것은?
① 수지   ② 안료
③ 접착제   ④ 용제

해설 도료의 성분
• 수지(20~60%) : 투명하고 내구성이 있는 아크릴을 주로 사용하여 도막을 형성하고 도료의 성질이나 능력을 결정하는 요소
• 용제(2~40%) : 물질을 용해할 수 있는 성능을 가진 요소
• 안료(30~80%) : 색체가 있고 수지에 의해 용해되는 분말형태의 가루
• 첨가제(0~5%) : 도료의 기능을 발휘할 수 있도록 첨가되는 물질

43 사고로 인한 프레임 파손이나 변형의 원인이 아닌 것은?
① 추돌
② 굴러 떨어진 사고
③ 극단적인 굽음 모멘트 발생
④ 장기간의 사용에 의한 노후

44 자동차 차체의 변형된 강판을 변형 교정하고자 할 때 이용하는 성질은?
① 전성   ② 소성
③ 취성   ④ 가주성

해설
소성이란 하중을 가했다가 제거하는 원래의 형태로 복원되지 않고 영구변형이 남는 성질을 말한다.

45 리어 쿼터 패널의 교환 및 수정작업에 관한 설명으로 맞지 않는 것은?
① 도어 틈새와 프레스 라인 조정
② 클램프 플라이어로 고정한 부분이 작업에 방해가 되면 플랜지부에 구멍을 뚫어 고정
③ 도어 장착 조정 전 트렁크 리드 설치로 틈과 단차 조정
④ 트렁크 리드와 리어 윈도우 글라스 개구부는 대각선으로 좌, 우 조정

46 바닥에 묻거나 또는 바닥에 직접 부착시킨 레일에 차체를 고정시키는 한편 끌어당기는 장치도 바닥 레일에 같이 고정시켜 보디 프레임을 수정하는 수정기는?
① 이동형 보디 프레임 수정기
② 벤치형 프레임
③ 지그형 프레임 수정기
④ 플로어형 보디 프레임 수정기

해설
프레임 수정기의 분류
• 이동식 보디 프레임 수정기
• 바닥식(플로어형) 보디 프레임 수정기
• 고정식(정치식) 보디 프레임 수정기

정답 39. ① 40. ③ 41. ④ 42. ③ 43. ④ 44. ② 45. ③ 46. ④

[이동식 프레임 수정기]

[바닥면식 프레임 수정기]

[고정식 보디 프레임 수정기] [바닥식 폴형 프레임 수정기]

47 보수 도장면 건조에 적용되는 보편적인 열원의 전달 방식은?
① 대류와 복사
② 전도와 대류
③ 복사와 전도
④ 전도와 직사

48 피도물에 굴곡이 있거나 라운딩된 면에 퍼티를 바를 때 사용하는 공구로 가장 적합한 것은?
① 고무 주걱
② 플라스틱 주걱
③ 나무 주걱
④ 대주걱

49 차체부품을 제작 후 차체에 부착하기 전 작업에 속하는 것은?
① 용접용 방청제 도포작업
② 용접용 일반도료 도포작업
③ 용접하기 위한 광택작업
④ 용접하기 위한 코팅작업

> **해설**
> 방청제는 차체의 부식이나 녹을 방지하기 위해 사용하는 물질을 말하며 차체수리작업 후 부품을 부착하기 전에 작업부위에 도포한다.

50 차체 치수도에 포함되지 않는 것은?
① 언더 보디
② 윈도우
③ 사이드 보디
④ 엔진룸

> **해설**
> 차체치수도는 제작사에서 차량의 각 부위별 보디치수를 기입해 놓은 도면을 말한다.

51 작업자가 기계작업 시의 일반적인 안전사항으로 틀린 것은?
① 급유 시 기계는 운전을 정지시키고 지정된 오일을 사용한다.
② 운전 중 기계로부터 이탈할 때는 운전을 정지시킨다.
③ 고장수리, 청소 및 조정 시 동력을 끊고 다른 사람이 작동시키지 않도록 표시해 둔다.
④ 정전이 발생 시 기계스위치를 켜둬서 정전이 끝남과 동시에 작업 가능하도록 한다.

> **해설**
> 기계설비 작업 시 안전사항
> - 가동 전에 기계를 점검하고 상태를 확인한다.
> - 공구나 가공물이 회전 시 장갑 착용을 금지한다.
> - 작업복 및 안전모를 바르게 착용한다.
> - 가공물 부착 및 공구 분리 시 반드시 기계를 정지시킨 후 작업한다.
> - 기계 청소 시나 칩 제거 시는 기계를 정지시킨 후 작업 솔이나 걸레를 사용한다.
> - 운전 중에는 주유를 하거나 가공물 측정 등 작업점에 손을 넣지 않는다.

52 카바이트 취급 시 주의할 점으로 틀린 것은?
① 밀봉해서 보관한다.
② 건조한 곳보다 약간 습기가 있는 곳에 보관한다.
③ 인화성이 없는 곳에 보관한다.
④ 저장소에 전등을 설치할 경우 방폭 구조로 한다.

> **해설**
> 카바이트 취급시 주의사항
> - 인화성 물질을 가까이 두어서는 안된다.
> - 카바이트 운반 시 충격, 마찰, 타격 등을 주지 말아야 한다.
> - 아세틸렌 발생기 주변에 물이나 습기가 없어야 한다.
> - 카바이트 통에서 카바이트를 들어낼 때 목재공구 또는 모네메탈을 사용한다.
> - 카바이트 통 개봉 시는 충격을 주지말고 가위를 사용한다.

정답 47. ① 48. ① 49. ① 50. ② 51. ④ 52. ②

53 재해조사 목적을 가장 바르게 설명한 것은?

① 적절한 예방대책을 수립하기 위하여
② 재해를 당한 당사자의 책임을 추궁하기 위하여
③ 재해 발생 상태와 그 동기에 대한 통계를 작성하기 위하여
④ 작업능률 향상과 근로기강 확립을 위하여

> **해설** 재해조사의 목적
> 재해조사의 목적은 동종재해를 두 번 다시 반복하지 않도록 재해의 원인이 되었던 불안전한 상태와 불안전한 행동을 발견하고 이것을 다시 분석 검토해서 적정한 방지대책을 수립하는 데 있다.
> 재해조사는 조사하는 것이 목적이 아니고, 또 관계자의 책임을 추궁하는 목적이 아니다. 재해조사에서 중요한 것은 진실을 파악하는 것이다.

54 헤드 볼트를 체결할 때 토크 렌치를 사용하는 이유로 가장 옳은 것은?

① 신속하게 체결하기 위해
② 작업상 편리하기 위해
③ 강하게 체결하기 위해
④ 규정 토크로 체결하기 위해

55 작업장 내에서 안전을 위한 통행방법으로 옳지 않은 것은?

① 자재 위에 앉지 않도록 한다.
② 좌·우측의 통행 규칙을 지킨다.
③ 짐을 든 사람과 마주치면 길을 비켜준다.
④ 바쁜 경우 기계 사이의 지름길을 이용한다.

56 보안경이 반드시 필요한 작업은?

① 리벳팅   ② 그라인딩
③ 줄   ④ 측정

57 용접에 사용되는 가스의 종류와 나사 방향, 용기 색깔이 틀린 것은?

① 산소 – 오른 나사 – 녹색
② 탄산가스 – 오른 나사 – 청색
③ 아세틸렌 – 오른 나사 – 황색
④ 프로판 – 왼 나사 – 회색

58 안전색채와 의미가 틀린 것은?

① 흑색 : 방향표시(보조)
② 보라색 : 방사능 위험
③ 적색 : 주의
④ 주황색 : 위험

> **해설** 안전표지 색채
> • 적색 : 위험, 방화, 방향
> • 흑색 및 백색 : 통로표시, 방향지시 및 안내표지
> • 청색 : 조심, 금지
> • 보라색(자색) : 방사능(방사능의 위험을 경고하기 위해 표시)
> • 녹색 : 안전, 구급
> • 노란색(황색) : 주의
> • 오렌지색 : 기계의 위험 경고

59 스포트 제거 드릴작업을 할 때 사용하는 보호구로 잘못 설명한 것은?

① 머리에 칩이 떨어지므로 안전모를 착용한다.
② 눈에 칩이 들어감으로 보안경을 착용한다.
③ 발에 칩이 떨어지므로 안전화를 착용한다.
④ 몸에 칩이 들어감으로 비닐 옷을 입는다.

60 주행 중 브레이크 작동 방법과 브레이크 계통 관리 방법 중 옳지 못한 것은?

① 브레이크 계통에 오일이 묻지 않도록 한다.
② 브레이크 오일 교환 시 오일 등급에 유의해야 한다.
③ 브레이크 오일을 교환 주기에 맞춰 교체하도록 한다.
④ 젖은 도로 및 빙결된 도로에서 엔진 브레이크를 사용하면 안 된다.

정답 53. ① 54. ④ 55. ④ 56. ②
57. ③ 58. ③ 59. ④ 60. ④

CBT 국가기술자격 필기시험복원문제

2017년 기능사 필기시험복원문제 1회

자격종목	종목코드	시험시간	형별
자동차차체수리기능사	6285		A

---

01 다음 휠 얼라이먼트 항목 중 고속 시 차량의 안정성과 직진성을 향상시키는 것은?

① 토우(Tow)
② 캠버(Camber)
③ 캐스터(Caster)
④ 휠(Wheel)

해설
캐스터(Caster)
- 차량을 옆에서 보았을 때 타이어 가상의 수직선과 킹핀(쇽업쇼버)의 중심선이 이루는 각
※ 필요성
• 조향바퀴의 방향성 부여
• 조향 시 바퀴의 복원성 부여
• 주행 중 앞차축의 주행 안정성 향상

02 다음 중 타이어와 관련된 현상이 아닌 것은?

① 스탠딩 웨이브 현상
② 하이드로 플래닝 현상
③ 코니시티
④ 베이퍼 록

해설
용어 정의
• 스탠딩 웨이브 현상(Standing wave, 정지파 현상)
 - 고속 주행 시 임계속도 이상에서 타이어 접지부 직후의 외주면에서 찌그러지는 변형파가 발생되는 현상
• 하이드로 플래닝(Hydro planing, 수막현상)
 - 물이 고인 도로를 고속으로 주행할 때 타이어는 수상스키와 같이 물 위를 활주하는 형태로 나타나는 현상
• 코니시티
 - 타이어를 굴렸을 때 회전방향과는 무관하게 한 방향으로만 발생하는 힘
• 베이퍼 록 현상
 - 과도한 브레이크 사용시 마찰열로 인해 브레이크 회로 내의 오일이 기화하면서 기포가 형성되어 브레이크가 작동하지 않는 현상

03 자동차의 엔진에서 크랭크축이 회전을 하고 있다. 이때 크랭크축에 작용하는 힘과 가장 관계가 먼 것은?

① 비틀림
② 전단력
③ 인장력
④ 굽힘력

해설
크랭크축에 작용하는 응력의 분류
• 비틀림 응력
• 전단 응력
• 굽힘 응력

04 자동차의 차체 모양에 따른 분류로 1열 또는 앞좌석의 승객을 중시한 2도어 박스형 승용차로 지붕이 짧고 차고도 낮은 자동차의 종류는?

① 세단(sedan)
② 쿠페(coupe)
③ 리무진(limousine)
④ 웨건(wagon)

해설
• 세단(sedan): 가장 일반적인 모양으로 앞, 뒤로 2열의 좌석을 갖춘 4~6인승의 4도어 승용차를 말한다.
• 리무진(limousine): 외관은 세단과 같으나 운전

정답 1. ③ 2. ④ 3. ③ 4. ②

석과 객석 사이에 칸막이를 설치하고 보조 좌석을 설치한 7~8인승의 고급 차량
• 웨건(wagon): 승용과 화물을 함께하는 다용도 형태의 자동차

05 엔진의 배기가스 중에 NOx를 해가 없는 CO_2와 N_2로 변화시키는 장치는?

① 산화 촉매 ② 산소 촉매
③ 환원 촉매 ④ 질소 촉매

해설
촉매 컨버터(촉매 변환기)
• 산화촉매식: 배기가스를 백금, 파라듐 등의 귀금속계나 니켈, 크롬, 구리 등의 비금속 촉매를 써서 산소(O_2)가 많은 분위기를 통과시켜 CO, HC를 CO_2와 H_2O로 산화시켜 정화한다.
• 환원촉매식: CO 또는 가연물에 의해서 NOx를 환원시키고 N_2와 CO_2, H_2O로 분해하여 정화한다.

06 다음 중 재료에 의한 차체(body)의 경량화 대책으로 가장 적합한 것은?

① 프레임을 부착한 차체 설계
② 차체의 방청력 향상
③ 고장력 강판의 사용
④ 진동 소음 설계의 최적화

07 차체(body)의 기관실(engine)을 구성하는 윗덮개로 필요에 따라 열고 닫을 수 있는 구조로 된 부분은?

① 루프(roof) ② 후드(hood)
③ 도어(door) ④ 필러(piller)

해설

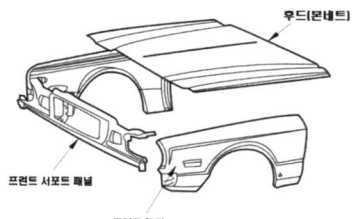

[엔진룸의 구조]

08 자동차의 비상등에 대한 설명 중 틀린 것은?

① 자동차의 고장이나 긴급 사태가 발생하였을 경우 사용
② 다른 자동차나 보행자에게 알려주는 역할을 하고 있다.
③ 작동은 앞뒤, 좌우에 설치되어 있는 방향지시등이 동시에 점멸하는 방식
④ 미등의 작동과 동일함.

해설
비상등
• 자동차의 고장이나 긴급사태가 발생하였을 경우 사용
• 다른 자동차나 보행자에게 알려주는 역할을 하고 있음
• 작동은 앞뒤, 좌우에 설치되어 있는 방향지시등이 동시에 점멸하는 방식
• 점화S/W가 OFF된 상태에서도 동작

09 다음 중에서 온도의 단위가 아닌 것은?

① ℃
② ℉
③ K
④ °P

해설
온도의 종류
• 섭씨온도(Celsius temperature, ℃) : 표준대기압(760mmHg)하에서 증류수가 어는 빙점을 0℃, 끓는 비등점을 100℃로 하여 이 두 점을 100등분한 온도를 말한다.
• 화씨(Fahrenheit temperature, ℉) : 물의 끓는점을 212℃로 하고 얼음의 녹는점을 32℃로 정하여 그 사이를 180등분 한 온도를 말한다.
• 켈빈(K) : 열역학 제2법칙에 따라 정해진 온도로 절대 온도의 기호는 K를 사용하며, 이론상 생각할 수 있는 최저 온도를 기준으로 하여 갖는 단위의 온도를 말한다.
• 랭킨 온도(R): 분자 운동이 정지할 때의 절대온도를 0으로 하고 비등점을 671.67R, 빙점을 491.67R로 하여 비등점과 빙점 사이를 180등분한 온도를 말한다.

정답 5. ③ 6. ③ 7. ② 8. ④ 9. ④

10 물질의 단위 체적 당 질량을 무엇이라 하는가?

① 밀도 ② 비체적
③ 비열 ④ 압력

> **해설**
> 밀도 : 물질의 단위 체적 당 질량을 말한다.

11 보기의 정면도를 보고 다음 중 평면도로 가장 적합한 투상도는?

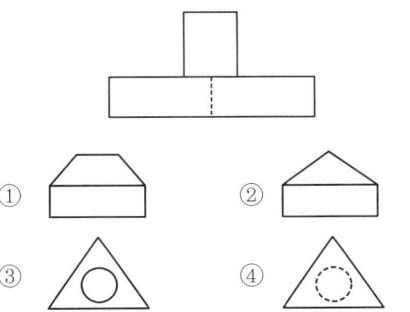

12 제 3각법에서 좌측면도는 정면도의 어느 쪽에 위치하는가?

① 좌측 ② 우측
③ 상부 ④ 하부

> **해설**
> 제3각법
> 물체를 제3각 안에 놓고 투상하는 방법
> • 평면도 : 정면도의 위쪽(상부)
> • 좌측면도 : 정면도의 왼쪽(좌측)
> • 우측면도 : 정면도의 오른쪽(우측)

13 치수공차란 무엇인가?

① 최대허용치수 – 최소허용치수
② 기준치수 – 실제치수
③ 실제치수 – 기준치수
④ 허용한계치수 – 기준치수

> **해설**
> • 치수공차 : 최대허용치수와 최소허용치수의 차를 말한다.
> • 최대허용치수 : 실제 계측 치수에 허용되는 최대한의 수치 값을 말한다.
> • 최소허용치수 : 실제 계측 치수에 허용되는 최대한의 수치 값을 말한다.

14 금속재료에 외력을 가하면 펴지는 성질을 무엇이라 하는가?

① 점성 ② 전성
③ 인성 ④ 연성

> **해설**
> • 점성: 유체의 흐름을 방해하는 성질, 즉 유체의 흐름저항
> • 전성: 하중에 의해서 넓게 펴지는 성질
> • 인성: 파괴 시까지의 에너지 흡수(저장) 능력
> • 연성: 큰 변형 후에도 또 다른 변형에 저항하는 성질

15 탄소강의 성질에 가장 큰 영향을 주는 것은?

① 순철 ② 선철
③ 탄소 ④ 수소

> **해설**
> 철강재료
> • 순철(탄소 0.035%이하의 철)
> • 강
>   – 탄소강(탄소 0.035 ~ 1.7%를 함유한 철(Fe)과 탄소(C)의 합금)
>   – 합금강 or 특수강(탄소강에 1종 이상의 금속을 합금 시킨 것)
> • 주철 or 선철(탄소 1.7 ~ 6.67%를 포함한 철과 탄소의 합금)

16 다음 질화법에 관한 설명 중 틀린 것은?

① 질화법에 대한 화학 방정식은 이다.
② 질화강의 탄소 함유량은 0.25~0.4%이다.
③ 질화층의 경도를 높이기 위하여 첨가되는 원소는 Al, Cr, Mo 등이 있다.
④ 질화법은 재료 중심부의 경화에 그 목적이 있다.

정답 10. ① 11. ③ 12. ① 13. ① 14. ② 15. ③ 16. ④

17 체심 입방격자의 원자 수는 모두 몇 개인가?

① 8   ② 9
③ 14   ④ 17

해설

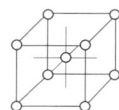 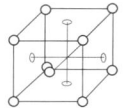 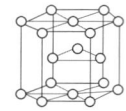

[체심 입방격자]　[면심입방격자]　[조밀육방격자]

체심 입방격자의 원자 수는 9개, 면심입방격자의 원자 수는 14개, 조밀육방격자의 원자 수는 17개이다.

18 스테인리스 강판에 관한 설명으로 맞지 않는 것은?

① 인성과 전성이 크고 가공경화가 심하여 열처리가 잘 된다.
② 내식, 내열, 내한성이 우수하다.
③ 크롬산화 피막이 표면을 보호하므로 내부를 보호한다.
④ 염산에 침식되지 않으며, 내식성이 우수하다.

해설

스테인리스강
Fe에 12% 이상의 Cr을 합금시키면 강한 보호 피막이 생성되어 부동태화 되는데, 이 특징을 이용하여 녹이 발생되지 않게 한 강을 말한다.
※ 특징
- 인성과 전성이 크고 가공경화가 심하여 열처리가 잘 된다.
- 내식, 내열, 내한성이 우수하다.
- 크롬 산화 피막이 표면을 보호하므로 내부를 보호한다.
- 염산에 침식되며 내식성이 떨어진다.

19 자동차의 구조 중 주로 차의 내부 패널용으로 사용되는 강판은?

① 열간압연 강판
② 열간압연 고장력 강판
③ 냉간압연 강판
④ 알루미늄 강재

해설

냉간압연강판
열간압연강판을 상온 상태에서 산으로 세정하여 롤러로 압연하는 조질 압연으로 탄소함유량은 0.1~0.4% 정도이며, 경도 조정 및 판 표면의 평활도를 높인 강판으로 자동차에 가장 많이 사용된다. 일반적으로 3.2mm 이하의 것이 많이 적용된다.
※ 특징
- 판 표면이 매끄럽다.
- 가공성, 용접성이 우수하다
- 자동차용으로 주로 사용된다.

20 플로어 보디의 조립 공정이나 엔진룸 등에 스터드 볼트 또는 너트를 용착시키는 작업에 사용되는 용접은?

① 시임 용접
② 프로젝션 용접
③ 플래시 용접
④ 전기저항 또는 스포트 용접

해설

전기 저항 돌기(projection welding, 프로젝션) 용접
피 용접물에 동일한 크기로 여러 개의 돌기부에 전류를 집중시켜 흐르게 하여 저항 열로 용융시킴과 동시에 가압하여 접합시키는 용접법으로 플로어 보디의 조립 공정이나 엔진룸 등에 스터드볼트 또는 너트를 용착시키는 작업에 사용된다.

21 자동차 보디에 전기저항 스포트 용접이 사용되고 있는 이유와 장점이 아닌 것은?

① 용접 시 용재를 쓴다.
② 신뢰할 수 있는 용접방법이다.
③ 용접이 빨리된다.
④ 얇은 판이 갈라지지 않게 용접된다.

해설

전기 저항 용접의 장점
- 용접공의 기능에 대한 영향이 적다(큰 숙련을 요하지 않는다).
- 용접 시간이 짧고 대량 생산에 적합하다.
- 산화 및 용접 변형이 적다.
- 가압 효과로 조직이 치밀하고 용접부가 깨끗하다.

정답   17. ②   18. ④   19. ③   20. ②   21. ①

22 강판의 절단방법 중 산소 – 아세틸렌 가스에 의한 절단방법이 있는데 가장 좋은 화염접촉 방법은 화염 끝이 절단면에서 얼마나 떨어지는 것이 좋은가?

① 1.5mm ② 2.5mm
③ 3.5mm ④ 4.0mm

해설
가스절단 방법
가연성 가스와 조연성 가스의 연소열 약 850~900℃정도로 예열하고, 팁 끝과 강판의 거리를 1.5~2.0mm 정도로 유지한 뒤 고압의 산소를 분출시켜 철의 연소 및 산화로 강판을 절단한다.

23 이산화탄소 아크 용접장치에 속하지 않는 것은?

① 용접 전원   ② 토치
③ 와이어 송급장치 ④ 용접 송급장치

해설
CO_2 용접장치의 구성품
- 용접기 본체
- 와이어 송급장치
- 보호가스 제어장치
- 용접 토치

24 용접기의 1차선에 비하여 2차선을 굵은 선으로 사용하는 이유는?

① 전선의 유연성을 좋게 하기 위해서이다.
② 2차 전류가 1차 전류보다 크기 때문이다.
③ 2차 전압이 1차 전압보다 높기 때문이다.
④ 2차 전선의 열전도를 보다 크게 하기 위해서이다.

해설

No	정격용접 전류(A)	2차 케이블(mm^2) 두께
1	100	22
2	125	22
3	200	38
4	300	50

25 용접봉에 용융금속에서 녹은 금속입자나 슬래그가 아크 앞으로 시반되어 나오는 현상을 무엇이라 하는가?

① 기공   ② 슬래그
③ 드롭플릿   ④ 스패터

해설
스패터 : 용접 중에 녹은 금속이 튀어서 알갱이 모양으로 굳어진 것.
※ 발생원인
- 전류가 높을 때
- 용접봉 건조불량(습기)
- 아크 길이가 너무 길 때
- 용접봉 각도 불량

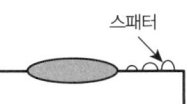

26 트럭 프레임의 균열부분을 수리할 때 균열의 끝부분을 드릴로 구멍을 뚫어 균열의 진행을 방지하는데 일반적으로 몇 mm의 드릴을 사용하는가?

① 1~2mm   ② 4~6mm
③ 7~9mm   ④ 10~12mm

해설
균열부 수리 방법
- 균열의 끝 부분을 드릴 4~6mm의 구멍으로 뚫는다.
- 균열부 전체에 V자형 홈을 소형 그라인더 등을 이용하여 만들고, 2~3개 정도의 루트 간극을 만든다.
- 용접봉은 프레임 재질에 맞는 것을 사용하고, 용접 후에는 용접부를 그라인더로 평편하게 가공한다.

27 자동차 도어(door) 손상의 원인과 가장 관계가 적은 것은?

① 수분에 의한 부식
② 급격한 충격에 의한 뒤틀림
③ 충돌에 의한 찌그러짐
④ 계속적인 사용에 의한 개폐

> 해설

도어(Door)의 손상 원인
- 수분에 의한 녹 부식
- 급격한 충격에 의한 뒤틀림
- 충돌에 의한 찌그러짐
- 외부 요인(돌, 문콕 등)에 의한 손상

28 프레임의 일반 기준선으로 틀린 것은?

① 타이어 중심선에서 닿는 면
② 앞, 뒤 차축의 중심선
③ 프레임의 중앙 수평부분의 뒷면
④ 리어 스프링 브래킷 중심을 통한 선

> 해설

프레임의 기준선
- 타이어가 지면에 닿는 바닥면
- 프레임 중앙 수평부분의 위면
- 프레임 중앙 하부 수평부분의 밑바닥
- 앞뒤 차축의 중심선
- 리어스프링 브래킷 중심을 통한 선 등이다.

29 프레임 센터링 게이지를 설치할 때 고려해야 할 사항이 아닌 것은?

① 차체를 4개 부분으로 구분하여 설치한다.
② 센터 사이팅 핀을 정확하게 설치한다.
③ 크로스 바의 설치 지점을 확인하고 설치한다.
④ 기준 참조점에 파손이 없으면 설치하지 않는다.

> 해설

센터링 게이지 설치 방법
- 센터링 게이지는 차량을 3~4 부분으로 구분하여 설치한다.
- 차체 베이스부에는 반드시 게이지를 설치한다.
- 기준 참조점에 걸고 다음 게이지는 파손 부위, 휨 부위에 건다.
- 조정 포인트에는 게이지를 설치할 자리가 설계되어 있다.
- 휨은 보통 기준 참조점에서 발생한다.

30 모노코크 차체 손상 상태를 나타내는 설명 중 틀린 것은?

① 응력이 집중된 장소에 손상이 나타나기 쉽다.
② 패널의 틈새를 확인함으로써 차체의 비틀어짐을 알 수 있다.
③ 충격을 받은 장소에서 멀수록 손상이 크다.
④ 맴버류의 변형은 내측에 주름이 진다.

> 해설

모노코크 바디의 변형 형태
- 응력이 집중된 장소에 손상이 나타나기 쉽다.
- 패널의 틈새를 확인함으로써 차체의 비틀어짐을 알 수 있다.
- 충격을 받은 장소에서 멀수록 손상이 적다.
- 맴버류의 변형은 내측에 주름이 진다.

31 보디 프레임 수정에서 기본 고정을 주로 하는 차체의 부분은?

① 쿼터 패널   ② 사이드 멤버
③ 크로스 멤버 ④ 로커 패널

> 해설

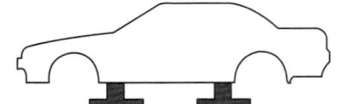

기본고정은 로커패널의 플랜지 4부분에 실시한다.

32 보디 수리 시에 절단을 피하여야 할 부위가 아닌 것은?

① 보강 부품이 있거나 부품의 모서리 부위
② 패널의 구멍 부위
③ 서스펜션을 지지하고 있는 부위
④ 형상부 단면적이 변하지 않는 부위

> 해설

보디 수리 시 피해야 할 절단부위
- 보강 부품이 있거나 부품의 모서리 부위
- 패널의 구멍 부위
- 서스펜션을 지지하고 있는 부위
- 형상부 단면적이 변하는 부위

정답 28. ① 29. ④ 30. ③ 31. ④ 32. ④

33 트램 트랙킹(tram tracking) 게이지로 측정할 수 없는 것은 어느 것인가?

① 프레임의 일그러진 상태 점검
② 프런트 사이드 멤버의 상하 굽은 상태 점검
③ 프런트 사이드 멤버의 좌우 굽은 상태 점검
④ 서스펜션과 엔진위치 점검

> **해설**
> 트램 트랙킹 게이지
> 트램 트랙킹 게이지는 오프 셋(off-set) "ㄷ"자이며 자동차의 길이와 치수를 측정하는 용도로 이용된다. 측정부위는 다음과 같다.
> • 프런트 사이드 멤버의 일그러짐이나 상하로 굽은 상태 점검
> • 프런트 사이드 멤버의 좌우로 굽은 상태 점검
> • 로어 암과 후드 레지의 위치 점검
> • 로어 암 니백(knee back)의 점검
> • 리어 보디의 일그러진 곳과 상하의 휨 점검
> • 프레임의 일그러진 상태 점검

34 유압 보디 잭의 사용상 주의 사항이다. 해당되지 않는 것은?

① 램에 무리한 힘을 가하지 말 것.
② 램 플런저가 늘어나면 유압을 상승시킬 것.
③ 나사 부분을 보호할 것.
④ 호스의 취급에 주의할 것.

> **해설**
> 유압 보디 잭(포토파워)의 주의사항
> • 램의 커플러는 위로 오게 한다.
> • 설치 각도는 30~90°의 범위로 한다(45~60°가 효율적)
> • 램의 연장은 최소의 수로 할 것
> • 유압 계통에 먼지가 들어가지 않도록 할 것
> • 램 플런저가 늘어나면 유압을 올리지 말 것
> • 호스의 취급에 주의할 것
> • 고열에 의한 펌프 실린더의 패킹 등의 변질에 주의할 것
> • 나사 부분을 보호할 것
> • 30°이하에서는 앵커부와 램의 접속부가 벗겨지기 쉽고, 90°이상에서는 체인이 앵커에서 벗겨질 위험이 있다.

35 프레임 차트에서 데이텀 라인의 설명으로 맞는 것은?

① 두 점 간의 길이를 비교하는 가상선
② 차체 넓이의 기준이 되는 가상선
③ 센터 라인을 투영시킨 길이의 가상선
④ 차체 각 부위 높이의 기준이 되는 가상선

> **해설**
>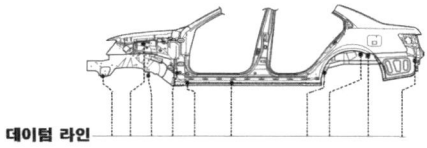
> 데이텀 라인 : 높이에 대한 차체의 기준선

36 적외선 건조로의 종류가 아닌 것은?

① 개방형   ② 복합형
③ 양면형   ④ 터널형

37 도료의 성분 가운데 그 자신은 도막이 되지 못하나 도막을 형성시키는 역할을 하는 성분은?

① 안료   ② 수지
③ 첨가제   ④ 용제

> **해설**
> 도료조성 성분
> • 용제: 물질을 용해할 수 있는 성능을 가진 요소
> • 안료: 색체가 있고 수지에 의해 용해되는 분말형태의 가루
> • 수지: 투명하고 내구성이 있는 아크릴을 주로 사용하여 도막을 형성하고 도료의 성질이나 능력을 결정하는 요소
> • 첨가제: 도료의 특정한 성능을 향상 시키는 요소

38 공기 압축기에서 생산된 공기 중의 수분과 유분을 제거하고 희망하는 압력의 조절 기능을 가진 기기는?

① 스프레이 부스   ② 에어 트랜스포머
③ 에어 필터   ④ 에어 컴프레서

> **해설**
> 에어 트랜스포머(air transformer)
> 에어컴프레셔와 스프레이건 사이에 부착되어 있다.
> • 수분 제거
> • 유분 제거
> • 압력 제어

39 증발이 느린 시너를 다량 사용하여 두껍게 도장하였을 때 나타날 수 있는 결함으로 가장 적당한 것은?

① 흐름　　② 티
③ 얼룩　　④ 수축

> **해설**
> 흐름(sagging)
> 한 번에 너무 두껍게 도장되어 편평하지 못하고 흘러내려간 상태의 결함 현상

40 도료를 도장하는 물체에 칠하고 일정한 시간을 방치해 두거나 또는 가열하면 도료가 경화하여 연속도막을 형성케 되는데 이 도료가 도막이 되는 과정을 무엇이라 하는가?

① 경화　　② 건조
③ 전착　　④ 착색

> **해설**
> 건조란 도료를 도장하는 물체에 칠하고 일정한 시간을 방치해 두거나 또는 가열하면 도료가 경화하여 연속 도막을 형성해 도막이 되는 과정을 말한다.

41 판금 퍼티에 대한 설명으로 틀린 것은?

① 건조가 래커 퍼티보다 빠르다.
② 두껍게 올릴 수 있다.
③ 연마성이 나쁘고 무겁다.
④ 철판과 밀착력이 우수하다.

> **해설**
> 판금 퍼티(metal putty)
> 최대 3~5cm까지 도포가 가능하며 판과의 부착성을 좋게 하지만 완전건조 시간이 걸리며 연마성이 나쁘며 교환하는 리어펜더의 접합부나 깊이가 큰 요철 부분에 사용된다.

42 자동차 제조 공정 시 보디에 가장 많이 사용하는 용접은?

① 전기 아크 용접
② 전기저항 스포트 용접
③ 가스 용접
④ 가스 실크아크 용접

> **해설**
> 전기 저항 스포트 용접의 특징
> • 재료비가 절약되어 대량 생산에 적합하다.
> • 표면이 편평한 바둑알 모양의 너깃이 생성되며 외관이 아름답다.
> • 열 영향부가 좁고, 돌기가 없다.
> • 구멍을 가공할 필요가 없으며 숙련을 요하지 않는다.
> • 용융점이 높은 재료, 열전도가 큰 재료 및 전기 저항이 작은 재료는 용접이 곤란하다.

43 보디 프레임(body) 구조의 종류로서 강판을 서로 겹쳐서 만들어져 있는 프레임(frame)은?

① 페리미터 프레임
② 모노코크 보디 프레임
③ 볼트 온 스택 프레임
④ 플랫폼형 프레임

> **해설**
> 모노코크바디의 형태
> 일체형바디로 여러 장의 균일한 패널이 용접 및 조립 결합되어 하나의 형상을 구성

44 다음 판금용 기계 중에서 폭이 좁은 판을 한 꺼번에 여러 개 절단하는 것은?

① 바 폴더
② 갱 슬리터
③ 탄젠트 벤더
④ 프레스 브레이크

45 그림에서 a=60mm, b=80mm, R=100mm, α=90°인 경우 전체 길이를 구하면 몇 mm인가? (단, 중립면의 변화가 없는 경우로서 판재두께는 2mm임)

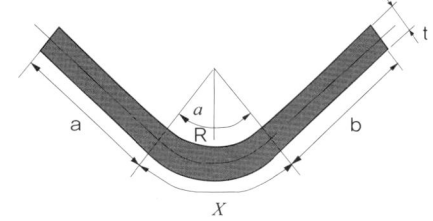

① 140 ② 180
③ 240 ④ 298

해설
L : 전체 길이(mm)
α : 구부림 원호의 각도
a・b : a, b부분의 길이(mm)
R : 구부림 길이(m)
중립면까지의 판의 치수
(R〈2t인 경우 = 0.35, R〉2t인 경우인 경우)
= 298mm

46 다음 중 언더 보디(플로어 패널)에 속하는 것은?

① 프런트 펜더
② 프런트 사이드 멤버
③ 리어 필러
④ 대시 패널

해설

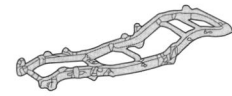

언더 보디는 사이드 맴버와 크로스 맴버로 구성되어 있다.

47 스프링 백 현상의 특징 설명 중 틀린 것은?

① 탄성한계가 높을수록 커진다.
② 동일 두께의 판재에서는 구부림 반지름이 클수록 크다.
③ 동일 두께의 판재에서는 구부림 각도가 클수록 크다.
④ 동일 판재에서 구부림 반지름이 같을 때 두께가 두꺼울수록 크다.

해설
스프링 백 현상의 특징
• 탄성한계가 높을수록 커진다.
• 동일 두께의 판재에서는 구부림 반지름이 클수록 크다.
• 동일 두께의 판재에서는 구부림 각도가 클수록 크다.
• 동일 판재에서 구부림 반지름이 같을 때 두께가 얇을수록 크다.

48 패널 교환을 할 때 변형 없이 빠른 시간에 정확한 절단을 하고자 한다. 제일 적당한 것은?

① 산소, 아세틸렌 가스 절단
② 헥소오
③ 에어 컷
④ 플라즈마 절단기

해설
플라즈마 절단기는 패널 교환 시 변형 없이 빠른 시간에 정확한 절단이 가능한 특징을 가지고 있다.

49 차체수리 작업에서 판금작업 공정 중 인출 공정에 속하지 않는 것은?

① 흡입 인출 ② 인괘 압출
③ 타출 인출 ④ 맞잡음 인출

50 보디 수리에 사용되는 용제의 설명 중에서 잘못된 것은?

① 교환하는 패널의 접촉 부위는 반드시 재실링을 한다.
② 실러는 방수와 불순물, 배기가스의 실내 진입을 차단한다.
③ 수리하는 패널에 틈새가 발생하면 언더 코팅을 많이 도포한다.
④ 외부 패널의 내부 표면에는 부식 방지 컴파운드를 도포한다.

정답 45. ④ 46. ② 47. ④ 48. ④ 49. ② 50. ③

51 연 근로시간 1000시간 중에 발생한 재해로 인하여 손실된 일수로 나타내는 것을 무엇이라 하는가?

① 연천인율　　② 강도율
③ 도수율　　　④ 손실률

해설

재해율
- 연천인율: 근로자 1,000명당 1년간 발생하는 재해자의 비율

  연천인율 = $\dfrac{재해자 수}{평균 근로자 수} \times 1,000$
  = 도수율 × 2.4

- 도수율(빈도율): 안전사고 발생 빈도로서 근로시간 100만(1,000,000)시간당 재해발생 건수

  도수율 = $\dfrac{재해발생 건수}{연간 근로 시간 수} \times 1,000,000$

- 강도율: 안전사고의 강도로서 근로시간 1,000시간당 재해에 의한 근로 손실 일수

  강도율 = $\dfrac{근로 손실일수}{연간 근로 시간 수} \times 1,000$

- 재해율: 전체 근로자 수에 대한 재해자 수의 백분율

  재해율 = $\dfrac{재해자 수}{전체 근로자 수} \times 100$

52 유류 화재 시 간이 소화제의 종류가 아닌 것은?

① 물
② 소화탄
③ 모래
④ 탄산(CO_2)가스

해설

소화방법
- 제거소화: 화재현장에서 가연물을 제거하여 소화하는 방법
- 냉각소화: 물을 방사하여 가연물의 온도를 발화점 이하로 낮추어 소화하는 방법(유류화재 시에는 물을 사용해서는 안 되며, 질식소화법을 이용한다)
- 질식소화: 분말, 이산화탄소, 할로겐화합물 등과 같이 소화 약제를 방사하여 산소의 농도를 낮추어 소화하는 방법.
- 부촉매(억제)소화: 분말, 할로겐화합물 등과 같이 소화설비와 같이 산소와의 결합을 차단하거나 연소의 연쇄반응을 억제시켜 소화하는 방법

53 다이얼 게이지의 사용 시 가장 알맞은 사항은?

① 반드시 정해진 지지대에 설치하고 사용한다.
② 가끔 분해 소제나 조정을 한다.
③ 스핀들에는 가끔 주유해야 한다.
④ 스핀들이 움직이지 않으면 충격을 가해 움직이게 한다.

해설

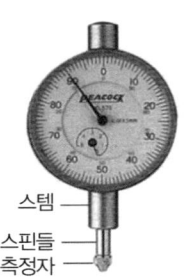

다이얼 게이지는 정밀 측정기로 반드시 정해진 지지대에 설치하여 사용하고 스핀들에 충격을 주거나 그리스를 바르면 정상작동이 어려울 수가 있다.

54 다음 중 볼트나 너트를 조이거나 풀 때 부적당한 공구는?

① 복스 렌치
② 소켓 렌치
③ 오픈 엔드 렌치
④ 바이스 그립 플라이어

해설

바이스 그립 플라이어로 볼트, 너트를 풀거나 조이면 볼트, 너트 머리 부분의 손상이 발생될 수 있다.

55 다음은 드릴 작업 시 주의 사항이다. 틀린 것은?

① 작업복을 입고 작업한다.
② 드릴 구멍의 관통여부는 봉을 넣어 조사한다.
③ 테이블 위에서 해머 작업을 하지 않도록 한다.
④ 작은 일감은 손으로 붙잡고 작업한다.

해설
드릴 작업
- 드릴 날은 사용 전에 균열이 있는가를 점검한다.
- 드릴 날의 탈·부착은 회전이 멈춘 다음 행한다.
- 드릴 작업은 장갑을 끼고 작업해서는 안 된다.
- 작업복을 입고 머리가 긴 사람은 안전모를 착용하여 작업한다.
- 공작물은 테이블 위에 정확히 고정시켜서 따라 돌지 않게 작업한다.
- 가공물이 관통될 즈음에는 알맞게 힘을 가하여야 한다.
- 드릴 작업 때 칩의 제거는 회전을 중지시킨 후 솔로 제거 하고 작업 중 쇳가루를 입으로 불어서는 안 된다.
- 드릴 끝 가공물의 관통여부는 손으로 확인하지 않는다.
- 드릴 작업에서 둥근 공작물에 구멍을 뚫을 때는 공작물을 V블록과 클램프로 잡는다.
- 드릴 작업 시 재료 밑의 받침은 나무판이 적당하다.

56 차체 수리 작업에서 패널 수정 작업 시 주의할 사항이다. 틀린 것은?

① 주름 상태로 된 변형의 수정은 양축에서 잡아당기고 있는 상태에서 수정을 한다.
② 일부에 소성변형이 있는 부분은 소성 변형된 부분을 수정하면 전체가 복원된다.
③ 단차 변형이 있을 경우 가능한 넓은 범위에 열을 가하여 러핑하고 온 돌리, 오프 돌리 순서로 복원한다.
④ 손상의 범위가 넓고 완만한 변형일 경우에는 스터드 용접기를 사용하여 작업하며 추의 반동을 이용하여 수정 작업을 한다.

해설

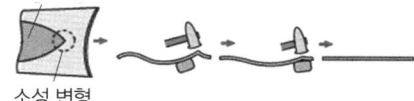

[넓고 완만한 변형의 수공구 사용 예]

[넓고 완만한 변형의 스터드 용접기 사용 예]

손상의 범위가 넓고 완만한 변형일 경우에는 비교적 강판이 많이 늘어나 있지 않기 때문에 소성변형 부위만 교정하면 복원되는 특징을 가지고 있으므로 주로 수공구를 이용하여 수정하고 스터드 용접기를 사용하여 작업할 시에는 소성변형 부위에 와셔 등을 붙이고 지그시 올리며 작업 한다.

57 기름이나 오일이 묻어 있는 걸레나 휴지는 어떻게 처리해야 하는가?

① 분리수거용 봉투에 담는다.
② 뚜껑이 있는 불연성 용기에 담아둔다.
③ 일반쓰레기와 같이 처리한다.
④ 폐유 통에 같이 담는다.

해설
산업안전보건기준에 관한 규칙[일부개정 2013. 03. 23.]
제238조 (유류 등이 묻어 있는 걸레 등의 처리) : 사업주는 기름 또는 인쇄용 잉크류 등이 묻은 천조각이나 휴지 등은 뚜껑이 있는 불연성 용기에 담아 두는 등 화재예방을 위한 조치를 하여야 한다.

58 차량 관리요령에서 세차의 방법에 관한 내용이다. 옳지 않은 것은?

① 차체 뒷부분부터 물을 끼얹으면서 스펀지로 오물을 제거한다.
② 범퍼 세척은 연마제가 함유된 왁스를 사용하여 표면을 깨끗이 한다.
③ 하체 부분을 세척 시는 고무장갑을 끼고 세척한다.

④ 차체가 물로 잘 지워지지 않으면 중성세제를 사용한다.

해설

범퍼 세척 요령
- 스폰지나 세무가죽을 이용하여 오물제거 한다.
- 엔진오일 등 각종 오일이 묻은 경우 알콜로 제거한다.
- 연마제가 함유된 왁스나 브러쉬를 사용하면 범퍼 표면이 손상되니 사용하지 않는다.

59 스포트 제거 드릴 작업할 때 사용하는 보호구이다. 잘못 설명한 것은?

① 머리에 칩이 떨어지므로 안전모를 착용한다.
② 눈에 칩이 들어감으로 보안경를 착용한다.
③ 발에 칩이 떨어지므로 안전화를 착용한다.
④ 몸에 칩이 들어감으로 비닐 옷을 입는다.

해설

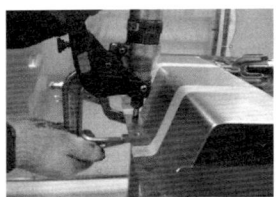

스포트 제거 드릴 작업 시에는 땀 배출 및 칩에 의한 화재의 위험성이 적은 불연성 소재의 작업복을 착용한다.

60 차체에 용접을 할 때 차광도가 없는 보안경을 사용하여도 되는 용접은?

① 가스 절단
② 가스 용접
③ CO_2 용접
④ 저항 용접

해설

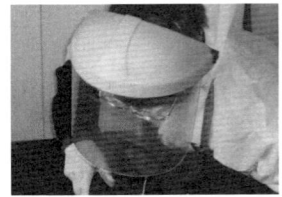

전기 저항 용접은 접합하는 모재의 접촉부를 통해서 전류를 흘려보내고 이때 발생하는 저항열을 이용해서 가열한 다음 압력을 가해서 용접하는 방법을 말하며 접촉부위가 좁고 빛의 발생이 적어서 차광도가 없는 보안경을 착용하고 작업한다.

정답 59. ④　60. ④

CBT 국가기술자격 필기시험복원문제

2017년 기능사 필기시험복원문제 2회

자격종목: 자동차차체수리기능사 종목코드: 6285 형별: A

01 자동차에서 토인 조정은 무엇으로 하는가?

① 타이로드
② 스트러트 바
③ 컨트롤 암
④ 스태빌라이저 바

해설
토우(toe)
차량을 위에서 보았을 때 타이어 앞쪽과 뒤쪽 중심 거리차를 말하며 타이로드의 길이로 조정한다.
※ 토우인: 타이어 앞쪽 중심거리가 뒤쪽 중심거리 보다 짧은 상태

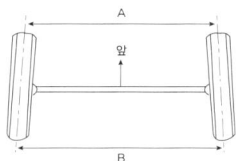 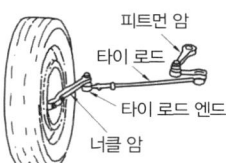

02 자동차의 제동 작용에 사용되는 물리적 현상으로 가장 관계가 같은 것은?

① 원심력
② 구동력
③ 마찰력
④ 구심력

해설
제동장치(Brake system)
바퀴의 구동력을 마찰력으로 제어하는 장치를 말하며 기계식, 유압식, 공기식이 있다.

03 4행정 기관의 회전력에 관한 설명 중 가장 거리가 먼 것은?

① 엔진의 회전력은 토크라고도 불린다.
② 수직력이 F, 수직거리가 r이면 토크 T는 수직력과 수직거리를 곱한 것과 같다.
③ 엔진의 회전속도가 N(rpm), 출력은 H(PS), 회전력이 T(kgf·m)라면 T = 이 성립한다.
④ 엔진의 회전력은 힘 X 거리를 시간으로 나눈 값이다.

해설
토크(torque, 회전력)
물체에 작용하여 물체를 회전시키는 원인이 되는 힘의 모멘트를 토크라 한다.
• 직각방향의 힘이 작용할 때
  $M = T = F \times \ell$
  M: 모멘트 T: 토크 F: 힘 ℓ: 물체의 길이
• 일정량의 각도가 작용할 때
  $T = F \times \ell \times \sin\theta$
  T: 토크 F: 힘 ℓ: 물체의 길이 $\sin\theta$: 일정량의 각도

04 강과 비교한 주철의 특성이 아닌 것은?

① 마찰저항이 낮고 절삭가공이 용이하다.
② 인장강도 및 인성이 작다.
③ 담금질이나 뜨임이 잘 되지 않는다.
④ 고온에서도 소성변형이 잘 일어나지 않는다.

해설
주철의 특성
• 마찰저항이 크고 값이 저렴하다.
• 절삭가공은 가능하나 용접이 곤란하다.
• 내마모성이 크고 절삭성이 좋다.
• 용융점이 낮고 유동성(주조성)이 좋다.
• 인장강도 및 인성(충격값이 작다)이 작다.

정답 1. ① 2. ③ 3. ④ 4. ①

- 압축강도가 크다.
- 상온에서 가단성 및 연성이 적고 취성이 크다.
- 내식성이 있어 녹이 잘 생기지 않는다.
- 담금질이나 뜨임이 잘 되지 않는다.
- 고온에서도 소성 변형이 잘 일어나지 않는다.

05 자동차의 차체 모양에 따른 분류로 승용과 화물을 함께하는 다용도 자동차는?

① 세단(sedan)
② 쿠페(coupe)
③ 컨버터블(convertible)
④ 웨건(wagon)

> **해설**
> - 세단(sedan): 가장 일반적인 모양으로 앞, 뒤로 2열의 좌석을 갖춘 4~6인승의 4도어 승용차를 말한다.
> - 쿠페(Coupe): 앞좌석 또는 1열의 승객을 중시한 2도어의 박스형 승용차로 지붕이 짧고 차고가 낮은 형태의 자동차
> - 컨버터블(Sedan): 자동이나 수동으로 승용차의 지붕을 임의대로 펴거나 접을 수 있는 형태의 자동차
> - 웨건(wagon): 승용과 화물을 함께하는 다용도 형태의 자동차

06 자동차 가솔린 엔진에서 일반적으로 발생하는 유해 가스가 아닌 것은?

① HC
② CO
③ SO
④ NOx

> **해설**

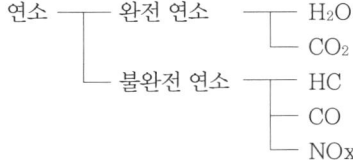

07 다음 중 프레임(frame)이 부착된 차체구조의 특징이 아닌 것은?

① 작업의 조립성이 유리하다.
② 중량이 증가하는 단점이 있다.
③ 차량의 전고(높이)가 높아지는 단점이 있다.
④ 충격 분산이 용이하다.

08 차체 강판에서 앞면 유리와 보닛 또는 뒷면유리와 트렁크 뚜껑 사이에 있는 칸막이는?

① 크로스멤버(cross member)
② 카울 패널(cowl panel)
③ 컬럼(column)
④ 펜더(fender)

> **해설**
> - 크로스 멤버(cross member): 사이드 멤버에 수직으로 설치되어 있는 프레임 구성품을 말한다.
> - 카울 패널(cowl panel): 앞면 유리와 보닛 또는 뒷면 유리와 트렁크 뚜껑 사이에 있는 칸막이
> - 컬럼(column): 조향핸들을 지지하는 조향축을 의미하며 충돌사고 시 운전자의 안전을 위하여 축의 중심부에 튜브형태의 완충장치가 설치되어 있다.
> - 팬더(fender): 윙(wing) 또는 머드 가드(mug guard) 라고도 하며 타이어를 감싸는 형태를 하고 있는 차체 패널을 말한다.

09 다음 중 저항에 대한 설명이 맞는 것은?

① 저항이란 전류가 물질 속에 흐르는 것을 말한다.
② 배선의 단면적이 작아지면 저항도 작아진다.
③ 배선의 길이가 길어지면 저항도 커진다.
④ 저항의 단위는 A(암페어)이다.

> **해설**
> 저항
> - 전류가 흐를 때 그 흐름을 방해하는 요소를 말한다.
> - 전선의 저항이 증가하면 흐르는 전류는 감소한다.
> - 전압이 동일하여도 배선의 단면적이 작아지거나 길이가 길어지면 저항은 증가한다.
> - 저항의 단위로는 Ω(옴)을 사용한다.

정답 5. ④ 6. ③ 7. ④ 8. ② 9. ③

10 자동차의 속도를 알기 위해서는 기관 회전수를 알아야 한다. 기관 회전수를 표현하는 단위는?

① rpm   ② kgf-m
③ kg/s   ④ km/h

해설
rpm (revolution per minute)
회전체의 분당 회전수

11 도면을 분류할 때 구조물, 물품 등의 표면을 평면으로 나타내는 도면을 무슨 도면이라 하는가?

① 전개도   ② 설치도
③ 배선도   ④ 장치도

해설
전개도
구조물, 물품 등의 표면을 평면으로 나타낸 도면

12 비중에 비하여 강도가 크므로 무게를 중요시 하는 항공기나 자동차 재료로 사용되는 것은?

① y합금   ② 알코아 19s
③ 두랄루민   ④ 알코아 14s

해설
두랄루민
뒤렌(Düren) 금속회사의 이름과 알루미늄의 합성어로, 알루미늄, 구리, 마그네슘, 망간계의 합금으로 비중에 비하여 강도가 커서 항공기나 자동차 재료로 활용

13 다음 중 용광로의 크기는 어떻게 표시 하는가?

① 1시간 동안 산출된 선철의 무게를 톤으로 표시
② 1회 제철할 수 있는 무게로 표시
③ 24시간 동안 산출된 선철의 무게를 톤으로 표시
④ 10시간 동안 제철할 수 있는 무게를 표시

해설
용광로의 크기는 24시간 산출된 선철의 무게를 톤(ton)으로 표시한다.

14 탄소강에서 C=0.86%를 함유하고 조직이 모두 펄라이트로 되어 있는 것은?

① 아공석강   ② 공석강
③ 과공석강   ④ 초공석강

해설
탄소함량에 따른 분류
- 공석강: 0.86%(펄라이트)
- 아공석강: 0.025~0.77%(페라이트+펄라이트)
- 과공석강: 0.77~2.0%(펄라이트+시멘타이트)
- 공정주철: 4.3%(레데뷰라이트)
- 아공정주철: 2.0~4.3%(오스테나이트+레데뷰라이트)
- 과공정주철: 4.3~6.67%(레데뷰라이트+시멘타이트)

15 불변강인 엘린바의 주요 성분 원소가 아닌 것은?

① 니켈   ② 크롬
③ 인   ④ 철

해설
엘린바(elinvar)
철(Fe)52%, 니켈(Ni)36%, 크롬(Cr)12%의 합금강으로 상온에 있어서 실용상 탄성률이 불변하며 열팽창계수가 적기 때문에 저울의 스프링, 고급 시계, 정밀계측기 등의단일 금속 부품으로 사용된다.

16 비철금속에 속하지 않는 것은?

① 황동판   ② 청동주물
③ 알루미늄판   ④ 합금강

해설
합금강(특수강, alloy steel)
탄소강에 한 종 이상의 특수 원소를 배합한 합금을 말한다.

정답 10. ① 11. ① 12. ③ 13. ③ 14. ② 15. ③ 16. ④

17 아크 용접봉에서 피복제의 작용이 아닌 것은?

① 슬랙이 되어 용량금속을 보호하고 냉각속도를 느리게 한다.
② 산성보다 빨리 녹으며, 산성 분위기를 만든다.
③ 용융금속과 반응하여 탈산 정련작용을 한다.
④ 용착금속을 양호하게 하기 위해서 작용된다.

해설
용접봉 피복제의 역할
용접봉 피복제(Flux)는 산성피복제, 셀룰로스 피복제, 루틸 피복제, 염기성 피복제 등을 사용하며 그 기능은 다음과 같다.
- 아크의 전도성을 향상시켜 점화성능, 아크를 안정시킨다.
- 용접 금속의 탈산 및 정련 작용으로 산화를 방지한다.
- 용착 금속에 합금 원소를 첨가시켜 성분을 제어하여 용접부의 기계적 성질을 향상 한다.
- 보호가스를 발생시켜 용융지와 용적을 보호한다.
- 모재 표면에 슬래그를 생성하여 용융 금속의 응고와 급랭을 방지하여 고운 비드를 만든다.

18 탄소강에서 탄소량이 증가하면 용해되는 온도는 어떻게 되는가?

① 같다.
② 높아진다.
③ 낮아진다.
④ 탄소의 양과는 무관하다.

해설
탄소량이 증가할수록 인장강도는 커지고, 연신율과 용해되는 온도는 낮아진다.

19 합성수지의 공통적인 성질로 틀린 것은?

① 가볍고 튼튼하다.
② 가공성이 크고 성형이 간단하다.
③ 전기 전도성이 좋으나 무기산류에 약하다.
④ 투명한 것이 많으며 착색이 자유롭다.

해설
합성수지의 일반적인 특징
- 비중(약 $0.9 \sim 1.3$)이 낮아 경량이며 튼튼하다.
- 가공성이 크고 성형이 간단하다.
- 방진, 방음, 전기 절연, 단열성이 뛰어나다.
- 투명하며, 착색이 자유롭고 내구성이 크다.
- 산, 알칼리, 기름, 화학약품에 강하다.
- 열에 의한 변형이 일어난다.
- 유기용제에 부식이 발생한다.

20 고장력 강판이 일반 강판에 비해 가장 우수한 점은?

① 인장강도와 항복점
② 내열성과 내식성
③ 탄성과 소성
④ 용접성과 도장성

해설
고장력강판
차체의 중량 경감을 목적으로 개발된 강판으로 인장강도($52 \sim 70 \text{kg/mm}^2$)와 항복점($32 \sim 38 \text{kg/mm}^2$)이 높고 저항력 및 충돌 시 에너지 흡수성이 뛰어나고 성형 후 가공경화가 큰 특징이 있다.

21 산소-아세틸렌 불꽃 중 히스테리상을 나타내는 불꽃은 어느 것인가?

① 불화 상태의 화염
② 중성 화염
③ 과산 화염
④ 이탄소사의 염

해설
불꽃의 종류
- 중성불꽃(=표준불꽃): 산소와 아세틸렌가스의 혼합비가 1:1 인 불꽃을 말한다.
- 산화불꽃(=산소 과잉 불꽃, 산성불꽃): 산소의 비율이 높을 때의 불꽃으로 히스테리상이 나타난다.
- 탄화불꽃(=아세틸렌 과잉 불꽃, 탄성불꽃): 아세틸렌의 비율이 높을 때의 불꽃으로 불완전 연소에 의한 온도가 낮아 금속 부재 용융에 어려움 있다.

정답 17. ② 18. ③ 19. ③ 20. ① 21. ③

22 산소용기는 약 몇°C, 몇 기압을 표준으로 하여 충전되어 있는가?

① 35°C, 150기압
② 45°C, 130기압
③ 50°C, 100기압
④ 55°C, 80기압

해설
봄베
- 아세틸렌 봄베: 연강제의 봄베(bombe)에 석면, 규조토, 숯, 석회 등의 물질을 넣고 아세톤을 포화될 때까지 흡수시켜 정제된 아세틸렌을 15°C에서 1.5MPa(15기압) 압력을 가하여 충전한다.
- 산소 봄베: 이음매가 없는 강철재의 봄베에 순도 99.5% 이상의 산소를 35°C에서 15MPa(150기압)으로 압축하여 충전한다.
※ 봄베는 250기압 이상의 수압시험에 합격하여야 하며 반드시 3년마다 검사를 받아야 한다.

23 직류 역극성을 사용하는 용접법은?

① 얇은 판 용접   ② 두꺼운 판 용접
③ 파이프 용접   ④ 마그네슘 용접

해설
직류 역극성(DC. RP)
모재에 음극(−)을 연결하고 용접봉(전극)에 양극(+)를 연결하는 방식을 말하며 용접봉의 용융속도가 빠르고 비드 폭이 넓고 모재의 용입이 얕아서 박판(얇은 판), 주철, 합금강, 비철금속에 사용된다.

24 다음 중 패널 교환 시 스포트 용접을 할 때 올바르지 못한 것은?

① 패널 귀퉁이에 가깝게 하지 말아야 한다.
② 스포트 용접의 피치 간격은 최대한 좁아야 한다.
③ 스포트 점수는 신차보다 10~20% 많아야 한다.
④ 도막이나 오물을 제거하고 스포트 용접해야 한다.

해설
스포트 용접 작업
- 구도막이나 오물을 제거하고 전기가 잘 통하는 방청제 도포 후 용접해야 한다.
- 앞은 용접부의 차체 구조에 알맞게 전극의 접촉부는 지름 5mm정도로 깨끗하고 서로 일직선하게 위치시킨다.
- 스포트 용접의 피치는 1T 두께의 판에서 약 20~25mm 최대 약 40~45mm이며 모재의 끝에서 5mm이상 안쪽으로 작업한다.
- 수리 용접은 새 차보다 10~20%정도 많게 한다.

25 CO_2 아크용접 방법 중 플러그 용접에 가장 적합하지 않은 사항은?

① 용접부위를 청결하게 해야 한다.
② 용접하지 않는 부위도 반드시 와이어 브러시로 청소한다.
③ 플러그 용접은 패널 교환에 많이 사용한다.
④ 5~8mm정도의 구멍을 뚫어 놓는다.

해설

플러그 용접
접합하려고 하는 한쪽에 구멍을 뚫고 판의 표면까지 가득하게 용접하여 접합하는 용접을 말한다.

26 손상된 패널의 수정 방법들이다. 이때 훅을 사용하여 수정하는 방법을 무엇이라 하는가?

① 보디 잭에 의한 수정작업
② 강판의 수축에 의한 수정작업
③ 인장에 의한 수정작업
④ 절단에 의한 수정작업

해설
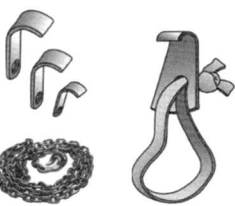
훅이란 갈고리 형태의 도구로써 체인이나 벨트를 걸고 인장에 의한 수정 작업 시에 이용된다.

정답 22. ① 23. ① 24. ② 25. ② 26. ③

27 모노코크 보디에 프레임 센터링 게이지를 부착시킬 때 관계가 없는 것은?

① 게이지 툴
② 스프링 훅
③ 행거 로드
④ 어태치먼트

해설

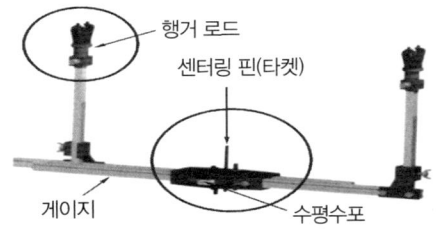

현재 센터링 게이지로 통용되며 헹거로드, 센터링 핀(또는 타켓), 게이지, 수평수포로 구성되어 있다.
※ 어태치먼트는 유압잭(포토파워)의 몸체에 설치하여 여러 가지 작용을 할 수 있게 하는 장치를 말한다.

28 차체 판 두께가 서로 다른 재료 또는 열용량이 서로 다른 재료를 가스용접 할 경우 용접부의 보호를 위하여 가장 적당한 사항은?

① 두 판의 중간 부분에서 불꽃을 대도록 한다.
② 용접 속도를 느리게 한다.
③ 열용량이 큰 쪽의 모재에서 불꽃을 대도록 한다.
④ 얇은 판 쪽의 모재에서 불꽃을 대도록 한다.

해설

차체 판 두께가 서로 다른 재료 또는 열용량이 서로 다른 재료를 가스용접 할 경우 용접부의 보호를 위하여 두께가 두꺼운 쪽, 열용량이 큰 쪽의 모재부터 불꽃을 대고 용접을 실시한다.

29 차체수정 작업 중 꼭 지켜야 할 안전사항이 아닌 것은?

① 작업자는 체인의 인장 방향과 반드시 일직선상에 서서 작업한다.
② 작업자는 과도한 힘으로 인장하지 않는다.
③ 클램프를 확실하게 조였더라도 안전 와이어를 부착하고 작업한다.
④ 수리할 차체를 확실하게 고정한다.

해설

프레임 수정 장비 안전
• 안전모, 안전화, 장갑은 반드시 착용하고 작업한다.
• 소매가 긴 옷이나 헐렁한 작업복은 입지 않으며 부자연스러운 자세에서 작업하지 않는다.
• 작업자는 체인의 인장 방향과 일직선상에 서서 작업하지 않는다.
• 견인작업 시 클램프 이탈 범위에는 사람의 접근이 없도록 한다.
• 인장 작업은 체인의 상태가 직각, 또는 수평으로 되게 한다.
• 견인작업 시 클램프가 이탈되지 않도록 안전고리나 벨트를 설치하여 작업한다.
• 급격한 인장작업은 지양 한다
• 응력집중부에서 먼 곳부터 수정해 나간다.

30 차체 손상 진단의 영역 중 틀린 것은?

① 직접 충돌 부위를 조사, 기록해야 한다.
② 간접 충돌 부위는 조사할 필요 없다.
③ 엔진, 섀시분야를 조사해야 한다.
④ 승객석 전장 비품을 조사해야 한다.

해설

차체 손상의 진단영역
• 직접 충돌 부위 조사, 기록해야 한다.
• 간접 충돌 부위 조사해야 한다.
• 엔진, 섀시 분야를 조사해야 한다.
• 승객석 전장 비품을 조사해야 한다.

31 손상된 차체를 복원하기 위해서 차체에 센터링게이지를 설치한 후 게이지 판독 및 필요한 작업방법을 설명한 것이다. 틀린 것은?

① 센터라인과 레벨을 동시에 읽는다.
② 센터라인과 레벨의 수정 후 데이텀을 점검한다.
③ 차체의 손상이 객실부위까지 이어지면 최초로 손상된 건, 후면 멤버를 먼저 수정한다.
④ 게이지 판독의 최종 목표는 센터라인, 데이텀, 레벨의 점검을 위함이다.

해설
게이지 판독 및 필요한 작업방법
- 센터라인과 레벨을 동시에 읽는다.
- 센터라인과 레벨의 수정 후 데이텀을 점검한다.
- 직접충돌에 의해 차체의 중앙부에 변형이 존재하거나 직, 간접충돌에 의해 전면이나 후면에 변형이 발생하였을 때에는 중앙부 수정을 가장 먼저 하여야 한다.
- 수리작업을 진행하는 동안 수시로 점검한다.
- 게이지 판독의 최종 목표는 센터라인, 데이텀, 레벨의 점검을 위함이다.

32 트램 트래킹 게이지로 측정하는 곳이 아닌 것은?

① 보디의 대각선 측정
② 프레임의 일그러진 상태 점검
③ 프런트 사이드 멤버의 좌우로 휨 상태 점검
④ 프레임의 중심선 측정

해설
트램 트래킹 게이지
트램 트래킹 게이지는 오프 셋(off-set)"자"이며 자동차의 길이와 치수를 측정하는 용도로 이용된다. 측정부위는 다음과 같다.
- 프런트 사이드 멤버의 일그러짐이나 상하로 굽은 상태 점검
- 프런트 사이드 멤버의 좌우로 굽은 휨 상태 점검
- 로어 암과 후드 레지의 위치 점검
- 로어 암 니백(knee back)의 점검
- 리어 보디의 일그러진 곳과 상하의 휨 점검
- 프레임의 일그러진 상태 점검

33 가반식 유압보디 잭(포토 파워)의 사용방법 중 실제 자동차에서 자동차 보디 부분에 사용되는 응용부분과 거리가 먼 것은?

① 도어를 여는 부위에 적용
② 센터 필러의 밀어내는 작업
③ 앞 창유리 실과 테두리의 수정
④ 리어 프레임 구부리기 작업

해설
포토 파워의 실제 자동차에 응용 부분
- 도어를 여는 부위에 적용
- 센터 필러의 밀어내는 작업
- 앞 창유리 실과 테두리의 수정
- 리어 패널의 밀어내기 작업

34 지그 시스템 중에서 지그의 종류가 아닌 것은?

① 볼트 온 지그   ② 맥퍼슨 지그
③ 핀 타입 지그   ④ 클램프 지그

35 판금 퍼티는 안료와 무엇이 주성분으로 되어 있는가?

① 불포화 폴리에스테르
② 불포화 탄소
③ 불포화 멜라민
④ 불포화 우레탄

해설
판금 퍼티는 주제(폴리에스테르 수지)와 경화제(퍼록사이드)를 사용하는 2액형을 주로 사용하는데 주제인 폴리에스테르 수지는 공기(산소)와 접촉해도 마르지 않는 성질이 있다.

36 스프레이건과 피도물 사이의 거리로 가장 적당한 것은?

① 1~5cm   ② 5~15cm
③ 15~25cm   ④ 30~50cm

해설
일반 스프레이건은 약15~25cm, HVLP건의 경우 약10~15cm가 적당하며 도폭은 1/3~1/4정도 겹치면 균일한 도막을 얻을 수 있다.

정답 31. ③ 32. ④ 33. ④ 34. ④ 35. ① 36. ③

37 도장부스의 기능이 아닌 것은?

① 유기 용제로부터 작업자를 보호한다.
② 다른 곳으로의 도료 비산을 이루게 한다.
③ 먼지, 오염물 등의 접촉을 차단한다.
④ 도장의 품질 향상 및 도막 결함을 방지한다.

> 해설

도장부스의 기능
- 도장 작업 중에 발생되는 도료의 분진을 여과기를 통해 배출
- 오염된 공기를 여과한다.
- 먼지, 오물 등의 접촉을 차단하여 공급함으로써 도장작업 시 최적의 상태를 유지
- 유기 용제로 부터 작업자를 보호한다.
- 도막 결함을 방지하며 도장의 품질을 향상시킨다.
- 건조 시간을 단축시킨다.

38 자동차 보수 도장 시 연마방법의 설명 중 틀린 것은?

① 건식방법이 습식방법보다 연마속도가 빠르다.
② 건식방법이 습식방법보다 연마지 사용량이 적다.
③ 연마된 상태가 습식방법이 건식방법보다 곱다.
④ 먼지 발생은 습식방법이 매우 적다.

> 해설

건식방법이 습식방법보다 연마지 사용량이 많다.

39 다음 중 지촉 건조된 상태를 가장 잘 표현한 것은?

① 도막을 손가락 끝으로 약간의 압력으로 눌렀을 때 지문이 남지 않는 상태
② 엄지를 도막 위에 눌러 회전하여 가장 센 압력을 주었을 때, 스친 흠이 없는 상태
③ 도막을 손가락으로 가볍게 눌렀을 때 접착성은 있으나 도료가 손가락에 묻지 않는 상태
④ 손톱으로 도막을 벗기기가 곤란하고 칼로 자르더라도 충분히 저항을 나타내는 상태

> 해설

용어정의
- 지촉건조 : 도막을 손가락으로 가볍게 눌렀을 때 접착성은 있으나 도료가 손가락에 묻지 않는 상태
- 경화건조 : 도막을 손가락 끝으로 약간의 압력으로 눌렀을 때 지문이 남지 않는 상태
- 완전건조 : 손톱으로 도막을 벗기기가 곤란하고 칼로 자르더라도 충분히 저항을 나타내는 상태

40 자동차, 냉장고, 가전제품 등 도막의 보호미화에 쓰이는 것은?

① 메탈릭 에나멜   ② 헤머톤 에나멜
③ 축문 에나멜   ④ 멜라민 에나멜

41 도어의 구성 요인이 아닌 것은?

① 후드   ② 힌지
③ 첵   ④ 로크

> 해설

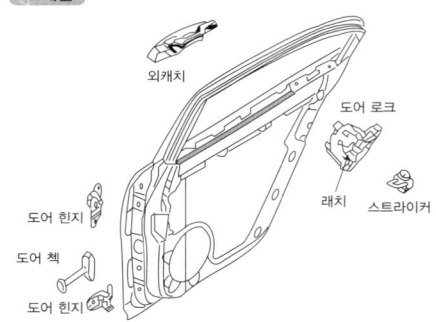

42 금속재료에 굽힘 가공을 할 때에 외력을 제거하면 원래의 상태로 되돌아가는 현상을 무엇이라 하는가?

① 소성값   ② 이방성
③ 방향성   ④ 스프링 백

> 해설

스프링 백(spring back) 현상
금속재료에 굽힘 가공을 할 때에 외력을 제거하면 반발력에 의해 원래의 상태로 되돌아가는 현상을 말한다.

정답 37. ② 38. ② 39. ③ 40. ④ 41. ① 42. ④

43 얇고 가벼운 고강도 강판재의 패널 결합체이기 때문에 어느 한계를 넘지 않는 충격을 받았을 때 그 충격이 보디 전체까지 미치지 않도록 된 보디는?

① X형 보디　② 트러스형 보디
③ 모노코크 보디　④ H형 보디

해설
모노코그 바디의 특징
- 일체식바디로써 여러 장의 균일한 패널이 용접 및 조립, 결합되어 하나의 형상을 구성하여 충격을 흡수하고, 차체 전체로 분산시키는 구조로 되어 있다.
- 중량이 가볍고 강성이 높다.
- 정밀도가 높고 생산성이 좋다.
- 차고를 낮게 하고 차량의 무게 중심을 낮출 수 있어 승차감을 향상 시킨다.
- 차실 바닥면을 넓고 낮게 할 수 있어 객실공간을 효과적으로 설계 할 수 있다.
- 사고, 수리 시 복원의 어려움이 있다.
- 소음, 진동의 영향을 받기 쉬워 엔진룸 설계 시 기술력이 요구된다.

44 뽑기나 구멍 뚫기를 한 제품의 가장 자리에 붙어있는 파단면 등이 평평하지 못하므로 제품의 끝을 약간 깎아 다듬질 하는 작업인 것은?

① 블랭킹　② 트리밍
③ 드로잉　④ 세이빙

해설
프레스 전단 가공의 종류
- 블랭킹 : 판재에서 펀치와 다이를 이용하여 여러 가지 형태로 뽑아내는 전단가공법을 말한다.
- 펀칭 : 판재에서 구멍을 만드는 작업으로 뽑힌 부분이 스크랩(scrap)이 되고 남은 부분이 제품이 된다.
- 전단 : 판재를 잘라서 형상을 만드는 작업
- 트리밍 : 판재를 드로잉 가공으로 만든 다음 둥글게 자르는 작업
- 세이빙 : 뽑기나 구멍 뚫기를 한 제품의 가장 자리에 붙어있는 파단면 등이 평평하지 못하므로 제품의 끝을 약간 깎아 다듬질 하는 작업

45 패널 용접작업 후 처리 작업에 속하지 않는 것은?

① 부식 방지제 도포 작업
② 패널 실링제 도포 작업
③ 플러그 용접 부위를 그라인딩 작업
④ 맞대기 용접 부위에 바로 도장 작업

46 차체수리 작업에 필요한 차체 치수도의 길이가 아닌 것은?

① 트램 길이
② 센터라인 길이
③ 단순한 치수 길이
④ 패널 대각선 길이

47 프런트 도어 장착 시 펜더와 리어도어, 사이드 실 등과 단차나 간격이 맞지 않다. 점검해야 될 부위가 아닌 것은?

① 도어의 상·하 힌지 부착 상태 점검
② 센터 필러부에 부착된 스트라이커의 위치 점검
③ 도어의 인너 핸들 점검
④ 프런트 도어 필러의 변형 상태 점검

해설
프런트 도어 탈부착 조정방법
- 간격조정 : 프런트 도어 필러의 변형 상태 점검 및 힌지, 와셔 부착 상태 점검
- 단차조정 : 도어의 상·하 힌지 부착 상태 점검
- 스트라이커 조정 : 필러부에 부착된 스트라이커의 위치 점검

48 자동차 차체 패널 제거부분의 마무리 작업에 속하지 않는 것은?

① 용접부위는 샌더 등으로 연마
② 접합면의 부식 및 이물질 제거
③ 패널 접합면의 정형 및 부품 주변의 변형 수정
④ 도막 제거 후 접합면을 실러 도포로 방청 처리

정답 43. ③　44. ④　45. ④　46. ④　47. ③　48. ④

49 스포트 제거 드릴의 구성부품이 아닌 것은?

① 나사
② 스프링
③ 센터 파이로트
④ 치즐

> 해설

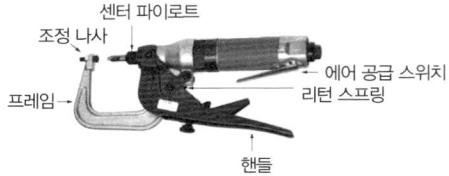

[스포트 제거 드릴 구조 명칭]

50 차체정렬을 위한 3단계 기초원리에 속하지 않는 것은?

① 차체의 3부분 분할
② 조정지점과 조정지역
③ 게이지 측정 작업을 위한 기초 확립
④ 얼라이먼트 조정

> 해설

차체 정렬 기초원리 3단계
- 차체의 3부분 분할
- 조정지점과 조정지역
- 게이지 측정 작업을 위한 기초 확립

51 작업시작 전의 안전점검에 관한 사항 중 잘못 짝 지어 진 것은?

① 인적인 면 – 건강상태, 기능상태
② 물적인 면 – 기계기구 설비, 공구
③ 관리적인 면 – 작업내용, 작업순서
④ 환경적인 면 – 작업방법, 안전수칙

> 해설

사고의 원인
- 인적 원인에 의한 사고(불완전한 행동)
  - 건강상태, 기능상태 등에 의해 발생되는 사고
- 물적 원인에 의한 사고(불안전 상태)
  - 기계기구 설비, 공구 등에 의해 발생되는 사고

① 관리적인 면
  ㉠ 안전수칙 미제정
  ㉡ 작업준비 미흡
  ㉢ 작업원의 부적정 배치
  ㉣ 작업지시 부적당
② 환경적인 면
  ㉠ 소음, 조명, 환기, 화재, 폭발성 위험물 등의 결함
  ㉡ 작업장소가 너무 협소할 경우 등

52 다음 중 안전표지 색채 연결이 맞는 것은?

① 주황색 – 화재의 방지에 관계되는 물건에 표시
② 흑색 – 방사능 표시
③ 노란색 – 충돌, 추락 주의 표시
④ 청색 – 위험, 구급장소 표시

> 해설

산업안전보건법 시행규칙 제8조 안전·보건표지에 사용되는 색채, 색도기준 및 용도 [개정 2011.3.3]

용도	색채	사용 사례
금지	빨강	정지신호, 소화설비 및 그 장소, 유해행위의 금지
경고	노랑	화학물질 취급 장소에서 유해·위험 경고 이외의 위험경고, 주의표지 또는 기계 방호물
지시	파랑	특정행위의 지시 및 사실의 고지
안내	녹색	비상구 및 피난소, 사람 또는 차량의 통행표시
	흰색	파란색 또는 녹색에 대한 보조색
	검정	문자 및 빨간색 또는 노랑색에 대한 보조색

53 선반 주축의 변속은 기계를 어떠한 상태에서 하는 것이 가장 좋은가?

① 저속으로 회전시킨 후 한다.
② 기계를 정지시킨 후 한다.
③ 필요에 따라 운전 중에 할 수 있다.
④ 어느 때이든 변속 시킬 수 있다.

> 해설

선반 주축의 변속은 기계를 정지시킨 후 한다.

정답 49. ④ 50. ④ 51. ④ 52. ③ 53. ②

54 줄 작업 시 주의 사항이 아닌 것은?

① 뒤로 당길 때만 힘을 가한다.
② 공작물은 바이스에 확실히 고정한다.
③ 날이 메꾸어지면 와이어 브러시로 털어낸다.
④ 절삭가루는 솔로 쓸어낸다.

해설

줄 작업 시 안전사항
- 줄 작업의 높이는 작업자의 팔꿈치 높이로 하거나 조금 낮춘다.
- 작업 자세는 허리를 낮추고, 전신을 이용할 수 있게 한다.
- 절삭가루가 많이 쌓일 때는 솔로 제거 하고 작업 중 쇳가루를 입으로 불어서는 안 된다.
- 줄을 잡을 때는 한손으로 줄을 확실히 잡고, 다른 한 손으로 끝을 가볍게 쥐고 앞으로 가볍게 민다.

55 다음은 공기공구의 사용에 대한 설명이다. 틀린 것은?

① 공구의 교체 시에는 반드시 밸브를 꼭 잠그고 하여야 한다.
② 활동 부분은 항상 윤활유 또는 그리스를 급유한다.
③ 사용 시에는 반드시 보호구를 착용해야 한다.
④ 공기구를 사용할 때에는 밸브를 일시에 열고 닫는다.

56 다음 중 용접작업과 관련된 안전사항 중 틀린 것은?

① 용접 시엔 소화수 및 소화기를 준비한다.
② 전기용접은 옥내 작업만 한다.
③ 용접홀더는 항상 파손되지 않은 것을 사용 한다.
④ 산소-아세틸렌 용접에서 가스 누출 검사 시는 비눗물을 사용하여 검사한다.

해설

용접 작업 시 주의사항
- 용접 작업 시 보호구를 착용하여 눈과 피부를 노출시키지 않는다.(헬멧, 보안경, 용접장갑, 앞치마 등)
- 용접 작업 전에 소화기 및 방화사를 준비한다.
- 슬랙(slag)제거 시 보안경을 착용한다.
- 가스관이나 수도관 등의 배관을 접지로 이용하지 않는다.
- 절대로 물기가 있거나 땀에 젖은 손으로 작업해서는 안 된다.
- 가열된 용접봉 홀더를 물에 넣어 냉각시켜서는 안 된다.
- 우천 시 옥외작업을 하지 않는다.
- 용접이 끝나면 용접봉을 홀더에서 빼내고 공구와 재료를 정리, 정돈한다.

57 작업 환경에 있어서 기온은 안전사고와 관계가 된다. 일반적으로 적정온도는 몇 도인가?

① 10~15℃
② 17~20℃
③ 25~30℃
④ 30℃이상

해설

우리나라 겨울철 실내 적정온도는 18~20℃이고, 습도는 40%이다.

58 차체수정 작업 시 센터링 게이지의 조작과 정비 시 주의사항이다. 틀린 것은?

① 센터링 게이지는 센터 유닛(센터 핀)을 중심으로 하여 서로 좌·우 쪽으로 움직이는 두개의 수직 바에 의해서 작동된다.
② 센터 유닛의 조준 핀은 항상 게이지의 정확한 중심에 위치해 있어야 한다.
③ 게이지의 관리는 항상 청결을 유지하고 주기적으로 점검해 주어야 한다.
④ 게이지의 중심에 자리가 잡히지 않을 때는 먼지의 축적이나 내부 베어링의 손상 가능성에 대해서 점검한다.

해설

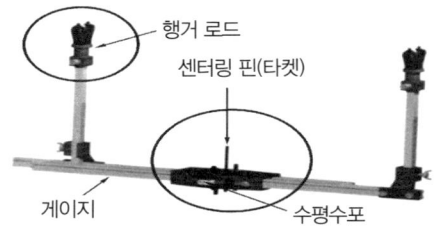

센터링 게이지 조작 및 정비 시 주의 사항
- 센터링 게이지는 센터 유닛을 중심으로 하여 서로 좌·우측으로 움직이는 두 개의 수평 바에 의하여 작동된다.
- 센터 유닛의 조준 핀은 항상 게이지의 정확한 중심에 위치해 있어야 한다.
- 게이지의 관리는 항상 청결을 유지하고 주기적으로 점검해 주어야 한다.
- 게이지를 차량에 부착하기 전에 마그네트 키퍼(Kipper)는 분해하여 사용하고 미사용 시 조립하여 보관한다.
- 게이지 설치 전 스케일 홀더는 양손으로 잡고 센터 유닛 방향으로 단단하게 밀어준다.
- 게이지의 중심에 자리가 잡히지 않을 때는 먼지를 축척이나 내부 베어링의 손상 가능성에 대하여 점검한다.
- 폭의 조정은 바에 설치된 고정 스크류를 풀고 조정한다.

59 차체 패널의 미세요철 부분을 판금 퍼티를 도포하여 평활하게 작업하는데 사용하는 보호구의 설명으로 가장 적당한 것은?

① 작업복을 입고 보안경을 착용한다.
② 도장복을 입고 1회용 마스크를 착용한다.
③ 도장복을 입고 방독마스크를 착용한다.
④ 작업복을 입고 방진마스크를 착용한다.

해설
퍼티 작업 시 작업 복장은 편안하고 먼지가 묻어도 괜찮은 작업복을 입고 방진마스크와 작업용 장갑 및 보안경을 착용하고 작업한다.

60 자동차에서 엔진오일의 오일량 점검방법에 관한 설명 중 틀린 것은?

① 차를 평지에 주차한 후 정상온도에 도달할 때 까지 워밍업을 한 후 시동을 끈다.
② 차의 시동을 끈 직후 즉시 엔진 오일 게이지를 위로 잡아당긴다.
③ 엔진오일 게이지를 뽑아 지시선에 묻은 오일량을 확인 점검한다.
④ 엔진 오일량이 F-L사이에 있으면 정상이다.

해설
점검 및 교환 시 주의사항
- 엔진 정지 후 5분 정도 뒤에 레벨게이지로 점검한다.
- 알맞은 오일을 선택한다.
- 불순물이 유입되지 않도록 주의한다.
- 재생 오일은 사용하지 않는다.
- 교환 시기에 맞추어 교환한다.
- 규정량을 주입한다.(레벨게이지 눈금으로 확인 F-L사이)

정답 59. ④ 60. ②

CBT 국가기술자격 필기시험복원문제

2017년 기능사 필기시험복원문제 3회

자격종목	종목코드	시험시간	형별	수험번호	성명
자동차차체수리기능사	6285		A		

01 전기 용접 시 용접부의 결함이 아닌 것은?

① 오버랩
② 언더 컷
③ 슬래그
④ 피복

해설

No	명칭	상태
1	오버랩	두 모재보다 위로 올라온 상태
2	슬래그	용접부 표면에 피복재가 떠 있는 상태
3	언더컷	두 모재보다 밑으로 내려온 상태로 용접선 끝에 생기는 작은 홈

02 다음 중 일반적인 프레임의 종류가 아닌 것은?

① X형 프레임
② 회전(rotary)형 프레임
③ 페리미터(perimeter) 프레임
④ 플랫폼(platform)형 프레임

해설

프레임 형상에 의한 분류
- 사다리형 프레임
- 페리미터형 프레임
- 플레이트 폼 프레임
- 스페이스형 프레임
- X형 프레임
- 모노코크바디(=유니트 콘스트렉션)

03 자동차 현가장치에서 쇽업소버와 가장 관계가 깊은 것은?

① 감쇠력
② 원심력
③ 구동력
④ 전단력

해설

쇽업소버
스프링의 고유 진동을 감쇠시켜 접지성을 높여 승차감을 향상시키기 위해 설치하는 기구
- 감쇠력 : 스프링의 진동을 저감시키려는 저항력
- 원심력 : 물체의 원운동에서 그 물체의 작용력에 의해서 원의 중심에서 멀어지려고 하는 힘
- 구동력 : 구동바퀴가 자동차를 추진하는 힘
- 전단력 : 가위로 자르듯이 단면에 평행하게 작용하는 힘

04 자동차의 차체모양에 따른 분류로 외관은 세단과 같으나 운전석과 객석 사이에 칸막이를 설치하고 보조 좌석을 설치한 7~8인승의 고급 차량은?

① 리무진 (limousine)
② 쿠페 (coupe)
③ 컨버터블 (convertible)
④ 왜건 (wagon)

해설

- 리무진(limousine) : 외관은 세단과 같으나 운전석과 객석 사이에 칸막이를 설치하고 보조 좌석을 설치한 7~8인승의 고급 차량
- 쿠페(Coupe) : 앞좌석 또는 1열의 승객을 중시한 2도어의 박스형 승용차로 지붕이 짧고 차고가 낮은 형태의 자동차
- 컨버터블(Sedan) : 자동이나 수동으로 승용차의 지붕을 임의대로 펴거나 접을 수 있는 형태의 자동차

정답 1. ④ 2. ② 3. ① 4. ①

- 웨건(wagon) : 승용과 화물을 함께하는 다용도 형태의 자동차

05 다음 중에서 온도의 단위인 섭씨온도를 나타낸 기호는?

① ℃ ② °R
③ °K ④ °F

🔍 해설

온도의 종류
- 섭씨온도(Celsius temperature, ℃) : 표준 대기압(760mmHg)하에서 증류수가 어는 빙점을 0℃, 끓는 비등점을 100℃로 하여 이 두 점을 100등분한 온도를 말한다.
- 화씨(Fahrenheit temperature, °F) : 물의 끓는점을 212℃로 하고 얼음의 녹는점을 32℃로 정하여 그 사이를 180등분 한 온도를 말한다.
- 켈빈(K) : 열역학 제2법칙에 따라 정해진 온도로 절대 온도의 기호는 K를 사용하며, 이론상 생각할 수 있는 최저 온도를 기준으로 하여 갖는 단위의 온도를 말한다.
- 랭킨 온도(R) : 분자 운동이 정지할 때의 절대온도를 0으로 하고 비등점을 671.67R, 빙점을 491.67R로 하여 비등점과 빙점 사이를 180등분한 온도를 말한다.

06 차체(body) 측면부에서 가장 큰 강성이 요구되는 부분은?

① 후드(hood)
② 패널(panel)
③ 필러(piller)
④ 트렁크(trunk)

🔍 해설

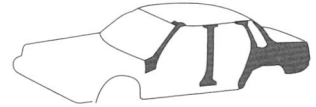

필러는 도어와 루프 중간에 위치한 기둥형태의 구성품을 말하며 차체의 강성을 크게 한다.

07 전기회로에서 옴의 법칙을 틀리게 설명한 것은?

① 저항이 일정할 때 전압이 증가되면 전류 값도 증가된다.
② 전류가 일정할 때 저항이 증가되면 전압도 증가된다.
③ 전압과 저항이 증가되면 전류도 증가된다.
④ 전류와 저항이 증가되면 전압도 증가된다.

🔍 해설

옴의 법칙

- 저항이 일정할 때 전압이 증가되면 전류 값도 증가된다.
- 전류가 일정할 때 저항이 증가되면 전압도 증가된다.
- 전압이 일정할 때 저항이 증가되면 전류는 감소된다.
- 전류와 저항이 증가되면 전압도 증가된다.

08 자동차에서는 실린더 내에서 연소를 하고 남은 배기가스를 밖으로 내보내는 가스의 운동을 하게 된다. 이런 경우 배기가스에 배압이 상승한다면 그 이유로 가장 적합한 것은?

① 배기관의 막힘
② 오버사이즈 소음기
③ 2개로 설치된 테일 파이프
④ 새로 장착한 정품의 머플러

🔍 해설

배압이란 배기가스의 배출저항을 말하는데 연소실에서 배출되는 가스의 부피가 크게 늘어나면서 배기 밸브, 배기 포트, 배기 매니폴드, 배기관, 머플러 등의 저항을 받게 되어 압력이 발생하게 된다.

09 다음 중 타이어 편마모의 원인이 아닌 것은?

① 공기압 부족 또는 과다
② 휠 밸런스 불량
③ 토인 불량
④ 디스크 런 아웃 불량

해설
런 아웃
디스크나 스핀들 등의 회전체의 수평 방향, 수직 방향의 진동을 말한다.

※ 타이어 휠은 허브에 장착되어 회전한다.

10 물질에서 기체, 액체, 고체의 3상이 공존하는 상태를 무엇이라 하는가?

① 임계점　　② 3중점
③ 포화 한계선　④ 액화점

해설
- 임계점 : 물질이 2가지 상으로 서로 분간할 수 없게 되어 공존하는 임계상태에서의 온도와 증기압을 말한다.
- 프화한계선 : 물질을 더 이상 수용할 수 없는 막다른 지점
- 액화점 : 액체가 기체로 또는 기체가 액체로 될 때의 온도, 즉 끓는점을 말한다.
- 3중점 : 물질에서 기체, 액체, 고체의 3상이 공존하는 상태

11 산소 아세틸렌 용접에서 플럭스가 하는 작용은?

① 균열 방지　② 열확산 방지
③ 산화 방지　④ 과열 방지

해설
플럭스(flux)
용접 시에 용융금속의 산화나 질화 또는 기타 슬래그 제거 촉진 등의 목적으로 사용하는 첨가제

12 철강재료 중에 탄소강은 탄소를 몇 % 정도 함유한 것인가?

① 0.035 ~ 1.7
② 1.7 ~ 6.67
③ 1.7 ~ 4.3
④ 0.035 이하

해설
철강재료
- 순철(탄소 0.035%이하의 철)
- 강
  ① 탄소강(탄소 0.035 ~ 1.7%를 함유한 철(Fe)과 탄소(C)의 합금
  ② 합금강 or 특수강(탄소강에 1종 이상의 금속을 합금 시킨 것)
- 주철 or 선철(탄소 1.7 ~ 6.67%를 포함한 철과 탄소의 합금)

13 다음 보기와 같은 투상도를 보고 틀린 부분을 바르게 수정한 것은?

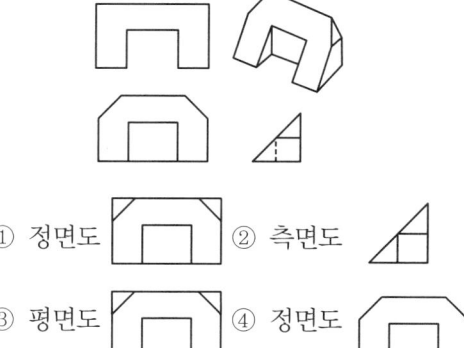

① 정면도　② 측면도
③ 평면도　④ 정면도

14 금속 판재를 냉간가공하면 결정입자는 어떤 조직으로 되는가?

① 입상조직　② 섬유조직
③ 편상조직　④ 층상조직

15 스케치에 의해 제작도를 완성할 때 제일 끝에 그리는 것은?

① 부분 조립도 ② 부품도
③ 전체 조립도 ④ 배치도

해설
스케치 순서
- 분해 전에 조립도를 프리핸드로 그려 조립 상태를 표시하며 주요 치수를 기입한 후 각 부품을 순서에 따라 분해하며 부분 조립도를 스케치 한다.
- 각 부의 부품조립도와 부품표를 세수 치수를 기입하며 작성한다.
- 각 부품도에 재질(재료), 수량, 기호, 가공법 등을 기입한다.
- 기계 전체의 형상을 명백히 하고 완전 여부를 검토한 후 전체 조립도를 완성한다.

16 아세틸렌과 산소를 1 : 1로 혼합 공급하여 연소시킬 때의 온도는?

① 약 1000°C ② 약 2100°C
③ 약 3000°C ④ 약 4000°C

해설

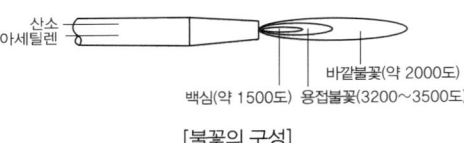

[불꽃의 구성]

17 다음 질화법에 관한 설명 중 틀린 것은?

① 질화법에 대한 화학 방정식은 이다.
② 질화강의 탄소 함유량은 0.25~0.4%C 이다.
③ 질화층의 경도를 높이기 위하여 첨가되는 원소는 Al, Cr, Mo 등이 있다.
④ 질화법은 재료 중심부의 경화에 그 목적이 있다.

해설
질화법
암모니아(NH_3)가스를 이용하여 520℃에서 50~100시간 가열하여 Al, Cr, Mo 등의 재료 표면에 질화층이 생겨 경화 시키는 화학법

18 티그 용접의 설명으로 맞지 않는 것은?

① 산화토륨을 1~2% 첨가한 것은 전자 방출이 쉽다.
② 역극성에 사용되는 전극봉 지름이 정극성에 사용되는 용접봉 지름보다 크다.
③ 정극성의 경우 전극봉 끝은 원뿔 형태로 가공한다.
④ 전극봉의 원뿔 각도가 작으면 용입은 감소한다.

19 용접 지그의 사용 목적이 아닌 것은?

① 가능한 한 아래보기 자세로 할 수 있게 한다.
② 용접 시 발생되는 변형방지와 역변형을 주어 정밀도를 향상 시킨다.
③ 대량 생산 시 조립작업을 단순화 자동화로 능률을 향상시킨다.
④ 재료의 절약 및 작업자의 안전을 확보한다.

해설
용접 지그의 사용목적
- 가능한 한 아래보기 자세로 할 수 있게 한다.
- 용접 시 발생되는 변형방지와 역변형을 주어 정밀도를 향상 시킨다.
- 대량 생산 시 조립작업을 단순화 자동화로 능률을 향상시킨다.
- 작업자의 부담을 줄이고 안전을 확보할 수 있다.

20 납의 성질을 잘못 설명한 것은?

① 전성이 크고 연하다.
② 인체에 유독한 금속이다.
③ 공기나 물에는 거의 부식되지 않는다.
④ 내알칼리성이다.

해설
납의 성질
- 전성이 크고 연하다.
- 인체에 유독한 금속이다.
- 공기나 물에는 거의 부식되지 않는다.
- 알칼리 수용액에 대해서는 철보다 빨리 부식된다.
- 황산에는 내식성이 좋으나 질산이나 염산에는 부식된다.

21 알루미늄 합금 중에서 열팽창계수가 가장 작은 것은?

① 실루민
② 두랄루민
③ Y합금
④ 로우엑스

해설
실루민
실루민은 기계적 성질이 우수하고 수축 여유가 적으며, 유동성 및 주조성이 좋아서 복잡한 주물에 많이 이용되며 비중이 작고, 열팽창 계수는 알루미늄 합금 중에서 가장 작다.

22 연삭 숫돌의 입도는 무엇으로 표시하나?

① 번호
② 밀도
③ 알파벳
④ 결합력

해설
숫돌 입도(grain size)
• 숫돌 입자의 크기를 나타내는 단위
• 입도의 호칭(KS L) : 번호로 표시
  예) #8(8번), #220(220번)

23 용접 전압의 설명으로 맞지 않는 것은?

① 아크 길이를 결정하는 변수이다.
② 적정 아크길이는 심선 지름과 대략 같은 정도가 좋다.
③ 아크 길이가 질면 용융금속의 산화, 질화가 쉽다.
④ 철분계 용접봉은 아크 길이 조정이 필요하다.

24 점용접에서 접합면의 일부가 녹아 바둑알 모양의 단면으로 된 부분을 무엇이라 하는가?

① 스폿(spot)
② 너깃(nugget)
③ 포일(foil)
④ 돌기(projection)

해설
전기저항 스폿 용접의 특징(점용접)
• 재료비가 절약되어 대량 생산에 적합하다.
• 표면이 편평한 바둑알 모양의 너깃이 생성되며 외관이 아름답다.
• 열 영향부가 좁고, 돌기가 없다.
• 구멍을 가공할 필요가 없으며 숙련을 요하지 않는다.
• 용융점이 높은 재료, 열전도가 큰 재료 및 전기 저항이 작은 재료는 용접이 곤란하다.

25 일반적인 금속의 특징 중 맞지 않는 것은?

① 최저 용융 온도의 금속은 Hg(-38.4°C), 최대 고 용융 온도는 W(3410°C)이다.
② 최소의 비중은 Li(0.53), 최대 비중은 Ir(22.5)이다.
③ 일반적으로 용융온도가 높으면 금속의 비중이 크다.
④ 내열성과 경량성을 동시에 만족하는 재료를 얻기 쉽다.

26 새 부품(신 패널)의 준비에서 패널의 절단에 대한 설명 중 맞지 않는 것은?

① 차체 측의 절단면은 용접선을 최소화되게 한다.
② 겹치는 부분을 충분히 넓게 해서 조립 시 위치 확인이 용이하게 한다.
③ 새 부품이 변형되지 않게 무리한 힘을 주지 않는다.
④ 절단은 쇠톱이나 에어 톱을 사용한다.

27 승용차의 앞면 중앙부에 외력이 가해졌을 경우 점검해야 할 부분이다. 가장 거리가 먼 것은?

① 라이에이터 코어 서포트와 좌우 후드 레지 패널 부근의 점검
② 좌우 후드 레지 패널은 안쪽(엔진룸 쪽)으로 끌리는 경향이므로 그 부분의 변형 유무 점검
③ 프런트 크로스 멤버와 좌우 사이드 멤버가 붙어있는 부근의 점검
④ 뒤 트렁크 부분의 점검

정답 21. ① 22. ① 23. ④ 24. ② 25. ④ 26. ② 27. ④

해설

앞면 중앙부에 외력이 가해진 경우
- 라이에이터 코어 서포트와 좌우 후드 레지 패널 부근의 점검
- 좌우 후드 레지 패널은 안쪽(엔진룸 쪽)으로 끌리는 경향이므로 그 부분의 변형 유무 점검
- 프런트 크로스 멤버와 좌우 사이드 멤버가 붙어있는 부근의 점검
- 좌, 우 사이드 멤버는 안쪽으로 밀리는 경향이 있으므로 텐션 로드 브래킷이나 서스펜션 멤버가 설치된 부위 점검

28 다음 중 차체 정비에 사용되는 동력 공구가 아닌 것은?

① 판금 샌더
② 판금 스포트 제거 드릴
③ 파워 치즐
④ 판금 슬라이딩 해머

해설

판금 슬라이딩 해머는 인출전용 수공구이다.

29 리어 범퍼 탈착 작업 중 맞지 않는 것은?

① 화물실 리어 트림 및 콤비네이션 램프 탈거
② 리어 범퍼 로어 마운팅 리테이너 탈거
③ 리어 범퍼 엎어 마운팅 스크루 및 리테이너 탈거
④ 센터 필러 트림 탈거

해설

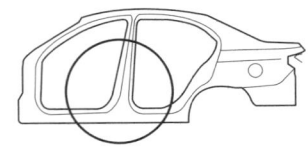

센터 필러는 중앙 사이드 바디 부를 구성하고 있다.

30 페인트 표면에 대한 적외선 흡수율이 가장 높은 색깔은?

① 노랑색
② 검정색
③ 흰색
④ 적갈색

해설
색체현상
- 각 물체마다 다른 색을 느끼게 하는 가시광선에 의해 나타나는 빛의 현상을 말한다.
- 빛을 모두 흡수하면 검정색으로 보이고 반사하면 흰색에 가깝게 보인다.

31 프레임 기준선에 의하여 데이텀 라인 게이지로 변형 상태를 점검할 때 주의할 사항이 아닌 것은?

① 보디(body) 치수도를 활용할 것.
② 계측기기의 손상이 없을 것.
③ 차체를 회전시키면서 점검할 것.
④ 수평으로 확실하게 고정할 것

해설
계측작업 시 주의사항
- 차체는 수평으로 확실히 고정할 것
- 계측기기는 손상이 없는 것을 사용할 것
- 차체 치수도를 활용할 것

32 색상·광택 부드러움과 외관 형상을 위해 최종적으로 도장되는 도료는?

① 프라이머
② 퍼티
③ 서페이서
④ 탑코트

해설
탑코트
색상, 광택 부드러움과 외관 형상을 위해 최종적으로 도장되는 도막 층을 말한다.

33 자동차 보수도장에 있어서 도료의 건조장치 중 가장 바람직한 것은?

① 복사 대류에 의한 열풍 건조장치
② 복사에 의한 고온 다습한 열풍 건조장치
③ 습도가 많은 상온에서의 자연 건조장치
④ 고온 다습한 실내에서의 자연 건조장치

34 트램 트랙킹 게이지로 네 바퀴의 정렬을 점검할 수 있는 종류에 들지 않는 것은?

① 우측 프런트 서스펜션의 굽음
② 토인과 캠버의 변화
③ 리어 액슬의 흔들림
④ 옆으로 굽은 프레임의 앞 부위

> **해설**
> 트램 트랙킹 게이지의 네 바퀴 정렬 점검 부
> • 우측 프런트 서스펜션의 굽음
> • 리어 액슬의 흔들림
> • 옆으로 굽은 프레임의 앞 부위

35 차체수리용 판금 잭의 기능 중 가장 적당한 것은?

① 밀고, 절단한다.
② 당기고, 절단한다.
③ 밀고, 당기고, 절단한다.
④ 밀고, 당기고, 오므리기 한다.

> **해설**
> 차체수리용 판금 잭(port power, 포트파워) 구성
> • 유압 펌프 : 유압을 상승시킬 수 있도록 설치된 구성품
> • 스피드 커플러 : 작업 중의 각종 램을 교환할 경우 오일이 누출되거나, 에어가 혼입되는 것을 방지하는 역할
> • 램(유압 실린더) : 유체에너지를 기계적인 일로 전환시키는 장치
> • 어태치먼트 : 몸체에 설치하여 여러 가지 작용(누르기, 당기기, 늘리기, 조르기, 구부리기 등)을 할 수 있게 하는 장치
> • 고압 호스 : 유압을 전달하는 통로역할을 하는 구성품

36 다음 중 소재의 두께를 변화시키지 않고 성형하는 압축 가공의 종류는 무엇인가?

① 엠보싱   ② 플랜징
③ 컬링   ④ 드로잉

> **해설**
> 엠보싱(embossing)
> 소재의 양면에 오목 볼록한 모양을 만들어 강도를 높이는 가공법

37 그림은 패널의 어떤 가공인가?

① 펀칭 가공   ② 절단 가공
③ 해밍 가공   ④ 플랜지 가공

> **해설**
>
>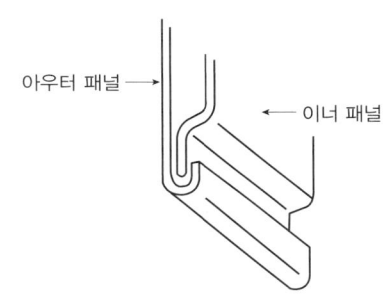
>
> 해밍가공
> 도어나 후드 등의 아우터 패널과 이너 패널의 조합을 위한 가공법

38 수평 바의 높낮이를 비교 측정하여 언더 보디의 상하 변형을 판독하는 것은?

① 센터 라인   ② 레벨
③ 데이텀 라인 ④ 치수

> **해설**
> • 데이텀 라인 : 높이에 대한 차체의 기준선
> • 레벨 : 언더바디의 평행상태를 나타내는 지표
> • 센터라인 : 차체의 중심을 가르는 기하학적 중심선
> • 단차 : 면과 면의 높이차

정답 33. ①   34. ②   35. ④   36. ①   37. ③   38. ③

39 자동차의 도어 부품으로 맞지 않는 것은?

① 스트라이커
② 도어 체커
③ 도어 로크
④ 도어 인사이드 핸들 및 노브

> 해설

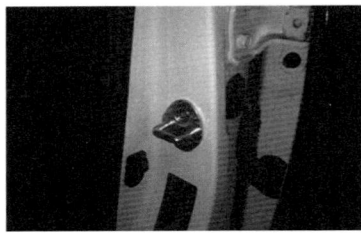

도어 스트라이커는 보디 필러 측에 설치되어 있다.

40 다음 판금 퍼티작업 방법으로 가장 옳은 것은?

① 한 번에 쌓아 올리는 높이는 5mm 정도가 적당하다.
② 혼합용 정반이 없다면 판자 조각이나 두터운 종이를 써도 무방하다.
③ 한 번에 쌓아 올리는 양 만큼씩 사용하는 것보다 많은 양을 혼합해서 두고 쓰는 것이 좋다
④ 공기의 거품이 남아 있으면 도막 파열의 원인이 되므로 제거한다.

41 파손된 강판을 분해한 다음 제 1단계 작업을 시행하게 된다. 이때 어떤 작업을 행하는가?

① 범핑 작업　② 절단 작업
③ 연삭 작업　④ 러핑 작업

> 해설

러핑 작업
충격에 의한 변형 부위를 인장기 등을 이용하여 반대 방향으로 잡아당기는 작업을 말한다.

42 차체 치수도의 표시법에서 기준점에 해당되지 않는 것은?

① 홀의 기준점
② 계단부의 기준점
③ 2중 겹침 패널의 기준점
④ 부품 중앙부의 기준점

> 해설

차체 치수도의 기준점
• 홀의 기준점
• 부품 선단의 기준점
• 돌기 엠보싱의 기준점
• 계단부의 기준점
• 2중 겹침 패널의 기준점
• 볼트 체결부의 기준점

43 색의 3속성에 해당되지 않는 것은?

① 광원　② 색상
③ 명도　④ 채도

> 해설

색의 3속성
• 색상: 색 자체가 가지는 고유의 특성
• 명도: 어둡고 밝은 정도
• 채도: 색 자체의 선명한 정도

44 보디 프레임을 점검할 때 정확한 측정기기는 어느 것인가?

① 하이트 게이지
② 토인바 게이지
③ 트램 트랙킹 게이지
④ 버니어캘리퍼스

> 해설

트램 트랙킹 게이지 용도
트램 트랙킹 게이지는 오프 셋(off-set)"자"이며 자동차의 길이와 치수를 측정하는 용도로 이용된다.
• 프런트 사이드 멤버의 두 곳 직선 길이 측정 비교
• 바디의 대각선 길이 측정 비교
• 프런트 보디의 직선 또는 대각선 길이 측정 비교

정답　39. ①　40. ④　41. ④　42. ④　43. ①　44. ③

45 판금 가공용 재료의 구비조건이 될 수 없는 것은?

① 전연성이 풍부할 것.
② 탄성이 풍부할 것.
③ 항복점이 낮을 것.
④ 소성이 풍부할 것.

> **해설**
> • 소성 : 하중을 가했다가 제거하면 영구변형(=잔류변형)이 남아있는 성질
> • 탄성 : 하중을 가했다가 제거하면 원래의 형태로 회복되는 성질
> • 항복점 : 탄성 점을 지나서 늘어나기 시작하는 지점
> • 전성 : 하중에 의해서 넓게 펴지는 성질
> • 연성 : 큰 변형 후에도 또 다른 변형에 저항하는 성질

46 다음 중 굽힘 작업의 범위에 속하지 않는 것은?

① 시밍
② 블랭킹
③ 폴딩
④ 꺾어 굽힘

> **해설**
> 블랭킹은 판재에서 펀치와 다이를 이용하여 여러 가지 형태로 뽑아내는 전단가공법을 말한다.

47 차체 기계적인 접합 방법의 장점인 것은?

① 작업하기 어렵다.
② 용접기가 필요하다.
③ 접합 강도는 떨어진다.
④ 몇 번이고 반복이 가능하다.

> **해설**
> 접합법의 분류
> • 기계적인 접합 : 볼트, 너트, 코터핀, 나사, 리벳 등
> • 야금적인 접합 : 각종용접
> • 화학적인 접합 : 접착제, 실리콘, 풀등

48 프레임의 한쪽 사이드 멤버를 단순한 빔으로 생각할 경우 사이드 멤버와 휠 베이스 사이에서는 사이드 멤버 아래쪽은 잡아 당겨지고 위쪽은 압축력이 작용하게 된다. 그 결과는 어떻게 되는가?

① 아래쪽 – 만곡, 위 부분 – 균열
② 아래쪽 – 균열, 위 부분 – 만곡
③ 아래쪽 – 절손, 위 부분 – 균열
④ 아래쪽 – 만곡, 위 부분 – 절손

> **해설**

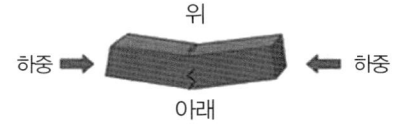

[프레임 변화]

49 상도 도장 후 광택내기 작업을 할 때 사용하는 것은?

① 리무버
② 컴파운드
③ 크실렌
④ 스테인

> **해설**
> 컴파운드
> 상도 도장 후 광택내기 작업을 할 때 사용하는 광택용 약품

50 2개의 사이드 멤버에 여러 개의 크로스 멤버, 보강판, 서스펜션 범퍼 등의 설치용 브라켓류를 볼트나 아크 용접으로 결합하여 사다리 모양으로 제작한 프레임은 무엇인가?

① H형 프레임
② X형 프레임
③ 백본형
④ 트러스형 프레임

> 해설

프레임의 종류
- H형 프레임 : 2개의 사이드 멤버와 몇 개의 크로스 멤버로 구성되어 있으며, 강도가 높고, 구조가 간단해 대량생산에 적합하나 차체의 높이가 상승해 승차감이 떨어진다. 미니버스나 트럭, 픽업 등에 적용된다.

- X형 프레임 : 사이드 멤버나 크로스멤버를 양쪽으로 X자 모양으로 용접 결합하여 배기관이나 드라이브 샤프트를 통과시킬 수 있는 형태의 프레임. 사다리형(H형)에 비해 비틀림 강성은 크지만 현재는 사용되지 않는다.

- 백본형 프레임 : 커다란 등뼈를 집어넣은 것 같은 형상으로 바닥면을 낮추고 중심을 낮게 할 수 있는 형태의 프레임(예. 기아차의 엘란)

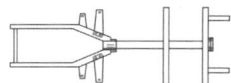

- 트러스형 프레임 : 항공기와 같은 골조 형상으로 용접 조립되어 있는 형태

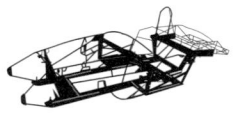

51 줄(file)을 사용할 때의 주의사항들이다. 안전에 어긋나는 점은?

① 줄 작업의 높이는 작업자의 팔꿈치 높이로 하거나 조금 낮춘다.
② 작업 자세는 허리를 낮추고, 전신을 이용할 수 있게 한다.
③ 절삭가루가 많이 쌓일 때는 불어가며 작업한다.
④ 줄을 잡을 때는 한손으로 줄을 확실히 잡고, 다른 한 손으로 끝을 가볍게 쥐고 앞으로 가볍게 민다.

> 해설

줄 작업 시 안전사항
- 줄 작업의 높이는 작업자의 팔꿈치 높이로 하거나 조금 낮춘다.
- 작업 자세는 허리를 낮추고, 전신을 이용할 수 있게 한다.
- 절삭가루가 많이 쌓일 때는 솔로 제거 하고 작업 중 쇳가루를 입으로 불어서는 안 된다.
- 줄을 잡을 때는 한손으로 줄을 확실히 잡고, 다른 한 손으로 끝을 가볍게 쥐고 앞으로 가볍게 민다.

52 소화 작업 시 적당하지 않은 것은?

① 화재가 일어나면 먼저 인명구조를 해야 한다.
② 전기 배선이 있는 곳을 소화 할 때는 전기가 흐르는지 먼저 확인해야 한다.
③ 가스 밸브를 잠그고 전기 스위치를 끈다.
④ 카바이드 및 유류에는 물을 끼얹는다.

> 해설

아세틸렌(가연성 가스)
카바이드에 물을 작용시키면 아세틸렌가스가 발생하고 소석회가 남는다.
가연성가스
스스로 연소될 수 있는 성질의 가스로 대표적인 가스로는 $C2H2$(아세틸렌), LPG 등이 있다.

53 방독 마스크를 착용하지 않아도 되는 곳은?

① 일산화탄소 발생장소
② 아황산가스 발생장소
③ 암모니아 발생장소
④ 산소 발생장소

> 해설

방독마스크
- 가스의 종류에 따라 마스크를 선택하여 착용할 것
- 산소 농도가 18%이하 또는 가스의 농도가 짙은 맨홀이나 가스탱크 내에서 작업할 경우 사용하지 말 것
- 방독마스크는 격리식, 직결식, 직결식 소형으로 구분된다.

정답 51. ③ 52. ④ 53. ④

- 격리식 : 가스의 농도가 2%(암모니아 3%)이하 대기에서 사용
- 직결식 : 가스의 농도가 1%(암모니아 1.5%) 이하 대기에서 사용
- 직결식 소형 : 가스의 농도가 1%이하 대기에서 사용

※ 산소 결핍은 산소 농도가 18%이하 시에 발생한다.

54 드릴로 큰 구멍을 뚫으려고 할 때에 먼저 할 일은?

① 금속을 무르게 한다.
② 작은 구멍을 뚫는다.
③ 스핀들의 속도를 빠르게 한다.
④ 드릴 커팅 앵글을 증가 시킨다.

55 다이얼 게이지 사용 시 유의사항을 설명하였다. 틀린 것은?

① 스핀들에 주유하거나 그리스를 발라서 보관하는 것이 좋다.
② 분해 청소나 조절을 함부로 하지 않는다.
③ 게이지에 어떤 충격도 가해서는 안 된다.
④ 게이지를 설치할 때에는 지지대의 팔을 될 수 있는 대로 짧게 하고 확실하게 고정해야 한다.

해설

스템
스핀들
측정자

다이얼 게이지는 정밀 측정기로 스핀들에 그리스를 바르면 정상작동이 어려울 수가 있다.

56 리어 사이드 멤버의 부분 잘라 잇기 작업 시 절단 이음부 설정을 위한 작업 시 안전사항이다. 적합하지 않은 것은?

① 종이테이프를 이용하여 절단선을 설정 재단하는 것이 안전하다.
② 연성이 풍부한 비닐 테이프를 이용하여 절단선을 설정 재단하는 것이 안전하다.
③ 두꺼운 청 테이프를 이용하여 절단선을 설정 재단하는 것이 안전하다.
④ 탈거한 폐자재의 홈(구멍)을 이용하여 절단선을 설정 재단하는 것이 안전하다.

해설

패널 교환 작업 시에 연성이 풍부한 비닐 테이프를 이용하면 테이프가 늘어나 정밀도가 떨어질 수 있다.

57 보호구의 종류에는 안전과 위생 보호구가 있다. 이 중 안전 보호구가 아닌 것은?

① 안전모   ② 안전화
③ 안전대   ④ 마스크

해설

마스크는 위생 보호구에 해당된다.

58 가스용접기의 분출구에 묻은 카본을 제거할 때 다음 중에서 가장 적당한 것은?

① 동선이나 놋쇠선
② 줄(file)
③ 철선이나 동선
④ 시멘트 바닥

해설

용접 팁의 재질

가스용접 팁의 재질은 황동을 사용하므로 줄이나 철선 및 시멘트 바닥에 긁으면 팁 분출구가 손상될 수 있다.
- 동: 구리 원자번호 29의 붉은 기가 있는 금속
- 놋쇠: 구리에 주석이나 아연·니켈 등이 혼합되어 이루어진 합금

59 자동차의 파워 스티어링 오일에 관한 설명으로 틀린 것은?

① 파워 스티어링 오일 점검은 시동을 끝 상태에서 실시한다.
② 파워 스티어링 오일 부족은 핸들을 무겁게 한다.
③ 파워 스티어링 오일은 규정된 오일을 사용하여야 한다.
④ 파워 스티어링 오일 보충은 최대 선에 가깝게 보충한다.

해설

파워스티어링 오일 점검
- 파워 스티어링 오일 점검은 시동을 건 상태에서 실시한다.
- 파워 스티어링 오일 부족은 핸들을 무겁게 한다.
- 파워 스티어링 오일은 규정된 오일을 사용하여야 한다.
- 파워 스티어링 오일 보충은 최대 선에 가깝게 보충한다.

60 차체수리 작업장의 환기법 종류가 아닌 것은?

① 자연 환기법 ② 부분 환기법
③ 국부 배출환기 ④ 전체 환기법

해설

차체수리 작업장 환기법의 종류
- 자연 환기법
- 국부 배출 환기법
- 전체 환기법

정답 59. ① 60. ②

 CBT 시험 시행 안내

국가기술자격 상시 및 정기 시험에 응시하는 수험생들에게 편의를 제공하고자 2017년부터 시행되는 기능사 필기시험이 CBT 방식으로 시행됨을 알려드립니다.

- **합격 예정자 발표** : 시험 종료 후 개별 발표
- **CBT 방식 원서접수 방법**
  원서접수 시 장소 선택에서 ○○상설시험장(컴퓨터실) 또는 시험장(CBT) 선택
  ※ 일반시험장(○○시험장)을 선택할 경우 기존 방식(지필식)으로 시행
- **CBT(Computer Based Test)란?**
  – 일반 필기시험과 같이 시험지와 답안카드를 받고 문제에 맞는 답을 답안카드에 기재(싸인펜 등을 사용)하는 것이 아니라 컴퓨터 화면으로 시험문제를 인식하고 그에 따른 정답을 클릭하면 네트워크를 통하여 감독자 PC에 자동으로 수험자의 답안이 저장되는 방식
- **관련 문의** : 기술자격국 필기시험팀(02-2137-0503)
- **자격검정 CBT 웹체험 프로그램**
  한국산업인력공단 홈페이지(http://www.q-net.or.kr/)

01 Q-Net 홈페이지에서 CBT 체험하기 클릭

CBT 시험 시행 안내

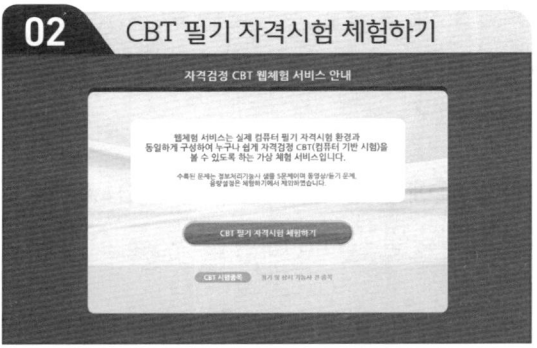
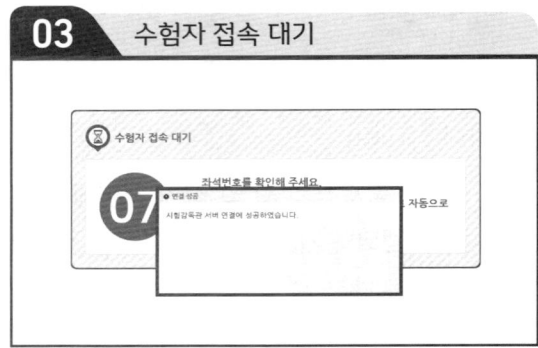

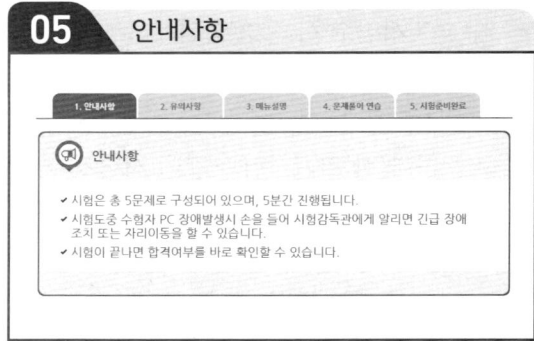
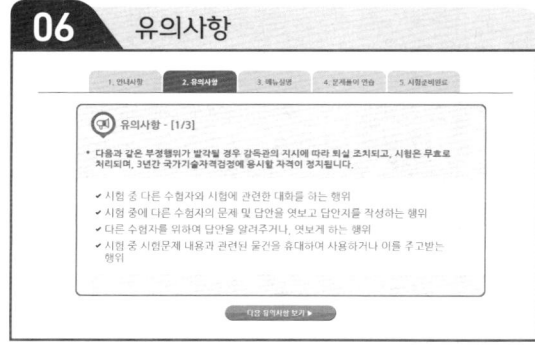

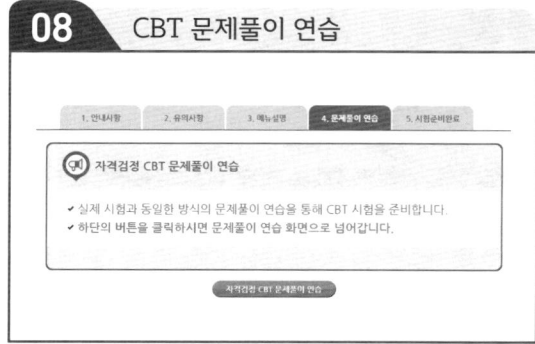
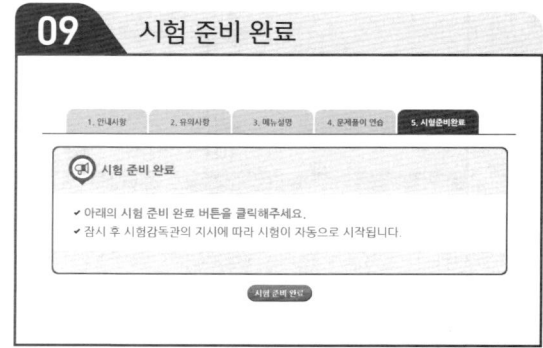

10 잠시 후 시험 시작

11 문제 풀어보기

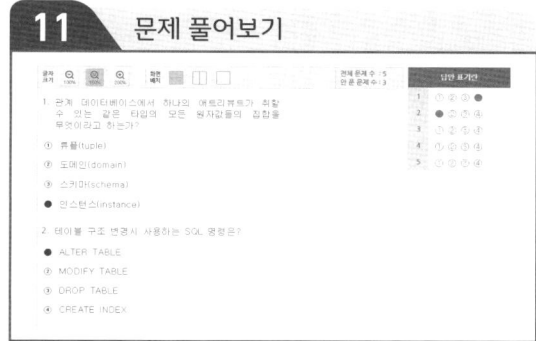

12 답안 제출

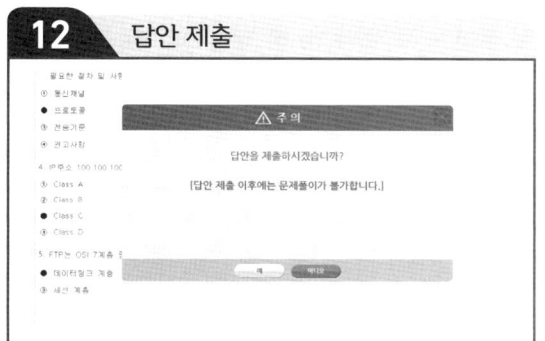

13 최종 확인

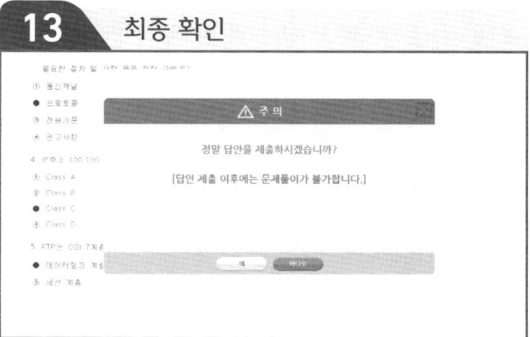

14 시험 완료

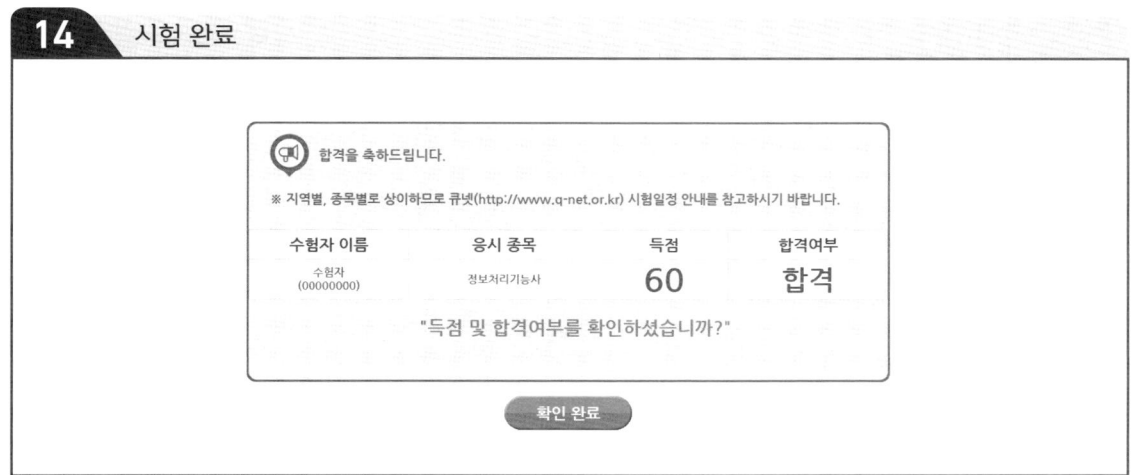

🔍 검토위원

(주)현대자동차 연구개발총괄본부 기장 **류근사**
서정대학교 자동차과 교수 **박진혁**
한국지엠 주식회사 기술교육원 교사 **안승우**
렉서스 수원A/S사업부 과장 **김현겸**
신진자동차고등학교 교사 **임승혁**
경기자동차과학고등학교 교사 **이의환**